Prof. Dr. sc. nat. Klaus Danzer · Dr. sc. nat. Eberhard Than
Dr. rer. nat. Dieter Molch · Dr. rer. nat. Ludwig Küchler
unter Mitarbeit von Doz. Dr. rer. nat. Helmut König

ANALYTIK

Systematischer Überblick

2., überarbeitete und erweiterte Auflage
mit 211 Abbildungen und 47 Tabellen

Akademische Verlagsgesellschaft Geest & Portig K.-G., Leipzig

Analytik : Systematischer Überblick / Klaus Danzer
[u. a.] – 2., überarb. u. erw. Aufl. – Leipzig :
Akad. Verlagsges. Geest & Portig, 1987. –
380 S. : 211 Abb., 47 Tab.
NE: Danzer, Klaus [Mitarb.]

ISBN 3-321-00028-8

2. Auflage
VLN 276-105/11/87 · LSV 1235
Lektor: Dr. rer. nat. Ingrid Lischke
Printed in the German Democratic Republic
Gesamtherstellung: INTERDRUCK Graphischer Großbetrieb Leipzig,
Betrieb der ausgezeichneten Qualitätsarbeit, III/18/97
Bestell-Nr. 669 596 0

05500

Vorwort zur 2. Auflage

In den letzten zehn Jahren hat es bedeutende Fortschritte auf dem Gebiet der Instrumentalanalytik gegeben. Eine wesentliche Triebkraft war die stürmische Entwicklung der Computertechnik, die zu einer breiten Einbeziehung von Mikroprozessoren in moderne Analysengeräte geführt hat. Besonders augenfällig ist die Weiterentwicklung auf dem Gebiet festkörperanalytischer Methoden, die in dieser erweiterten Neuauflage ebenso wie weitere bedeutende Fortschritte der Analytik entsprechende Berücksichtigung fanden.

In dieser zweiten Auflage wurde der gestraffte Überblickscharakter der ersten Ausgabe beibehalten. Die Systematik der Gliederung blieb im wesentlichen unverändert, lediglich die ionenspektroskopischen Methoden wurden in einem gesonderten Abschnitt zusammengefaßt. Die Symbolik und Nomenklatur wurden dem S. I. und den IUPAC-Richtlinien angepaßt. Literaturhinweise wurden aktualisiert, wobei vor allem auch neuere Standardwerke aufgenommen wurden.

Allen Fachkollegen, die uns durch förderliche Diskussionen unterstützten, möchten wir herzlich danken, insbesondere den Herren Dr. Reichenbächer und Dr. Ludwig, Jena, sowie Prof. Dr. Werner und Dr. Zwanziger, Leipzig, für konkrete Änderungsvorschläge. Den Mitarbeitern des Verlages danken wir für die gute Zusammenarbeit und für die unseren Wünschen entsprechende Ausgestaltung des Buches.

Jena und Karl-Marx-Stadt, Frühjahr 1986 — Die Autoren

Vorwort zur 1. Auflage

Die Analytik, die vor wenigen Jahrzehnten noch ausschließlich als Analytische Chemie betrieben und mit den Tätigkeitsmerkmalen von Chemikern weitgehend identifiziert wurde, hat sich in jüngster Zeit stürmisch entwickelt und ist dabei immer mehr zu einer selbständigen Wissenschaftsdisziplin geworden.

Die Bedeutung analytischer Untersuchungen in Forschung, Entwicklung und Produktion ist in den letzten Jahrzehnten ständig angewachsen. Dazu hat vor allem der Aufschwung von Industriezweigen entscheidend beigetragen, die einer analytischen Kontrolle ihrer Erzeugnisse, Zwischenprodukte und Rohstoffe in besonders hohem Maße bedürfen, wie die chemische Industrie, die metallerzeugende und -verarbeitende Industrie und die Halbleiterindustrie. Dabei ist nicht nur der Umfang analytischer Kontrollen ständig gewachsen, sondern es sind auch die Anforderungen an Inhalt und Qualität analytischer Informationen gestiegen.

Damit ist die Analytik zu einem wesentlichen Element der Rationalisierung und Automatisierung von Produktionsprozessen geworden. In der Grundlagen- und Applikationsforschung benötigen sowohl die Chemie und die Technikwissenschaften als auch Physik, Biologie, Medizin und Umweltforschung in immer stärkerem Maße die Hilfe der Analytik.

Aufgrund dessen haben sich in den letzten Jahrzehnten, gefördert durch die Möglichkeiten der sich rasch entwickelnden elektronischen Meßtechnik, eine Vielzahl neuer Analysenprinzipien auf der Grundlage bekannter oder neuentdeckter naturwissenschaftlicher Gesetzmäßigkeiten entwickelt bzw. eine breitere Anwendung als bisher gefunden. Diese Entwicklung hat, dem allgemeinen philosophischen Gesetz des Umschlages von Quantität in eine neue Qualität folgend, zur Herausbildung der Analytik als relativ eigenständiges Wissenschaftsgebiet geführt. Diese Tatsache hat jedoch bisher noch keinen Niederschlag in einer geschlossenen Darstellung theoretischer Grundlagen der Analytik gefunden. Die Schaffung einer solchen umfassenden Theorie ist deshalb gegenwärtig eine der dringlichsten Aufgaben der Analytik.

Ein so hohes Ziel haben sich die Autoren mit dem vorliegenden Buch nicht gesteckt; sie betrachten es jedoch als einen Beitrag dafür. Die Vielfalt und Breite der für die analytische Stoffcharakterisierung eingesetzten Methoden läßt sich heute nur noch unter einheitlichen Gesichtspunkten überschauen. Die Autoren sehen ihre Aufgabe vor allem darin, ausgehend von allgemeinen Grundlagen, den analytischen Prozeß in seiner Geschlossenheit und Komplexität darzustellen sowie einen systematischen Überblick über die wesentlichsten Analysenprinzipien und -methoden zu geben, wobei diese in ihren Verknüpfungen und inneren Zusammenhängen betrachtet werden. Auf dieser Basis wird der Versuch unternommen, analytische Grundprobleme zu formulieren und deren prinzipielle Lösungsmöglichkeiten aufzuzeigen.

Damit soll auch dazu beigetragen werden, Verständigungsschwierigkeiten zwischen hochspezialisierten Fachkollegen untereinander, insbesondere aber zwischen Analytikern und dem breiten Kreise der Nutzer analytischer Informationen, Ingenieuren, Technologen, Chemikern, Physikern, Biologen, Medizinern, Ökonomen und Juristen, abzubauen. Wenn mit diesem Buch ermöglicht wird, in der Praxis auftretende analytische Probleme besser zu erkennen, Lösungswege zu fixieren und den dafür geeigneten Diskussions- oder Kooperationspartner zu finden, sehen die Autoren ihr gestecktes Ziel bereits weitgehend als erfüllt an.

Ein Überblick über eine Wissenschaftsdisziplin, die mit der Nutzung eines so breiten Spektrums von naturwissenschaftlichen Grundlagen verbunden ist und sich in stürmischer Entwicklung befindet, birgt in hohem Maße das Risiko von Fehlern und Lücken in sich. Außerdem sind bei dem relativ geringen Umfang Auswahl und Wichtung des Inhalts nicht frei von Subjektivität. Aus diesem Grunde sind uns alle kritischen Hinweise besonders wertvoll.

Die Breite des Stoffgebietes einerseits und der begrenzte Umfang andererseits zwingen zu starken Beschränkungen bei der Darstellung der einzelnen Analysenmethoden; beabsichtigt ist eine Einordnung in die Systematik des Gesamtgebietes und ein Überblick über die wichtigsten Grundlagen. Auf detailliertere und umfassendere Darstellungen wird in jedem Falle im Literaturverzeichnis verwiesen, außerdem behandelt das „Analytikum" [1.4] viele der hier angeführten Methoden ausführlicher und stellt damit ein Bindeglied zwischen diesem Überblick und den Monographien des jeweiligen Gebietes dar.

Unseren Dank möchten wir all denen aussprechen, die uns bei der Verwirklichung unseres Vorhabens unterstützten: Herrn Prof. Dr. Doerffel, Merseburg, Prof. Dr. Ackermann, Freiberg, und Herrn Dr. Ehrlich, Dresden, für ihr förderliches Interesse und ihre Hinweise, den Kollegen unseres Arbeitsbereiches, insbesondere Frau Dipl.-Chem. Franke, für kritische Diskussionen und Hinweise sowie nicht zuletzt der Akademischen Verlagsgesellschaft Geest & Portig K.-G., Leipzig, für das bereitwillige Eingehen auf unsere Wünsche bezüglich der Gestaltung und Ausstattung des Buches.

Karl-Marx-Stadt, im Mai 1974 — Die Autoren

Inhalt

1. Der analytische Prozeß

Die Bedeutung der Analytik hat sich im Verlauf ihrer Entwicklung stark gewandelt. Sie bildete ursprünglich als *Analytische Chemie*, deren Aufgabe in der Ermittlung der Zusammensetzung von Stoffen oder Stoffgemischen gesehen wurde, eine wesentliche Grundlage der klassischen Chemie und eine entscheidende Triebkraft für deren Entwicklung [1.1].

Mit der zunehmenden Differenzierung innerhalb der Chemie, insbesondere mit der wachsenden Rolle der synthetisch orientierten organischen Chemie, kam der analytischen Chemie in immer stärkerem Maße eine Dienstleistungsfunktion zu [1.2]. Diese Funktion geht heute weit über die Chemie hinaus und erstreckt sich auf fast alle Gebiete der Naturwissenschaft und der Technik. Die Analytik besitzt deshalb von ihrem Anwendungsbereich her einen echten Querschnittscharakter, der durch die Vielfalt der heute analytisch genutzten naturwissenschaftlichen Prinzipien noch unterstrichen wird. Die Analytik stellt sich heute als eine chemische Teildisziplin mit engen Beziehungen zur Physik, Informationswissenschaft und Meßtechnik dar.

In jüngster Zeit gibt es erfolgreiche Ansätze einer theoretischen Fundierung der Analytik [1.3 bis 1.7], deren Eigenständigkeit als Wissenschaftsdisziplin in diesem Zusammenhang unterstrichen wird.

1.1. Gegenstand und Aufgabenbereiche der Analytik

Die *Analytik* als Wissenschaftsdisziplin beschäftigt sich mit der *Gewinnung von Informationen über stoffliche Systeme*, insbesondere über die *Art und Menge ihrer Bestandteile* einschließlich deren *räumlicher Anordnung und Verteilung* sowie *zeitlicher Änderung* und der dazu erforderlichen *Methodik*.

Die Resultate analytischer Untersuchungen sind stets Informationen. Sie werden erhalten durch stoffliche bzw. energetische Wechselwirkungen mit dem Untersuchungsobjekt. Den drei Aspekten der Materie *Stoff*, *Energie* und *Information* kommt deshalb in der Analytik vergleichbare Bedeutung zu.

In Anlehnung an die oben gegebene Definition lassen sich *analytische Informationen* als Funktionen folgender Variabler darstellen:

- z — einer Kenngröße für die *Art* der Bestandteile,
- y — einer Kenngröße für die *Menge* dieser Bestandteile,
- l_x, l_y, l_z — der Raumkoordinaten des Untersuchungsobjektes,
- t — der Zeit (oder anderer, zeitabhängiger Parameter) zur Kennzeichnung von Prozessen.

Die möglichen ein-, zwei- und dreidimensionalen Funktionen dieser Variablen sind in Tab. 1.1 zusammengestellt.

Tabelle 1.1. Analytische Informationen als Funktionen der Variablen z, y, l_x, l_y, l_z und t

Eindimensionale Funktionen	Zweidimensionale Funktionen	Dreidimensionale Funktionen
$z_{y,l_x,l_y,l_z,t}$	$z = f(t)_{y,l_x,l_y,l_z}$	$z = f(l_x, l_y)_{y,t,l_z}$
	$z = f(l_x)_{y,t,l_y,l_z}$	$z = f(l_x, t)_{y,l_y,l_z}$
$y_{z,l_x,l_y,l_z,t}$	$y = f(z)_{l_x,l_y,l_z,t}$	$y = f(z, l_x)_{l_y,l_z,t}$
	$y = f(t)_{z,l_x,l_y,l_z}$	$y = f(z, t)_{l_x,l_y,l_z}$
	$y = f(l_x)_{z,t,l_y,l_z}$	$y = f(l_x, l_y)_{z,t,l_z}$
		$y = f(l_x, t)_{z,l_y,l_z}$

Analytische Informationen liegen immer dann und nur dann vor, wenn z oder y als abhängige Variable in solchen Funktionen auftreten.

1.1.1. Elementanalytik

Unter *Elementen* stofflicher Systeme sollen in diesem Zusammenhang Atome, Ionen, Moleküle, Radikale und Makromoleküle verstanden werden, im makroskopischen Sinne also chemische Elemente und Verbindungen. Die *Elementanalytik* beschäftigt sich mit der Ermittlung der Zusammensetzung einer Probe nach Art und Menge.

Bei der Bestimmung der *Art* von Bestandteilen, der „*qualitativen Analyse*" im herkömmlichen Sinne, werden lediglich Ja-Nein-Entscheidungen über die Anwesenheit bestimmter Elemente z_i getroffen (Abb. 1.1a). Der Elementnachweis mittels Tüpfelanalyse oder mit Hilfe des klassischen Kationentrennungsganges sind typische Beispiele für diese Form der eindimensionalen Elementanalyse.

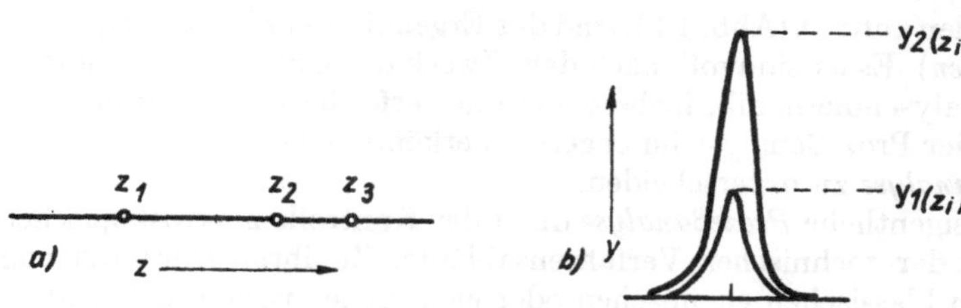

Abb. 1.1. Eindimensionale analytische Informationen
a) über die Art von Bestandteilen; b) über die Menge eines Bestandteiles in einer Probe

Ebenfalls um eindimensionale analytische Informationen handelt es sich bei der Ermittlung der *Menge y* eines bestimmten bekannten Bestandteiles z_i (Abb. 1.1b), die in der Regel als „*quantitative Analyse*" bezeichnet wird. Zwischen qualitativer und quantitativer Analyse besteht kein grundsätzlicher Unterschied. Die qualitative Analyse kann man als quantitative Analyse mit stark vergröberter Anzeige betrachten. Man begnügt sich damit, die Existenz (oder Nichtexistenz) eines Analysensignals zur Kenntnis zu nehmen, ohne dessen Intensität auszuwerten [1.8] (↗ dazu auch Abb. 1.20, S. 49).

Die meisten der modernen Analysenverfahren liefern unmittelbar zweidimensionale analytische Informationen der Form $y = f(z)$, meist als Registrogramme (z. B. Spektren, Chromatogramme, Polarogramme) (Abb. 1.2). Sie gestatten gleichzeitige Aussagen über die Art der in einer Probe enthaltenen Komponenten und über deren Mengen.

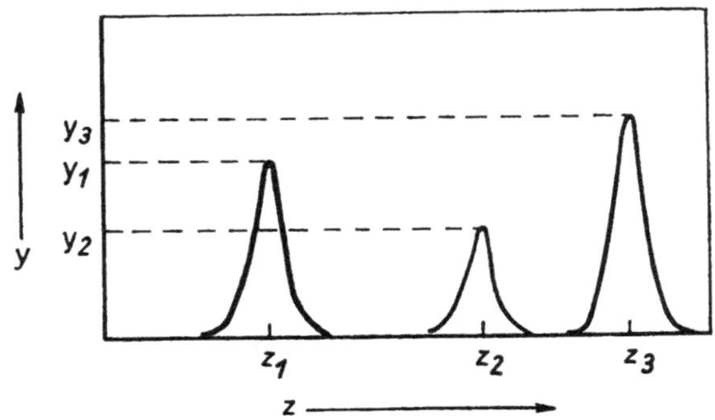

Abb. 1.2. Zweidimensionale analytische Informationen über Art und Menge von Bestandteilen

1.1.2. Prozeßanalytik

Analytische Informationen, bei denen die *Zeit t* als eine der unabhängigen Variablen auftritt (Abb. 1.3), sind das Ergebnis von *Prozeßanalysen* (*dynamische Analysen*). Es ist sinnvoll, nach dem Zweck der Untersuchung, und damit nach der Analysenmethodik, insbesondere der erforderlichen Zeitauflösung Δt, zwischen der Prozeßanalyse im engeren, herkömmlichen Sinne und der *Molekularprozeßanalyse* zu unterscheiden.

Die eigentliche *Prozeßanalyse* dient der Kontrolle makroskopischer Materialflüsse oder technischer Verfahrensabläufe. Zu ihrer Durchführung sind die meisten klassischen chemischen oder elektrochemischen und modernen physikalischen Verfahren mit genügend geringer Analysenzeit ($\Delta t \approx 1 \ldots 10$ min) geeignet.

Die *Molekularprozeßanalyse* ist eine dynamische Analyse in molekularen Bereichen. Sie stellt Art, Mechanismen und Geschwindigkeiten von Molekülumlagerungen und ähnlichen Vorgängen fest. Ihre praktische Durchführung erfordert fast ausschließlich Relaxationsmessungen bzw. Methoden der zeitaufgelösten Spektroskopie (*Ultrakurzzeit-Spektroskopie*, UKS), die Meßwiederholungen in Zeitintervallen von $\Delta t = 10^{-3} \ldots 10^{-9}$ s gestatten.

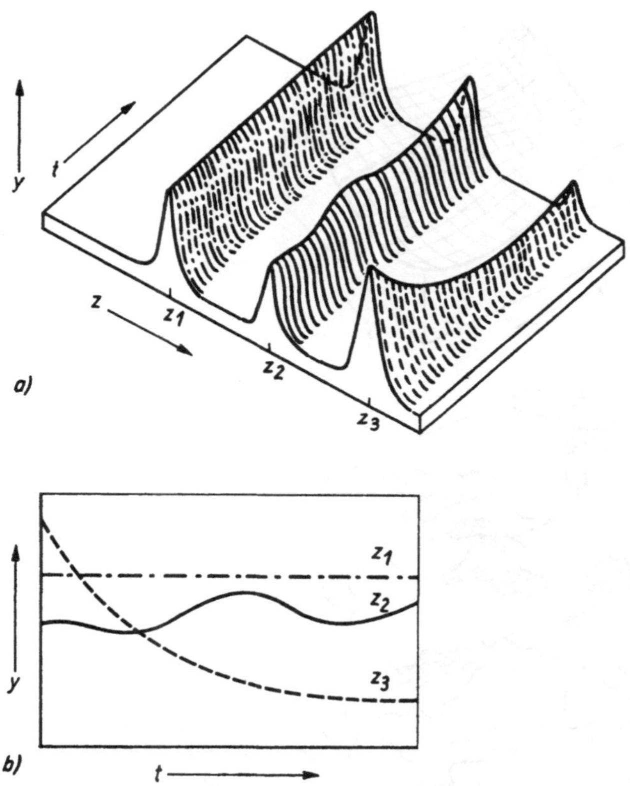

Abb. 1.3. Darstellung zeitabhängiger Probenveränderungen
a) dreidimensional; b) zweidimensional

1.1.3. Verteilungsanalytik

Analytische Informationen, bei denen mindestens eine Raumkoordinate l_i, meist jedoch zwei oder drei Raumkoordinaten der Probe als unabhängige Variable auftreten, werden als Ergebnis von *Verteilungsanalysen* erhalten (Abb. 1.4). Dabei liegt die lineare Auflösungsgrenze Δl im µm-Bereich. Für die praktische Durchführung von Verteilungsanalysen ist das *geometrische Auflösungsvermögen* (*Probenbezirks-Auflösungsvermögen*) eine entscheidende Kenngröße (↗ 1.4.2.).

Mit Hilfe verteilungsanalytischer Verfahren, wie der Elektronenstrahlmikroanalyse, der Laser-Mikrospektralanalyse oder der Funkenquellen-Massenspektroskopie, werden Oberflächenschichten von Proben „punktweise" abgestastet und für jeden der Punkte Aussagen über Art und/oder Menge der Bestandteile geliefert. Mit Hilfe abbildender Methoden, wie der Autoradio-

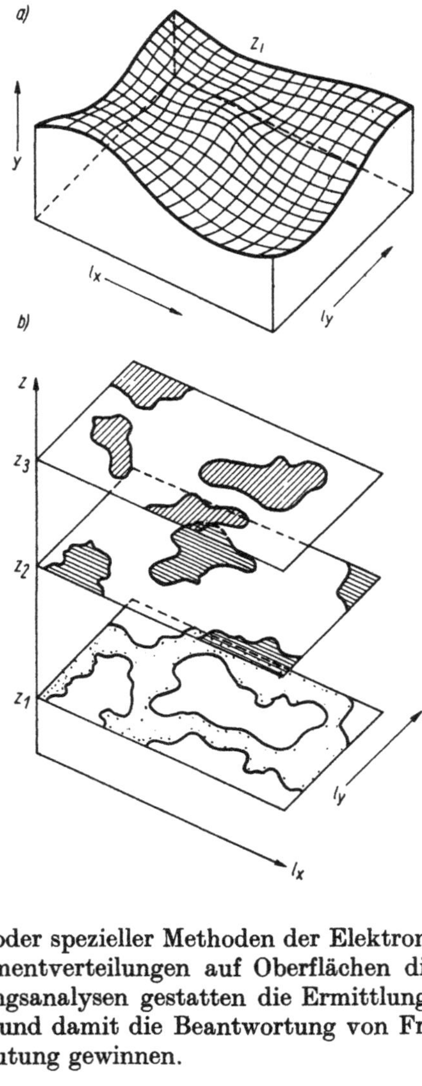

Abb. 1.4. Dreidimensionale analytische Informationen
a) über das Mengenprofil eines Bestandteiles z_l auf einer Fläche $l_x l_y$;
b) über das Vorhandensein verschiedener Bestandteile z_1, z_2, z_3 auf einer Fläche $l_x l_y$

graphie oder spezieller Methoden der Elektronen- und Ionenmikroskopie, können Elementverteilungen auf Oberflächen direkt sichtbar gemacht werden. Verteilungsanalysen gestatten die Ermittlung von Inhomogenitäten in Festkörpern und damit die Beantwortung von Fragestellungen, die heute ständig an Bedeutung gewinnen.

1.1.4. Strukturanalytik

Gegenstand der Strukturanalytik ist die Ermittlung der Anordnung und Verknüpfung von elementaren Bausteinen in Molekülen oder in Festkörpern. Damit könnte die Strukturanalyse prinzipiell als räumliche Verteilungsanalyse in atomaren Bereichen aufgefaßt werden, da sich die relevanten analytischen Informationen durch die Funktion $z = f(l_x, l_y, l_z)$ darstellen lassen, wobei y jeweils eine Struktureinheit (ein Strukturelement) verkörpert und Δl im Bereich von 0,1 nm liegt.

Strukturen lassen sich qualitativ und quantitativ durch *Strukturmatrizen* beschreiben:

$$\begin{array}{c} \quad z_1 \quad z_2 \quad z_3 \;\dots\; z_N \\ \hline \end{array}$$
$$S = \begin{pmatrix} 0 & a_{12} & a_{13} & \dots & a_{1N} \\ a_{21} & 0 & a_{23} & \dots & a_{2N} \\ \vdots & \vdots & \vdots & & \vdots \\ a_{N1} & a_{N2} & a_{N3} & \dots & 0 \end{pmatrix}. \tag{1.1}$$

Mit ihnen läßt sich die Art und Weise der Verknüpfung der einzelnen Strukturelemente mathematisch beschreiben, wobei a_{ij} eine Verknüpfung (Bindung) der beiden Strukturelemente z_i und z_j symbolisiert, während fehlende Verknüpfungen durch 0 ausgedrückt werden. Anschaulicher und infolgedessen gebräuchlicher ist die graphische Darstellung der Verknüpfungsverhältnisse in Form von Strukturformeln.

Es ist zweckmäßig, zwischen *qualitativer Strukturanalytik* (empirischer bzw. heuristischer Strukturanalytik) und *quantitativer Strukturanalytik* (häufig auch als Strukturanalytik im engeren Sinne bezeichnet; ↗ z. B. [1.9]) zu unterscheiden.

Qualitative Strukturinformationen treffen Aussagen über die Art der Verknüpfung von Strukturelementen $z_1, z_2, \dots, z_N$ (Atome, funktionelle Gruppen usw.), also darüber, welche Relationen a_{ij} zwischen diesen Strukturelementen beste-

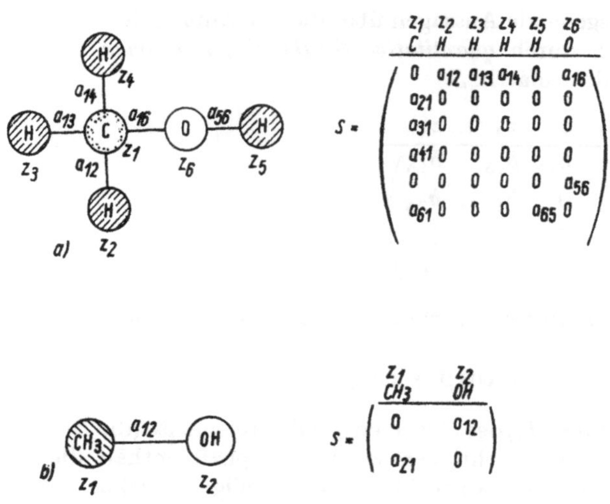

Abb. 1.5. Qualitative Strukturinformationen über Methylalkohol, wenn als dessen Strukturelemente

a) C, O und 4 H bzw. b) CH_3 und OH angenommen werden; links als Graphen, rechts in Matrizendarstellung

hen. Sie geben damit Auskunft über die *Konstitution* (den „Bauplan") von Molekülen bzw. Elementarzellen. Die Resultate qualitativer Strukturanalysen sind Konstitutionsformeln, die als *Graphen* der in Gl. (1.1) angegebenen Strukturmatrizen aufzufassen sind (Abb. 1.5, 1.6). Sie werden in der Regel erhalten, indem zunächst die Art und die Anzahl der Strukturelemente und dann auf empirischem Wege deren Verknüpfung ermittelt wird. Durch valenztheoretische Zuordnungsverhältnisse zwischen den Elementen sowie durch andere naturwissenschaftliche Gesetze und Regeln wird die mathematische Vielfalt möglicher Strukturen von vornherein eingeengt.

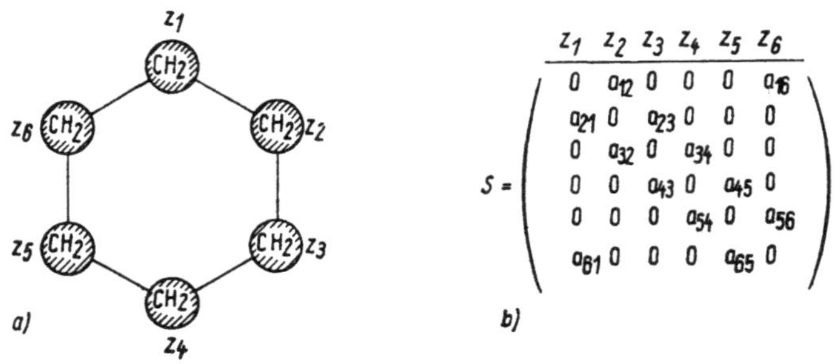

Abb. 1.6. Qualitative Strukturinformationen über Cyclohexan, ausgedrückt durch die Konstitutionsformel
a) als Graph; b) als Matrix. $z_i = CH_2$

Darüber hinausgehende Aussagen über die Anordnung der Strukturelemente im Raum werden durch *quantitative Strukturinformationen* ermöglicht. Die quantitative Strukturmatrix $\boldsymbol{S}$

$$\boldsymbol{S} = \begin{array}{c} z_1 \quad z_2 \quad z_3 \; \ldots \; z_N \\ \hline \begin{pmatrix} 0 & \boldsymbol{b}_{12} & \boldsymbol{b}_{13} \ldots & \boldsymbol{b}_{1N} \\ \boldsymbol{b}_{21} & 0 & \boldsymbol{b}_{23} \ldots & \boldsymbol{b}_{2N} \\ \vdots & \vdots & \vdots & \vdots \\ \boldsymbol{b}_{N1} & \boldsymbol{b}_{N2} & \boldsymbol{b}_{N3} \ldots & 0 \end{pmatrix} \end{array} \tag{1.2}$$

enthält anstelle qualitativer Verknüpfungsangaben a_{ij} *Bindungsvektoren* (Abb. 1.7)

$$\boldsymbol{b}_{ij} = b_{ij}(\cos\alpha + \cos\beta + \cos\gamma), \tag{1.3}$$

durch die die Abstände b_{ij} der einzelnen Strukturelemente (die Bindungslängen) und die Valenzwinkel beschrieben werden. Implizit enthält die vollständige Strukturmatrix auch Angaben über die jeweilige Molekül- bzw. Kristallsymmetrie.

Quantitative Strukturinformationen beinhalten also Aussagen über die Elementarzelle von Kristallen oder über die *Konfiguration* und *Konformation* von Molekülen.

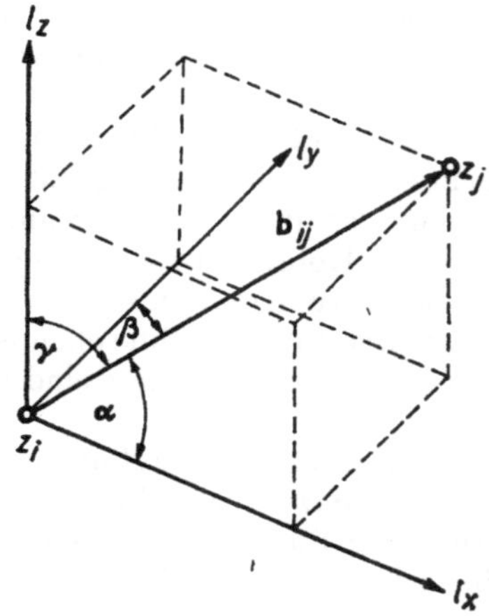

Abb. 1.7. Festlegung der Raumkoordinaten von Strukturelementen z_i und z_j durch den Bindungsvektor $\mathbf{b}_{ij}$

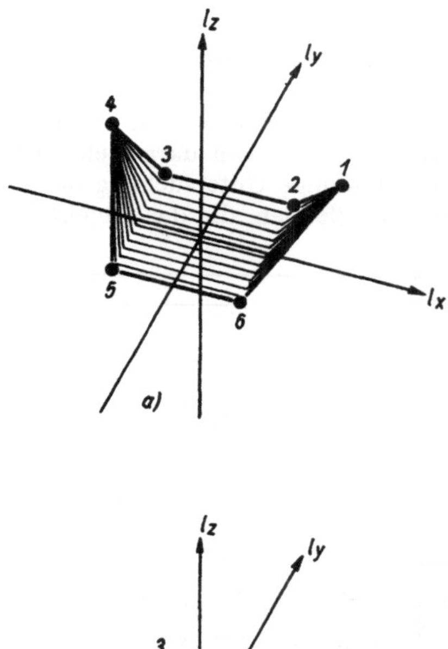

$$
\begin{aligned}
\mathbf{b}_{12} &= b_{12}(-\cos\alpha + \cos\beta - \cos\gamma)\\
\mathbf{b}_{23} &= -b_{23}\\
\mathbf{b}_{34} &= b_{34}(-\cos\alpha - \cos\beta + \cos\gamma)\\
\mathbf{b}_{45} &= b_{45}(\cos\alpha - \cos\beta - \cos\gamma)\\
\mathbf{b}_{56} &= b_{56}\\
\mathbf{b}_{61} &= b_{61}(\cos\alpha + \cos\beta + \cos\gamma)
\end{aligned}
$$

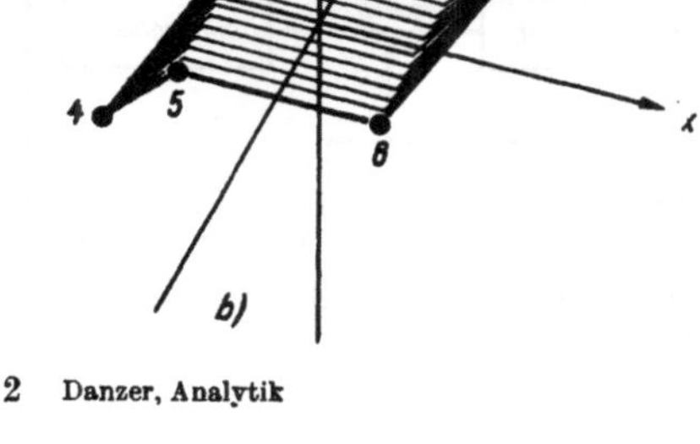

$$
\begin{aligned}
\mathbf{b}_{12} &= b_{12}(-\cos\alpha + \cos\beta - \cos\gamma)\\
\mathbf{b}_{23} &= -b_{23}\\
\mathbf{b}_{34} &= b_{34}(-\cos\alpha - \cos\beta - \cos\gamma)\\
\mathbf{b}_{45} &= b_{45}(\cos\alpha - \cos\beta + \cos\gamma)\\
\mathbf{b}_{56} &= b_{56}\\
\mathbf{b}_{61} &= b_{61}(\cos\alpha + \cos\beta + \cos\gamma)
\end{aligned}
$$

Abb. 1.8. Konformationen des Cyclohexans mit den zugehörigen Bindungsvektoren der Strukturmatrix

a) für Wannen-Konformation;
b) für Sessel-Konformation

Unter *Konfigurationen* eines Moleküls versteht man unterschiedliche räumliche Anordnungen der Strukturelemente bei gleicher Konstitution, wie sie z. B. durch Stereoisomere verkörpert werden.

Verschiedene *Konformationen* eines Moleküls entstehen durch unterschiedliche räumliche Lagen der Strukturelemente bei gleicher Konfiguration [1.10], und zwar durch Umklappen von Bindungen oder durch Drehung um Bindungen. Sie sind, ebenso wie auch unterschiedliche Konfigurationen, nicht miteinander zur Deckung zu bringen. Im Gegensatz zu Konfigurationen sind verschiedene Konformationen jedoch ineinander überführbar, ohne chemische Bindungen zu lösen. Rotationsisomere und Sessel-Wannen-Isomere sind bekannte Beispiele unterschiedlicher Konformationen.

Abb. 1.8 zeigt in allgemeiner Form eine quantitative Darstellung energetisch günstiger Konformationen des Cyclohexans (↗ dazu auch Abb. 1.6).

Die wichtigsten Hilfsmittel zur Ermittlung der Raumkoordinaten von Strukturelementen sind Röntgen- und Teilchendiffraktionsverfahren (↗ 3.4.2.).

1.2. Der analytische Prozeß als Informationsverarbeitungsprozeß

Der analytische Prozeß ist in Abb. 1.9 in seinen Teilschritten und in seinem Zusammenhang mit dem zu lösender analytischen Problem dargestellt. Die Gewinnung optimaler Informationen über das jeweilige Untersuchungsobjekt erfordert die Kenntnis übergeordneter Problemstellungen, die das Objekt als

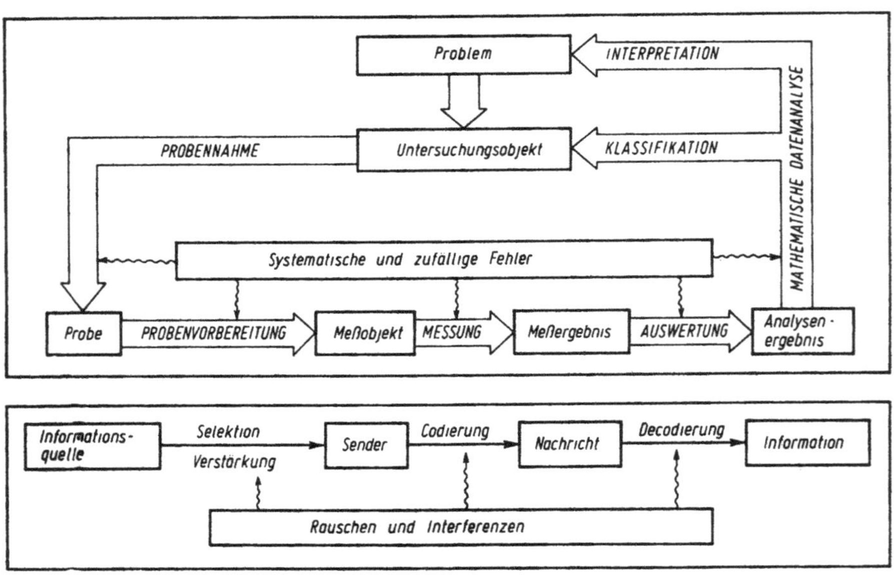

Abb. 1.9. Der analytische Prozeß und sein Zusammenhang mit dem allgemeinen Prinzip der Informationsverarbeitung (Informationskette)

Ganzes betreffen, wie z. B. den Herstellungsprozeß, unerwünschte oder angestrebte Stoffeigenschaften, Qualitätsanforderungen und den Verwendungszweck. Nur dann kann der Analytiker sein Analysenverfahren dem Problem optimal anpassen. Das betrifft insbesondere die Probennahme sowie die Rückkopplung der Resultate auf das übergeordnete Problem.

Analysenverfahren sind ihrem Wesen nach Informationsverarbeitungsprozesse. *Informationen* sind stets an *Signale* gebunden, sie werden häufig als Mengen oder Klassen äquivalenter Signale definiert [1.11]. *Signale* sind Zustände oder Prozesse materieller Systeme; analytisch bedeutsame Signale können z. B. sein: das Auftreten, die Farbe und die Morphologie von Niederschlägen bei chemischen Reaktionen, Farbänderungen von Lösungen oder Flammen, Extinktionen, Spektrallinien, Temperatur- oder Spannungsdifferenzen.

Signale oder Signalfolgen werden zu Trägern von Informationen, wenn sie gleichzeitig folgende drei Funktionen erfüllen:

1. die *syntaktische Funktion*, die die Beziehung zwischen äquivalenten Signalen beschreibt, insbesondere die Bildung und Transformation von Signalfolgen (chemische und physikalische Gesetze, Symbole und Reaktionsgleichungen);
2. die *semantische Funktion*, durch die die Bedeutung von Signalen, ihr Inhalt und damit ihr eindeutiger Zusammenhang zu den charakterisierten Objekten dargestellt wird;
3. die *pragmatische Funktion*, die die Beziehung zwischen den Signalen einerseits und den Menschen, die diese Signale empfangen, andererseits wiedergibt. Durch sie wird die unterschiedliche Bedeutung bestimmter Signale, z. B. einer chemischen Gehaltsangabe, für verschiedene Empfänger widergespiegelt.

Signale sind zunächst nur potentielle Informationsträger, erst bei Erfüllung der angeführten Voraussetzungen werden sie zu aktuellen Informationsträgern.

Auch die in einer Probe enthaltenen Signale sind für den Analytiker zunächst nicht erkennbar. Sie müssen deshalb in Signalformen überführt werden, die die syntaktischen, pragmatischen und semantischen Anforderungen erfüllen. Das geschieht mit der Durchführung eines Analysenverfahrens, durch das erkenn- und auswertbare Signale erhalten werden, die eindeutige Rückschlüsse auf die Probe ermöglichen.

Beim analytischen Prozeß stellt die Probe die Informationsquelle dar. Ihre Signale werden zunächst, falls erforderlich, in relevante Signale, Störsignale und Ballastsignale getrennt und erstere gegebenenfalls verstärkt. Dieser Schritt wird beim Analysenverfahren durch die Probenvorbereitung, insbesondere durch Lösen, Maskieren, Anreichern sowie durch Trennoperationen verwirklicht.

Danach werden die Signale auf der Grundlage vorgegebener Regeln und Anweisungen in eine codierte Form überführt. In der Analytik geschieht das durch das analytische Meßprinzip auf der Basis von Naturgesetzen. Das Resultat dieser Operation sind Meßwerte, die durch den Schritt der Auswertung, der der

Decodierung entspricht, in eine sinnvolle Zeichenform, z. B. in chemische Symbole oder Zahlenwerte für Gehalte bzw. Strukturparameter, gebracht werden, die die geforderten Informationen darstellen.

Der analytische Prozeß besteht aus einer Folge gleichwertiger Teilschritte, durch die Informationen über das Untersuchungsobjekt und seine Eigenschaften im Rahmen einer übergeordneten Problemstellung gewonnen werden. Im Zusammenhang mit dem analytischen Prozeß spielen die Begriffe *Analysenprinzip*, *Analysenmethode* und *Analysenverfahren* eine Rolle.

Ein *Analysenprinzip* ist gekennzeichnet durch die Anwendung bestimmter naturwissenschaftlicher Erscheinungen zur Gewinnung analytischer Informationen. Es beschreibt damit die Wechselwirkungen, denen eine Probe unterzogen werden muß, um analytische Aussagen zu erhalten. Das Analysenprinzip wird im Rahmen des analytischen Prozesses durch den Teilschritt der *Messung* und in der Informationskette durch die *Codierung* (Abb. 1.9) bestimmt, die ein Analysenprinzip mit den zugrunde liegenden Naturgesetzen quantitativ beschreibt. Die unterschiedlichen praktischen Möglichkeiten, die in der Regel existieren, um die entsprechenden Wechselwirkungen auszulösen, gehören nicht zum Aussagenbereich eines Analysenprinzips, sondern sind Gegenstand von Analysenmethoden oder auch -verfahren.

Eine *Analysenmethode* verkörpert eine strategische Konzeption zur Erzielung optimaler Informationen über das Untersuchungsobjekt bei vorgegebenem Analysenprinzip. Analysenmethoden legen damit den Ablauf von Analysen in wesentlichen Zügen, nicht jedoch in allen Einzelschritten fest. Insbesondere werden charakteristische Merkmale der Probenvorbereitung, der Messung und der Auswertung sowie im Zusammenhang mit energetischen Wechselwirkungen die Form der der Probe zugeführten Primärenergie determiniert.

Durch ein *Analysenverfahren* wird schließlich der Gang der Analyse in allen Einzelheiten festgelegt [1.12, 1.13]. Vollständige Analysenverfahren sind gekennzeichnet durch eine *Arbeitsvorschrift*, die eine Folge eindeutiger Instruktionen enthält über:

1. die Probennahme und den Probenmassenbereich;
2. die Probenvorbereitung einschließlich der dazu benötigten Chemikalien, Hilfsstoffe und Geräte;
3. die Meßanordnung, insbesondere über alle verwendeten Geräte und variablen Meßparameter (z. B. Temperaturen, Spannungen, Feldstärken, Wellenlängen);
4. die Analyseneichfunktion und die Grundlagen der Eichung;
5. den Anwendungsbereich (Absolutmassenbereich und Gehaltsbereich);
6. die Selektivität bzw. Spezifität;
7. systematische und zufällige Fehler;
8. die Blindwerte und Erfassungsgrenzen;
9. den Zeitbedarf und gegebenenfalls die Kosten einer Analyse.

Ein Analysenverfahren verkörpert damit die Summe aller taktischen Schritte im Rahmen einer bestimmten Analysenmethode. Abb. 1.10 verdeutlicht das Verhältnis der Begriffe Analysenprinzip, -methode und -verfahren zueinander und zum analytischen Prozeß. Aus philosophischer Sicht verkörpern sie die Kategorien Allgemeines, Besonderes und Einzelnes.

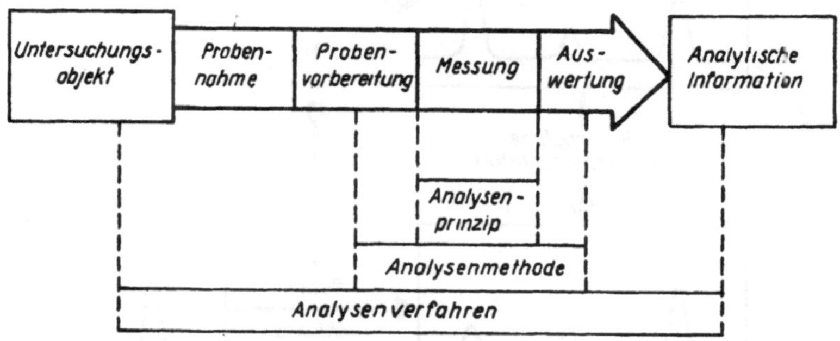

Abb. 1.10. Zur Veranschaulichung der Begriffe Analysenprinzip, Analysenmethode und Analysenverfahren

1.3. Die Teilschritte des analytischen Prozesses

Im Verlaufe des analytischen Prozesses werden die dem Untersuchungsobjekt inhärenten Signale in vielfältiger Weise verändert, und zwar zum Teil gezielt, teilweise aber auch unkontrolliert und störend. Gezielte Veränderungen betreffen die Form (Umwandlungen statischer Signale in dynamische und umgekehrt) oder die Größe der Signale (Selektion, Verstärkung). Störungen treten im Verlaufe des gesamten Analysenverfahrens aufgrund systematischer Fehler, die die Signale oder Signalfunktionen deformieren, und zufälliger Fehler, die zum Verrauschen der Signale führen, auf (↗ 1.3.4.3. sowie Abb. 1.11).

Die Teilschritte des analytischen Prozesses Probennahme, Probenvorbereitung, Messung und Auswertung sind gleichwertige Glieder einer Kette, von denen jeder mit objektiven und subjektiven Unsicherheiten behaftet ist.

1.3.1. Probennahme

Die Hauptforderung sinnvollen analytischen Arbeitens besagt, daß die Probennahme so erfolgen muß, daß die Probe für das Untersuchungsobjekt in bezug auf die Problemstellung *repräsentativ* ist. Die Probeninformationen müssen ein exaktes mathematisches Abbild der Informationen des Untersuchungsobjektes darstellen. Diese Forderung ist streng nur erfüllbar, wenn das gesamte Untersuchungsmaterial analysiert wird. In allen anderen Fällen – und das ist die Regel – muß eine möglichst gute Annäherung an diese Grundforderung angestrebt werden.

Der Probennahme kommt im Rahmen des analytischen Prozesses besondere Bedeutung zu; sie stellt gewissermaßen dessen neuralgischen Punkt dar. Abb. 1.11 macht deutlich, daß selbst bei sorgfältigstem analytischem Arbeiten

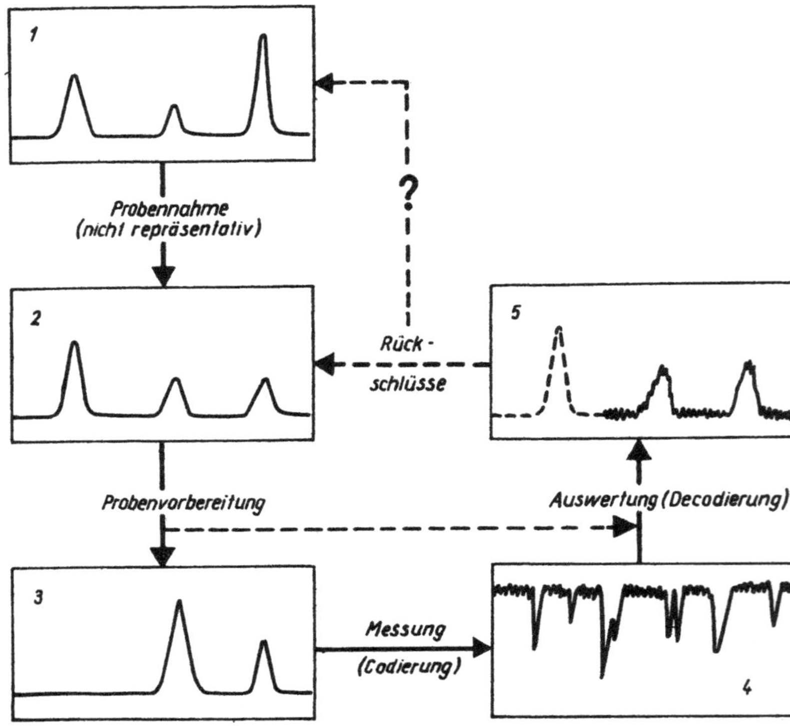

Abb. 1.11. Signalveränderungen im Verlaufe des analytischen Prozesses.
1 Signale des Untersuchungsobjektes; *2* Signale der Probe; *3* Signale der meßgerechten Probe; *4* Meßsignale (Meßergebnis); *5* Analysenresultat (schematische Darstellung)

das Analysenresultat immer nur Rückschlüsse auf die Probeninformationen zuläßt. Diese stimmen nur in dem Maße mit der objektiven Realität überein, wie die Probennahme sach- und fachgerecht erfolgte.

Prinzipiell die gleichen Überlegungen gelten für die Herstellung von *Eichproben* bzw. *Standardproben*, die jeweils ideale Objekte repräsentieren.

Beim Vorliegen homogener Untersuchungsobjekte bereitet die Probennahme kaum Schwierigkeiten. Das trifft in der Regel auf gasförmige und flüssige Materialien zu (Tab. 1.2). Da feste Substanzen häufig inhomogen sind, müssen für eine repräsentative Bestimmung der *Gesamtzusammensetzung* (Durchschnittsanalyse, integrale Analyse) folgende Voraussetzungen erfüllt sein:

1. Es muß eine ausreichende Menge von Probenmaterial, die für bestimmte Stoffsysteme (z. B. Erze [1.14]) durch empirische Regeln und Vorschriften festgelegt ist, genommen werden. Für Erze mit einer Korngröße von 1 mm sind für mittlere Gehalte bei durchschnittlicher Homogenität z. B. Probenmengen von 4 ... 8 kg bzw. 0,35 % der Gesamtmenge erforderlich.

Tabelle 1.2. Besonderheiten der Probennahme bei Gasen und Flüssigkeiten

	Bestimmung der Probenmenge	Probennahme
Gase und Flüssigkeiten mit hohem Dampfdruck	Volumenmessung	mittels geschlossener Systeme 1. Kondensieren in Kühlfallen 2. evakuierte Kolben 3. Büretten mit geeigneten Sperrflüssigkeiten
Heterogene flüssige Systeme	Volumenmessung oder Massenbestimmung	1. nach Homogenisierung – auf mechanischem Wege – durch Temperaturveränderung 2. mittels Phasentrennung

2. Diese Probenmenge muß einem genügend großen Stichprobenumfang entstammen. Die Anzahl n der benötigten Einzelproben kann nach

$$n = [s_{PN}t(P, f)/u]^2 \qquad (1.4)$$

aus der Probennahme-Standardabweichung s_{PN}, die als Streuung zwischen Einzelproben gesondert ermittelt werden muß, für eine erforderliche Gesamtgenauigkeit u (Gehaltsunsicherheit), mit der die betreffende Komponente zu bestimmen ist, sowie für eine bestimmte statistische Sicherheit P [↗ Gl. (1.38)] abgeschätzt werden.
3. Nach Vereinigung aller Teilproben zu einer Gesamtprobe muß durch kombinierte und abgestimmte Verfahrensschritte, wie Probenteilung, Durchmischung sowie gegebenenfalls weitere mechanische Operationen (Mahlen) für eine optimale Probenhomogenisierung gesorgt werden.

Dabei ist zu beachten, daß sich der durch die Probennahme bedingte Anteil am Gesamtfehler des Analysenverfahrens mit abnehmender Teilchengröße des Materials und mit größer werdender Probenmenge verringert [1.15]. Mikroanalytische Analysenmethoden stellen deshalb bei Durchschnittsanalysen besonders hohe Anforderungen an die Homogenität von Proben, bzw. sie ermöglichen deren Kontrolle auf verteilungsanalytischem Wege.

Fragen nach dem Anteil, der Art und der Zusammensetzung von Einzelkomponenten erfordern eine *Trennung* nach Phasen, Einschlüssen usw. (↗ 1.3.2.).

Zur analytischen Kontrolle von Prozessen werden dem Materialfluß zu verschiedenen Zeiten Proben entnommen. Die Größe der erforderlichen Zeitintervalle richtet sich nach dem benötigten Informationsfluß, der der jeweiligen Aufgabenstellung angepaßt sein muß (↗ 1.4.3.).

Die kontinuierliche Abzweigung eines Probenstromes aus dem Materialfluß eines Prozesses ist zwar weit verbreitet, besitzt aber gegenüber der diskontinuierlichen Probennahme Nachteile, wie Kaiser [1.19] theoretisch und praktisch nachweisen konnte (↗ auch [1.17]).

Der Gesamtfehler eines Analysenverfahrens hängt etwa in gleichem Maße von den Fehlern der Probennahme und der Messung ab. Aus ökonomischen Grün-

Tabelle 1.3. Bezeichnungen der Arbeitsbereiche in der Analytik (nach [1.16])

p	Probenmassenbereich S	Absolutmassenbereich Q	Gehaltsbereich C		p
+2					
+1	Grammbereich	Makroprobe			
0					0
	Dezigrammbereich				
−1			Hauptbestandteil		−1
	Zentigrammbereich	Mesoprobe			
−2					−2
	Milligrammbereich	Mikroprobe			
−3			Nebenbestandteil		−3
		Submikroprobe			
−4				Bereich der Spurenbestandteile	−4
−5	Mikrogrammbereich				−5
−6					−6
−7			Spuren		−7
−8	Nanogrammbereich				−8
−9					−9
−10					−10
−11	Picogrammbereich	Ultramikroprobe	Mikrospuren		−11
−12					−12
−13					−13
−14	Femtogrammbereich		Nanospuren		−14
−15					−15
−16					−16
−17	Attogrammbereich		Picospuren		−17
−18					−18

Die Maßzahl 10^p ist für den Probenmassenbereich S und den Absolutmassenbereich Q mit der Maßeinheit g, ml oder mol und bei Angaben der Gehaltsbereiche C in %, ppm oder ppb mit 10^2, 10^6 oder 10^9 zu multiplizieren!

den sollten deshalb beide von der gleichen Größenordnung sein, zumal die fehlervermindernden Auswirkungen immer präziserer Messungen auf den Gesamtfehler gering sind, solange nicht auch exaktere Methoden der Probennahme entwickelt werden.

Eine optimale Probennahme ist nur bei bestmöglicher Kenntnis des zu untersuchenden Systems und der übergeordneten Problemstellung möglich.

Für Routineanalysen in der Industrie existieren meist standardisierte Vorschriften (z. B. [1.18]) über die Probennahme, die Probenverjüngung (Homogenisierung und Teilung) und auch die Probenmengen.

Die Probenmenge ist keine willkürlich wählbare Größe. Die Nomenklatur für die *Arbeitsbereiche in der Analytik* [1.16] definiert die folgenden drei Größen, von denen jeweils zwei die dritte in gewissen Grenzen festlegen:

1. *Probenmassenbereich* $S = m_x + m_y$: Bereich der für die angewandte Analysenmethode zur Bestimmung der Komponente x (des *Analyten*) in der

Matrix y (Hauptbestandteil bzw. Summe der übrigen Bestandteile) erforderlichen Probenmenge.

2. *Absolutmassenbereich* $Q = m_x$: Bereich der Mengen des Analyten x, auf den ein Verfahren anwendbar ist.
3. *Gehaltsbereich* $C = \frac{m_x}{m_x + m_y}$.

Die empfohlenen Bezeichnungen für die jeweiligen Bereiche sind in Tab. 1.3 zusammengestellt. Die für den Probenmassenbereich und den Absolutmassenbereich zu verwendenden Einheiten sind g, ml und mol. Angaben zum Gehaltsbereich erfolgen mit den dimensionslosen Größen 1, %, ppm ($=10^{-6}$) oder ppb ($=10^{-9}$). Die gebräuchlichsten Maße für den Gehaltsbereich sind in Tab. 1.4 angegeben.

Tabelle 1.4. Zusammensetzungsgrößen: Gehalte bzw. Konzentrationen der Komponente x (Analyt) in einer Mischphase $x + y$

Zusammensetzungsgröße	Definitionsgleichung	Maßeinheit
Massenanteil	$w_x = \frac{m_x}{m_x + m_y}$	1
Volumenanteil	$\varphi_x = \frac{v_x}{v_{x+y}}$	1
Stoffmengenanteil (alt: Molenbruch)	$x_x = \frac{n_x}{n_x + n_y}$	1
Stoffmengenkonzentration (alt: Molarität)	$c_x = \frac{n_x}{v_{x+y}}$	$\frac{\text{mol}}{\text{l}}$
Äquivalentkonzentration (alt: Normalität)	$c_{ev,x} = \frac{z \cdot n_x}{v_{x+y}}$	$\frac{\text{mol}}{\text{l}}$
Molalität	$c_{m,x} = \frac{n_x}{m_y}$	$\frac{\text{mol}}{\text{kg}}$
Massenkonzentration (für reine Substanzen ist dies die Dichte)	$\varrho_x = \frac{m_x}{v_{x+y}}$	$\frac{\text{g}}{\text{l}}$

m_i Masse; v_i Volumen; n_i Stoffmenge; z stöchiometrische Wertigkeit

Aus dem mathematischen Zusammenhang

$$Q = S \cdot C \tag{1.5}$$

ergibt sich die in Abb. 1.12 wiedergegebene graphische Darstellung. Aus diesem Diagramm lassen sich die obere und die untere Grenze der Probenmasse aus dem Bereich der bestimmbaren Absolutmasse von Analysenverfahren und deren relevantem Gehaltsbereich auf graphischem Wege abschätzen. Die für Analysen praktisch benötigten Probenmengen sind häufig wesentlich größer infolge ana-

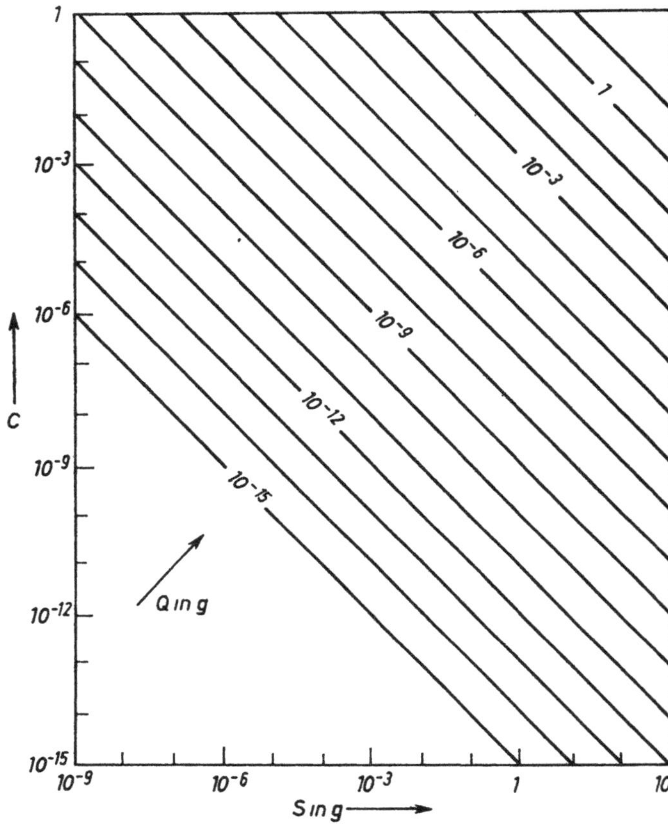

Abb. 1.12. System der Arbeitsbereiche in der Analytik in logarithmischer Darstellung (nach [1.16])
C Gehaltsbereich; *S* Probenmassenbereich; *Q* Absolutmassenbereich

lysentechnischer Manipulationen (Lösen, Probenteilung usw.) oder Probeninhomogenitäten sowie erforderlicher Parallelbestimmungen. Die Darstellung der Mengenbereiche liefert darüber hinaus Informationen über die sinnvolle Anwendbarkeit bestimmter Analysenmethoden für gegebene Probleme (Beispiele ↗ [1.6]).
Vertiefende Literatur: [1.18 bis 1.21].

1.3.2. Probenvorbereitung

Nur sehr wenige Analysenmethoden gestatten es, die Probe ohne jegliche Vorbereitung im Originalzustand zu untersuchen. In der Regel ist eine Überführung der Probe in eine *meßgerechte Form* erforderlich. Sie entspricht der Umwandlung von Probensignalen in eine der Codierung zugängliche Form.

Tabelle 1.5. Übersicht über die gebräuchlichsten Löse- und Aufschlußverfahren

Lösen		Chemische Reaktion				
		Ionenkombination		Oxydation–Reduktion		
Lösungsmittel	Zu lösende Substanzen	Reagens	Zu lösende Substanzen	Reagens	Zu lösende Substanzen	
Wasser Alkohole Ketone Ester Halogenkohlen-wasserstoffe Heterocyclen Carbonsäuren Ether Aromatische Kohlenwasserstoffe Aliphatische Kohlenwasserstoffe	Ionenverbindungen polare organische Verbindungen ↕ unpolare organische Verbindungen	Mineralsäuren HCl HNO_3 H_3PO_4 HF/H_2SO_4	} Oxide Hydroxide Carbonate Silicate	Mineralsäuren HCl HNO_3 Königswasser	} Metalle Chalkogenide	Löseaufschlüsse (Naßaufschlüsse)
				H_2SO_4 $HClO_4$	} organische Substanzen (Zerstörung)	
		Basen NaOH $NH_3 \cdot aq$	amphotere Oxide	$Zn + H_2SO_4$ verd.	unlösliche Halogenide	
		Komplexbildner NaCN KCN Alkalipolysulfide	Edelmetall-verbindungen Sulfide			
		Na_2CO_3	} Silicate Sulfate Borate	Na_2CO_3—$NaNO_3$ Na_2CO_3—Na_2O_2	} Erze Schlacken Stähle	Schmelz-aufschlüsse
		$KHSO_4$, $K_2S_2O_7$	schwerlösliche Oxide	Na, K	organische Substanzen	
				O_2	Sulfide Carbide organische Substanzen	Gasaufschlüsse
				Cl_2	Platinmetalle Mo-, W-Mineralien	
				H_2	Edelmetall-verbindungen	

Das betrifft in der Hauptsache den *Aggregatzustand* der Probe, der der anzuwendenden Analysenmethode angepaßt werden muß. Beispielsweise sind chemische und elektrochemische Analysenmethoden fast ausschließlich auf Lösungen anwendbar.

Tab. 1.5 gibt eine Zusammenstellung der gebräuchlichsten Verfahren der Probenauflösung. Unter *Lösen* ist strenggenommen nur die Überwindung der Gitterenergie des festen Stoffes durch die Solvatationsenergie (und gegebenenfalls zusätzliche thermische Energie) zu verstehen.

Bei allen anderen Verfahren wird der Feststoff chemisch-reaktiv in eine lösliche Form überführt. Ein Teil dieser Verfahren wird herkömmlich dem „Lösen" zugeordnet, der Rest als „*Aufschließen*" bezeichnet. Eine zweckmäßige Einteilung läßt sich vornehmen in

1. Aufschlüsse in Lösung (Naßaufschlüsse),
2. Schmelzaufschlüsse,
3. Aufschlüsse durch Gase.

Bei Proben, die im festen Zustand untersucht werden, spielen häufig der *Kristallzustand*, die *Homogenität* und die *Oberflächenbeschaffenheit* eine Rolle. Die Anwendung bestimmter Feinstruktur-Untersuchungsmethoden kann z. B. das Vorliegen einkristallinen Materials erfordern, der Einsatz mikroskopischer Methoden dagegen angeschliffene oder geätzte Probenoberflächen. In einen elektrisch leitenden Zustand müssen Proben z. B. für emissionsspektralanalytische oder elektronenstrahlmikroanalytische Untersuchungen überführt werden. Das kann einmal durch Bedampfen der Probenoberfläche mit leitenden Schichten oder durch Vermengen der gepulverten Probe mit Kohle- oder Metallpulvern erreicht werden.

Eine zweite Gruppe von Vorbereitungsmethoden zielt auf den Ausschluß von *Fehlcodierungen* ab, die durch störende Bestandteile z_i in der Probe hervorgerufen werden können. Die Störung des Nachweises oder der Bestimmung der interessierenden Komponente z_a kann beruhen auf:

1. einer *Blockierung* des Meßmechanismus aufgrund ausbleibender, unvollständiger oder geänderter Codierung infolge von Konkurrenzmechanismen anderer Bestandteile, wobei der Grad der Blockierung von der Menge der Störkomponenten abhängig ist;
2. der *Miterfassung* der störenden Komponenten z_i infolge gleicher Meßmechanismen und damit auch gleicher Codierung.

Derartige Störungen lassen sich durch vorgeschaltete *Trennoperationen* ausschließen (↗ 2.). Spezialfälle von Trennungen stellen Anreicherungen und Maskierungen dar.

Anreicherungsverfahren betreffen Trennungen von Spurenbestandteilen und Matrix und haben außerdem keine vollständige Abtrennung zum Ziel, sondern nur eine wesentliche Verbesserung der entsprechenden Gehaltsrelationen.

Durch *Maskierung*, die als „*innere Trennung*" aufzufassen ist, werden Störbestandteile in eine Form überführt, die Blockierungen ausschließt oder ihre Miterfassung verhindert. In der Hauptsache geschieht das durch Überführung in stabile Komplexverbindungen oder in andere Oxydationszustände. Die Maskierung läßt sich als eine Blockierung der störenden Konkurrenzmechanismen verstehen, durch die z. B. Blockierungen des eigentlichen Meßvorganges wieder aufgehoben werden.

Vertiefende Literatur: [1.22 bis 1.26].

1.3.3. Messung

Die in der Probe vorhandenen Signale tragen fast ausschließlich *statischen* Charakter. Im Verlaufe des Meßvorganges, der in energetischen bzw. stofflichen Wechselwirkungen mit der Probe besteht, werden diese in *dynamische Signale* der unterschiedlichsten Form überführt, z. B. in elektromagnetische oder Teilchenstrahlung, chemische Reaktionsabläufe oder Phasenumwandlungen. Als Ergebnis des Meßvorganges treten die Signale wieder in statischer Form auf, als Registrogramme, Photographien oder Meßwertlisten (Abb. 1.13).

Abb. 1.13. Signalumwandlung im Verlaufe des Meßprozesses

Das Meßprinzip wird durch die Art der Wechselwirkungen, denen die Probe ausgesetzt wird, charakterisiert. Grundsätzlich lassen sich dabei *elastische* und *unelastische Wechselwirkungen* unterscheiden.

1. Elastische Wechselwirkungen: Von analytischem Interesse sind in diesem Zusammenhang ausschließlich elastische Wechselwirkungen der Probe mit elektromagnetischer oder Teilchenstrahlung. Allgemein lassen sie sich durch die Bedingung

$$\sum \Delta E_k = 0 \tag{1.6}$$

E_k kinetische Energie

kennzeichnen. Die Strahlung erleidet im Verlaufe der Wechselwirkungen keine Änderung des Energiebetrages, sondern lediglich Richtungsänderungen. Diese Veränderungen ihrer räumlichen Struktur stehen in gesetzmäßigem Zusammenhang zur Struktur der Probe.

Die Meßgröße x ist im allgemeinen eine goniometrische, in der Regel eine trigonometrische Funktion der Energieverteilung, z. B. der Form

$$x = f(\sin I_E). \tag{1.7}$$

I_E Intensität

In Tab. 1.6 sind Analysenprinzipien und -methoden zusammengestellt, die auf elastischen Wechselwirkungen beruhen. Ihnen liegen optische Erscheinungen zugrunde, die sich mit den *Welleneigenschaften* der Strahlung oder der Teilchen beschreiben lassen. Die innere Energie der Probe und ihrer Bausteine wird bei elastischen Wechselwirkungen nicht verändert.

Tabelle 1.6. Auf elastischen Wechselwirkungen (Wellenerscheinungen) beruhende Analysenprinzipien

Wechselwirkende Energieform bzw. Teilchenart	Analysenprinzip bzw. -methode	Hauptsächlich zugrunde liegende physikalische Erscheinung				
		Br.	B./I.	Rf.	Pol.	Str.
Elektrische Wellen	Dielektrometrie	■				
Lichtwellen	Refraktometrie	■	■			
	Lichtmikroskopie		■	■	■	
	Nephelometrie, Tyndallometrie					■
	Polarimetrie	▨			■	
Röntgenstrahlung	Röntgenbeugung		■			▨
Elektronen	Elektronenbeugung		■			■
	Elektronenmikroskopie[1]		■	■		■
Ionen	Ionenreflexion (-rückstreuung)		▨	■		■
	Ionenmikroskopie[1]			■		■
Neutronen	Neutronenbeugung		▨	■		■

[1]) Emissionselektronenmikroskopische Methoden und die Ionenmikroskopie beruhen auf quasielastischen Wechselwirkungen.
Br. Brechung; B./I. Beugung und Interferenz; Rf. Reflexion; Pol. Polarisation; Str. Streuung.

2. *Unelastische Wechselwirkungen:* Der weitaus größte Teil der Analysenprinzipien beruht auf unelastischen Wechselwirkungen der Probe mit äußeren Energiesystemen. Dabei wird sowohl die innere Energie der Probe als auch die äußere Energie verändert. Es gilt

$$\sum \Delta E_k = -\sum \Delta U, \tag{1.8}$$

wobei jeder Änderung der kinetischen Energie E_k in eindeutiger Weise Differenzen der inneren Energie U zuordenbar sein müssen (Abb. 1.14).

Der Betrag von ΔU bzw. ΔE_k charakterisiert die Art der in der Probe vorhandenen Bestandteile; die Summe aller gleichartigen ΔE-Quanten, als Intensität $I_{\Delta E}$ bezeichnet, liefert Informationen über die Mengen dieser Bestandteile.

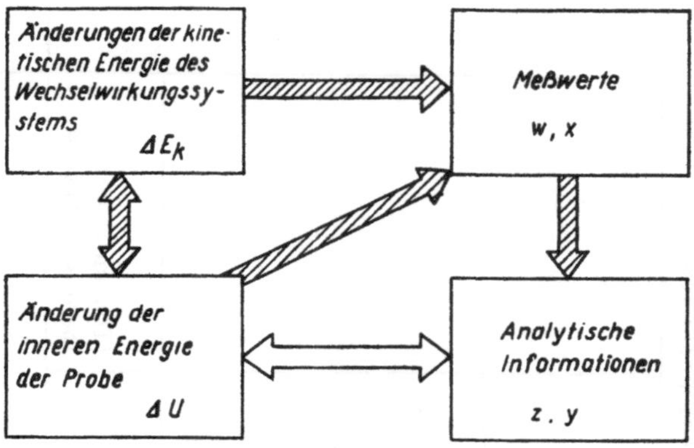

Abb. 1.14. Analytische Informationen durch Messungen auf der Grundlage unelastischer Wechselwirkungen
(gestrichelte Pfeile: direkte; umrandeter Pfeil: indirekte Informationen)

Der mathematische Zusammenhang zwischen den Meßgrößen w bzw. x, den relevanten Energiegrößen ΔE (ΔE_k bzw. ΔU) bzw. der Intensität $I_{\Delta E}$ und den analytischen Informationen auf der Grundlage des jeweiligen Wechselwirkungsmechanismus wird durch die Meßfunktionen

$$w = f(z) \quad \text{mit} \quad f(z) = g(\Delta E), \tag{1.9}$$

$$x = F(y) \quad \text{mit} \quad F(y) = G(I_{\Delta E}) \tag{1.10}$$

zum Ausdruck gebracht.

Die durch den Meßvorgang erfolgende *Codierung* läßt sich gedanklich in zwei Teilschritte zerlegen:

a) Codierung der Probensignale in Energiesignale,
b) Codierung dieser Energiegrößen in Meßgrößen.

Beide Teilschritte werden jeweils durch die dem betreffenden Analysenprinzip zugrunde liegenden Naturgesetze sowie empirische, gerätetechnisch bedingte Gesetzmäßigkeiten und Regeln beschrieben. Zusammengefaßt stellen sie die ***Meßfunktion*** oder ***Eichfunktion*** des betreffenden Analysenprinzips dar. Eine Zusammenstellung der auf unelastischen Wechselwirkungen beruhenden Analysenprinzipien im Zusammenhang mit den Formen der inneren Energie stofflicher Systeme zeigt Tab. 1.7.

Tabelle 1.7. Formen der inneren Energie stofflicher Systeme und auf ihnen beruhende Analysenprinzipien

<table>
<tr><th rowspan="2">Innere Energie</th><th colspan="5">Stoffliche Systeme</th></tr>
<tr><th>Elementarteilchen</th><th>Atome, Ionen</th><th>Moleküle</th><th>Aggregierte Systeme</th><th>Reaktionssysteme</th></tr>
<tr><td>Translation
Masse
Ladung</td><td>Detektions-
methoden</td><td colspan="2">Massenspektroskopie</td><td>(Trennmethoden)</td><td rowspan="7"></td></tr>
<tr><td colspan="2" rowspan="2">Kernenergie
Kernmomente
Nukleonen-Niveaus
Kernbindungsenergie</td><td colspan="2">Kernresonanzspektroskopie
Mößbauer-Spektroskopie</td><td rowspan="5"></td></tr>
<tr><td>Aktivierungs-
analyse</td><td></td></tr>
<tr><td colspan="2" rowspan="2">Elektronenenergie
Elektronenmomente
Elektronenniveaus
Ionisierungsenergie</td><td colspan="2">Elektronenspin-Resonanzspektroskopie
Röntgen- und Elektronenspektroskopie</td></tr>
<tr><td>Atom-
spektroskopie</td><td>UV-VIS-
Spektroskopie</td></tr>
<tr><td colspan="3">Molekülenergie
Rotationsenergie
Schwingungsenergie
Dissoziationsenergie</td><td>Mikrowellen-,
IR- und Raman-
Spektroskopie</td></tr>
<tr><td colspan="4">Aggregationsenergie
Van-der-Waalssche Kräfte
Gitterenergie</td><td>(Trennmethoden)
thermische Analyse</td></tr>
<tr><td colspan="5">Reaktionsenergie
Chemisches Potential
Elektrochemisches
Potential</td><td>chemische Analyse
elektrochemische
Analyse</td></tr>
</table>

1.3.4. Auswertung

1.3.4.1. Funktionale Auswertung und Eichung[1])

Aus den Meßsignalen w oder x werden die analytischen Informationen z oder y durch Umkehrung der Meßfunktionen (1.9) bzw. (1.10) erhalten:

$$z = f^{-1}(w), \tag{1.11}$$

$$y = F^{-1}(x). \tag{1.12}$$

Die Gln. (1.11) und (1.12) werden als *Analysenfunktionen* bezeichnet.

In den seltensten Fällen liegt der mathematische Ausdruck solcher Funktionen a priori fest. Das trifft nur dann zu, wenn die Variablen durch Koeffizienten verknüpft sind, denen eine eindeutige chemische oder physikalische Bedeutung zukommt. Das ist z. B. bei gravimetrischen oder titrimetrischen Analysenfunktionen der Fall.

In der Regel muß der funktionale Zusammenhang jedoch experimentell durch *Eichung* ermittelt werden. Dabei werden für Proben mit bekannten Werten von z oder y die Meßwerte w bzw. x experimentell bestimmt. Mit Hilfe graphischer oder rechnerischer Interpolationsverfahren, in speziellen Fällen auch Extrapolationsverfahren (z. B. *Eichzusatzverfahren*), können die Eichungen dann unter den Bedingungen *vollständiger Analysenverfahren* (↗ 1.2.) zur Ermittlung unbekannter analytischer Informationen dienen.

In diesem Zusammenhang sei festgestellt, daß prinzipiell jeder Analysenmethode eine Eichung zugrunde liegt. Auch die sogenannten „absoluten" Methoden, bei denen sich die Analysengröße nur durch einen stöchiometrischen Faktor von der Meßgröße unterscheidet

$$y = a \cdot x, \tag{1.13}$$

wie z. B. bei der Gravimetrie, oder in denen dieser Faktor $a = 1$ sein kann (Elektrogravimetrie im Falle von Metallabscheidungen), bedurften einer Eichung, einmal in bezug auf die Ermittlung dieses Proportionalitätsfaktors, zum anderen in bezug auf die Fixierung der Arbeitsbedingungen, bei denen allein die Analysenfunktion gilt.

Allerdings bieten solche Analysenmethoden den Vorteil, nicht ständig neue Eichungen zu erfordern. Dieser Vorzug wird besonders bei Mehrkomponentenanalysen deutlich. Nach KAISER [1.27] sind für die Bestimmung von n Bestandteilen N_M Eichmessungen und N_P Eichproben erforderlich:

$$N_M = n^2(p-1)^n, \tag{1.14}$$

$$N_P = n(p-1)^n, \tag{1.15}$$

p Zahl der Eichpunkte je Eichfunktion

[1]) Der Begriff *Eichung* ist hier in der Bedeutung *Kalibrierung* zu verstehen, nicht jedoch als amtliche Prüfung eines Meßmittels.

falls nicht Verfahren angewandt werden, die weitgehend *selektiv* (↗ 1.3.4.2.) in bezug auf die Bestandteile sind. In diesem Falle wird die Anzahl der notwendigen Eichmessungen auf $n(p - 1)$ verringert.

Für die Darstellung des Zusammenhanges zwischen Meß- und Analysenwerten sind hauptsächlich drei Methoden gebräuchlich:

1. *Tabellarische Zuordnungen* werden insbesondere für die Ermittlung der Art von Bestandteilen, für die qualitative Element- und Strukturanalyse verwendet. Bekannte Beispiele sind die Spektrallinientabellen der optischen oder der Röntgenspektralanalyse sowie die Zuordnungstafeln der Molekülspektroskopie, aber auch Schemata von chemischen Trennungsgängen.
2. *Graphische Darstellungen* finden vorrangig für die Bestimmung der Menge von Bestandteilen Anwendung, vor allem bei empirischen Eichungen. Dabei bemüht man sich stets um einen linearen funktionalen Zusammenhang zwischen y und x, den man gegebenenfalls durch mathematische Transformationen aus den ursprünglichen Meß- und Analysenfunktionen (1.10) bzw. (1.12) und Darstellung auf Funktionspapieren erhalten kann.
3. *Funktionsgleichungen* sind die objektivste und zugleich komprimierteste Art der Darstellung.

Im Falle eines linearen Zusammenhanges zwischen Meßwerten x und analytischen Informationsgrößen (Analysendaten) y erhält man für die Eichfunktion

$$x = a_x \cdot y + b_x \tag{1.16}$$

und für die Analysenfunktion

$$y = a_y \cdot x + b_y . \tag{1.17}$$

Die Schätzung des Regressionskoeffizienten a_x bzw. a_y und des Absolutgliedes b_x bzw. b_y aus den Meßwerten und den Analysendaten erfolgt dann nach:

$$a_x = \frac{Q_{xy}}{Q_y}, \qquad b_x = \frac{1}{N}\left(\sum x_i - a_x \sum y_i\right), \tag{1.18}$$

$$a_y = \frac{Q_{xy}}{Q_x}, \qquad b_y = \frac{1}{N}\left(\sum y_i - a_y \sum x_i\right) \tag{1.19}$$

mit

$$Q_x = \sum x_i^2 - \frac{1}{N}\left(\sum x_i\right)^2, \tag{1.20}$$

$$Q_y = \sum y_i^2 - \frac{1}{N}\left(\sum y_i\right)^2, \tag{1.21}$$

$$Q_{xy} = \sum x_i \cdot y_i - \frac{1}{N}\left(\sum x_i\right) \cdot \left(\sum y_i\right) \tag{1.22}$$

(N: Zahl der für die Regressionsrechnung verwendeten Wertepaare (x_i, y_i)).

Eine Beurteilung, inwieweit der Zusammenhang zwischen Meß- und Analysendaten wirklich linear ist, kann quantitativ mit Hilfe des Korrelationskoeffizienten r gegeben werden:

$$r = \frac{Q_{xy}}{\sqrt{Q_x \cdot Q_y}} = \sqrt{a_y \cdot a_x} . \tag{1.23}$$

Ein exakt linearer Zusammenhang liegt vor, wenn $|r| = 1$ ist. Ist der Zusammenhang zwischen Meß- und Analysendaten jedoch nichtlinear, so ist es oft möglich, durch linearisierende Transformationen lineare Zusammenhänge zu erhalten, die dann mit den Mitteln der linearen Regression behandelt werden können [1.28]. Die Meß- und Analysenfunktionen erhält man nach erfolgter Regressionsrechnung durch Rücktransformation.

Führen jedoch solche linearisierenden Transformationen nicht zum Ziel, so sind die Methoden der nichtlinearen Regressionsrechnung anzuwenden. Grundsätzlich kann dazu hier nur angemerkt werden, daß jeder beliebige Zusammenhang zwischen Meß- und Analysendaten durch ein Polynom N-ten Grades (bei $N + 1$ Wertepaaren exakt) approximiert werden kann:

$$y = \sum_{i=0}^{N} a_i \cdot x^i. \tag{1.24}$$

Der mathematische Aufwand für die nichtlineare Regression steigt jedoch mit wachsendem N beträchtlich an (↗ [1.29]).

1.3.4.2. Empfindlichkeit von Analysenverfahren

Die erste Ableitung der Meßfunktion $F(y)$ gibt die Abhängigkeit der Meßgröße vom Analysenwert und damit die ***Empfindlichkeit E*** eines Analysenverfahrens an

$$E = F'(y) = \frac{\mathrm{d}x}{\mathrm{d}y}. \tag{1.25}$$

Im Falle linearer Eichfunktionen $x = a_x \cdot y + b_x$ stellt die Steigung der Eichgeraden die Empfindlichkeit dar (Abb. 1.15)

$$E = \frac{\Delta x}{\Delta y} = a_x. \tag{1.25a}$$

Mehrkomponentenanalysen erfordern ein System von Eichfunktionen, deren Koeffizienten die *partiellen Empfindlichkeiten* darstellen, mit denen die einzelnen Meßgrößen auf Änderungen der Analysengrößen (Gehalte) der verschiedenen Bestandteile ansprechen [1.27]

$$\gamma_{ik} = \frac{\partial x_i}{\partial y_k}. \tag{1.26}$$

Mit diesen Größen lassen sich Störungen von Meßwerten durch bestimmte Probenbestandteile angeben („*Matrixeffekte*", „*Dritte-Partner-Effekte*").

Die Matrix der partiellen Empfindlichkeiten, nach KAISER [1.27] auch *Eichmatrix eines Analysenverfahrens* genannt,

$$\gamma = \begin{pmatrix} \gamma_{11} & \gamma_{12} & \cdots & \gamma_{1n} \\ \gamma_{21} & \gamma_{22} & \cdots & \gamma_{2n} \\ \vdots & \vdots & & \vdots \\ \gamma_{n1} & \gamma_{n2} & \cdots & \gamma_{nn} \end{pmatrix} \tag{1.27}$$

liefert nicht nur ein Maß für die Empfindlichkeit von Analysenverfahren für Mehrkomponentensysteme, sondern auch für deren *Selektivität* und *Spezifität*.

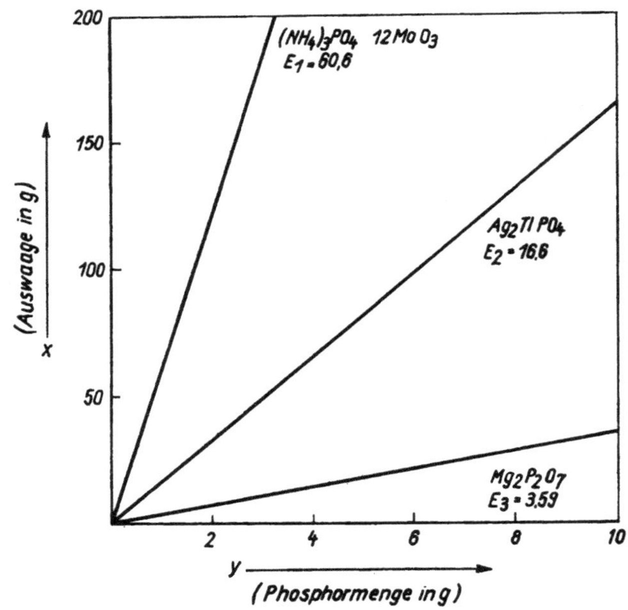

Abb. 1.15. Empfindlichkeit verschiedener gravimetrischer Analysenverfahren zur Phosphorbestimmung

Die Empfindlichkeit eines Bestimmungsverfahrens für ein n-Komponentensystem ergibt sich aus der Determinante der Matrix nach Gl. (1.27)

$$E(n) = \det(\gamma_{ik}). \tag{1.28}$$

Als *selektiv* wird ein Analysenverfahren bezeichnet, wenn alle Elemente der Matrix gemäß Gl. (1.27), außer denen der Hauptdiagonale γ_{ii} gegen Null gehen. Jede Komponente ist dann unabhängig neben den anderen zu bestimmen. Es liegt auf der Hand, daß diese Bedingung um so besser erfüllt ist, je größer das *analytische Auflösungsvermögen* (↗ 1.4.2.) einer Analysenmethode ist.

Dagegen ist ein Analysenverfahren in bezug auf einen Bestandteil *a spezifisch*, wenn nur ein einziges Element γ_{aa} der Matrix von Null verschieden ist.

Mit den von KAISER [1.27] eingeführten Ausdrücken für die Selektivität Ξ und die Spezifität Ψ_a

$$\Xi = \underset{i=1 \ldots n}{\mathrm{Min}} \left(\frac{\gamma_{ii}}{\sum_{k=1}^{n} |\gamma_{ik}| - |\gamma_{ii}|} - 1 \right), \tag{1.29}$$

$$\Psi_a = \frac{|\gamma_{aa}|}{\sum_{k=1}^{n} |\gamma_{kk}| - |\gamma_{aa}|} - 1 \tag{1.30}$$

läßt sich ein bestimmter Grad an Selektivität bzw. Spezifität angeben. Bei sehr großen Werten von Ξ bzw. Ψ (theoretisch ∞) ist ein Verfahren vollkommen selektiv bzw. völlig spezifisch, bei kleinen Werten sind selektive bzw. spezifische Bestimmungen nicht möglich.

1.3.4.3. Statistische Bewertung von Analysenverfahren

Meßgrößen und damit auch Analysenergebnisse sind grundsätzlich und teilweise unabänderlich mit Fehlern behaftet. Es lassen sich zwei Arten von Fehlern unterscheiden:

1. *systematische Fehler*, deren Anwesenheit und Größe die *Richtigkeit* eines Analysenverfahrens und damit der Ergebnisse kennzeichnet;
2. *zufällige Fehler*, deren Betrag die *Genauigkeit* (*Reproduzierbarkeit*, *Präzision*) eines Verfahrens bestimmt.

Zufallsfehler haben ihre Ursachen in Störungen, die im Verlaufe des analytischen Prozesses auf die übertragenen Signale einwirken. Sie sind nicht vollständig vermeidbar, und ihre Ursachen sind nicht im einzelnen charakterisierbar.

Demgegenüber geben systematische Fehler die Abweichungen der Ergebnisse vom wahren Wert an. Hervorgerufen werden sie durch einseitig wirkende Störeinflüsse, die prinzipiell erkennbar sind und ausgeschaltet werden müssen.

Den Unterschied zwischen systematischen und zufälligen Fehlern verdeutlicht Abb. 1.16. Wenn der wahre Wert innerhalb des Vertrauensbereiches des Mittelwertes $\bar{x}$, der den Zufallsfehler kennzeichnet, liegt (μ_2), bezeichnet man das erhaltene Ergebnis als richtig; liegt der wahre Wert außerhalb dieses Intervalls (μ_1), ist das Ergebnis falsch.

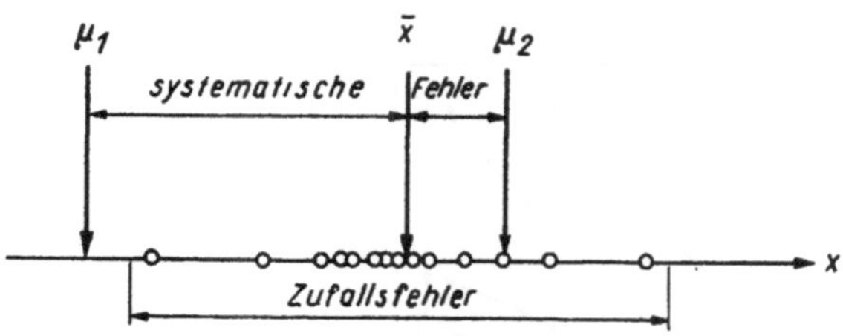

Abb. 1.16. Zur Verschaulichung systematischer und zufälliger Fehler
μ_1, μ_2 wahre Werte; $\bar{x}$ Mittel der Meßwerte

Nicht in jedem Falle ist es möglich, streng zwischen systematischen und zufälligen Fehlern zu unterscheiden. Das betrifft insbesondere schwankende Fehler, deren Ursachen nicht nur im Verfahren, sondern auch im untersuchten Stoff (z. B. in dessen Inhomogenität) liegen.

1.3.4.3.1. Richtigkeit von Analysenverfahren und -ergebnissen

Die *Richtigkeit*, die sich auf die Differenz zwischen einem Analysenergebnis (i. allg. einem Mittelwert) und dem wahren Wert bezieht [1.30], wird durch die in allen Teilschritten des analytischen Prozesses auftretenden systematischen Fehler bestimmt. In Extremfällen können systematische Fehler auch bereits in einer falschen Problemstellung begründet liegen.

Wesentliche Fehlerquellen stellen die Probennahme und die Probenvorbereitung dar. Auch die Zusammensetzung der Probe selbst kann das Ergebnis infolge von Matrixeffekten systematisch verfälschen. Eine rechnerische Eliminierung von Matrixeinflüssen ist mit Hilfe der Gln. (1.26) und (1.27) prinzipiell möglich, läßt sich praktisch jedoch selten realisieren. Die häufigste Ursache für das Auftreten systematischer Fehler liegt allgemein in einer falschen Verfahrenseichung aufgrund ungeeigneter Eichproben, unzureichender Methoden oder unvollkommener theoretischer Eichgrundlagen.

Nach ihrem Einfluß auf die Analysengröße unterscheidet man:

1. additive (konstante) Fehler,
2. multiplikative (linear dem Meßwert proportionale) Fehler,
3. nichtlinear meßwertabhängige Fehler.

Additive Fehler verfälschen alle Meßwerte um den gleichen Betrag. Anstelle des wahren Wertes x mißt man den verfälschten Wert

$$x' = x + b. \qquad (1.31)$$

Additive Fehler können ihre Ursache z. B. in nicht erkannten Blindwerten haben. In der graphischen Darstellung äußern sie sich in einer Parallelverschiebung der Eichkurve (Abb. 1.17).

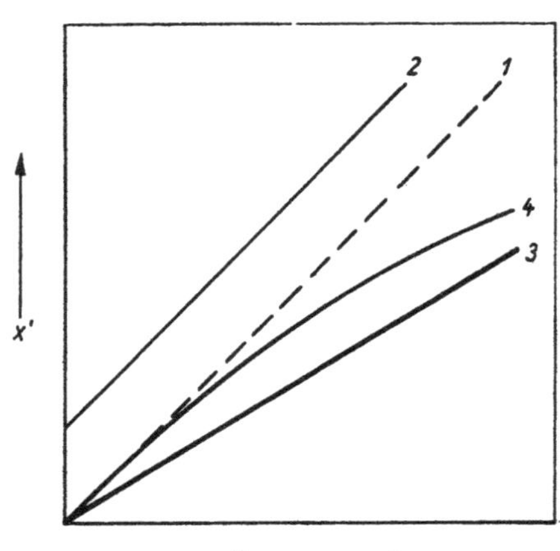

Abb. 1.17. Verfälschung von Eichkurven durch systematische Fehler
1 wahre Eichkurve; *2* additive Fehler; *3* multiplikative Fehler; *4* nichtlinear meßwertabhängige Fehler

Demgegenüber verändern multiplikative Fehler den Anstieg der Eichkurve, da statt des wahren Wertes x der Wert

$$x' = a \cdot x \tag{1.32}$$

gemessen wird. Sie können durch fehlerhafte Eichfaktoren, z. B. durch falsche Titerstellung bei der Titration, hervorgerufen werden.

Beim Vorliegen nichtlinear meßwertabhängiger Fehler wird anstelle des wahren Wertes ein verfälschter Wert

$$x' = x^k \tag{1.33}$$

gemessen. In diesem Falle wird nicht nur die räumliche Lage, sondern auch die Form der Eichkurve verändert (Abb. 1.17). In der Emissionsspektralanalyse führt z. B. die Verwendung von Analysenlinien mit Selbstumkehr zu einer derartigen Verfälschung der Analysenwerte.

Häufig treten die genannten systematischen Fehler gemeinsam auf, ihr Erkennen läuft in jedem Falle auf eine Bestimmung der Größen a, b und k hinaus. Am sichersten gelingt dies, wenn x' in Abhängigkeit vom wahren Wert x gemessen werden kann, also durch Testanalysen von Standardproben genau bekannter Zusammensetzung.

Stehen derartige Standards nicht zur Verfügung, müssen die Einflußgrößen mit Hilfe mathematisch-statistischer Methoden bestimmt werden. In einfachen Fällen gelingt es häufig, durch zweckmäßige Variation von Einwaagen und Eichzusätzen den bekannten wahren Wert x zu eliminieren und a, b und k zu errechnen. Die Erkennung und Vermeidung systematischer Fehler wird ferner durch den Einsatz unabhängiger Analysenmethoden sowie durch Bilanzbetrachtungen ermöglicht (↗ dazu insbesondere [1.4], [1.31], [1.32]).

Da falsche analytische Informationen in der Regel wissenschaftliche, technische und ökonomische Fehlentscheidungen unterschiedlicher Tragweite nach sich ziehen können, müssen systematische Fehler erkannt und korrigiert oder besser deren Ursachen beseitigt werden.

1.3.4.3.2. Genauigkeit von Analysenverfahren und -ergebnissen

Aus naturgesetzlichen, meßtechnischen, aber auch personell-subjektiven Gründen sind Meßwerte unvermeidlichen zufälligen Schwankungen unterworfen. Die *Genauigkeit* (Präzision) bezieht sich auf die Abweichungen zwischen den als Zufallsvariable zu bezeichnenden Meßwerten, d. h. auf die „Streuung“ zwischen ihnen [1.30]. Als Maß für diese Meßwertstreuungen dient die *Standardabweichung*.

Die Wahrscheinlichkeitsverteilung von Meßwerten läßt sich in der Analytik häufig durch eine Gaußfunktion beschreiben (Abb. 1.18). Beim Vorliegen einer sehr großen Anzahl von Meßwerten ($N \to \infty$) entspricht das Maximum der Kurve dem Mittelwert μ der Messung. Die Standardabweichung σ stellt den halben Abstand der Kurvenwendepunkte dar und charakterisiert so die Kurvenform und damit das Ausmaß der Meßwertstreuung.

Für eine begrenzte Anzahl von Meßwerten, mit der man es in der Analytik stets zu tun hat, lassen sich anstelle von μ und σ nur die entsprechenden

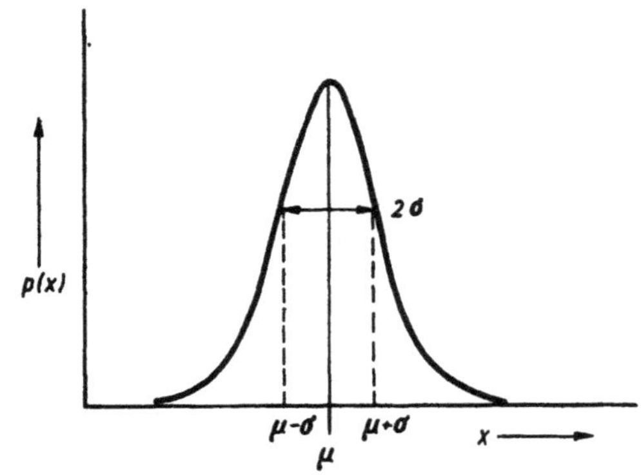

Abb. 1.18. Häufigkeitsdichte der Gauß- oder Normalverteilung

$$p(x) = \frac{1}{\sigma\sqrt{2\pi}} \cdot \exp\left(-\frac{(x-\mu)^2}{2\sigma^2}\right).$$

Geometrische Bedeutung des Mittelwertes μ und der Standardabweichung σ

$$\mu = \lim_{N\to\infty} \bar{x}$$

Schätzwerte $\bar{x}$ und s angeben

$$\bar{x} = \frac{\sum x_i}{N}, \tag{1.34}$$

$$s = \sqrt{\frac{\sum (x_i - \bar{x})^2}{f}}. \tag{1.35}$$

$f = N - 1$; Anzahl der statistischen Freiheitsgrade

Für die Bildung des Mittelwertes sind signifikant als *Ausreißer* erkannte Meßwerte auszuschließen (Nachweis mit Hilfe statistischer Prüfgrößen, ↗ z. B. [1.33]). Eine Mittelwertbildung nach Gl. (1.34) ist außerdem nicht statthaft, wenn die Meßwerte eine stetig steigende oder fallende Tendenz zeigen.

Die Standardabweichung kennzeichnet vollständige Analysenverfahren. Ihr Betrag wird aufgrund dessen von allen Teilschritten des analytischen Prozesses in wechselndem Maße beeinflußt und ergibt sich nach dem Fehlerfortpflanzungsgesetz aus dem Probennahmefehler s_{PN}, dem Fehler der Probenvorbereitung s_{PV} (hervorgerufen z. B. durch Trennoperationen) und dem Meßfehler s_M

$$s = \sqrt{s_{PN}^2 + s_{PV}^2 + s_M^2}. \tag{1.36}$$

Häufig werden die Standardabweichungen auf den Mittelwert der Messung bezogen und als *relative Standardabweichung* s_r bezeichnet.

$$s_r = \frac{s}{\bar{x}}. \tag{1.37}$$

Die Gelegentliche Bezeichnung als *Variationskoeffizient V* wird neuerdings nach den IUPAC-Nomenklaturregeln nicht mehr empfohlen wird [1.30].

Im allgemeinen sind Analysenverfahren in dem Gehaltsbereich optimal einsetzbar, in dem sowohl die absolute als auch die relative Standardabweichung ihr relatives Minimum erreichen.

Kennzeichnet man Analysenverfahren in der Regel durch die Standardabweichung, so werden Analysenergebnisse meist durch den Vertrauensbereich (Vertrauensintervall) des Mittelwertes $\Delta\bar{x}$ charakterisiert. Er gibt den Bereich an, innerhalb dessen bei Abwesenheit systematischer Fehler der wahre Wert mit einer vorgegebenen statistischen Sicherheit P (meist $P = 0{,}95$) anzutreffen ist:

$$\Delta\bar{x} = \frac{s \cdot t(P, f)}{\sqrt{N_i}}. \qquad (1.38)$$

N_i Anzahl der Parallelbestimmungen

Dabei ist $t(P, f)$ ein von der Zahl der Freiheitsgrade und der gewählten statistischen Sicherheit abhängiger Zahlenwert, der Tabellen zu entnehmen ist.

Neben der Gaußverteilung spielt in der Analytik, vor allem bei Spurenanalysen, noch die logarithmische Normalverteilung eine Rolle. Die Asymmetrie dieser Verteilung bringt zwei Besonderheiten mit sich:

1. Der Mittelwert μ wird am besten durch das geometrische Mittel der Meßwerte angenähert

$$\mathring{x} = \sqrt[N]{\prod x_i}. \qquad (1.39)$$

2. Der Vertrauensbereich ist aufgrund der logarithmischen Transformation unsymmetrisch. Seine obere und untere Grenze ergibt sich aus

$$x_{o,u} = \mathring{x} \cdot \nu \qquad (1.40)$$

und wird durch den Fehlerfaktor ν [1.32]

$$\nu = 10^{\pm s \cdot t(P,f)/\sqrt{N_i}} \qquad (1.41)$$

bzw. durch die Größe

$$\mathring{s}_r = \nu - 1 \qquad (1.42)$$

gekennzeichnet, eine der relativen Standardabweichung analogen Kennzahl.

Die Mitteilung analytischer Informationen hat stets unter Angabe von Kenngrößen, die die Genauigkeit charakterisieren, zu erfolgen; für normalverteilte Analysenwerte in der Form

$$\{\bar{x} \pm \Delta\bar{x}\} \cdot [\bar{x}] \quad (s_r, P, N_i) \qquad (1.43)$$

$\{\bar{x}\}$ Maßzahl von $\bar{x}$
$[\bar{x}]$ Maßeinheit von $\bar{x}$,
P statistische Sicherheit (meist $P = 0{,}95$),
N_i Zahl der Parallelbestimmungen,

bzw. beim Vorliegen logarithmisch-normalverteilter Analysenwerte in der Form

$$\{\mathring{x}\} \cdot [\mathring{x}] \quad (\mathring{s}_r, P, N_i). \qquad (1.44)$$

Die Genauigkeit von Analysenwerten und -verfahren läßt sich mit Hilfe statistischer Prüfverfahren (Signifikanzprüfungen) objektiv vergleichen. Zwei Standardabweichungen s_1 und s_2 werden durch den sogenannten F-Test auf signifikante Unterschiede geprüft, indem das Verhältnis

$$\hat{F} = \frac{s_1^2}{s_2^2} \quad (s_1 > s_2) \tag{1.45}$$

mit einer Tabellen zu entnehmenden Prüfgröße $F(P; f_1, f_2)$ verglichen wird. Gesicherte Unterschiede, und damit gegebenenfalls die Überlegenheit eines Verfahrens über ein anderes, ergeben sich, wenn $\hat{F} > F(P = 0{,}99;\ f_1, f_2)$.

Zwei Mittelwerte $\bar{x}_1$ und $\bar{x}_2$, die aus N_1 bzw. N_2 Messungen hervorgegangen sind, werden verglichen, indem der Ausdruck

$$\begin{aligned} \hat{t} &= \frac{|\bar{x}_1 - \bar{x}_2|}{s_d} \sqrt{\frac{N_1 \cdot N_2}{N_1 + N_2}}, \\ s_d &= \sqrt{\frac{\sum (x_{1i} - \bar{x}_1)^2 + \sum (x_{2i} - \bar{x}_2)^2}{f}}, \\ f &= N_1 + N_2 - 2 \end{aligned} \tag{1.46}$$

der Prüfgröße $t(P; f)$ gegenübergestellt wird (t-Prüfung). Ein signifikanter Unterschied besteht, wenn $\hat{t} > t(P = 0{,}99; f)$.

In bezug auf Einzelheiten ↗ z. B. [1.33], [1.34].

1.3.4.3.3. Nachweis- und Erfassungsgrenze

Der kleinste Meßwert, der bei einem Analysenverfahren mit ausreichender statistischer Sicherheit erfaßbar ist, hängt einerseits von der *Empfindlichkeit* des Verfahrens, zum anderen vom *Blindwert* und seiner Streuung sowie von der Meßwertstreuung σ_x ab. Den Sachverhalt verdeutlicht Abb. 1.19.

Der Meßwert an der *Nachweisgrenze* x_N gibt die obere Grenze des Störpegels (des „Rauschens") eines Verfahrens an. Er muß um mindestens drei Blindwertstandardabweichungen σ_B oberhalb des Blindwertes x_B liegen, um von diesem unterscheidbar zu sein [1.4; 1.8]:

$$x_N = \bar{x}_B + 3\sigma_B. \tag{1.47}$$

Aufgrund der Blindwert- und der Meßwertstreuung werden jedoch nur in 50% der Fälle durch Analysenwerte an der Nachweisgrenze Meßsignale erhalten, während die andere Hälfte als Blindwert angesprochen wird, da die halbe Fläche der Gaußkurve *2* (Abb. 1.19) innerhalb des schraffierten Störpegels liegt.

Ein Meßwert ist nur dann mit ausreichend hoher Sicherheit ($P = 0{,}998$) vom Störpegel zu unterscheiden, wenn gilt

$$x_E = x_N + 3\sigma_w. \tag{1.48}$$

Mit $\sigma_x \approx \sigma_B$ ergibt sich

$$x_E = \bar{x}_B + 6\sigma_B. \tag{1.49}$$

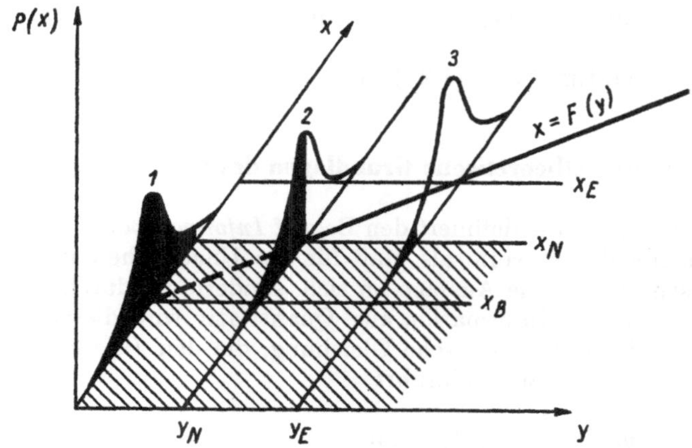

Abb. 1.19. Schematische Darstellung zur Erläuterung der Nachweis- und Erfassungsgrenze in Relation zum Blindwert mit den zugehörigen Meßwertverteilungen der Blindwerte (1), der Meßwerte an der Nachweisgrenze (2) und an der Erfassungsgrenze (3) (nach [1.8])

x_E Meßwert an der Erfassungsgrenze; x_N Meßwert an der Nachweisgrenze; x_B Blindwert

x_E bezeichnet den Meßwert, $y_E = F^{-1}(x_E)$ den Analysenwert an der *Erfassungsgrenze*. Die Erfassungsgrenze gibt somit die kleinste Stoffmenge an, die mit einer vorgegebenen statistischen Sicherheit quantitativ bestimmt und von Null signifikant unterschieden werden kann.

Im Falle linearer Eichkurven $x = a_x \cdot y + b_x$ [$a_x = E$, $b_x = x_B$; ↗ Gl. (1.25)] ergibt sich für y_E:

$$y_E = \frac{6\sigma_B}{E}. \tag{1.50}$$

Nach Ehrlich [1.8] wird y_E (als Konzentrationsangabe meist c_E) als *Erfassungsgrenze eines Analysenverfahrens* bezeichnet. Nach Gl. (1.50) ist sie nicht vom Blindwert selbst, sondern nur von dessen Streuung und von der reziproken Empfindlichkeit abhängig.

Dem von Kaiser und Specker [1.12, 1.35] eingeführten Begriff *Nachweisvermögen* entspricht ein geschätzter Wert für die Nachweisgrenze eines idealisierten Analysenverfahrens, bei dem man von äußeren Störeinflüssen weitgehend abstrahiert. Mit Hilfe des Nachweisvermögens werden *Analysenprinzipien* charakterisiert.

Im Gegensatz dazu kennzeichnen die oben definierten statistischen Parameter *Analysenverfahren*. Diese Kenngrößen ermöglichen wertvolle Aussagen über deren Präzision und Empfindlichkeit. Eine umfassende Bewertung der Leistungsfähigkeit, vor allem im Vergleich zu völlig andersartigen Analysenverfahren, erfordert jedoch die Beurteilung weiterer Kenngrößen, wie Selektivität, Möglichkeit der Durchführung von Mikrountersuchungen, Zeitbedarf und

Kosten. Eine derartige allgemeine Bewertung ist mit Hilfe der Informationstheorie möglich.

Vertiefende Literatur: [1.8], [1,27], [1.31 bis 1.40].

1.4. Informationstheoretische Grundlagen des analytischen Prozesses

Die Informationstheorie definiert den Begriff *Information* auf der Grundlage der Wahrscheinlichkeitstheorie als Maß für die Ungewißheit des Eintretens von Ereignissen. Nicht eine Aussage an sich, sondern die durch sie beseitigte Unsicherheit macht die Information aus. Quantitativ wird dieser Sachverhalt beschrieben durch die Shannonsche Gleichung, die den *Informationsgehalt H* als Maßgröße der Information einführt:

$$H = \sum_{i=1}^{m} p_i \cdot \mathrm{lb} \frac{1}{p_i}; \quad [H] = \mathrm{bit}. \tag{1.51}$$

p_i stellt die Wahrscheinlichkeit für das Auftreten bestimmter Zustände bzw. das Eintreffen bestimmter Ereignisse dar, wobei gilt:

$$\sum_{i=1}^{m} p_i = 1. \tag{1.52}$$

Die Verwendung des Logarithmus dualis ($\mathrm{lb}\, a \equiv \log_2 a = 3{,}32 \cdot \lg a$) liefert den Informationsgehalt in Vielfachen von Binärentscheidungen (binary digit → bit).

Wenn ein Ergebnis E mit Sicherheit erwartet wird ($p_E \to 1$), wird der Informationsgehalt Null. Er erreicht dagegen ein Maximum, wenn alle m Zustände gleich wahrscheinlich sind.

Mit $p_i = 1/m$ ergibt sich der maximale Informationsgehalt (*Entscheidungsgehalt*) zu

$$H_{\max} = \mathrm{lb}\, m. \tag{1.53}$$

Dieser Sachverhalt gilt für alle informationsliefernden Systeme, also auch für den analytischen Prozeß.

1.4.1. Informationsgehalt analytischer Signale

Der Informationsgehalt nach den Gln. (1.51) und (1.53) bezieht sich stets auf ein analytisches Signal, also auf einen Analysenmittelwert. Bei der Prüfung einer Probe auf das Vorhandensein eines Bestandteils z_i ergeben sich zwei Zustände (Abb. 1.20a):

a_0 Nichteintreten eines bestimmten Ereignisses (Abwesenheit von z_i) und
a_1 Eintreten des Ereignisses (Anwesenheit von z_i).

In der Analytik sind solche Ereignisse chemische Reaktionen mit charakteristischen Erkennungsmerkmalen, wie Niederschläge, Gasentwicklungen, Farb-

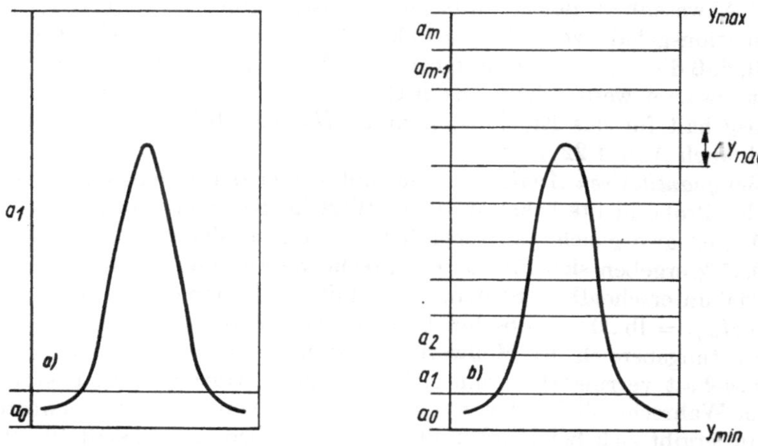

Abb. 1.20. Mögliche Zustände *m*, die bei einem Analysensignal unterschieden werden können

a) für den Fall der qualitativen Analyse; b) der quantitativen Analyse

änderungen sowie sprunghafte Änderungen elektrischer oder thermischer Größen, das Auftreten elektromagnetischer Strahlung oder von Teilchen bestimmter Energie, erkennbar durch Schwärzungen photographischer Schichten oder durch Spannungsdifferenzen.

Es liegt auf der Hand, daß das Eintreten solcher Ereignisse weitere Informationen bereithält, nämlich die Masse von Reaktionsprodukten, die Intensität einer Färbung oder einer photographischen Schwärzung, die Größe einer Potentialdifferenz usw.

Die bei der qualitativen Analyse pauschal betrachteten, in ihrer Struktur vernachlässigten Zustände $a_1 \dots a_m$ (Abb. 1.20b) sind die Grundlage von *Mengenbestimmungen*. Die Anzahl der Zustände m, die bei quantitativen Verfahren unterschieden werden können, ergibt sich aus dem Verhältnis der Bereiche, in denen der Analysenwert mit einer bestimmten Wahrscheinlichkeit vor der Analyse (Δy_{vor}) bzw. nach der Analyse (Δy_{nach}) aufzufinden ist

$$m = \frac{\Delta y_{\text{vor}}}{\Delta y_{\text{nach}}}. \tag{1.54}$$

Dabei entspricht Δy_{vor} dem Arbeitsbereich eines Verfahrens

$$\Delta y_{\text{vor}} = y_{\text{max}} - y_{\text{min}} \tag{1.55}$$

und Δy_{nach} dem durchschnittlichen Vertrauensbereich der Meßwerte

$$\Delta y_{\text{nach}} = 2 \cdot \Delta\bar{y} = 2s \cdot t(P, f)/\sqrt{N_i}. \tag{1.56}$$

Je ein Beispiel für qualitative und quantitative Analysen soll den Sachverhalt verdeutlichen. Für die Prüfung auf einen bestimmten Bestandteil, dessen An-

und Abwesenheit gleich wahrscheinlich ist, ergibt sich nach Gl. (1.53) ein Informationsgehalt von $H_{max} = \text{lb}\,2 = 1$ bit. Dagegen errechnet sich für den Fall, daß die Anwesenheit aufgrund von Vorinformationen mit 90%iger Sicherheit erwartet werden kann, nach Gl. (1.51) ein wesentlich geringerer Informationsgehalt für das Ergebnis, nämlich $H = 0{,}9 \cdot \text{lb}\,1{,}11 + 0{,}1 \cdot \text{lb}\,10 = 0{,}467$ bit (vgl. auch Abb. 1.22, S. 48).

Bei *quantitativen Analysen* ist mitunter über den Gehalt eines Bestandteiles in der Probe nichts bekannt. Jeder Wert im Konzentrationsbereich von 0 bis 100% ist also gleich wahrscheinlich. Bei einem Vertrauensbereich von $\Delta\bar{y} = \pm 0{,}25\,\%$ ergeben sich für das entsprechende Analysensignal $m = 100/(2 \cdot 0{,}25) = 200$ unterscheidbare Stufen, und damit erhält man einen Informationsgehalt von $H_{max} = \text{lb}\,200 = 7{,}64$ bit. Beim Vorliegen von Vorinformationen wird der Erwartungsbereich des Meßwertes eingeengt und damit wieder der Informationsgehalt verringert. Wenn z. B. die Konzentration eines Bestandteils mit einer Wahrscheinlichkeit von 0,95 im Bereich von 10 ... 15% erwartet werden kann, ergibt sich bei gleicher Präzision wie oben: $H = 0{,}95 \cdot \text{lb}\,10 + 0{,}05 \cdot \text{lb}\,190 = 3{,}54$ bit.

Diese Tatsache ist auch bei Wiederholungen von Analysen zu berücksichtigen, wobei das Ergebnis der ersten Analyse analog zu den angeführten Beispielen als Vorinformation zu betrachten ist, die den Erwartungsbereich des Meßwertes einengt. Der Informationsgehalt der Wiederholungsanalyse ergibt sich nach den Gln. (1.53) und (1.54), wobei in diesem Falle Δy_{vor} die Meßwertunsicherheit vor der Wiederholung, also den Vertrauensbereich des Ergebnisses der ersten Analyse, und Δy_{nach} den Vertrauensbereich bei der Wiederholungsanalyse darstellt. Das gilt analog für weitere Wiederholungen.

Da sich die Vertrauensbereiche immer mehr annähern, wird der Informationsgewinn immer geringer und steht schon bald in keinem Verhältnis mehr zum Aufwand. Das Verhältnis m geht gegen 1 und damit H gegen Null, wobei es aufgrund statistischer Kriterien sogar vorkommen kann, daß H negativ wird ($\Delta y_{nach} > \Delta y_{vor}$), die Unsicherheit also nicht geringer, sondern größer wird.

1.4.2. Informationsmenge bei mehrdimensionalen analytischen Informationen

Der Informationsgehalt bezieht sich stets nur auf ein analytisches Signal. In der Analytik hat man es jedoch weit häufiger mit mehreren Signalen zu tun, die in der Regel verschiedenen Bestandteilen entsprechen. In diesem Falle wird zur Charakterisierung der übertragenen Informationen die *Informationsmenge* M verwendet, wobei für n unabhängig voneinander übermittelte Signale gilt:

$$M = \sum_{i=1}^{n} H_i . \tag{1.57}$$

Bei gleicher Präzision und gleicher Wahrscheinlichkeit für das Auftreten bestimmter Zustände m geht Gl. (1.57) über in

$$M = n \cdot H_{max} = n \cdot \text{lb}\, m . \tag{1.58}$$

Die Gln. (1.57) und (1.58) sind nicht auf Informationen anwendbar, deren Signale oder Signalfolgen voneinander abhängig sind, wie das z. B. bei chemischen Trennungsgängen der Fall ist (↗ dazu [1.41]).

Bei zweidimensionalen registrierenden Analysenverfahren, insbesondere physikalischer Analysenprinzipien, ist die Anzahl der ungestört nebeneinander beobachteten Signale (N) durch den Registrierbereich $z = z_{max} - z_{min}$ und das Auflösungsvermögen gekennzeichnet. In der Regel lassen sich zwei Signale voneinander unterscheiden, wenn sie mindestens um den Betrag ihrer Halbwertsbreite Δz auseinanderliegen (Abb. 1.21).

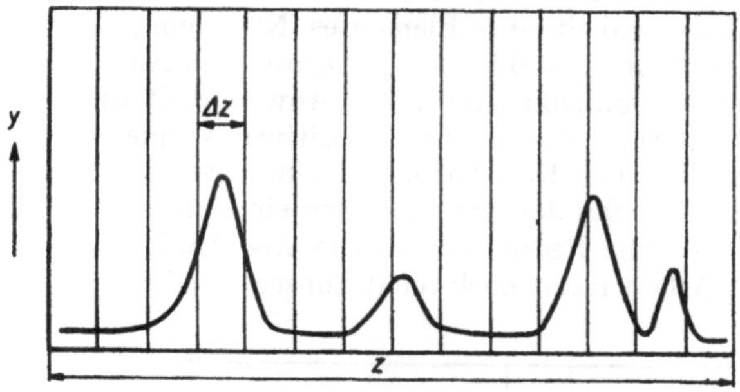

Abb. 1.21. Zur Veranschaulichung des analytischen Auflösungsvermögens N
z Registrierbereich; Δz Signalhalbwertsbreite

In diesem Sinne läßt sich der Begriff des Auflösungsvermögens, der ursprünglich auf spektroskopische Methoden beschränkt war, auch für alle anderen Analysenprinzipien anwenden. An die Stelle von Wellenlängendifferenzen treten dann z. B. Potentialdifferenzen bei der Polarographie, Differenzen von Löslichkeitsprodukten bzw. *p*H-Werten bei der Gravimetrie und der Titration. Das in diesem Zusammenhang eingeführte *analytische Auflösungsvermögen* [1.42] gibt also an, wieviel eindeutig unterscheidbare Stufen der Registrierbereich enthält:

$$N = \frac{z}{\Delta z}. \tag{1.59}$$

Für die Identifizierung oder Bestimmung von n Bestandteilen, die durch jeweils ein Signal repräsentiert werden, muß $N \geqq n$ sein. Bei einigen Analysenprinzipien ist N allerdings sehr viel größer als erforderlich. Um z. B. die etwa 80 spektralanalytisch erfaßbaren Elemente nebeneinander nachzuweisen, sind nach Gl. (1.58) $M = 80 \cdot \text{lb}\, 2 = 80$ bit erforderlich; für den Fall der gleichzeitigen Mengenbestimmung für alle Elemente werden etwa $M = 80 \cdot \text{lb}\, 100 = 530$ bit benötigt. Tatsächlich ergibt sich aber für die optische Spektralanalyse bei Verwendung eines mittleren Quarzspektrographen $N = (500 - 210)\,\text{nm}/0{,}05\,\text{nm} = 5800$; die *potentielle Informationsmenge*

$$M_p = N \cdot \text{lb}\, m \tag{1.60}$$

beträgt also $5800 \cdot \text{lb}\, 100 = 38500$ bit.

Der Signalüberschuß

$$R = M_p - M \tag{1.61}$$

wird in der Informationstheorie als *Redundanz* bezeichnet. Der größte Teil der hohen potentiellen Informationsmenge spektroskopischer Analysenprinzipien, insbesondere der Atomspektralanalyse und der Massenspektroskopie, ist also nutzloser Ballast. Zwar kann ein gewisser Grad von Redundanz durchaus von Nutzen sein, um Fehler auszuschließen, Tausende von Spektrallinien sind dazu jedoch nicht erforderlich.

Abb. 1.22 zeigt das Absinken des Informationszuwachses mit zunehmender Sicherheit über die Anwesenheit eines Elementes. Nachdem z. B. nach anfänglicher völliger Ungewißheit ($p = 0{,}5$; →1 bit) durch das Auftreten eines Elementsignales die Wahrscheinlichkeit für dessen Anwesenheit auf 90% gestiegen ist, beträgt der Informationszuwachs beim positiven Vergleich eines zweiten Signales immer noch 0,47 bit. Das Aufsuchen eines weiteren Signales bringt (bei angenommenen $p = 0{,}99$) dagegen nur noch eine zusätzliche Information von knapp 0,1 bit. Die hohe Redundanz bestimmter Analysenprinzipien wird bei der analytischen Arbeit meist noch nicht konsequent berücksichtigt.

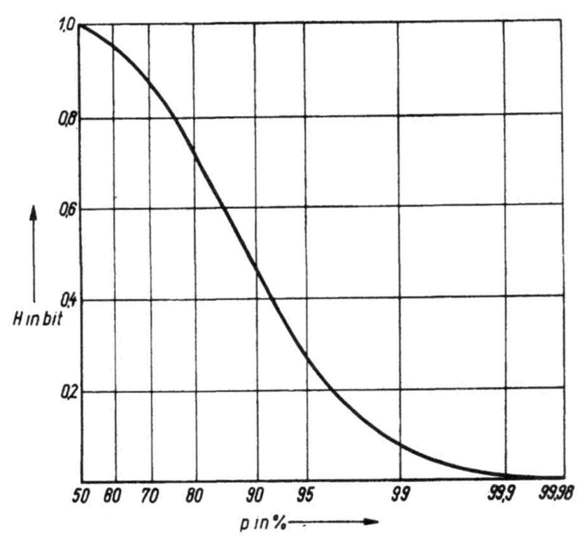

Abb. 1.22. Informationszuwachs in Abhängigkeit von der Wahrscheinlichkeit (z. B. für die Anwesenheit eines bestimmten Elementes in einer Probe)

Einen Überblick über die Größenordnungen der potentiellen und praktisch nutzbaren Informationsmengen einiger Analysenprinzipien bzw. -methoden für *integrale* analytische Aussagen (Durchschnittsanalysen) gibt Tab. 1.8.

Bei der Ermittlung analytischer Größen in Abhängigkeit vom Probenort (*Verteilungsanalyse*) oder von der Zeit (*Prozeßanalyse*) erhöht sich die Informations-

Tabelle 1.8. Übersicht über die mit einigen Analysenprinzipien erhältlichen potentiellen (M_p) und nutzbaren Informationsmengen (M) in bit (nach [1.47])

Analysenprinzip	M_p	M
Tüpfelanalyse	1	1
Gravimetrie	–	50
Titrimetrie	100	40
Emissionsspektralanalyse		
Gitterspektrographen	2000000	600
Prismenspektrographen	40000	600
Quantometer	600	600
UV-VIS-Spektralphotometrie		
Gittergeräte	1000	100
Filtergeräte	400	40
IR-Spektroskopie	10000	100
Massenspektroskopie	2000000	2000
Röntgenspektrometrie	50000	600
Quantometer	600	600
Mikrosonde	300	35
Polarographie	800	80

menge proportional dem *geometrischen Auflösungsvermögen* A (Probenbezirksauflösungsvermögen) bzw. dem *Zeitauflösungsvermögen* Θ

$$M_p = A \cdot \Theta \cdot N \cdot \mathrm{lb}\, m. \tag{1.62}$$

Dabei gibt Θ an, wieviel voneinander unterscheidbare Zeitintervalle Δt bei einem in der Gesamtzeit t ablaufenden Prozeß analytisch verfolgbar sind:

$$\Theta = \frac{t}{\Delta t}. \tag{1.63}$$

In bezug auf A unterscheidet man [1.44] zwischen

$$\begin{aligned} &\textit{linearem Auflösungsvermögen } A_L = \frac{L}{\Delta L}, \\ &\textit{Flächenauflösungsvermögen } A_F = \frac{F}{\Delta F}, \\ &\textit{Volumenauflösungsvermögen } A_V = \frac{V}{\Delta V}, \end{aligned} \tag{1.64}$$

$\Delta L, \Delta F, \Delta V$ untersuchbare Strecken-, Flächen- bzw. Volumenelemente

von denen gegenwärtig A_F die breiteste Bedeutung besitzt.

Tab. 1.9 und Tab. 1.10 geben einen Überblick über die Faktoren, um die sich die Informationsmenge bei räumlich- oder zeitlich-differentiellen Analysenmethoden erhöht. Demgegenüber fällt wenig ins Gewicht, daß mit einer Steigerung von A oder Θ die Präzision der Verfahren in der Regel abnimmt, so daß bei geometrisch oder zeitlich hochauflösend arbeitenden Verfahren häufig nur noch halbquantitative Aussagen möglich sind.

Diese Tatsache entspricht einer *Unbestimmtheitsrelation* zwischen den Größen ΔF oder ΔV, Δt, Δz und $\Delta \bar{y}$ und damit auch zwischen A, Θ, N und m für eine bestimmte *Analysenmethode* [1.44 bis 1.48].

Die Informationsmenge M_p kennzeichnet *vollständige Analysenverfahren*, wobei ihr Betrag bestimmt wird durch die *Präzision* ($m \sim 1/\Delta \bar{y}$), die *Selektivität* ($\sim N$), das *geometrische Auflösungsvermögen* (A) und das *Zeitauflösungsvermögen* (Θ) sowie durch den *Anwendungsbereich* ($m \sim \Delta y_{\text{vor}}$) des jeweiligen Analysenverfahrens.

Tabelle 1.9. Übersicht über das geometrische Auflösungsvermögen (Probenbezirks-Auflösungsvermögen) einiger Analysenprinzipien bzw. -methoden

Analysenprinzip bzw. -methode	A_F (bezogen auf $F = 1\ \text{cm}^2$)
Festkörper-Massenspektroskopie	$10^4 \ldots 10^6$
Laser-Mikrospektralanalyse	$10^4 \ldots 10^6$
Autoradiographie	$10^6 \ldots 10^8$
Elektronenstrahlmikroanalyse	$10^6 \ldots 10^8$
Sekundärionenmikroanalyse	$10^6 \ldots 10^8$
	$10^{11} \ldots 10^{13}$ [1])
Elektronenmikroskopie	$10^{10} \ldots 10^{14}$

[1]) A_V, bezogen auf $V = 0{,}1\ \text{cm}^3$

Tabelle 1.10. Übersicht über das Zeitauflösungsvermögen einiger Analysenmethoden (↗ [1.45])

Analysenprinzip bzw. -methode		Θ (bezogen auf $t = 1$ s)
Optische Emissionsspektrographie		$10^{-4} \ldots 10^{-2}$
Optische Emissionsspektrometrie		$10^{-2} \ldots 1$
Atomabsorptions-spektralphotometrie, UV-VIS-Spektralphotometrie	a) klassisch	$10^{-2} \ldots 1$
	b) als Strömungsmethode	$10^{-1} \ldots 10^3$
Rapidspektroskopie		$10 \ldots 10^5$
Blitzlichtspektroskopie		$10^3 \ldots 10^7$
Ultrakurzzeit-Raman-Spektroskopie		$10^6 \ldots 10^8$
Ultrakurzzeit-Elektronenspektroskopie (Absorptions- und Lumineszenzmethoden)		$10^7 \ldots 10^{12}$
Refraktometrie, Dekametrie, Konduktometrie	a) klassisch	$10^{-2} \ldots 1$
	b) als Strömungsmethode	$10^{-1} \ldots 10^3$
Akustische Absorption		$10^4 \ldots 10^9$
Dielektrische Absorption		$10^6 \ldots 10^9$

1.4.3. Leistungs- und Rentabilitätsgrößen von Analysenverfahren

Die in der Zeiteinheit übertragene Informationsmenge wird als *Informationsfluß* bezeichnet

$$J = \frac{\mathrm{d}M}{\mathrm{d}t} \approx \frac{\Delta M}{\Delta t}; \quad [J] = \mathrm{bit} \cdot \mathrm{s}^{-1}. \tag{1.65}$$

Die Tatsache, daß der Informationsfluß insbesondere bei physikalischen Analysenprinzipien selten während der gesamten Analysendauer konstant ist, hat eine Reihe gerätetechnischer Konsequenzen, die darauf hinzielen, den Informationsfluß möglichst konstant zu halten (z. B. automatische Veränderung der Registriergeschwindigkeit bei Spektrometern; ↗ [1.49]).

Der Informationsfluß kennzeichnet gleichzeitig die Kapazität *dynamischer* Informationsempfänger (Impulszählrohre, Photomultipler usw.).

Demgegenüber werden *statische* Informationsempfänger und -speichersysteme (Photoplatte, Magnetspeicher u. a.) durch die *Informationskapazität* (Speicherkapazität, Speicherdichte) charakterisiert:

$$C_V = \frac{M_p}{V}; \quad [C_V] = \mathrm{bit} \cdot \mathrm{cm}^{-3},$$

bzw. (1.66)

$$C_F = \frac{M_p}{F}; \quad [C_F] = \mathrm{bit} \cdot \mathrm{cm}^{-2}.$$

V, F Speichervolumen bzw. -fläche

Die auf die Analysenzeit t_A bezogene Informationsmenge stellt die *Leistung eines Analysenverfahrens* dar

$$L = \frac{M}{t_A}; \quad [L] = \mathrm{bit} \cdot \mathrm{s}^{-1}. \tag{1.67}$$

Während bei konstantem Informationsfluß $J = L$ wird, gilt allgemein:

$$L = \frac{1}{t_A} \int_0^{t_A} J \, \mathrm{d}t. \tag{1.68}$$

Bei Bezug auf die potentielle Informationsmenge ergibt sich aus den Gln. (1.62) und (1.67) das *Leistungsvermögen* L_p eines Analysenverfahrens

$$L_p = \frac{M_p}{t_A} = \frac{A \cdot \Theta \cdot N}{t_A} \operatorname{lb} m. \tag{1.69}$$

Mit Hilfe des Leistungsvermögens ist es möglich, Analysenverfahren umfassend zu bewerten und zu vergleichen. Darüber hinaus kann über eine Abschätzung des zur Lösung eines bestimmten Problems erforderlichen Leistungsvermögens L_p ein rentabler Einsatz von Analysenverfahren gewährleistet werden.

Eine zum Vergleich geeignete Größe ist der *Effektivitätsgrad*

$$\varepsilon = \frac{L_\mathrm{P}}{L_\mathrm{A}} = \frac{M_\mathrm{P} \cdot t_\mathrm{A}}{M_\mathrm{A} \cdot t_\mathrm{P}} = \frac{t_\mathrm{A} \cdot A_\mathrm{P} \cdot \Theta_\mathrm{P} \cdot N_\mathrm{P} \cdot \mathrm{lb}\, m_\mathrm{P}}{t_\mathrm{P} \cdot A_\mathrm{A} \cdot \Theta_\mathrm{A} \cdot N_\mathrm{A} \cdot \mathrm{lb}\, m_\mathrm{A}}. \tag{1.70}$$

Der Index A kennzeichnet den für ein bestimmtes Analysenverfahren charakteristischen Parameter, der Index P die zur Lösung eines konkreten Problems erforderliche Größe.

Mit Einführung der Effektivitätskoeffizienten

$\varepsilon_t = t_\mathrm{A}/t_\mathrm{P}$ für das Verhältnis der Analysenzeiten,
$\varepsilon_A = A_\mathrm{P}/A_\mathrm{A}$ für das geometrische Auflösungsvermögen,
$\varepsilon_\Theta = \Theta_\mathrm{P}/\Theta_\mathrm{A}$ für das erforderliche Zeitauflösungsvermögen
$\varepsilon_N = N_\mathrm{P}/N_\mathrm{A}$ für das analytische Auflösungsvermögen und
$\varepsilon_m = \mathrm{lb}\, m_\mathrm{P}/\mathrm{lb}\, m_\mathrm{A}$ für die Präzision

läßt sich Gl. (1.70) in folgender Form angeben:

$$\varepsilon = \varepsilon_t \cdot \varepsilon_A \cdot \varepsilon_\Theta \cdot \varepsilon_N \cdot \varepsilon_m. \tag{1.71}$$

Zur Lösung einer analytischen Aufgabenstellung ist es erforderlich, daß sowohl $\varepsilon \leqq 1$ ist, als auch alle Teilkoeffizienten $\varepsilon_i \leqq 1$ sind; anderenfalls ist das Problem mit dem entsprechenden Verfahren nicht lösbar. Im Falle $\varepsilon \ll 1$ ist der Einsatz des betreffenden Verfahrens unrentabel und sollte nach Möglichkeit umgangen werden.

Solche Fälle lägen z. B. vor beim Einsatz hochselektiver Verfahren, um den Gehalt eines allein in einer Lösung vorliegenden Bestandteiles zu bestimmen, oder beim Einsatz verteilungsanalytischer Methoden, wie der Elektronenstrahlmikroanalyse bzw. der Laser-Mikrospektralanalyse, um die Durchschnittszusammensetzung einer Probe zu ermitteln. Zur Unrentabilität kommt meist noch die Gefahr, daß das so gefundene Ergebnis falsch ist.

Schließlich spielt für die allseitige Beurteilung eines Analysenverfahrens auch die Kostenfrage eine mitunter sogar wesentliche Rolle. Es erweist sich als zweckmäßig, die *Kosten* einer Analyse auf die erhaltene Informationsmenge zu beziehen [1.50]:

$$K = \frac{P}{M}; \quad [K] = \text{Währungseinheit} \cdot \text{bit}^{-1}. \tag{1.72}$$

Der Preis P setzt sich dabei aus allen wirksam werdenden Teilkosten (Amortisation der Geräte, Material, Energie, Löhne usw.; ↗ z. B. [1.3]) zusammen.

Die Beziehung

$$R = \frac{\varepsilon}{K}; \quad [R] = \text{bit} \cdot \text{Währungseinheit}^{-1} \tag{1.73}$$

gestattet es, die *Rentabilität R* eines Analysenverfahrens im Hinblick auf eine konkrete Aufgabenstellung anzugeben und sie mit der anderer Verfahren objektiv und umfassend zu vergleichen.

Vertiefende Literatur: [1.41 bis 1.44], [1.51 bis 1.54].

1.5. Mathematische Methoden zur Klassifikation und Interpretation analytischer Ergebnisse

1.5.1. Multivariate analytische Probleme

In der Regel stellen Analysenergebnisse nicht das Endziel analytischer Untersuchungen dar. Wie aus Abb. 1.9 hervorgeht, schließt der analytische Prozeß das zu lösende Problem mit ein, wobei es sich bei diesem oft um die Beantwortung einer nichtanalytischen Fragestellung handelt, für die die Analysendaten nur von mittelbarem Interesse sind. Solche nichtanalytischen Problemstellungen sind z. B. in der Produktionskontrolle oder in der Werkstoffentwicklung die Materialqualität bzw. die Ursachen mangelhafter Produkte sowie in der klinischen oder toxikologischen Analytik der Gesundheitszustand von Patienten bzw. Ursachen von Vergiftungen.

Aus quantitativen analytischen Daten sind also qualitative Entscheidungen abzuleiten. Dies ist meist problemlos, wenn die entscheidende Objekteigenschaft unmittelbar von einem analytischen Parameter y_1 (z. B. einem Elementgehalt) abhängt. In einem solchen Fall lassen sich mit Hilfe univariater statistischer Tests [z. B. *t*-Test, Gl. (1.46)] bei kalkulierbarem Irrtumsrisiko (↗ 4.6) Qualitätsentscheidungen nach dem in Abb. 1.23 angegebenen Prinzip treffen.

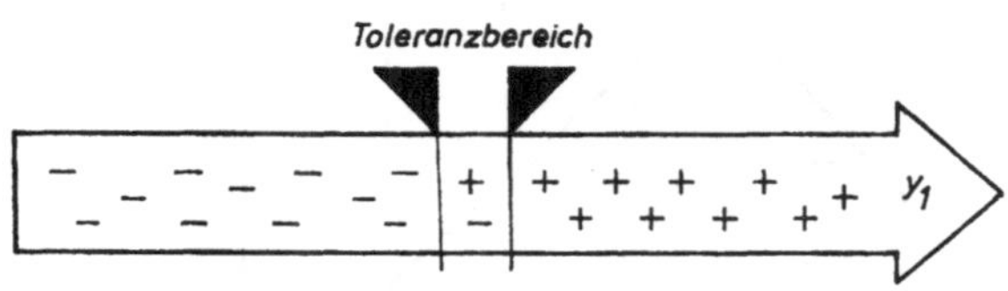

Abb. 1.23. Qualitätsentscheidungen, z. B. zwischen schlechten (–) und guten Produkten (+) mit Hilfe eines analytischen Parameters y_1

Wenn die maßgeblichen Objekteigenschaften jedoch signifikant von mehreren Parametern abhängen, können sich sehr unübersichtliche Zusammenhänge ergeben, wie Abb. 1.24a für zwei Einflußgrößen y_1 und y_2 zeigt. Für derartige *bivariate Entscheidungen* bieten zweidimensionale Darstellungen der beiden Größen y_1 und y_2 eine Möglichkeit, Qualitäts- oder andere Klassen zu unterscheiden (Abb. 1.24b). Außerdem lassen sich Diskriminanzfunktionen $p = f(y_1, y_2)$ bzw. $p = f(x_1, x_2)$ angeben, mit deren Hilfe beide Datengruppen nach dem univariaten Prinzip voneinander unterschieden werden können. Während sich eine solche Vorgehensweise auch noch für drei Variable in einer dreidimensionalen Darstellung vorstellen läßt, sind *multivariate Entscheidungen* auf diesem Wege aufgrund der begrenzten Dimensionalität des menschlichen Vorstellungsvermögens nicht möglich.

In jüngster Zeit ergab jedoch eine immer gründlichere Erforschung der komplizierten, vielschichtigen Zusammenhänge zwischen Struktur bzw. Zusammensetzung und Objekteigenschaften, daß solche Relationen sehr komplexen Charakter besitzen. Da andererseits auch die Gewinnung von Analysendaten durch verbesserte und automatisierte Meßinstrumente in immer größerem Umfang

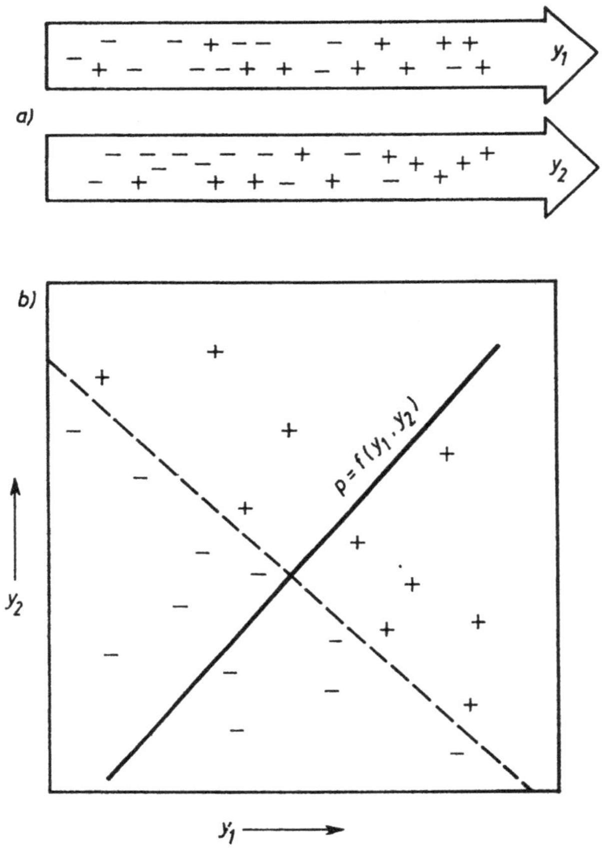

Abb. 1.24. Bivariate Qualitätsentscheidungen bei unabhängiger Betrachtung der beiden Parameter y_1 und y_2 (a) und mittels zweidimensionaler Darstellung y_1 gegen y_2 (b)

und kürzerer Zeit möglich wird, hat es der Analytiker heute in der Regel mit Aufgabenstellungen zu tun, die multivariaten Charakter besitzen, sei es bei der Beurteilung von Materialien oder bei der Optimierung von Prozessen.

Eine Lösung multivariater Probleme durch mehrfach wiederholte univariate Operationen, d. h. die jeweilige Betrachtung des Einflusses einer Variablen auf die Zielgröße unter Konstanthaltung der übrigen, ist im Falle korrelierter Größen vom statistischen Standpunkt aus unzulässig. Wechselwirkungen zwischen den Variablen würden auf diese Weise unerkannt bleiben. Außerdem würde sich auch im Falle statistischer Unabhängigkeit (die in der Praxis kaum vorliegt) das Irrtumsrisiko α bei n aufeinanderfolgenden Operationen nach

$$\alpha = 1 - \prod_{i=1}^{n} (1 - \alpha_i) \qquad (1.74)$$

aus der Irrtumswahrscheinlichkeit α_i der univariaten Tests fortpflanzen. Bei 6 Einflußgrößen und jeweils $\alpha_i = 0{,}1$ wäre $\alpha = 0{,}47$ bereits unvertretbar hoch.

Eine Lösung multivariater statistischer Probleme erfolgt mit Methoden der explorativen Datenanalyse, die heute in der Regel unter der Bezeichnung *Pattern Recognition* (PARC; „Mustererkennung") zusammengefaßt werden. Das Grundprinzip aller Verfahren besteht in einer simultanen Analyse aller Variablen und Objekte zur Aufdeckung der inneren Zusammenhänge zwischen den Meßgrößen (z. B. Ergebnissen von Multielementanalysen) untereinander einerseits und mit den Zieleigenschaften andererseits.

Die Erforschung der Struktur des Datenmaterials („Muster") beruht trotz im einzelnen unterschiedlicher Vorgehensweisen auf einer Auswertung der gesamten Varianz/Kovarianzmatrix

$$S = \begin{pmatrix} s_{11} & & s_{1m} \\ & \ddots & \\ s_{m1} & & s_{mm} \end{pmatrix} \tag{1.75}$$

mit $s_{ii} = s_i^2 = \mathrm{Var}(x_i)$ als Varianzen und $s_{ik} = s_i s_k = \mathrm{Cov}(x_i x_k)$ als Kovarianzen. Demgegenüber berücksichtigen univariate statistische Auswertungen nur die Varianzen und besitzen damit von vornherein einen geringeren Informationsgehalt.

Multivariate statistische Verfahren können im einzelnen zur Lösung folgender Probleme beitragen:

1. Untersuchungen über die Homogenität des Datenmatarials bzw. die Existenz bestimmter Datengruppen, in die sich die einzelnen Objekte einordnen lassen, und zwar auf der Grundlage aller Parameter (*Clusteranalyse*),
2. Ermittlung von Entscheidungsfunktionen (Diskriminanzfunktionen), die die verschiedenen Gruppen oder Klassen voneinander zu unterscheiden gestatten und neue bzw. unbekannte Objekte diesen Gruppen zuordnen (*Klassifikationsmethoden*),
3. Ermittlung der inneren Zusammenhänge zwischen den Parametern und Extraktion von Teilmengen der Variablen, die den wesentlichen Inhalt der Gesamtinformation bestimmen (*Faktorenanalyse*).

1.5.2. Pattern-Recognition-Methoden

Mehrdimensionale Datensätze, z. B. eine Anzahl m unterschiedlicher Analysenergebnisse für n verschiedene Objekte, lassen sich vorteilhaft in Form von Datenmatrizen darstellen:

$$X = \begin{pmatrix} x_{11} & x_{12} & x_{13} & \dots & x_{1m} \\ x_{21} & x_{22} & x_{23} & \dots & x_{2m} \\ \vdots & \vdots & \vdots & \ddots & \vdots \\ x_{n1} & x_{n2} & x_{n3} & \dots & x_{nm} \end{pmatrix}. \tag{1.76}$$

Damit stellt jedes der n Objekte mathematisch einen Punkt in einem m-dimensionalen Hyperraum, dem sogenannten „*Pattern-Raum*“ dar. Der jeweilige Pattern-Vektor $\boldsymbol{x} = (x_{i1}, x_{i2}, \ldots, x_{im})$ eines Objektes i fixiert dessen Koordinaten in diesem Merkmalsraum.

Gegenstand von Pattern-Recognition-Methoden ist es nun, in diesem Hyperraum Gebiete zu finden bzw. zu definieren, die Gruppen von untereinander ähnlichen Objekten enthalten, sowie Funktionen zu ermitteln, die diese Gruppen (Klassen) zu unterscheiden gestatten. Dabei hat man es mit einem m-dimensionalen Analogon des in Abb. 1.24b dargestellten Prinzips zu tun.

Pattern Recognition wird heute als Oberbegriff für Methoden benutzt, die im einzelnen sehr unterschiedliche Wege benutzen, um Ähnlichkeiten von Objekten zu ermitteln.

1.5.2.1. Clusteranalyse

Clustermethoden (*Unsupervised Learning Techniques*) sind geeignet, inhärente Strukturen des Datenmaterials aufzudecken, wenn keine Vorinformationen über die Zahl von Daten- bzw. Objektgruppen (Klassen) vorliegen. Auf der Grundlage von Ähnlichkeitsbeziehungen zwischen den Objekten wird versucht, Daten-Gruppierungen (Cluster) zu finden bzw. zu bilden.

Als multivariates Ähnlichkeitsmaß findet in der Regel der Euklidische Abstand

$$\Delta_{ij} = \sqrt{\sum_{k=1}^{m} (x_{ik} - x_{jk})^2} \tag{1.77}$$

Verwendung, der für alle m Variablen (Analysenergebnisse) zwischen allen Objektpaaren i und j berechnet wird.

Hierarchische Clustermethoden vereinigen, ausgehend von den n Einzelobjekten, anhand des Ähnlichkeitsmaßes schrittweise die Objekte zu immer größeren Gruppen, bis zuletzt alle n Objekte in einer einzigen Gruppe vereinigt sind (agglomeratives Clustern), oder sie zerlegen den gesamten Datensatz nach dem gleichen Prinzip schrittweise in Gruppen bis hin zu den Einzelobjekten (zerlegendes Clustern).

In Abb. 1.25 ist das Prinzip des agglomerativen Clusterns in Form eines Dendrogramms verdeutlicht. Im gewählten Modellbeispiel mit sieben Einzelobjekten besteht die größte Ähnlichkeit zwischen den Objekten A und B ($\Delta = 21$ willkürliche Einheiten), die zuerst zusammengefaßt werden. Vergleichbare Ähnlichkeiten besitzen die Objektpaare D und E ($\Delta = 25$) sowie F und G ($\Delta = 31$), die ebenfalls zu Clustern DE bzw. FG vereinigt werden. Danach wird C ($\Delta = 42$) mit dem Cluster AB vereinigt, während die beiden Gruppen DE und FG bei $\Delta = 60$ zu einem Cluster zusammengefaßt werden. Bei $\Delta = 84$ werden schließlich alle Objekte zu einem einzigen Cluster vereinigt.

Über die sinnvollste Trennung sollte nicht zuletzt aus sachlogischen Erwägungen heraus entschieden werden. Im gegebenen Beispiel kommt eine Unterteilung in drei ($ABC/DE/FG$) oder zwei Cluster ($ABC/DEFG$) in Betracht, während alle anderen Trennungen weniger sinnvoll wären. In jüngster Zeit sind

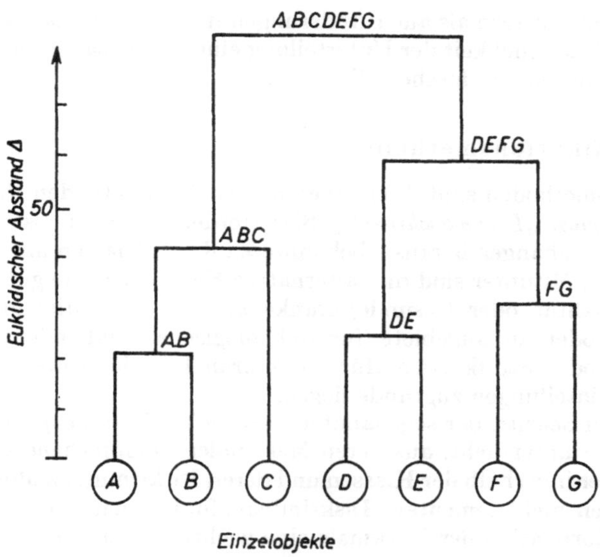

Abb. 1.25. Prinzipdarstellung des hierarchischen Clusterns von 7 Objekten mit Hilfe eines Dendrogramms

objektive Separationsmaße auf geometrischer und informationstheoretischer Grundlage [1.65] entwickelt worden.

Nichthierarchische Clusteralgorithmen benötigen im Gegensatz zu den hierarchischen Verfahren Vorinformationen über die Zahl der Cluster, in die der Datensatz zerlegt werden soll. Sie beruhen auf der gleichzeitigen Bildung aller *k* gewählten Cluster durch Minimierung der multivariaten Abstände der Objekte von den Zentralpunkten der Cluster im Pattern-Raum (den Centroiden) oder von deren Repräsentativpunkten (den Centrotypen). Dabei sind mit Hilfe leistungsfähiger Methoden, z. B. MASLOC [1.66], sowohl Umordnungen der Ob-

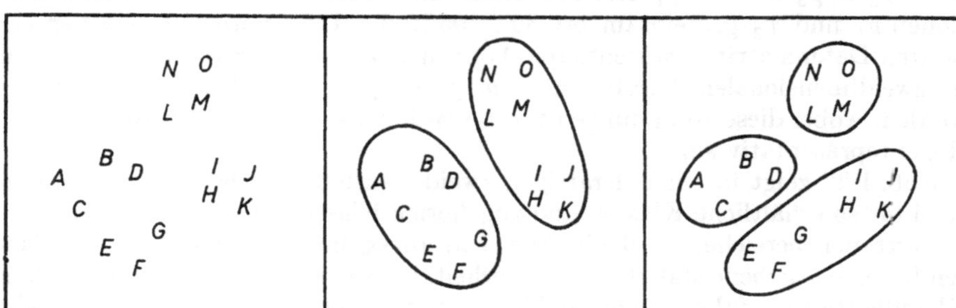

Abb. 1.26. Darstellung von 15 Objekten im zweidimensionalen Pattern-Raum (a) und ihre mögliche Zusammenfassung zu zwei (b) bzw. drei Gruppen (c) durch nichthierarchisches Clustern (nach [1.67])

jekte zwischen den Clustern als auch Änderungen in der Clusterzahl k möglich. Abb. 1.26 zeigt die Möglichkeit der Unterteilung eines Datensatzes in zwei bzw. drei Cluster auf nichthierarchischem Wege.

1.5.2.2. Klassifikationsmethoden

Klassifikationsmethoden sind ihrem Wesen nach Lernmethoden (*Supervised Learning Techniques*, „*Lernmaschinen*"). Sie erfordern eine – meist aus sachlogischen Zusammenhängen heraus – bekannte Zahl von Klassen mit bestimmter Charakteristik. Mitunter sind dies alternative Kategorien wie gute/mangelhafte Produktqualität oder Gesunde/Kranke anhand Labordiagnosen, aber auch Herkunfts- oder Anbaugebiete (für archäologische Funde oder für natürliche Produkte) oder Stoffklassen (für strukturanalytische Untersuchungen) können Klasseneinteilungen zugrunde liegen.

In einem ersten Schritt, der sogenannten *Lern- oder Trainingsphase*, werden bekannte Objekte untersucht, aus deren Merkmalen entsprechend der Streuung der Parameter innerhalb der Klassen und deren Diskriminanzfähigkeit zwischen den Klassen nichtelementare Diskriminanzfunktionen p_j ermittelt werden, wobei die Korrelation der Merkmale eine wichtige Rolle spielt

$$p_j = a_{1j}x_1 + a_{2j}x_2 + \ldots + a_{mj}x_m . \tag{1.78}$$

Dementsprechend werden Parameter mit großer Varianz innerhalb der Klassen und relativ kleiner Gesamtvarianz (über alle Klassen) gering gewichtet oder sogar als redundant ausgesondert, während Merkmale mit kleiner Varianz innerhalb der Klassen und großer Gesamtvarianz mit hohen Beiträgen berücksichtigt werden. Ebenfalls als redundant eliminiert werden können Merkmale, die mit anderen stark korreliert sind.

Sichere Klassifizierungen erhält man in der Regel, wenn die Zahl der gut charakterisierten Objekte (des Lernsatzes) mindestens um den Faktor 3 größer ist als die Zahl aller betrachteten Variablen.

Da der Informationsgehalt der Diskriminanzfunktionen in der Reihenfolge $p_1 > p_2 > p_3 > \ldots > p_m$ stark abnimmt und bereits die beiden ersten Funktionen p_1 und p_2 gemeinsam oft 80 ... 95% der Informationsmenge der gesamten Datenmatrix repräsentieren, können Beziehungen zwischen den Daten in zweidimensionalen Darstellungen p_1 gegen p_2 anschaulich wiedergegeben werden, wobei diese Abbildungen für die m-dimensionalen Sachverhalte in der Regel repräsentativ sind.

Abb. 1.27 zeigt in einer derartigen zweidimensionalen Darstellung ein Beispiel für so erhältliche Klassen und zugehörige Klassifikationsfunktionen c_i.

Vertrauensbereiche, wie die in Abb. 1.27 angegebenen Streuradien der Klassen für eine gegebene statistische Sicherheit, lassen sich nur bei parametrischen Klassifikationsverfahren angeben. Nichtparametrische Verfahren arbeiten nicht mit mathematisch-statistischen, sondern geometrischen Kriterien.

Nach abgeschlossener Lernphase lassen sich dann in der eigentlichen Arbeitsphase der Klassifikation anhand der gefundenen Entscheidungsregeln die Zugehörigkeit unbekannter Objekte zu den verschiedenen Klassen ermitteln.

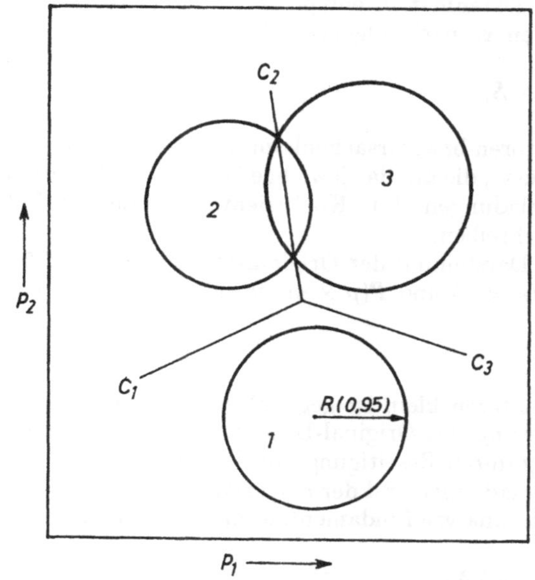

Abb. 1.27. Schematische Darstellung von Klassen im zweidimensionalen Pattern-Raum der beiden ersten nichtelementaren Diskriminanzfunktionen p_1 und p_2; c_1, c_2 und c_3 lineare Klassifikationsfunktionen, $R(0{,}95)$ Konfidenzbereichsradius

Die wichtigsten der in der Analytik genutzten Klassifikationsverfahren sind die *Mehrdimensionale Varianz- und Diskriminanzanalyse* (MVDA; [1.56, 1.57]), die *Lineare Lernmaschine* (LLM; [1.59]), die Methode der *k-nächsten Nachbarn* (kNN; [1.58]), ALLOC [1.60] sowie SIMCA [1.61]. Als besonders wertvoll haben sich Methoden- und Programmkombinationen erwiesen, die viele der Einzelverfahren miteinander verknüpfen und darüber hinaus auch noch Möglichkeiten der Clusteranalyse [1.63, 1.64] umfassen, wie dies beim Programmsystem ARTHUR [1.62] der Fall ist.

1.5.3. Faktorenanalyse

Die qualitativen Endeigenschaften von Objekten (Gebrauchseigenschaften, Qualitäten) werden in der Regel weder durch eine einzige Variable noch durch alle Meßwerte in gleichem Maße bestimmt, sondern statt dessen sind die physikalischen bzw. chemischen Meßparameter in sehr unterschiedlicher Weise dafür verantwortlich.

Die Faktorenanalyse untersucht die Beziehungen zwischen allen Variablen, die voneinander in bestimmter Weise abhängig sind, und führt sie auf gewisse gemeinsame Merkmals- bzw. Ursachenkomplexe, die sogenannten (wesentlichen) *Faktoren*, zurück, die den entscheidenden Teil des Informationsgehaltes der Daten verkörpern.

Ausgehend von einer Datenmatrix entsprechend Gl. (1.76) lassen sich die Zeilen- (Objekt-) Vektoren $\boldsymbol{x}_{ij}$ nach folgendem Modell darstellen

$$\boldsymbol{x}_{ij} = \sum_{l=1}^{p} a_{il} \boldsymbol{F}_l + \boldsymbol{S}_i , \tag{1.79}$$

wobei $\boldsymbol{F}_l$ allgemeine Faktoren bzw. Ursachenkomplexe sind, $\boldsymbol{S}_i$ dagegen spezifische bzw. zufällige Einflüsse, die auf das jeweilige Objekt i wirken (in der Regel Zufallsfehler), a_{il} Faktorladungen, d. h. Koeffizienten, die den Einfluß auf die Objekte quantitativ beschreiben.

Dies entspricht einer Darstellung der Original-Datenmatrix (1.75) als Produkt zweier Matrizen $\boldsymbol{A}(n \times p)$ und $\boldsymbol{P}(p \times m)$ sowie einer Matrix von Abweichungen (Restfehler) $\boldsymbol{E}$

$$\boldsymbol{X} = \boldsymbol{A}\,\boldsymbol{P} + \boldsymbol{E} . \tag{1.80}$$

Wenn die Zahl p der Faktoren klein ist gegenüber m, führt dieses Modell zu einer Dimensionsreduzierung des Original-Datensatzes $\boldsymbol{X}$ und damit zu einer Informationsverdichtung durch Beseitigung von Redundanz.

Zwischen den Faktorenladungen und der Kovarianzmatrix $\mathrm{Cov}(x_i, x_k) = (c_{ik})$ besteht der für die Faktoranalyse fundamentale Zusammenhang

$$c_{ik} = \sum_{l=1}^{p} a_{il} a_{kj} + b_i b_k \delta_{ik} \tag{1.81}$$

mit $\delta_{ik} = 0$ für $i \neq k$ und $\delta_{ik} = 1$ für $i = k$.

Die Schätzung der Ladungen a_{il} und b_l, die wesentliche Aufgabe der Faktorenanalyse, erfolgt nach unterschiedlichen Verfahren. Eine spezielle Methode stellt die *Hauptkomponentenanalyse* (Principal Component Analysis, PCA) dar, die auch für die visuelle Veranschaulichung dimensionsreduzierter Zusammenhänge Bedeutung besitzt (Display-Methoden, Eigenvektor-Projektion bzw. Karhunen-Loeve-Transformation) und mit der Ermittlung nichtelementarer Funktionen von Charakter der Gl. (1.78) die Grundlagen für Klassifikationsmethoden liefert.

Mit Hilfe der Faktorenanalyse lassen sich Aussagen darüber gewinnen, durch wieviel wesentliche Faktoren die Merkmale bestimmt sind, insbesondere welcher Anteil der Varianz der Merkmale durch das Faktormodell erklärbar ist. Die Faktoren sind dabei oft eindeutig interpretierbar in bezug auf bestimmte Wirkungen, wobei mitunter kausale Zusammenhänge zwischen den Faktoren und den Variablen in ihren Korrelationen aufdeckbar sind.

In der Analytik sind multivariate statistische Methoden, insbesondere Pattern-Recognition-Methoden, nicht nur geeignet, komplizierte Zusammenhänge zwischen vieldimensionalen element- bzw. strukturanalytischen Daten einerseits und den qualitätsbestimmenden Eigenschaften von Untersuchungsobjekten andererseits aufzudecken, sondern vermitteln darüber hinaus Aufschlüsse über die für die Objektcharakterisierung wesentlichen und über entbehrliche Meßgrößen. Solche Erkenntnisse können zu einer beträchtlichen Verringerung des Meßaufwandes führen.

Vertiefende Literatur: [1.55], [1.59], [1.67 bis 1.73].

2. Ausgewählte Trennprinzipien

Der analytische Meßvorgang erfordert meßgerechte Proben, nicht nur in bezug auf die physikalische Beschaffenheit, sondern auch im Hinblick auf die chemische Zusammensetzung. Bestimmte anwesende Bestandteile, die die Messung im Sinne einer Blockierung oder Miterfassung stören (↗ 1.3.2.), müssen abgetrennt werden.

Man unterscheidet grundsätzlich Trennungen von *Einphasensystemen* durch Überführung in Mehrphasensysteme einerseits und Trennungen von *Mehrphasensystemen* andererseits (Tab. 2.1) Bei den letztgenannten handelt es sich um analytisch-chemische bzw. technische Grundoperationen, die in diesem Zusammenhang nicht näher interessieren sollen. Häufig schließen sie sich an die zuerst angeführten *analytischen Trennoperationen* im eigentlichen Sinne an.

Analytische Trennungen erfolgen einmal auf der Grundlage von *Stoffumwandlungen*, zum anderen ohne Stoffumwandlung auf der Grundlage *kinetischer Effekte* und *thermodynamischer Gleichgewichte*.

Die Kriterien und Vorgänge, die bei der Trennung von Bestandteilen eine Rolle spielen können, lassen sich nicht scharf voneinander abgrenzen; sie überschneiden sich häufig und wirken nebeneinander, so daß die im folgenden gewählte Einteilung nicht ganz frei von Willkür ist.

2.1. Trennungen auf der Grundlage von Stoffumwandlungen

Die Anwendung von Trennoperationen, die auf Stoffumwandlungen beruhen, beschränkt sich überwiegend auf anorganische Substanzgemische. Es handelt sich dabei im wesentlichen um chemische und elektrochemische Vorgänge, denen die gleichen Gesetzmäßigkeiten zugrunde liegen wie den betreffenden Analysenprinzipien. Sie sollen deshalb hier auch nur kurz angeführt werden.

2.1.1. Chemische Trennungen

Chemische Trennungen im engeren Sinne lassen sich auf der Grundlage von Fällungs- oder Gasentwicklungsreaktionen ausführen. Sie beruhen auf der unterschiedlichen *Löslichkeit* bestimmter Verbindungen in vorzugsweise wäßrigen Systemen (↗ 3.1.2.).

Chemische Trennungen lassen sich sowohl mit Nachweisen als auch mit quantitativen Bestimmungen unmittelbar koppeln. Für Kationen und Anionen existieren *Trennungsgänge*, deren Auswahl vorrangig vom vorliegenden analytischen Problem bestimmt wird [2.1, 2.2, 2.3, 1.41].

Tabelle 2.1. Übersicht über analytische Trennprinzipien und -methoden für Ein- und Mehrkomponentensysteme

	Trennung durch Stoffumwandlung		Trennung ohne Stoffumwandlung aufgrund			
	chemisch	elektrochemisch	Treilchenmasse, -größe und -gestalt	Teilchenladung	Dampfdruck	Verteilung
Trennung von Einphasensystemen	● Fällung ● Kollektorfällung Gasentwicklung Ionenaustausch	● Elektrolyse ● Innere Elektrolyse ● Amalgamierung	Molekularsedimentation Ultrazentrifugation Dialyse Thermodiffusion Molekularsiebe Gelfiltration Gelpermeation Clathratbildung Reversosmose	Elektrophorese Elektrodialyse	Destillation Verflüchtigung Trocknung Kristallisation Ausfrieren Zonenschmelzen Sublimation	● Extraktion Gaschromatographie Flüssigchromatogaraphie (Säulen-, Dünnschicht-, Papierchromatographie)

▼

● Erzeugung von Mehrphasensystemen

▼

	Phasen	Trennung aufgrund			
		Teilchengröße und -dichte		elektrischer und magnetischer Eigenschaften	Dampfdruck
Trennung von Mehrphasensystemen	fest-fest	Auslesen Sieben Windsichten	Stromklassieren Flotation	Elektroscheidung Magnetscheidung	Sublimation
	fest-flüssig	Filtration Sedimentation	Zentrifugation		Verdampfen
	fest-gasförmig	Staubfiltration		Elektrofiltration	Entgasen
	flüssig-flüssig	Scheiden			Kristallisieren
	flüssig-gasförmig				Verdampfen

Spurenelemente lassen sich von Hauptbestandteilen in der Regel nicht durch Fällungen abtrennen. Einen Ausweg bieten *Kollektorfällungen*, die auf der Tatsache beruhen, daß Niederschläge mit großen Oberflächen Eigen- und Fremdionen adsorbieren [2.4, 2.5]. Vor allem voluminöse Niederschläge, wie $Fe(OH)_3$ oder $Al(OH)_3$, reißen bestimmte, in Spurengehalten vorliegende Ionen quantitativ mit. Besonders vorteilhaft sind Kollektorfällungen von Metallionen an organischen Niederschlägen, die sich anschließend veraschen lassen.

Einen Spezialfall der chemischen Trennung stellt die *Maskierung* dar, die als innere Trennung aufzufassen ist. Dabei werden die Störkomponenten in Komplexverbindungen oder durch Oxydation bzw. Reduktion in andere Wertigkeitsstufen überführt und stören in dieser Form den analytischen Meßvorgang nicht mehr.

2.1.2. Ionenaustausch

Der Ionenaustausch führt zu Trennungen infolge von Ionenreaktionen zwischen zwei Phasen, dem Ionenaustauscher und der – zumeist wäßrigen – Probenlösung. Ionenaustauscher bestehen aus einer Matrix mit chemisch gebundenen ionischen Ankergruppen A, die austauschbare Kationen bzw. Anionen enthalten. Die Matrix besteht aus wasserunlöslichen, meist quellfähigen, stark vernetzten anorganischen oder organischen Hochpolymeren (Tab. 2.2).

Der Ionenaustausch läßt sich durch folgende Reaktionen beschreiben:

Kationenaustausch: $$n\mathrm{A_KH} + \mathrm{Me}^{n+} \underset{\text{Regenerierung}}{\overset{\text{Ionenaustausch}}{\rightleftharpoons}} (\mathrm{A_K})_n\,\mathrm{Me} + n\mathrm{H}^+$$

Anionenaustausch: $$m\mathrm{A_AOH} + \mathrm{X}^{m-} \rightleftharpoons (\mathrm{A_A})_m\,\mathrm{X} + m\mathrm{OH}^-$$

Ionenaustauschgleichgewichte werden durch das Massenwirkungsgesetz beschrieben. Aufgrund der hohen Ionenstärken an den Phasengrenzen wird allerdings statt der *thermodynamischen Gleichgewichtskonstanten* K_a [↗ Gl. (3.2)] die *scheinbare Gleichgewichtskonstante* K_c verwendet. Sie ergibt sich für die Austauschreaktion der Ionen A und B

$$n\mathrm{A_I} + m\mathrm{B_L} \rightleftharpoons n\mathrm{A_L} + m\mathrm{B_I} \tag{2.1}$$

I, L: austauschbare Ionen im Ionenaustauscher bzw. in der Lösung

zu

$$K_c = \frac{c^n_{\mathrm{A_L}} \cdot c^m_{\mathrm{B_I}}}{c^n_{\mathrm{A_I}} \cdot c^m_{\mathrm{B_L}}}. \tag{2.2}$$

Häufig wird auch der *Trennfaktor* $T_{\mathrm{A,B}}$

$$T_{\mathrm{A,B}} = \frac{\lambda_\mathrm{A}}{\lambda_\mathrm{B}}; \quad \text{mit} \quad \lambda_\mathrm{A} = \frac{c_{\mathrm{A_I}}}{c_{\mathrm{A_L}}} \quad \text{und} \quad \lambda_\mathrm{B} = \frac{c_{\mathrm{B_I}}}{c_{\mathrm{B_L}}} \tag{2.3}$$

oder der Selektivitätskoeffizient K_γ verwendet:

$$K_\gamma = \frac{\gamma_{\mathrm{A_L}} \cdot \gamma_{\mathrm{B_I}}}{\gamma_{\mathrm{A_I}} \cdot \gamma_{\mathrm{B_L}}}; \quad \text{mit} \quad \gamma_{\mathrm{A_L}} = \frac{c^n_{\mathrm{A_L}}}{(c^n_\mathrm{A} + c^m_\mathrm{B})_\mathrm{L}} \quad \text{und} \quad \gamma_{\mathrm{B_I}} = \frac{c^m_{\mathrm{B_I}}}{(c^n_\mathrm{A} + c^m_\mathrm{B})_I}. \tag{2.4}$$

Tabelle 2.2. Übersicht über einige wichtige Ionenaustauscher

	Matrix	Ankergruppen	Austauschbare Kationen	Austauschbare Anionen	Anwendungsform
Anorganische Ionenaustauscher	Alumosilicate (Zeolithe, Permutite)		Na^+		Säule
	Apatite			Cl^-, F^-	
Organische Ionenaustauscher	Phenoplaste	—OH —COOH $—SO_3H$ $—PO(OH)_2$	H^+ (Na^+)		Säule Membran Pulver flüssig
	Aminoplaste	$—NH_2$ —NHR $—NR_2$		OH^- Cl^-	
	sulfonierte Zellulose	$—SO_3H$	H^+		Papier

Je nach der Art der Ankergruppen arbeiten Ionenaustauscher unspezifisch, selektiv oder spezifisch. Sie sind auch zur Trennung solcher Ionen geeignet, die sich durch chemische Fällungsreaktionen schwer voneinander trennen lassen (z. B. Seltene Erden). Kationen sind mitunter auch bequem über anionische Komplexe in Anionenaustauschern trennbar. Mit Hilfe von Ionenaustauscherkolonnen sind selbst schwierige Trennungen, wie z. B. die von Aminosäuren, ausführbar.

Da es sich beim Ionenaustausch um stöchiometrische Reaktionen handelt, läßt sich aus dem Gehalt an ausgetauschten H^+- bzw. OH^--Ionen titrimetrisch bequem auf den ursprünglichen Metallionengehalt schließen. Mitunter wird der Ionenaustausch nur zu diesem Zweck ausgeführt, z. B. bei der Bestimmung der Gesamtwasserhärte.

Von *Ionenaustauschchromatographie* spricht man, wenn mehrere gemeinsam ausgetauschte Ionen A, B, C durch Elution in zeitlicher Aufeinanderfolge reausgetauscht und damit getrennt werden (↗ 2.2.3.2.1.; Abb. 2.10a).

Vertiefende Literatur: [2.6 bis 2.9].

2.1.3. Elektrolytische Trennungen

Elektrolytische Trennungen (↗ 3.2., besonders 3.2.1. und 3.2.3.4.) beruhen auf einer Stoffabscheidung mit Hilfe des elektrischen Stromes bei kontrolliertem Potential.

Von Bedeutung sind hauptsächlich katodische Metallabscheidungen, nur gelegentlich macht man auch von anodischen Abscheidungen, z. B. in Form der

Oxide (PbO_2), Gebrauch. Folgende Bedingungen müssen für eine möglichst vollständige Trennung durch Elektrolyse erfüllt sein:

1. Quantitative Reduktion der abzuscheidenden Metalle, also Ablauf eindeutiger Elektrodenreaktionen;
2. Bildung festhaftender Niederschläge bzw. Amalgame ohne Fremdioneneinschlüsse;
3. genügend große Differenzen in den Abscheidungspotentialen der zu trennenden Ionen.

Aufgrund des konzentrationsabhängigen Termes in Gl. (3.36) wird das Abscheidungspotential während der Elektrolyse immer negativer, so daß schließlich die Potentiale anderer unedler Metalle erreicht werden können, wenn diese in höheren Konzentrationen vorliegen. Bei zweiwertigen Ionen erreicht man jedoch schon bei Differenzen der Standardelektrodenpotentiale von $\Delta U^{\ominus} = 0{,}10$ V eine Trennung im Molverhältnis $1:10^{-3}$, und mit jeder Erhöhung dieser Differenz um 0,03 V wächst das Verhältnis um eine weitere Zehnerpotenz.

Wie bei chemischen ist auch bei elektrolytischen Trennungen eine unmittelbare Kopplung mit Bestimmungen möglich (↗ 3.2.3.4.).

Zu den spezielleren elektrolytischen Trennmethoden gehört die *Innere Elektrolyse* (*Zementation*, ↗ 3.2.3.4.), bei der ohne äußere Spannung gearbeitet wird und statt dessen der Probenlösung ein geeignetes galvanisches Element („Katolyt" in einem Diaphragma) zugefügt wird. Außerdem können Potentialdifferenzen durch Komplexbildung oder *Amalgambildung* gezielt verändert werden. Im letzteren Falle spielt die bei Abscheidungen an Quecksilberkatoden besonders hohe *Überspannung* η (↗ 3.2.1.), die das Elektrodenpotential gegenüber dem Gleichgewichtspotential verändert, eine entscheidende Rolle.

2.2. Trennungen ohne Stoffumwandlung

2.2.1. Trennungen auf der Grundlage kinetischer Effekte

Kinetische Eigenschaften von Gasen und Flüssigkeiten lassen sich auf die ungeordnete Translationsbewegung der Teilchen zurückführen. Bei idealem Verhalten gilt für die mittlere kinetische Energie $\bar{E}_k$ von Gasteilchen mit der Masse m und der mittleren Geschwindigkeit $\bar{v}$

$$\bar{E}_k = \frac{1}{2} m\bar{v}^2 = \frac{3}{2} kT. \tag{2.5}$$

k Boltzmann-Konstante (↗ Anhang A.1)
T Temperatur

Aus dem Maxwellschen *Gleichverteilungssatz*, nach dem bei gleicher Temperatur die Translationsenergien zweier Gase einander gleich sind, folgt

$$\frac{\bar{v}_1}{\bar{v}_2} = \sqrt{\frac{m_2}{m_1}}. \tag{2.6}$$

Auf diesem Prinzip beruht die unterschiedliche Geschwindigkeit der Gasteilchen und damit ihre Trennmöglichkeit durch

Transfusion (Durchtritt durch poröse Körper unter dem Einfluß eines Druck- oder Konzentrationsgradienten),
Effusion (Austritt aus Kapillaren in ein Vakuum) und
Diffusion (Konzentrationsausgleich aufgrund eines Konzentrationsgradienten).

Die *Thermodiffusion* stellt einen Spezialfall dar; bei ihr erfolgt eine Entmischung durch einen Temperaturgradienten. Auf diese Weise können nicht nur unterschiedliche Gase, sondern auch Isotopengemische getrennt werden.

In Flüssigkeiten wirken den Teilchenbewegungen Reibungskräfte entgegen, die vor allem von der Gestalt und der Größe der betreffenden Teilchen abhängig sind. Aufgrund dessen gelten die Gln. (2.5) und (2.6) nicht mehr, es bleibt jedoch eine Proportionalität

$$\bar{v} = f\left(\frac{kT}{m}\right) = f\left(\frac{RT}{M}\right) \tag{2.7}$$

bestehen. Auf ihr beruhen die Trennmethoden *Sedimentation*, *Ultrazentrifugation* und *Dialyse*.

Die Sedimentation läßt sich durch die Beziehung

$$M = \frac{RTs}{d} \tag{2.8}$$

s Sedimentationskonstante
d Diffusionskonstante

beschreiben. Während für größere Teilchen die Schwerkraft zur Sedimentation ausreicht, muß wegen der schnelleren Bewegung kolloider Teilchen hier eine zusätzliche hohe Beschleunigung b [$s = f(1/b)$], wie sie mit Ultrazentrifugen (Umdrehungszahlen bis zu 100000 min^{-1}) erreicht werden kann, angewandt werden.

Unter *Dialyse* versteht man die Trennung von Teilchen (vorzugsweise kolloider von echt gelösten) aufgrund ihrer unterschiedlichen Diffusionsgeschwindigkeit durch Membranen. Die diffundierende Menge ist dabei dem Konzentrationsgradienten dc/dx proportional. Für die relative Dialysegeschwindigkeit zweier Stoffe gilt eine der Gl. (2.6) analoge Beziehung.

Der Diffusionsvorgang kann durch Anlegen einer zusätzlichen Gleichspannung beschleunigt werden, wenn es sich bei den abzutrennenden Teilchen um Ionen handelt (*Elektrodialyse*).

Die Dialyse beruht auf der Brownschen Bewegung der gelösten Teilchen und ist verwandt mit der *Osmose*, dem Stofftransport zwischen zwei Flüssigkeiten unterschiedlicher Konzentration durch eine semipermeable Membran, wobei sich die Konzentrationsdifferenz verringert. Dabei wird ein osmotischer Druck π erzeugt, der der Konzentration proportional ist:

$$\pi = cRT. \tag{2.9}$$

Die Umkehrung dieser Erscheinung, die *Reversosmose* [2.16, 2.17], kann ebenfalls zur Stofftrennung dienen. Durch einen äußeren Druck $p > \pi$ wird eine Wanderung der Lösungsmittelmoleküle durch die Membran bewirkt. Infolgedessen konzentriert sich die Lösung immer mehr, auf der anderen Seite der Membran erhält man reines Lösungsmittel.

Die Trennung von geladenen Teilchen aufgrund ihrer unterschiedlichen Wanderungsgeschwindigkeit in einem elektrischen Feld bezeichnet man als *Elektrophorese*. Die Wanderungsgeschwindigkeit $\mathbf{v}$ ist von der effektiven Ladung q der Teilchen, deren Größe und Gestalt sowie der angelegten Feldstärke $\boldsymbol{E}$ abhängig.

$$\mathbf{v} = \frac{q\boldsymbol{E}}{f}. \tag{2.10}$$

f Reibungskoeffizient

Häufig versteht man unter *Elektrophorese* im engeren Sinne die Wanderung von Kolloidteilchen oder Makromolekülen im Gegensatz zur *Ionophorese*, der Wanderung kleiner anorganischer Ionen. Elektrophorese läßt sich sowohl in freier Lösung als auch mittels Trägermaterialien (Silicagel, Agargel, Al_2O_3, Papier) durchführen (Abb. 2.1).

Die Wanderungsgeschwindigkeit zeigt eine große Abhängigkeit vom Dissoziationsgrad und damit vom pH-Wert der Lösung. Tritt infolge pH-Änderung eine Vorzeichenumkehr der Ladung ein, kehrt sich auch die Wanderungsrichtung um. Für jede Substanz gibt es einen isoelektrischen Punkt, an dem die Beweglichkeit der Teilchen Null wird.

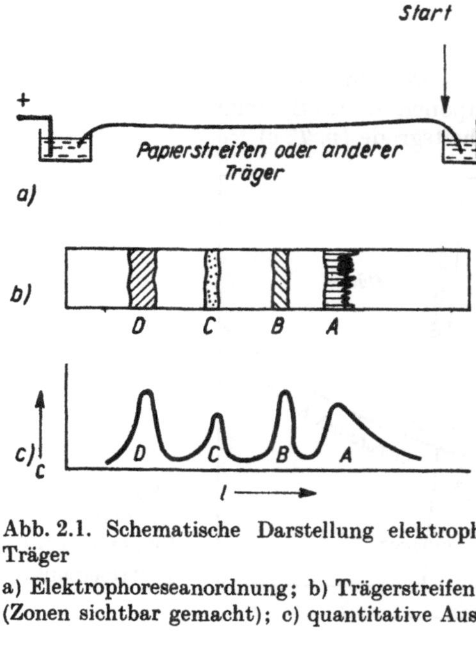

Abb. 2.1. Schematische Darstellung elektrophoretischer Trennungen mittels Träger

a) Elektrophoreseanordnung; b) Trägerstreifen nach der Elektrophorese (Zonen sichtbar gemacht); c) quantitative Auswertung der Trennung

Auf diesem Prinzip beruht ein sehr leistungsfähiges Trennverfahren, die *isoelektrische Fokussierung* [2.21], die mit Hilfe eines stabilen *p*H-Gradienten die Trennung von Teilchen (vorzugsweise Proteinen) ermöglicht, wenn sich die *p*H-Werte nur um 0,02 Einheiten unterscheiden. Die Fokussierung läßt sich auch auf anderem Wege, z. B. durch einen Dichtegradienten, erreichen.

Hauptanwendungsgebiet elektrophoretischer Trennungen, die sich ebenfalls mit quantitativen Bestimmungen verbinden lassen, ist die biochemische Analyse, insbesondere von Proteinen, Nucleinsäuren, Enzymen und Alkaloiden.

Vertiefende Literatur: [2.10 bis 2.20].

2.2.2. Trennungen auf der Grundlage von Zustandsänderungen

Jeder reine Stoff besitzt einen temperaturabhängigen Dampfdruck. Für zwei nebeneinander existierende Phasen I und II gilt nach CLAUSIUS und CLAPEYRON

$$\frac{\mathrm{d}p}{\mathrm{d}T_{\mathrm{I/II}}} = \frac{\Delta H_{\mathrm{I/II}}}{T_{\mathrm{I/II}}(V_{\mathrm{II}} - V_{\mathrm{I}})} . \tag{2.11}$$

$T_{\mathrm{I/II}}$ Umwandlungstemperatur von Phase I in Phase II
$\Delta H_{\mathrm{I/II}}$ molare Umwandlungsenthalpie
V_{I}, V_{II} Molares Volumen der Phasen I bzw. II

Die graphische Darstellung dieses Zusammenhanges in einem *p*-*T*-Zustandsdiagramm zeigt Abb. 2.2 für ein Einkomponentensystem.

Die Anzahl der koexistierenden Phasen ergibt sich aus dem *Gibbsschen Phasengesetz*

$$P = K + 2 - F . \tag{2.12}$$

P Anzahl der koexistierenden Phasen
K Anzahl der Komponenten des Systems
F Anzahl der Freiheitsgrade (p, T, c)

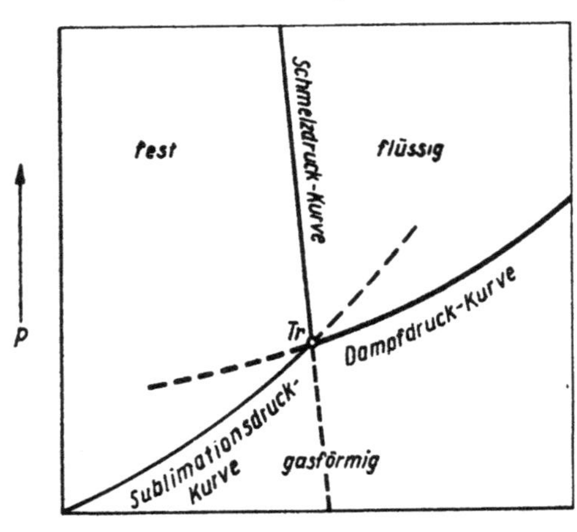

Abb. 2.2. Schematisches Zustandsdiagramm eines Einkomponentensystems
Tr Tripelpunkt

Für Zweikomponentensysteme werden die graphischen Darstellungen der Funktionen

$$p = f(x_i)_T, \tag{2.13a}$$

$$T = f(x_i)_p, \tag{2.13b}$$

x_i Stoffmengenbruch (↗ Tab. 1.4)

als *Zustandsdiagramme* angegeben (Abb. 2.3).

2.2.2.1. Destillation

Die Überführung eines Stoffes aus dem flüssigen in den gasförmigen Zustand und seine anschließende Kondensation in flüssiger – seltener fester – Form wird als Destillation bezeichnet.

Die Siedetemperaturen t_V (Siedepunkte, Kochpunkte *Kp*) von Flüssigkeiten sind druckabhängige Stoffkonstanten. Für Mehrkomponentensysteme (ideale Mischungen) gilt das *Raoultsche Gesetz*, nach dem der Partialdruck p'_A einer Komponente A ihrem Stoffmengenbruch x_A in der flüssigen Phase und dem Dampfdruck der reinen Komponente p_A proportional ist

$$p'_A = x_A p_A. \tag{2.14}$$

Der Dampfdruck über flüssigen Mehrstoffsystemen setzt sich additiv aus den Partialdrücken aller Komponenten zusammen:

$$p = \sum_{i=1}^{k} x_i p_i. \tag{2.15}$$

Die Siedetemperaturen von Mischungen oder Lösungen sind also von der Zusammensetzung abhängig.

Für Zweikomponentensysteme verdeutlicht Abb. 2.3 diesen Sachverhalt bei idealem Verhalten.

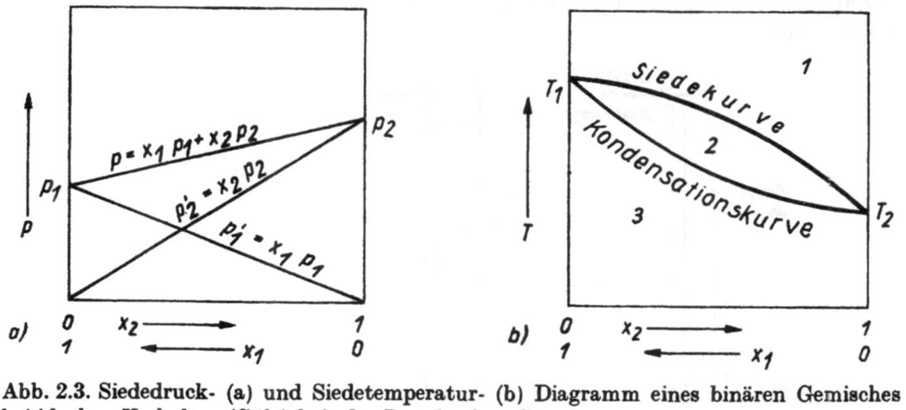

Abb. 2.3. Siededruck- (a) und Siedetemperatur- (b) Diagramm eines binären Gemisches bei idealem Verhalten (Gültigkeit des Raoultschen Gesetzes)

1 Dampf; *2* Dampf neben flüssiger Phase; *3* flüssige Mischphase

In realen Systemen gilt Gl. (2.15) nicht, die Dampfdrücke weichen dann nach positiven oder negativen Werten von der Geraden ab. Während ideale Gemische durch Destillation weitgehend voneinander trennbar sind, erfolgt bei realen Gemischen eine Abtrennung der flüchtigeren Komponenten nur bis zu der dem azeotropen Punkt entsprechenden Zusammensetzung; das verbleibende *azeotrope Gemisch* siedet dann mit konstanter Zusammensetzung.

Über den Schwierigkeitsgrad einer Destillation, für den die Siedetemperaturdifferenz bzw. das Dampfdruckverhältnis der zu trennenden Komponenten ein Maß ist, lassen sich anhand der *Rayleighschen Gleichung* Aussagen treffen:

$$\frac{x_A^{(D)}}{1 - x_A^{(D)}} = \alpha^n \frac{x_A}{1 - x_A}. \tag{2.16}$$

x_A Stoffmengenbruch der leichtersiedenden Komponente in der Flüssigkeit

$x_A^{(D)}$ Stoffmengenbruch der gleichen Komponente im Dampf

$\alpha = p_A/p_B$ relative Flüchtigkeit

n Anzahl der Trennstufen

Gemische von Komponenten mit großer Siedetemperaturdifferenz sind durch einfache Destillation ($n = 1$) trennbar. Die mehrfache Wiederholung, durch die sich nach Gl. (2.16) eine Potenzierung der Trennwirkung ergibt, bezeichnet man als *fraktionierte Destillation.*

Bei Systemen mit sehr vielen Bestandteilen, deren Siedetemperaturen sich außerdem wenig voneinander unterscheiden, genügt oft die Trennung in Fraktionen bestimmter Siedebereiche, die häufig zur Charakterisierung natürlicher oder technischer Vielkomponentensysteme (Erdöl, Crackprodukte) verwendet werden (*Siedeanalyse*).

Temperaturempfindliche, hochsiedende Stoffe werden unter vermindertem Druck verdampft (*Vakuumdestillation*). Der gleiche Effekt wird durch *Trägerdampfdestillation* (meist mit Wasserdampf) erreicht; aufgrund von Gl. (2.15) verringert sich der Partialdruck der Komponente und damit auch ihre Siedetemperatur.

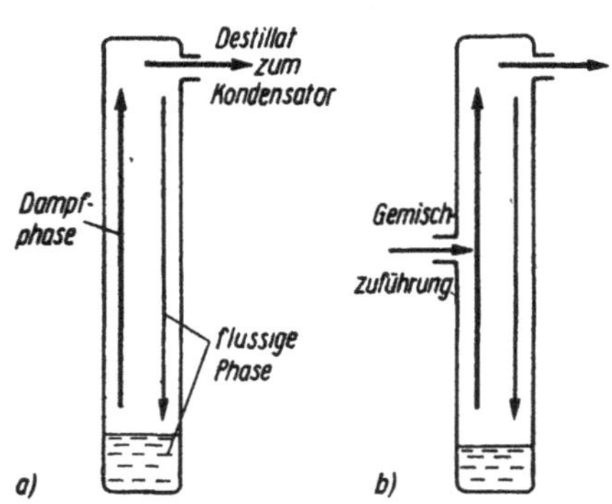

Abb. 2.4. Schematische Darstellung der Rektifikation in a) diskontinuierlicher; b) kontinuierlicher Arbeitsweise

Eine Trennung engsiedender Gemische in Einzelfraktionen ist nur mit Hilfe der *Rektifikation* (Gegenstromdestillation) möglich. Dabei wird durch eine Kolonne, die sich zwischen Verdampfer und Kondensator befindet, ein teilweiser Rückfluß des Kondensats und damit ein ständiger Stoff- und Wärmeaustausch zwischen der flüssigen und der Dampfphase bewirkt (Abb. 2.4), in der die flüchtigeren Komponenten angereichert werden.

Zur Kennzeichnung der Trennwirksamkeit dient der Begriff „*theoretischer Boden*" (oder „*Trennstufenzahl*") n_{th}. Ihm entsprechen ideale Kolonneneinheiten, in denen sich das thermodynamische Gleichgewicht zwischen Flüssigkeit und Dampf vollständig einstellt. Die diesem Vorgang entsprechende Kolonnenhöhe heißt *Trennstufenhöhe HETP* (*H*eigh *E*quivalent of a *T*heoretical *P*late, Höhenäquivalent eines theoretischen Bodens), die mit der Zahl der theoretischen Böden und der Gesamtkolonnenlänge L verknüpft ist:

$$HETP = \frac{L}{n_{th}}. \tag{2.17}$$

2.2.2.2. Kristallisation

Umwandlungen zwischen dem flüssigen und dem festen Zustand sind bei Mehrkomponentensystemen in der Regel komplizierter darstellbar als solche zwischen dem flüssigen und dem gasförmigen Zustand. Aufgrund der Möglichkeit, in unterschiedlichem Maße Mischkristalle oder intermediäre Verbindungen zu bilden, oder wegen der möglichen Existenz mehrerer fester Phasen eines Stoffes ergeben sich eine Vielzahl möglicher Typen von Zustandsdiagrammen [2.27]. Eine Trennung durch Kristallisation aus Schmelzen oder Lösungen ist nur möglich, wenn das System keine oder nur unvollständig Mischkristalle bildet.

Von den in Abb. 2.5 dargestellten schematischen Schmelzdiagrammen ist nur der unter a) dargestellte Fall für eine Trennung der Komponenten A und B durch Kristallisation geeignet, der Fall b) nur für die Konzentrationsbereiche, bei denen sich keine $A_{\nu_A}B_{\nu_B}$-Kristalle abscheiden. Der unter c) dargestellte Fall ist nur für Anreicherungen geeignet. Die Kristallisation aus Lösungen stellt nur insofern einen Sonderfall dar, als eine Komponente (das Lösungsmittel) bei Normalbedingungen flüssig ist. Gelöste Stoffe kristallisieren je nach ihrer Löslichkeit l [↗ Gl. (3.15)] und deren Temperaturabhängigkeit $\mathrm{d}l/\mathrm{d}T$ durch

- Ausfrieren (*Abkühlungskristallisation*): $\mathrm{d}l/\mathrm{d}T > 0$,
- Erhitzen der Lösung (*Verdampfungskristallisation*): $\mathrm{d}l/\mathrm{d}T < 0$.

Im Spezialfall $\mathrm{d}l/\mathrm{d}T = 0$ oder bei temperaturempfindlichen Stoffen lassen sich spezielle Verfahren, wie die *Vakuumkristallisation* oder die *Sprühkristallisation*, anwenden.

Die wiederholte Wanderung einer engen Schmelzzone durch eine stabförmige feste Probe bezeichnet man als *Zonenschmelzen*. Es entspricht einem mehrmaligen Umkristallisieren aus der Schmelze. Dabei werden Verunreinigungen oder Nebenbestandteile in der Schmelzzone angereichert und zum Stabende transportiert (Abb. 2.6).

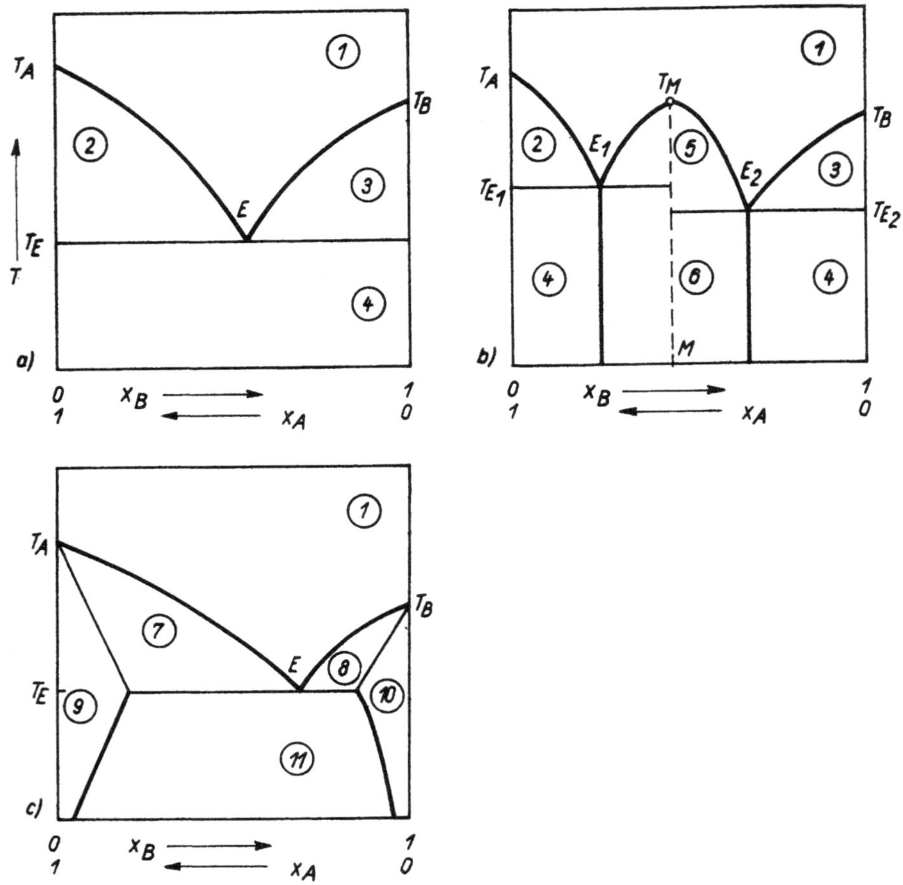

Abb. 2.5. Schmelzdiagramm binärer Systeme bei

a) Unmischbarkeit der Komponenten im festen Zustand; b) Bildung einer stöchiometrischen Verbindung $A_{\nu_A}B_{\nu_B}$; c) beschränkter Mischkristallbildung

E eutektischer Punkt; T_E Schmelztemperatur des eutektischen Gemisches

1 Schmelze; *2* Schmelze und A-Kristalle; *3* Schmelze und B-Kristalle; *4* A- und B-Kristalle, *5* Schmelze und Mischkristalle; *6* Mischkristalle und A- und B-Kristalle; *7* Schmelze und A-reiche Mischkristalle; *8* Schmelze und B-reiche Mischkristalle; *9* A-reiche Mischkristalle; *10* B-reiche Mischkristalle; *11* A-reiche neben B-reichen Mischkristallen

Zonenschmelzen wird in der Analytik angewandt:

1. zur Reindarstellung von Stoffen (*Zonenreinigen*);
2. zur Trennung binärer Gemische (*Zonenfraktionieren*) und
3. zur Spurenanreicherung (*Zonenanreichern*).

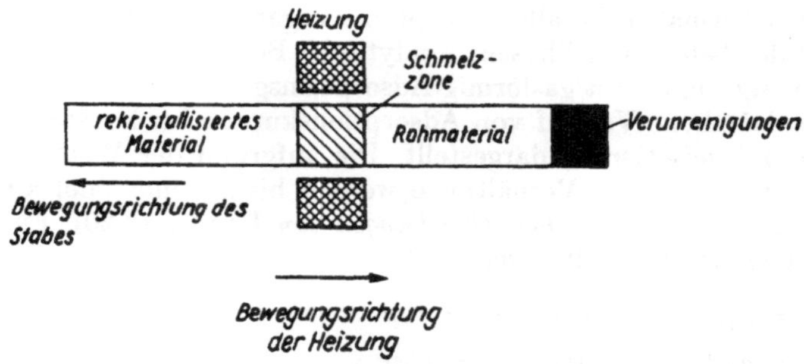

Abb. 2.6. Schematische Darstellung des Zonenschmelzens

2.2.2.3. Sublimation

Die Überführung eines Stoffes aus dem festen in den gasförmigen Zustand mit anschließender Abscheidung in fester Form (unter Umgehung der flüssigen Phase) wird als *Sublimation* bezeichnet. Trennungen auf diese Weise können immer dann angewandt werden, wenn für eine bestimmte Temperatur und einen bestimmten Druck die Sublimationsdruckkurve (↗ Abb. 2.2) *einer* abzutrennenden Komponente erreicht wird. Dazu ist häufig die Anwendung von Vakuum oder Hochvakuum erforderlich.

Von der Abtrennung durch Sublimation wird in der Regel dann Gebrauch gemacht, wenn die zu trennenden Komponenten schwer schmelzbar oder schwer löslich sind und deshalb nicht durch Destillation oder Kristallisation trennbar sind.

Vertiefende Literatur: [2.21 bis 2.31].

2.2.3. Trennungen auf der Grundlage von Verteilungs- und Adsorptionsgleichgewichten

Trennungen mittels Verteilungsgleichgewichten werden durch den *Nernstschen Verteilungssatz* beschrieben, nach dem das Verhältnis der Konzentrationen eines gelösten Stoffes in zwei Phasen A und B konstant ist

$$\frac{c_A}{c_B} = k. \qquad (2.18)$$

k Verteilungskoeffizient

Als *Adsorption* wird die Anreicherung gasförmiger oder gelöster Stoffe an oberflächenreichen (meist festen) Phasengrenzflächen bezeichnet. Für die Grenzflächenstoffmenge Γ des adsorbierten Stoffes in der Phasengrenzschicht gilt die *Gibbssche Adsorptionsgleichung*

$$\Gamma = -\frac{c}{RT}\left(\frac{\partial\sigma}{\partial c}\right)_{p,T}, \qquad (2.19)$$

σ Oberflächenspannung

und zwar gleichermaßen für alle Adsorptionsvorgänge, unabhängig vom Aggregatzustand der beteiligten Phasen. Analytische Bedeutung besitzen allerdings nur fest/flüssig- und fest/gasförmig-Adsorptionsgleichgewichte. In Abb. 2.7 ist der grundsätzliche Verlauf von Adsorptionskurven bei konstanter Temperatur (*Adsorptionsisotherme*) dargestellt. Die aufgrund der Wechselwirkungskräfte auftretenden realen Verhältnisse werden bis zur monomolekularen Bedeckung durch die empirischen *Gleichungen von* HENRY (2.20), FREUNDLICH (2.21) und LANGMUIR (2.22) angenähert:

$$c_s = a_1 c_l \quad \text{bzw.} \quad c_s = a_1' p, \tag{2.20}$$

$$c_s = a_2 c_l^{\beta} \quad \text{bzw.} \quad c_s = a_2' p^{\beta'}, \tag{2.21}$$

$$c_s = \frac{b_1 c_l}{1 + b_2 c_l} \quad \text{bzw.} \quad c_s = \frac{b_1' p}{1 + b_2' p}. \tag{2.22}$$

$a_1, a_1', a_2, a_2', b_1, b_1', b_2, b_2', \beta, \beta'$ stoffspezifische, temperaturabhängige Konstanten

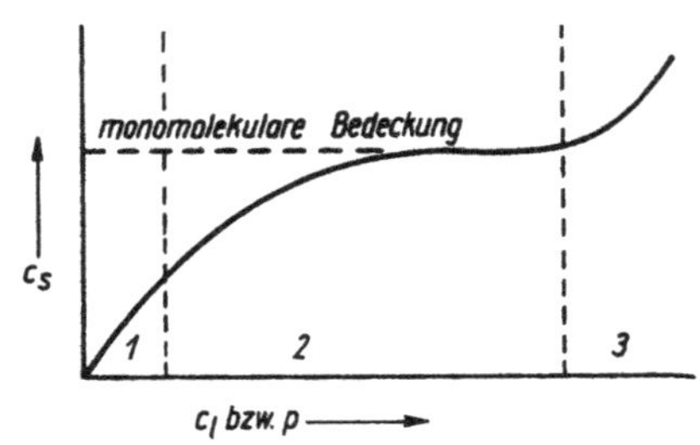

Abb. 2.7. Schematischer Verlauf einer Adsorptionsisotherme mit den Gültigkeitsbereichen der empirischen Gleichungen
Gl. (2.20) (*1*), Gl. (2.21) bzw. Gl. (2.22) (*2*) und Gl. (2.23) (*3*)
c_s Konzentration auf der festen Phase;
c_l Konzentration in der flüssigen Phase bzw.
p Druck des Gases

Für multimolekulare Bedeckung gilt die Beziehung von BRUNAUER, EMMET und TELLER (*BET-Gleichung*):

$$v = \frac{v_m C p}{(p_0 - p)\,[1 + (C - 1)\, p/p_0]}. \tag{2.23}$$

v beim Druck p adsorbiertes Gasvolumen
v_m Gasvolumen, das der monomolekularen Bedeckung entspricht
C stoffspezifische Konstante
p_0 Dampfdruck des Adsorbates

Nach den zwischen Adsorbens und Adsorbat auftretenden Wechselwirkungskräften wird zwischen physikalischer und chemischer Adsorption unterschieden. Bei der auf schwachen *van der Waalsschen Kräften* beruhenden *physikali-*

schen Adsorption treten Adsorptionsenthalpien von etwa 8 ... 40 kJ · mol^{-1} auf; die Gleichgewichtseinstellung verläuft ungehemmt und ist völlig reversibel. Demgegenüber betragen die Enthalpien bei der *Chemisorption* 80 ... 600 kJ · mol^{-1}; es sind hohe Aktivierungsenergien erforderlich, da die Einstellung des Gleichgewichtes stark gehemmt ist. In der Regel verläuft die Chemisorption nicht völlig reversibel. Im Gegensatz zur physikalischen Adsorption ist die Chemisorption häufig spezifisch oder selektiv.

Chemisorptionsvorgänge lassen sich von Ionenaustauschprozessen (↗ 2.1.2.) nicht immer streng unterscheiden und abgrenzen.

2.2.3.1. Extraktion

Grundlage der Trennung durch *Extraktion* (Abb. 2.8) ist der Nernstsche Verteilungssatz [Gl. (2.18)]. Nach der zu trennenden Ausgangsphase unterscheidet man *Feststoffextraktionen* und *Solventextraktionen*.

Für die Konzentration bzw. Masse der zu extrahierenden Komponente A im Extraktionsmittel E ergibt sich

$$c_{A,E} = kc_0 \left(\frac{1}{1 + kV_E/V_0}\right)^n,$$
$$m_{A,E} = k\frac{V_E}{V_0} \left(\frac{1}{1 + kV_E/V_0}\right)^n. \qquad (2.24)$$

c_0 Ausgangskonzentration
V_0 Ausgangsvolumen
V_E Volumen des Extraktionsmittels
n Anzahl der Extraktionen

In Analogie zur Destillation unterscheidet man zwischen *einfacher* Extraktion ($n = 1$) und *multiplikativer* (fraktionierter) *Extraktion* ($n > 1$). Ähnlich wie bei der Rektifikation kann die Extraktion auch im Gegenstrom in Batterien oder Kolonnen durchgeführt werden, deren Wirksamkeit ebenfalls mit Hilfe *theoretischer Böden* gekennzeichnet wird (↗ 2.2.2.1.).

Die Extraktion ist allgemein anwendbar, bevorzugt wird sie zur Spurenanreicherung herangezogen. Maßgebend für den Trenneffekt ist die Eignung des Extraktionsmittels, das mit der Ausgangsphase nicht mischbar sein darf und leicht von ihr sowie vom Extrakt abtrennbar sein muß. Im Laboratoriumsmaßstab werden Extraktionen häufig in Scheidetrichtern durchgeführt.

Eine *kontinuierliche Extraktion* von Feststoffmischungen wird in Extraktionshülsen (Papierhülsen oder Glasbehältern mit Glasfilterplatte) vorgenommen, die kontinuierlich von einem Extraktionsmittel durchströmt werden (*Durchflußextraktor*) oder bei denen das über einen Rückflußkühler kondensierte Lösungsmittel stetig auf die Stoffmischung gebracht und schließlich abgehebert wird, sobald die Hülse mit Flüssigkeit gefüllt ist (*Soxhlet-Apparat*).

Vertiefende Literatur: [2.32 bis 2.36].

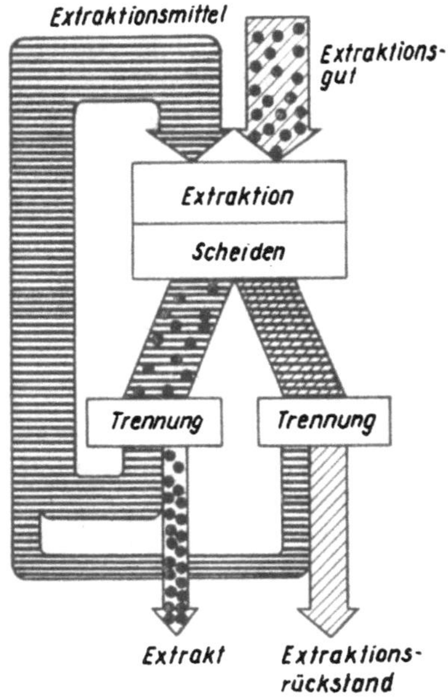

Abb. 2.8. Prinzip der Trennung durch Extraktion

2.2.3.2. Chromatographie

Unter *Chromatographie* versteht man die Trennung der Komponenten eines Stoffgemisches aufgrund ihrer multiplikativen Verteilung zwischen zwei nicht mischbaren, relativ zueinander bewegten Phasen, einer *mobilen* und einer *stationären* Phase. Die mobile Phase kann flüssig oder gasförmig sein. Die stationäre Phase als Wirk- bzw. Trennphase ist entweder ein Festkörper, eine an einem Festkörper als Stütz- bzw. Trägerphase (*Träger*) haftende Flüssigkeit oder ein Gel. Sie bewirkt – als Säule gepackt, als Schicht oder Film ausgebreitet (*chromatographisches Bett*) – die Trennung der Stoffe einer Stoffmischung. Eine Übersicht über chromatographische Trennmethoden nach dem Aggregatzustand der mobilen und der stationären Phase zeigt Tab. 2.3 (In Abkürzungen bezeichnet der erste Buchstabe die mobile, der zweite die stationäre Phase) [2.37, 2.38]. In jüngster Zeit gewinnt die *superkritische Fluidchromatographie* SFC (*S*upercritical *F*luid *C*hromatography) an Bedeutung, bei der als mobile Phase hochverdichtete Gase im kritischen Temperaturbereich verwendet werden [2.39], die die Löseeigenschaften von Flüssigkeiten mit dem Strömungsverhalten von Gasen vereinen.

Die Anwendungsbereiche lassen sich aus der Überführbarkeit der Stoffe in die mobile Phase ableiten, die eng mit deren molarer Masse (Abb. 2.9) korreliert ist. Etwa 70% aller Substanzen sind nicht flüchtig und somit der Gaschromatographie nicht direkt zugänglich. Bei der *Feld-Fluß-Fraktionierung* FFF (*F*eld *F*low *F*ractionation) wird durch Einwirkung eines äußeren konstanten oder gradientartig veränderten elektrischen, Zentrifugal- oder Temperatur-

Tabelle 2.3. Einteilung chromatographischer Trennmethoden nach den wirksamen Phasen

Mobile Phase		flüssig **Flüssigchromatographie** bzw. Flüssigkeitschromatographie LC (*L*iquid *C*hromatography)	gasförmig **Gaschromatographie** GC (*G*as *C*hromatography)
Stationäre Phase	flüssig	*Flüssig-Flüssig-Chromatographie* LLC (*L*iquid *L*iquid *C*hromatography)	*Gas-Flüssig-Chromatographie* GLC (*G*as *L*iquid *C*hromatography)
	fest	*Flüssig-Fest-Chromatographie* LSC (*L*iquid *S*olid *C*hromatography)	*Gas-Fest-Chromatographie* GSC (*G*as *S*olid *C*hromatography)
	Gel	*Flüssig-Gel-Chromatographie*	*Gas-Gel-Chromatographie*
Anwendung		Flüssigkeiten Lösliche Stoffe	Gase Unzersetzt verdampfbare Stoffe Unter Zersetzung verdampfbare Stoffe (*Pyrolyse-Gaschromatographie*) An chemischen Reaktionen beteiligte Gase (*Reaktions-Gaschromatographie*)

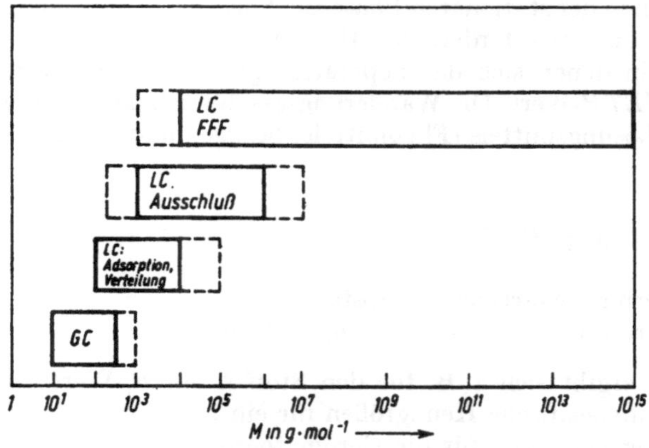

Abb. 2.9. Anwendungsbereiche chromatographischer Methoden

allgemein; unter besonders günstigen Bedingungen

feldes senkrecht zur strömenden Probe eine Trennung nach der Teilchengröße erreicht.

Die Trennung der Komponenten beruht auf ihren Unterschieden

- zwischen den Adsorptionsaffinitäten zur Oberfläche eines aktiven Festkörpers in der festen stationären Phase: Adsorption;
- zwischen den Löslichkeiten in der stationären Phase (Gaschromatographie) oder zwischen den Löslichkeiten in der mobilen und stationären Phase (Flüssigchromatographie): Verteilung;
- in den Ionenaustauschaffinitäten oder Ionenkombinationen: ionische Wechselwirkungen;
- in der Molekülgröße und -gestalt (Siebwirkung) und der elektrischen Ladung von Teilchen: Permeation;
- in den selektiven Bindungen, wie dem Ligandenaustausch, der Bildung von Charge-Transfer-Komplexen oder der biospezifischen Sorption: Affinität.

Eine Einteilung chromatographischer Trennmethoden nach dem Trennmechanismus zeigt Tab. 2.4. Häufig ist der dominierende Trennmechanismus (*Separationsfunktion*) nicht eindeutig bekannt, oder es sind gleichzeitig mehrere wirksam (vgl. Tab. 2.5). Während die Ausschlußchromatographie auf der Trennung infolge unterschiedlicher Diffusionsgeschwindigkeiten in der porösen stationären Phase und damit auf kinetischen Effekten beruht, sind alle übrigen Trennmethoden als Verteilungs- und Adsorptionsgleichgewichte oder als chemische Reaktionen thermodynamisch bedingt.

Die chromatographische Trennung führt zur selektiven Zurückhaltung (*Retention*) der Komponenten in der stationären Phase. Aufgrund unterschiedlicher Wechselwirkungen erfolgt eine Bremsung (*Retardation*) der Teilchenbewegung, was unterschiedliche relative Wanderungsgeschwindigkeiten der verschiedenen Teilchenarten entlang der Trennstrecke und damit unterschiedliche Verweilzeiten in der stationären Phase zur Folge hat. Die Länge der Trennstrecke ergibt sich aus den erforderlichen theoretischen Trennstufen (↗ 2.2.2.1.; hier: Einheiten, in denen sich das Separationsgleichgewicht vollständig einstellt) und dem *HETP*-Wert. Die Wanderungsgeschwindigkeit von Substanzen wird auf die des Lösungsmittels (Fließmittels) bezogen und durch den R_f-Wert gekennzeichnet

$$R_f = \frac{l_S}{l_L} \quad (0 \leqq R_f \leqq 1). \tag{2.25}$$

l_S Entfernung Startpunkt–Substanz
l_L Entfernung Startpunkt–Lösungsmittelfront

Aus Abb. 2.10a1 ergibt sich z. B. für den Stoff A ein R_f-Wert von $\overline{AS}/\overline{LS}$. R_f-Werte sind stoffspezifische Kenngrößen für ein bestimmtes Lösungsmittel.

Als Entwicklungsverfahren für die Chromatogramme sind unterschiedliche Arbeitstechniken bekannt. Bei der *Elutionstechnik* wird das Stoffgemisch am Anfang des Trennsystems aufgebracht und mit einem Laufmittel (Lösungsmittel oder Trägergas) als mobile Phase durch das chromatographische Bett trans-

Tabelle 2.4. Einteilung chromatographischer Trennmethoden nach den Trennmechanismen

Trennmechanismus	Trennmethoden	
Adsorption	*Adsorptionschromatographie*	*Flüssig-Adsorptionschromatographie* *Gas-Adsorptionschromatographie*
Verteilung	*Verteilungschromatographie*	*Flüssig-Verteilungschromatographie* *Gas-Verteilungschromatographie*
Ionenwechselwirkung	*Ionenchromatographie* IC	
Ionenaustausch		*Ionenaustauschchromatographie* IEC (*I*on *E*xchange *C*hromatography)[1]
Ionenpaarbildung		*Ionenpaarchromatographie* IPC (*I*on *P*aired *C*hromatography)
Ionenunterdrückung		*Ionenunterdrückungschromatographie* ISC (*I*on *S*uppression *C*hromatography)
Permeation	*Permeationschromatographie*	
Siebwirkung		*Molekularsiebchromatographie*
Ionenladung		*Ionenausschlußchromatographie* IEC (*I*on *E*xclusion *C*hromatography)[2] – stationäre Phase: gequollenes Gel *Gelpermeationschromatographie* GPC oder *Ausschlußchromatographie* SEC (*S*ize *E*xclusion *C*hromatography) *Gelfiltrationschromatographie* GFC (früher: Gelfiltration)
Affinität	*Affinitätschromatographie* AC (auch AFC)	*Ladungsverschiebungs-* (Charge-Transfer) *chromatographie* *Metallchelatchromatographie* *Kovalente Chromatographie* CC (*C*ovalent *C*hromatography)[3] *Hydrophobchromatographie* HIC (*H*ydrophobic *I*nteraction *C*hromatography)

1) Oft auch IEX
2) Verwechselbar mit Ion Exchange Chromatography
3) Verwechselbar mit Column Chromatography (↗ 2.2.3.2.1.)

portiert. Es ergeben sich unterschiedliche Laufstrecken l_S der getrennten Komponenten. Bricht man die Elution ab, bevor die Laufmittelfront das Ende der Trennsäule erreicht hat, erhält man ein *inneres Chromatogramm* als Momentaufnahme des Trennprozesses zum Zeitpunkt der Unterbrechung (Abb. 2.10a1). Die Ermittlung der R_f-Werte gestattet unter bestimmten Voraussetzungen qualitative Aussagen. Die Komponentenzonen werden erkannt anhand von Eigenfärbungen, Absorption von UV- oder IR-Strahlung oder durch Besprühen mit Farb- oder Fluoreszenzindikatoren (*Entwickeln des Chromatogrammes*). Die Trennung kann durch Zerteilen der festen Phase (Säule, Papierstreifen) erfolgen. Sie kann aber auch durch ein Herauslösen der getrennten Schichten mit einem Lösungsmittel (*Eluenten*) vorgenommen werden. Man erhält dabei ein *äußeres Chromatogramm*, bei dem die *Retentionszeit* t_R oder das *Retentionsvolumen* v_R, d. h. die Zeit bzw. das Volumen, die zur Elution des betreffenden Stoffes aus der stationären Phase erforderlich sind, Kenngrößen für die Art der Komponenten sind (Abb. 2.10a2). Die Löseeigenschaften können durch Zusätze stetig verändert werden (z. B. pH-Wert oder Dichte), wodurch die Selektivität der Trennung infolge der zeitlichen Änderung der Zusammensetzung des Elutionsmittels erhöht wird (*Gradientelution*). Eine *stufenweise Elution* ist möglich, in dem zwei oder mehrere Lösungsmittel verschiedener Zusammensetzung nacheinander die Bestandteile herauslösen. Wird ein Eluent, z. B. ein Komplex-

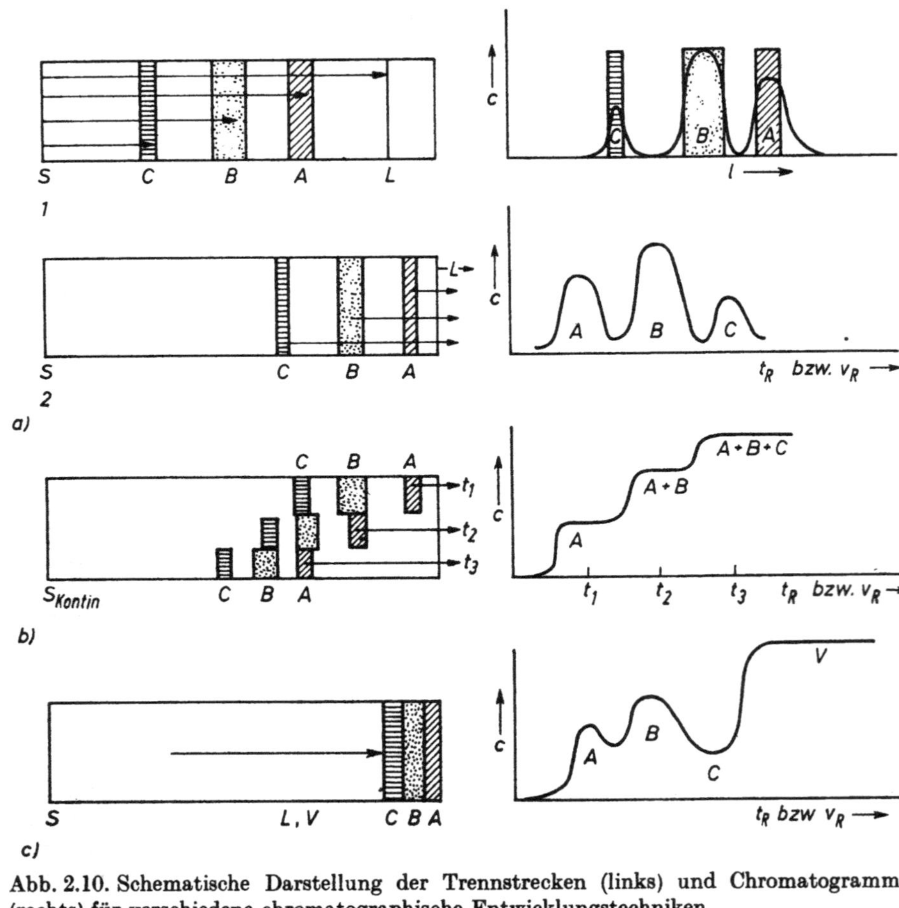

Abb. 2.10. Schematische Darstellung der Trennstrecken (links) und Chromatogramme (rechts) für verschiedene chromatographische Entwicklungstechniken

S Startpunkt; *L* Lösungsmittel (Laufmittel); *V* Verdrängungsmittel; *A*, *B*, *C* Komponenten; *l* Länge der Trennstrecke; t_1, t_2, t_3 Zeitpunkt der Beobachtung

a) Elutionstechnik *1* inneres Chromatogramm, *2* äußeres Chromatogramm; b) Frontaltechnik; c) Verdrängungstechnik

bildner, benutzt, der nur die abzutrennende Substanz herauslöst oder festhält, spricht man von *selektiver Elution*. Eine Beeinflussung der Verteilungsgleichgewichte der zu trennenden Bestandteile wird gelegentlich auch durch Zugabe eines nichtsorbierbaren Elektrolyten zum Eluenten vorgenommen (*Aussalzchromatographie*). Die Elutionstechnik ist die verbreitetste Entwicklungstechnik in der Chromatographie. Bei der *Frontaltechnik* wird das zu trennende gasförmige oder flüssige Stoffgemisch kontinuierlich der Trennsäule zugeführt und dient gleichzeitig als mobile Phase (Abb. 2.10b). Dabei kann nur der von der stationären Phase am wenigsten zurückgehaltene Stoff A zu Beginn des Trennvorganges t_1 rein abgetrennt werden. Bei der *Verdrängungstechnik* wird der mobilen Phase ein Verdrängungsmittel V als Hilfsstoff zugesetzt, das von der stationären Phase stärker zurückgehalten wird als die Gemischbestandteile ($R'_f > 1$). Der Verdränger schiebt dann diese vor sich her, wobei aneinandergrenzende Komponentenzonen am Ende der stationären Phase entstehen (Abb. 2.10c). Auf diese Weise erhält man häufig nur Anreicherungen, da quantitative Trennungen ganz spezielle Verdrängungsmittel erfordern ($R_{f_A} > R_{f_V} > R_{f_B}$ usw.). Eine Kombination der Frontaltechnik mit der Verdrängungstechnik führt zu leistungsfähigen Trennverfahren für die Spurenanalyse.

Ist die Geschwindigkeit der mobilen Phase konstant und wird die Zusammensetzung des Fließmittels nicht verändert, erfolgt die Chromatographie unter *isokratischen* Bedingungen. Während eines Teiles oder der ganzen Trennung kann die Strömungsgeschwindigkeit der mobilen Phase (*flußprogrammierte Chromatographie*) oder die Temperatur der Säule (*temperaturprogrammierte Chromatographie*) verändert werden. Eine Arbeitsweise der temperaturprogrammierten Chromatographie, bei der die Temperatur zum Säulenende hin abnimmt, heißt *Reversionstechnik*.

2.2.3.2.1. Flüssigchromatographie

Chromatographische Methoden mit flüssiger mobiler Phase werden in der Praxis nach der Ausführungsform der festen stationären Phase oder des Trägers für die flüssige stationäre Phase bezeichnet. Die Einteilung nach dem mechanischen Aufbau des Trennsystems führt zur Unterscheidung von

- *Säulenchromatographie* SC, auch CC (*C*olumn *C*hromatography);
- *Dünnschichtchromatographie* DC, auch TLC (*T*hin *L*ayer *C*hromatography);
- *Papierchromatographie* PC;
- *Kapillarchromatographie*;
- *Fadenchromatographie*.

Dünnschicht- und Papierchromatographie kann man als zweidimensionale Spezialverfahren der dreidimensionalen Säulenchromatographie („offene Säulen") betrachten, die Faden- und die Kapillarchromatographie stellen eindimensionale Verfahren dar.

Den Trennungen liegen komplizierte Vorgänge zugrunde, bei denen mehrere Trennprinzipien zusammenwirken. Tab. 2.5 gibt eine Übersicht über einige wichtige in der Flüssigchromatographie angewandte Trägermaterialien bzw. Adsorbenzien. Bei stationärer fester Phase überwiegt die Adsorption an den

Tabelle 2.5. Anteil verschiedener Trennmechanismen bei Verwendung unterschiedlicher Materialien als stationäre Phase bzw. Träger in der Chromatographie (Auswahl)

Stationäre Phase bzw. Träger	Trennprinzip: Adsorption	Verteilung (Löslichkeit)	Siebwirkung	Ionenaustausch	Anwendungsform
Aluminiumoxid					SC, DC
Calciumcarbonat					SC, DC
Aktivkohle					SC
Kieselgel					SC, DC
Kieselgel, gequollen					SC, DC
Zellulose					PC, SC, DC
Stärke					SC, DC
Poröse Gläser					SC
Chelatkomplexe					SC, DC
Polyamidgel					SC, DC

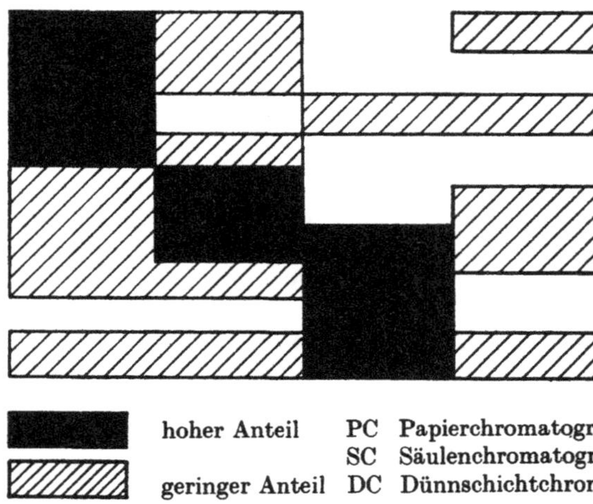

hoher Anteil (schwarz) — geringer Anteil (schraffiert)

PC Papierchromatographie
SC Säulenchromatographie
DC Dünnschichtchromatographie

Grenzflächen; stationäre flüssige Phasen (Wasser, organische Lösungsmittel) werden auf feste Träger aufgebracht und von diesen ebenfalls adsorptiv, teilweise unter Quellung, festgehalten. Demzufolge treten Adsorptions- und Verteilungsgleichgewichte bis zu einem gewissen Grade stets nebeneinander auf.

Klassische säulenchromatographische Trennverfahren arbeiten im allgemeinen im Makromaßstab. Den grundsätzlichen Aufbau einer Apparatur für die Säulenchromatographie zeigt Abb. 2.11. Die Detektion der unterschiedlichen Fraktionen erfolgt mit speziellen, meist routinemäßigen Verfahren der Potentiometrie, Konduktometrie, Dielektrometrie, Refraktometrie, Polarimetrie, Fluorimetrie oder Radiometrie.

Für Trennungen im Milli- und Mikrogrammbereich eignen sich besonders die Dünnschichtchromatographie sowie ihre spezielle Ausführung mit Hilfe dünner Zellulose- (seltener Glasfaser-) schichten, die Papierchromatographie.

Bei beiden Methoden wird die zu trennende Probe mittels einer Mikropipette am Startpunkt aufgebracht. Für die Papierchromatographie sind die möglichen Arbeitstechniken in Abb. 2.12 dargestellt. Die Trennwirkung kann erheblich gesteigert werden, wenn eine zweite Trennung senkrecht zur ersten Laufrichtung mit einem anderen Fließmittel angeschlossen wird (*zweidimen-*

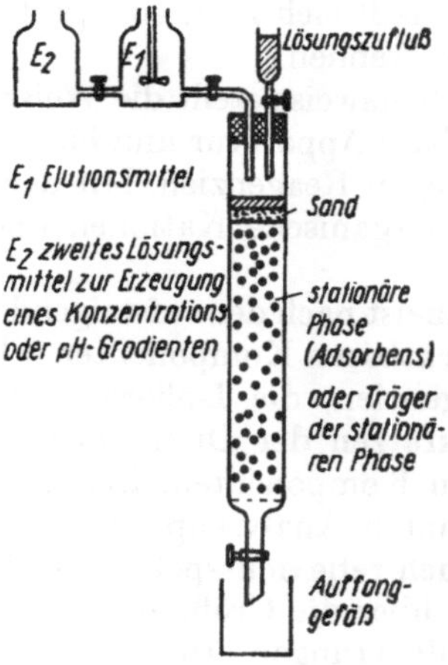

Abb. 2.11. Prinzipieller Aufbau einer einfachen Apparatur für die Säulenchromatographie

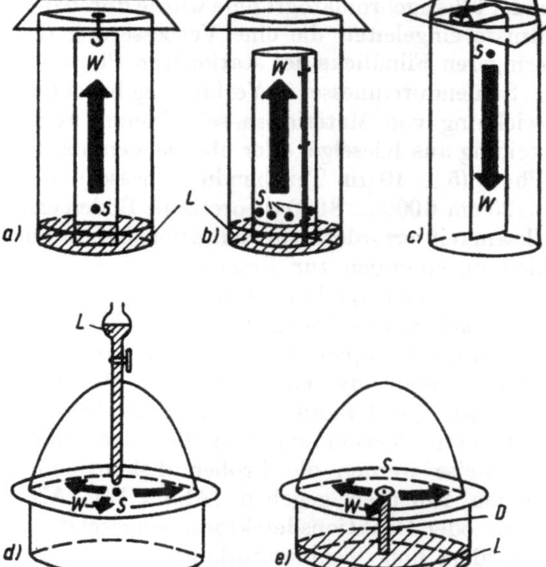

Abb. 2.12. Verschiedene Arbeitstechniken der Papierchromatographie

a) und b) aufsteigende Technik mit Papierstreifen bzw. -zylinder; c) absteigende Technik; d) und e) horizontale (Rundfilter-) Technik mit aufgetropftem bzw. aufgesaugtem Laufmittel

S Startpunkt; L Laufmittel; W Wanderungsrichtung; D Docht

sionales Chromatogramm). Auf diese Weise läßt sich z. B. eine große Zahl von Aminosäuren oder Alkaloiden voneinander trennen.

Eine spezielle Form der horizontalen Arbeitsweise stellt die Weiszsche *Ringofentechnik* dar. Sie verwendet eine beheizbare Apparatur und bietet außerdem die Möglichkeit der Reaktion mit gasförmigen Reagenzien. Mit der Ringofentechnik lassen sich u. a. ausgezeichnet anorganische Kationen und Anionen trennen [2.40, 2.41, 2.42].

Die Dünnschichtchromatographie wird meist nach der aufsteigenden Technik durchgeführt. Die Erkennung der oft unsichtbaren Komponenten erfolgt durch Farbreaktionen mit aufgesprühten Reagenzien, die Isolierung meist durch Ausschneiden der Papierflecke bzw. Abkratzen der Dünnschicht und nachfolgendes Herauslösen der entsprechenden Komponenten. Deren Menge wird anschließend mit Hilfe der bereits genannten Analysenprinzipien bestimmt; auf der Schicht selbst ist das zum Teil auch reflexionsspektrometrisch durchführbar. Halbquantitative Aussagen sind über die Größe oder Masse der isolierten Flecke möglich. Eindeutige Identifizierungen erfordern das Mitlaufen und -entwickeln von Vergleichschromatogrammen.

Für Proben wechselnder Zusammensetzung ist die Dünnschichtchromatographie als einfache und bezüglich der Detektion selektive Methode, auch infolge des geringen experimentellen Aufwandes, heute noch immer unentbehrlich.

Eine neue Etappe in der Flüssigchromatographie wurde durch die Anwendung theoretischer Erkenntnisse eingeleitet, die eine Verbesserung der Leistungsfähigkeit mit einer geringeren Filmdicke der stationären Phase und einem geringeren Partikel- bzw. Säulendurchmesser in Verbindung brachten [2.43, 2.44]. Dies führte zur Entwicklung von Materialien sehr kleiner Korngrößen mit enger Korngrößenverteilung aus Kieselgel oder oberflächenmodifiziertem Kieselgel als stationäre Phase (5 ... 10 μm Teilchendurchmesser), wobei man mit Trennsäulenlängen von 25 cm 6000 ... 8000 theoretische Böden erreichen kann. Diese hohe Trennwirksamkeit erfordert zur pulsationsfreien Förderung der mobilen Phase Hochleistungspumpen zur Erzeugung eines Vordruckes von 20 ... 40 MPa. Damit hat sich die *einfache* oder *normale Säulenchromatographie* (gelegentlich auch *Niederdruck-Säulenchromatographie* genannt) zur *Hochdruck-* oder *Hochleistungsflüssigchromatographie* HPLC (*H*igh *P*ressure- bzw. *H*igh *P*erformance *L*iquid *C*hromatography) entwickelt, die als *Schnelle Flüssigchromatographie* HSLC (*H*igh *S*peed *L*iquid *C*hromatography) eine schonende Trennung polarer und unpolarer Verbindungen in allen Bereichen der molaren Masse erlaubt. Üblicherweise werden die Proben diskontinuierlich in den kontinuierlich strömenden Eluenten gegeben (Abb. 2.13). Als Detektoren können UV-, Fluoreszenz- oder Reaktionsdetektoren eingesetzt werden. Differentialrefraktometer erfordern hohe Temperaturkonstanz und eine Dämpfung der Pulsationen.

Die Anwendung von Säulen geringen Durchmessers ($d \leqq 1$ mm; *Mikro-HPLC*) oder geringer Säulenlänge ($L = 3 \ldots 5$ cm; *HPLC mit kurzen Säulen*) führt zur Verringerung der Analysenzeiten (einige Minuten) und zur Herabsetzung des Lösungsmittelverbrauches. Bei Verwendung feinkörniger stationärer Phasen kann man mit noch kürzeren Analysenzeiten (einige Sekunden;

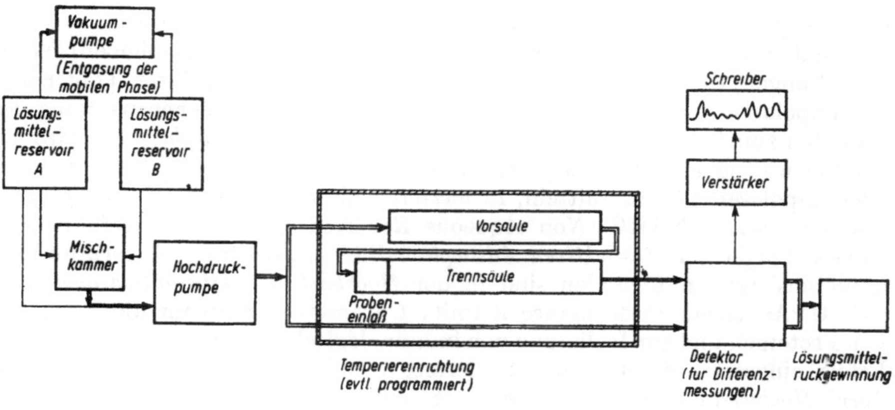

Abb. 2.13. Schematischer Aufbau einer Apparatur zur Hochleistungsflüssigchromatographie

superschnelle HPLC) auskommen. Dies ist der Ausgangspunkt für eine Überwachung großtechnischer Prozesse durch eine *On-line-Prozeß-Flüssigchromatographie* (*Prozeß-LC*), die gegenwärtig noch am Anfang ihrer Entwicklung steht.

Neben der Optimierung der Trennstufenzahl und Analysenzeit sind Selektivitätsbeeinflussungen zur Lösung von Trennproblemen besonders wirkungsvoll. Im allgemeinen sind moderne Geräte für Gradientelution eingerichtet. Bei einer entsprechenden Anpassung der mobilen Phase durch geeignete Wahl ihrer Zusammensetzung kann man Trennprobleme auch isokratisch, d. h. ohne Gradient lösen. Hierfür werden geeignete Lösungsmittelgemische (*Flüssigchromatographie mit vier Lösungsmitteln* [2.45]) eingesetzt (z. B. Hexan/Diethylether/Trichlormethan/Dichlormethan), deren Zusammensetzung von Chromatographen mit Mikroprozessoren selbst optimiert wird. Eine Anpassung der stationären Phase an die Trennaufgabe wird durch einen gezielten Wechsel der stationären Phase während der Trennung, d. h. durch ein Säulenschalten („column switching") erreicht (*mehr- bzw. multidimensionale Chromatographie*), was eine erheblich vereinfachte Probenvorbereitung bei einer komplexen Matrix ermöglicht. Vielfach existieren one-line-Kopplungen mit Spektrometern (LC-MS, LC-NMR, LC-IR).

Bedeutende Ergebnisse brachte die Anwendung von Fixphasen BP (*B*onded *P*hases) unterschiedlicher Polarität als Träger, worunter man oberflächenmodifizierte Silicagele versteht, auf deren Oberfläche organisch-chemische Gruppen über kovalente Bindungen fixiert wurden. Polare Träger (z. B. Amino-alkyl-silyl-Gruppen) werden zur Chromatographie in organischen Lösungsmitteln angewandt, die als *Normalphasen-Chromatographie* NPC (*N*ormal *P*hase *C*hromatography) bezeichnet wird. Vielseitige Anwendungen wurden durch den Einsatz unpolarer Träger (z. B. n-Alkyl-silyl-Gruppen) erschlossen, die zu einer Umkehr der Phasenpolarität (*RP-Träger*) führen und die *Umkehrphasen-*

Chromatographie RPC (*R*eversed *P*hase *C*hromatography) begründen. Die Chromatographie an RP-Trägern beruht auf solvophoben (hydrophoben) Wechselwirkungen, die mit der Kontaktfläche zwischen dem unpolaren Träger und den unpolaren Spezies des Stoffgemisches sowie der Oberflächenspannung des Eluenten zunehmen (*solvophobe* bzw. *hydrophobe Chromatographie*). Sie wird sowohl in wäßrigen bzw. wäßrig-organischen, aber auch in wasserfreien polaren oder unpolaren Lösungsmitteln, in letzteren als *nichtwäßrige Umkehrphasen-Chromatographie* NARP (*N*on *A*queous *R*eversed *P*hase) durchgeführt. Geeignete Träger zur *bioselektiven Adsorption* BSA (*B*ioselective *A*dsorption) an immobilisierenden Liganden sind in der *Hochleistungs-Affinitätschromatographie* HPAC (*H*igh *P*erformance *A*ffinity *C*hromatography) für die Trennung von Proteinen und zur Isolierung von immunologischen Substanzen mit großem Erfolg eingesetzt worden. Zur Isolierung von Proteinen und Nucleinsäuren durch *Hochleistungs-Flüssig-Affinitätschromatographie* HPLAC (*H*igh *P*erformance *L*iquid *A*ffinity *C*hromatography) werden trägergebundene komplementäre Nucleinsäuren als Affinitätsharze verwendet.

Die klassische Trennung ionischer Substanzen mit Hilfe chromatographischer Techniken wird seit langem durch *Ionenaustauschchromatographie* IEC (*I*on *E*xchange *C*hromatography) betrieben. Die Reindarstellung der Seltenen Erden ist das bekannteste Beispiel dafür. Hierfür stehen neben Ionenaustauschersäulen auch Membranen zur Verfügung.

Unter HPLC-Bedingungen kann die Trennung nach dem *Zweisäulenverfahren* erfolgen, wobei in der *Trennsäule* (Separator) mit einem Ionenaustauscher geringer Austauschkapazität die Trennung der Probeionen vorgenommen wird und anschließend in der *Suppressorsäule* (Unterdrücker) die Entfernung des Elutionsmittels erfolgt. Die dabei erreichte Senkung der elektrolytischen Leitfähigkeit erlaubt eine unmittelbare Leitfähigkeitsdetektion. Hiermit können Anionen elegant simultan im Spurenbereich bestimmt werden. Bei der Anwendung von *Einsäulenverfahren* werden sowohl Ionenaustauscher hoher Kapazität mit anschließender optischer oder elektrochemischer Detektion als auch solche sehr geringer Austauschkapazität eingesetzt, die bei Eluenten geringer Äquivalentleitfähigkeit eine Leitfähigkeitsdetektion ermöglichen. Anwendung finden diese Methoden bevorzugt zur Nitratbestimmung im Grund- und Trinkwasser sowie zur Reinheitskontrolle in Kesselanlagen und bei der Abwasserkontrolle.

Bei der *Ionenunterdrückungschromatographie* ISC (*I*on *S*uppression *C*hromatography) wird durch Einstellung eines geeigneten *p*H-Wertes eine Unterdrückung der Dissoziation insbesondere organischer ionogener Stoffe vorgenommen. Die so erhaltenen schwachen organischen Säuren oder Basen werden in nichtionisierter Form an Umkehrphasen chromatographiert. In der *Ionenpaarchromatographie* IPC (*I*on *P*aired *C*hromatography) wird in die mobile Phase eines Umkehrphasensystems ein ionisches hydrophobes Reagens (quaternäres Ammoniumkation, Alkyl- bzw. Arylsulfonatanion) gegeben und dadurch die Retention eines entgegengesetzt geladenen Bestandteiles erhöht.

Auch die Dünnschichtchromatographie konnte durch Anwendung kleiner Platten mit feinkörnigen Adsorbenzien enger Korngrößenverteilung und durch verbesserte Entwicklungstechniken zur *Hochleistungs-Dünnschichtchromatographie* HPTLC (*H*igh *P*erformance *T*hin *L*ayer *C*hromatography), auch HPDC, weiterentwickelt werden.

Vertiefende Literatur: [2.37 bis 2.39, 2.43 bis 2.66].

2.2.3.2.2. Gaschromatographie

Bei gaschromatographischen Methoden wird ausschließlich die Elutionstechnik angewandt. Man erhält dabei äußere Chromatogramme. Den prinzipiellen Aufbau gaschromatographischer Apparaturen zeigt Abb. 2.14.

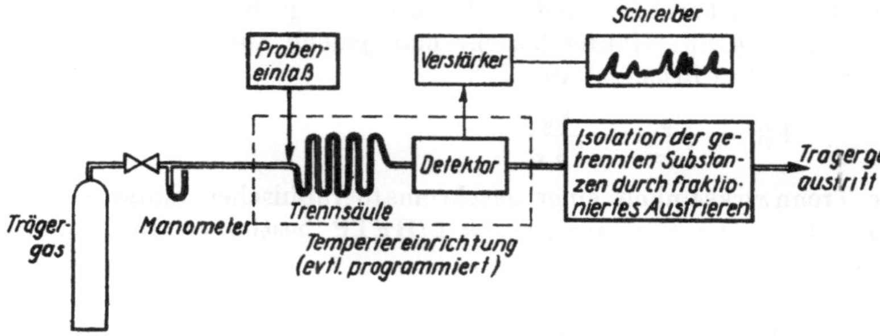

Abb. 2.14. Schematischer Aufbau einer gaschromatographischen Apparatur

Das Kernstück der Apparatur ist die Trennsäule. *Gepackte Säulen* in normaler oder Mikropackausführung bestehen aus gefüllten Rohren, die bei der *Gas-Adsorptionschromatographie* einen Durchmesser von 1 ... 10 mm und eine Länge von einigen Zentimetern bis etwa 100 m haben. Die Trägermaterialien sind aus Tab. 2.5 ersichtlich. Bei der *Gas-Verteilungschromatographie* haben die Rohre Durchmesser von 0,01 ... 10 mm und Längen bis zu 1 km. Als Trägermaterialien dienen inerte Stoffe, wie Kieselgur oder Ziegelmehl, auf die die stationäre

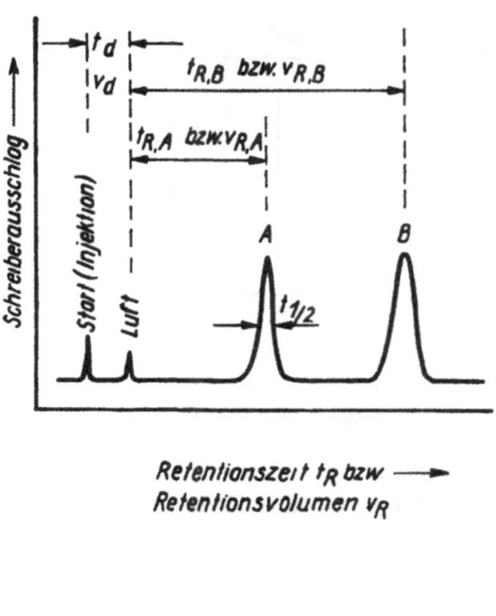

Abb. 2.15. Gaschromatogramm eines Gemisches zweier Komponenten A und B

t_d, V_d Totzeit bzw. -volumen der Apparatur; $t_{1/2}$ Halbwertsbreite des chromatographischen Peaks

flüssige Phase (Siliconöl, Squalen, Apiezon, Benzochinolin u. a.) fein verteilt aufgebracht wird.

Die gaschromatographisch zu trennenden Proben sind in der Regel gasförmig oder flüssig; sie können aber auch fest sein, wenn sie sich bis 400 °C unzersetzt verdampfen lassen. Sie werden vom Trägergas (N_2, He, Ar oder auch H_2) durch die Trennsäule transportiert und vom Detektor als zeit- oder volumenabhängige Signale registriert (Abb. 2.15).

Die den R_f-Werten umgekehrt proportionalen *Retentionszeiten* oder *-volumina* sind relative Kenngrößen; sie sind abhängig von den Druck- und Temperaturverhältnissen in der Säule und von deren stationärer Phase. Die Berücksichtigung all dieser Parameter liefert absolute Kenngrößen, die *effektive* oder *spezifische Retention* V_R^0. Häufig bezieht man jedoch auf Standardsubstanzen und gibt die *relative Retention* an:

$$V_R^{rel} = \frac{t_R}{t_{R,St}} = \frac{V_R}{V_{R,St}}. \tag{2.26}$$

Die Trennwirksamkeit einer gaschromatographischen Säule wird gemäß Gl. (2.17) durch die Beziehung $n_{th} = L/\text{HETP}$ bestimmt; aus Retentionsdaten ergibt sie sich nach

$$n_{th} = k\left(\frac{t_R + t_d}{t_{1/2}}\right)^2. \tag{2.27}$$

k Konstante, vgl. auch Abb. 2.15

Das aus der Säule austretende Gasgemisch wird vom *Detektor* registriert. Aus der Vielzahl von Detektoren (↗ z. B. [2.68]) haben insbesondere zwei breite Anwendung gefunden: *Wärmeleitfähigkeitsdetektoren* (WLD; ↗ 3.3.6.) und *Flammenionisationsdetektoren* (FID), deren Wirkungsweise auf der Erhöhung des Ionenstroms einer Wasserstoffflamme infolge Ionisation C-H-gruppen-

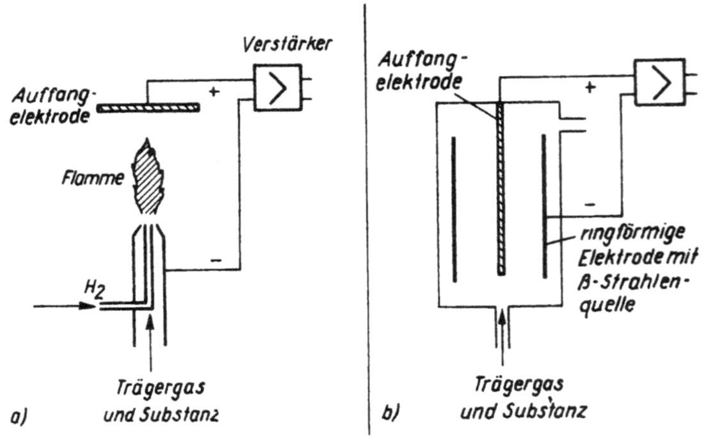

Abb. 2.16. Prinzipieller Aufbau
a) eines Flammenionisationsdetektors; b) eines Elektroneneinfangdetektors

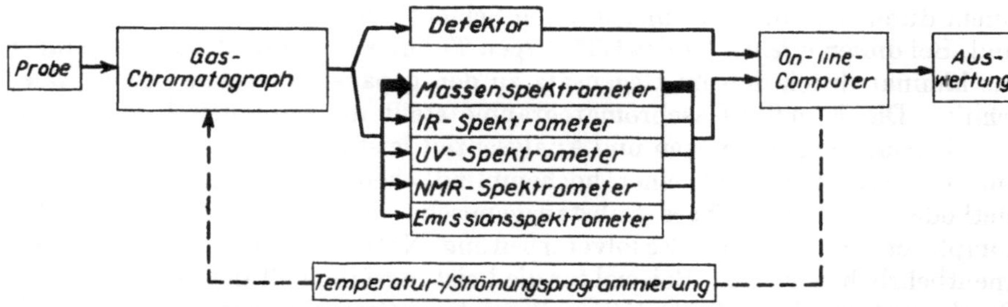

Abb. 2.17. Kopplung der Gaschromatographie mit anderen Analysenprinzipien und mit einem On-line-Computer

haltiger Komponenten beruht (Abb. 2.16a). FID sind für derartige Verbindungen spezifisch, andere werden nicht angezeigt; ihr Nachweisvermögen ist um mehrere Zehnerpotenzen besser als das von WLD. Letztere sind universell einsetzbar.

Spezifisch für elektronenaffine Verbindungen, z. B. flüchtige Metallionenkomplexe, ist der *Elektroneneinfangdetektor* ECD (*E*lectron *C*apture *D*etector). Mit ihm können anorganische Substanzen nach der Trennung empfindlich nachgewiesen werden (Abb. 2.16b).

Die Trennleistung der Gaschromatographie kann durch kontinuierliche Änderung der Temperatur oder auch der Strömungsgeschwindigkeit während der Elution gesteigert werden (Gradientelution). In kommerziellen Geräten sind diese Veränderungen programmierbar.

Die Gaschromatographie ist vorrangig eine Trennmethode. Aus den Peakflächen der vom Detektor registrierten Signale lassen sich darüber hinaus Angaben über die *Mengen* der im Gemisch vorhandenen Komponenten gewinnen. Aussagen über die *Art* der Bestandteile sind jedoch in der Regel nur durch eine anschließende Analyse der isolierten Gemischfraktionen möglich.

In jüngster Zeit erfolgt zu diesem Zweck zunehmend eine *direkte Kopplung* der Gaschromatographie mit geeigneten Analysenprinzipien (Abb. 2.17). Aufgrund der hohen Trennleistungen, die gaschromatographisch erzielt werden können, sind dazu fast ausschließlich Analysenprinzipien mit hohem *analytischem Auflösungsvermögen* geeignet.

Die dabei anfallende große Datenmenge erfordert die Kopplung mit einem On-line-Computer (↗ 4.5.2.), der die Daten erfaßt, reduziert und auswertet sowie darüber hinaus gegebenenfalls die Programmierung des Gaschromatographen steuert.

Bei der *inversen Gaschromatographie*, wo als stationäre Phase die zu untersuchenden Feststoffe (z. B. Polymere) eingesetzt werden, erhält man die Aussagen aus dem gaschromatographischen Verhalten bekannter gasförmiger Stoffe.

Eine wesentliche Verbesserung der Leistungsfähigkeit gaschromatographischer Trennungen ist durch die *Kapillar-Gaschromatographie* KGC erreicht worden, die mit *Kapillarsäulen* arbeitet, welche nur an der Rohrinnenwand mit einem dünnen Film oder einer dünnen Schicht einer stationären Phase belegt sind. Bei diesen *offenen Säulen* OTC (*O*pen *T*ubular *C*olumn) strömt das Trägergas laminar durch den im Gegensatz zu den gepackten Säulen offenen Querschnitt. Die Kapillar-Gaschromatographie stellt die bezüglich Informationsgehalt, Auflösungsvermögen und Analysenzeit leistungsfähigste Trennmethode und in Verbindung mit einer hochempfindlichen Detektion auch Analysenmethode für verdampfbare Substanzgemische dar und ist für die Analyse komplexer Gemische aus Erdölverarbeitung, Naturstoffchemie und Biochemie unentbehrlich geworden. Beispiel für die Leistungsfähigkeit der *hochauflösenden Gaschromatographie* HRGC (*H*igh *R*esolution *G*as *C*hromatography) ist die Auftrennung von ungefähr 1000 Substanzen in einem Tabak-Kondensat.

Als Kapillarsäulen werden *Feststoff-Kapillarsäulen* (*PLOT-Säulen: P*orous *L*ayer *O*pen *T*ubular) mit einer porösen, adsorptionswirksamen Oberfläche oder einer dünnen Schicht eines Adsorptionsmittels benutzt. In Glaskapillaren sind sie durch Ätzen z. B. mit HCl, HF oder NH_3 erhältlich. Kapillarsäulen, deren stationäre Phase durch eine dünne Schicht imprägnierten Trägermaterials gebildet wird, heißen *Dünnschicht-Kapillarsäulen* (*SCOT-Säulen: S*upport *C*oated *O*pen *T*ubular). Am verbreitetsten sind jedoch *Dünnfilm-Kapillarsäulen* (*WCOT-Säulen; W*all *C*oated *O*pen *T*ubular), bei denen die stationäre Phase aus einem dünnen Film von Trennflüssigkeit an der Rohrinnenwand besteht. Die ursprünglich eingesetzten Metallsäulen werden zunehmend durch Glas, besser Quarz, ersetzt, dessen Oberfläche durch Hochtemperatur-Silylierung von den Metallionen befreit und zu einer organophilen Oberfläche umgewandelt wird.

Vertiefende Literatur: [2.67 bis 2.75].

3. Ausgewählte Analysenprinzipien

Im Verlaufe der analytischen Messung werden aus den statischen Signalen der meßgerechten Probe dynamische Meßsignale erzeugt. Letztere charakterisieren den Prozeß der Messung und damit das entsprechende *Analysenprinzip*. In die als Meßergebnisse auftretenden statischen Meßsignale gehen die Anfangs- und Endzustände des Meßprozesses ein.

Die Vielfalt der in der analytischen Praxis vorkommenden Prozesse läßt sich auf die in Abb. 3.1 dargestellten Wechselwirkungen zurückführen.

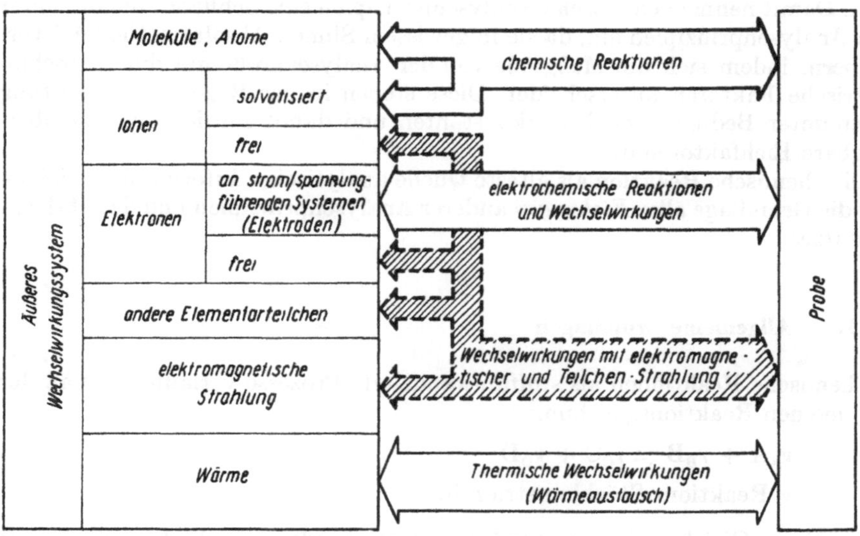

Abb. 3.1. Äußere Wechselwirkungsprozesse, die mit Proben unter Informationsgewinnung ablaufen können

In allen Fällen existieren sowohl unelastische als auch elastische bzw. quasielastische Wechselwirkungen (↗ 1.3.3.). (Die z. B. bei chemischen Reaktionen auftretenden elastischen Wechselwirkungen werden bei Molekularstrahlexperimenten, die derzeit allerdings noch keine analytische Bedeutung besitzen, besonders deutlich [3.1, 3.2].) Von den elastischen Wechselwirkungen kommt gegenwärtig nur denen mit elektromagnetischer und Teilchenstrahlung sowie den im gleichen Sinne zu betrachtenden unspezifischen Elektrodenvorgängen in der Elektrochemie analytische Bedeutung zu.

Die Systematik der in Abb. 3.1 dargestellten Wechselwirkungen wurde der folgenden Gliederung zugrunde gelegt, wobei die Zuordnung von Analysenprinzipien zu diesen Wechselwirkungen nach der Systematik der in Tab. 1.7 wiedergegebenen Formen der inneren Energie der Probe erfolgt.

3.1. Analysenprinzipien auf der Grundlage chemischer Reaktionen

Chemische Analysenprinzipien beruhen auf der Untersuchung des *Ablaufes chemischer Reaktionen*, ihrer *Reaktionsprodukte* sowie der mit ihnen verbundenen Zustandsänderungen. Sie liefern analytische Informationen über die Art und Menge von Probenbestandteilen. Die dabei auftretenden Meßgrößen sind in Tab. 3.1 zusammengestellt.

Chemische Reaktionen bieten die Möglichkeit, Stoffmengen direkt zu bestimmen. Damit nehmen chemische Analysenprinzipien eine Schlüsselstellung unter den Analysenprinzipien ein, da sie in gewissem Sinne „Absolutmethoden" verkörpern, indem sich die Meßgröße von der Analysengröße nur durch stöchiometrische Faktoren unterscheidet. Diese stellen in der Regel bei Einhaltung bestimmter Bedingungen Naturkonstanten und damit zeitlich beliebig übertragbare Eichfaktoren dar.

Die chemische Reaktion als älteste Quelle analytischer Informationen ist somit die Grundlage aller *Eichungen* anderer Analysenprinzipien und damit deren Einsatzes.

3.1.1. Allgemeine Grundlagen

Chemische Reaktionen als stoffumwandelnde Prozesse verlaufen gemäß der allgemeinen Reaktionsgleichung

$$\nu_A A + \nu_B B \rightleftharpoons \nu_C C + \nu_D D \tag{3.1}$$

ν Reaktions-Stöchiometriezahl

bis zu einem Gleichgewichtszustand, dessen thermodynamische Lage durch das *Massenwirkungsgesetz* (MWG) beschrieben wird:

$$\frac{a_C^{\nu_C} \cdot a_D^{\nu_D}}{a_A^{\nu_A} \cdot a_B^{\nu_B}} = K_a. \tag{3.2}$$

K_a thermodynamische Gleichgewichtskonstante
a Aktivität

Der negative dekadische Logarithmus der thermodynamischen Gleichgewichtskonstante, der thermodynamische *Gleichgewichtsexponent*

$$pK_a = -\lg K_a, \tag{3.3}$$

drückt die Vollständigkeit einer Reaktion aus.

Tabelle 3.1. Übersicht über die bei chemischen Analysenprinzipien auftretenden Meßgrößen

Meßgröße	Symbol	Einheit	Funktionaler Zusammenhang	Bemerkungen
Stoffmenge	n	mol		Grundgrößenart
Teilchenzahl	N	1	$N = nN_A$	N_A Avogadro-Konstante (↗ Anhang A.1)
Masse	m	kg; g		Grundgrößenart
Volumen	v	m^3; l		
Stoffmengen-konzentration	c	$mol \cdot l^{-1}$	$c = \frac{n}{v}$	Zusammensetzungsgröße (s. Tab. 1.4.)
Konzentrations-änderung	x	$mol \cdot l^{-1}$	$x = c^0 - c$	c^0 Ausgangskonzentration bei $t = 0$
Druck	p	Pa	$p = cRT$	R Gaskonstante, allgemeine molare (↗ Anhang A.1)
Reaktions-geschwindigkeit	v	$mol \cdot l^{-1} \cdot s^{-1}$	$v = \frac{dc}{dt}$	
Geschwindigkeits-konstante	k_n	$mol^{1-n} \cdot l^{n-1} \cdot s^{-1}$	$k_n = \frac{1}{(n-1)\,t}\left(\frac{1}{c^{n-1}} - \frac{1}{(c^0)^{n-1}}\right)$	
Reaktionsordnung	n	1	$n = \sum n_i$	n_i Konzentrationsexponenten
Reaktionszeit	t	s		
Halbwertszeit	$\tau_{1/2}$	s	$\tau_{1/2} = \frac{2^{n-1} - 1}{(n-1)\,k_n (c^0)^{n-1}}$	Zeit, in der $c = c^0/2$ ist

Die analytisch bestimmbare Konzentration c_i bzw. der meßbare Partialdruck p_i eines Reaktionsbestandteils steht mit der thermodynamisch wirksamen *Aktivität* (für Lösungen) bzw. *Fugazität* (für Gasmischungen) a_i in folgendem Zusammenhang:

$$\lim_{\Sigma c \to 0} \frac{a_i}{c_i} = 1 \quad \text{bzw.} \quad \lim_{\Sigma p \to 0} \frac{a_i}{p_i} = 1 . \tag{3.4}$$

Für reale Lösungen und Gasmischungen folgt:

$$a_i = f_i \cdot c_i . \tag{3.5}$$

$f_i \leqq 1$ mittlerer Aktivitätskoeffizient

Für die analytisch wichtige Dissoziation eines Elektrolyten $A_{\nu_A}B_{\nu_B}$

$$A_{\nu_A}B_{\nu_B} \rightleftharpoons \nu_A A^{z_+ +} + \nu_B B^{z_- -} \tag{3.6}$$

z_+, z_- Ionenladung von Kation und Anion

ergibt sich

$$f_i = \sqrt[\nu_A + \nu_B]{f_+^{\nu_A} \cdot f_-^{\nu_B}} . \tag{3.7}$$

f_+, f_- Aktivitätskoeffizienten von Kation bzw. Anion

Aufgrund der zwischen Ionen auftretenden hohen Reaktionsgeschwindigkeiten haben wäßrige Elektrolytlösungen breite Anwendung bei der analytischen Untersuchung anorganischer Stoffe gefunden. Nach der Theorie von DEBYE-HÜCKEL gilt für *Ionenstärken* (ionale Konzentrationen) von $I \approx 0{,}1 \text{ mol} \cdot l^{-1}$

$$\begin{aligned} \lg f_i &= -0{,}5 \cdot z_i^2 \frac{\sqrt{I}}{1 + \sqrt{I}} , \\ I &= \frac{1}{2} \sum z_i^2 \cdot c_i . \end{aligned} \tag{3.8}$$

Für die Beschreibung des Gleichgewichtszustandes der Reaktion (3.1) ergibt sich damit

$$\begin{aligned} pK_a &= -\lg \frac{c_C^{\nu_C} \cdot c_D^{\nu_D}}{c_A^{\nu_A} \cdot c_B^{\nu_B}} - \lg \frac{f_C^{\nu_C} \cdot f_D^{\nu_D}}{f_A^{\nu_A} \cdot f_B^{\nu_B}} \\ &= pK_c + 0{,}5 \cdot (\nu_C z_C^2 + \nu_D z_D^2 - \nu_A z_A^2 - \nu_B z_B^2) \frac{\sqrt{I}}{1 + \sqrt{I}} . \end{aligned} \tag{3.9}$$

pK_c stöchiometrischer Gleichgewichtsexponent

Die Lage des Gleichgewichtes wird von der Temperatur bestimmt. Bei isobaren Reaktionen (p = konst.), die allein analytisches Interesse beanspruchen, gilt für die Temperaturabhängigkeit der Gleichgewichtslage nach VAN'T HOFF:

$$\frac{\partial pK_a}{\partial T} = \frac{\Delta H^\ominus}{2{,}303 \cdot RT^2} . \tag{3.10}$$

$\Delta H^\ominus$ Standardreaktionsenthalpie

Je nachdem, ob $\Delta H^\ominus$ größer oder kleiner als Null ist, nimmt der Gleichgewichtsexponent mit steigender Temperatur zu oder ab (*Prinzip von le Chatelier*). Auch über die bei chemischen Reaktionen auftretenden stoffmengenproportionalen Reaktionsenthalpien lassen sich analytische Informationen erhalten (↗ 3.3.2.).

Die nach Gl. (3.9) berechenbaren Gleichgewichtsexponenten treffen Aussagen über die thermodynamische Lage eines Gleichgewichtes und damit über die Möglichkeit des Ablaufes einer chemischen Reaktion. Sie sagen jedoch nichts aus über die zeitliche Realisierung, also über die Geschwindigkeit, mit der sich ein bestimmtes Gleichgewicht einstellt.

Die Geschwindigkeit des Ablaufes chemischer Reaktionen wird vom Reaktionsweg bestimmt, der oft aus mehreren Teilschritten besteht. Die notwendige Anzahl von Teilchen, deren gleichzeitiger Zusammenstoß beim Vorhandensein einer entsprechenden kinetischen Energie zur Reaktion führt, heißt *Reaktionsmolekularität*. Die Reaktionsgeschwindigkeit wird vom langsamsten Reaktionsschritt bestimmt.

Für eine Reaktion n-ter Ordnung gilt für die Reaktionsgeschwindigkeit für die Komponente A (mit $a = c$ und $\nu_A = 1$):

$$v = -\frac{dc_A}{dt} = k_n \cdot c_A^n = k_n(c_A^0 - x)^n = k_{max} \cdot e^{-\frac{E_A}{RT}} \cdot c_A^n. \qquad (3.11)$$

k_{max} Häufigkeitsfaktor, Aktionskonstante, Frequenzfaktor
E_A Aktivierungsenergie

Die Geschwindigkeit einer chemischen Reaktion läßt sich durch Änderungen der Temperatur, der Ausgangskonzentrationen der beteiligten Stoffe sowie der Aktivierungsenergie (z. B. durch Katalysatoren) beeinflussen.

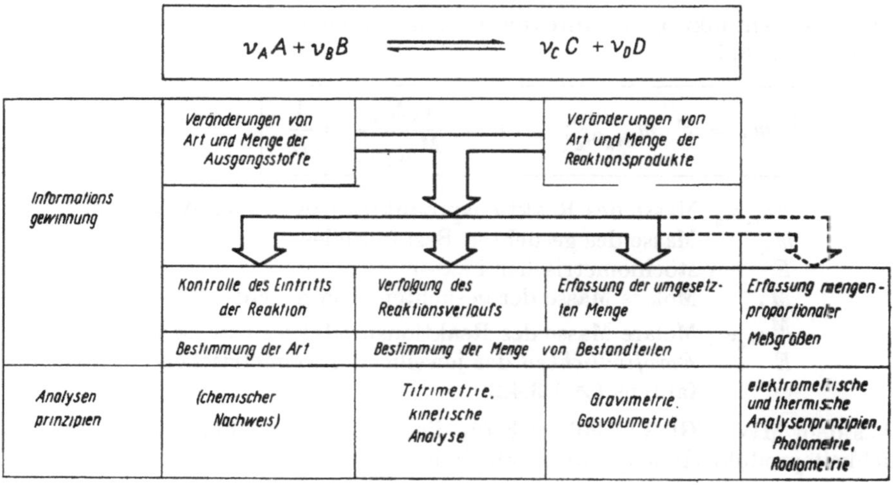

Abb. 3.2. Die chemische Reaktion als Quelle analytischer Informationen

Für die Anwendbarkeit einer chemischen Reaktion zur Gewinnung analytischer Informationen müssen folgende Voraussetzungen erfüllt sein:

1. Eindeutigkeit des Reaktionsablaufes,
2. Vollständigkeit der Umsetzung,
3. hinreichend große Reaktionsgeschwindigkeit.

Die letzte Forderung ist bei Ionenkombinationsreaktionen stets, bei Redoxreaktionen (Elektronenaustauschreaktionen) meist erfüllt. Molekülreaktionen verlaufen dagegen in der Regel langsam und sind für analytische Zwecke nicht in dem Maße gebräuchlich wie die beiden zuerst genannten Reaktionstypen.

Die Möglichkeiten der Informationsgewinnung über Art und Menge der Bestandteile stofflicher Systeme auf der Grundlage chemischer Reaktionen und die daraus ableitbaren Analysenprinzipien sind aus Abb. 3.2 ersichtlich.

Vertiefende Literatur: [3.3 bis 3.7].

3.1.2. Gravimetrie

Das Analysenprinzip der Gravimetrie beruht auf der Massenbestimmung der Reaktionsprodukte von Fällungsreaktionen. Dafür müssen folgende Voraussetzungen erfüllt sein:

1. Gültigkeit des Gesetzes der konstanten und multiplen Proportionen;
2. streng definierte Zusammensetzung des Niederschlages bzw. seiner Wägeform;
3. geringe Löslichkeit des Reaktionsproduktes;
4. gute Abtrennbarkeit des Niederschlages von der flüssigen Phase.

Für gravimetrische Analysen kommen vorwiegend Ionenkombinationsreaktionen zur Anwendung:

$$\nu_A A^{z_+ +} + \nu_B B^{z_- -} \underset{\text{Dissoziation}}{\overset{\text{Kombination}}{\rightleftarrows}} (A_{\nu_A}B_{\nu_B})_l \underset{\text{Lösung}}{\overset{\text{Fällung}}{\rightleftarrows}} (A_{\nu_A}B_{\nu_B})_s. \tag{3.12}$$

Die Analysenfunktion der direkten gravimetrischen Analyse lautet für diesen allgemeinen Fall

$$\boxed{m_A = F \cdot m_{A_{\nu_A}B_{\nu_B}}; \qquad F = \frac{\nu_A M_A}{M_{A_{\nu_A}B_{\nu_B}}} = \frac{1}{E}}\,. \tag{3.13}$$

$m_{A_{\nu_A}B_{\nu_B}}$ Masse des Reaktionsproduktes bzw. seiner Wägeform
m_A Masse des gesuchten Bestandteiles A
F stöchiometrischer Faktor
M_A Molare Masse der gesuchten Komponente A
$M_{A_{\nu_A}B_{\nu_B}}$ Molare Masse des Reaktionsproduktes bzw. seiner Wägeform
E *Empfindlichkeit* des jeweiligen gravimetrischen Analysenverfahrens (↗ 1.3.4.2.)

Aus dem MWG (Gl. 3.2) läßt sich für die Reaktionsgleichung (3.12) das Löslichkeitsprodukt (Ionenprodukt) ableiten

$$L_{A_{\nu_A}B_{\nu_B}} = a^{\nu_A}_{A^{z_+ +}} \cdot a^{\nu_B}_{B^{z_- -}} = c^{\nu_A}_{A^{z_+ +}} \cdot c^{\nu_B}_{B^{z_- -}} \cdot f^{\nu_A}_{A^{z_+ +}} \cdot f^{\nu_B}_{B^{z_- -}}. \tag{3.14}$$

Es soll für analytische Fällungsreaktionen sehr kleine Werte besitzen. Die *Löslichkeit* der gefällten Verbindung $l_{A_{\nu_A}B_{\nu_B}}$ (in mol · l^{-1}) bestimmt die geringste nachweisbare bzw. bestimmbare Menge

$$l_{A_{\nu_A}B_{\nu_B}} = \frac{c_{A^{z_+ +}}}{\nu_A} = \frac{c_{B^{z_- -}}}{\nu_B} = \sqrt[\nu_A+\nu_B]{\frac{L_{A_{\nu_A}B_{\nu_B}}}{\nu_A^{\nu_A} \cdot \nu_B^{\nu_B} \cdot f_{A^{z_+ +}}^{\nu_A} \cdot f_{B^{z_- -}}^{\nu_B}}} . \tag{3.15}$$

Die Löslichkeit wird durch fremdionige Zusätze erhöht [↗ Gl. (3.8)] und durch gleichionigen Zusatz (Überschuß des Fällungsmittels $B^{z_- -}$) nach Gl. (3.14) verringert, wenn kein Reaktionspartner an weiteren chemischen Gleichgewichten (z. B. an Komplexbildungsreaktionen) beteiligt ist.

In der Praxis liegen nach der Fällung häufig etwas höhere Konzentrationen als die nach Gl. (3.14) errechneten Gleichgewichtskonzentrationen infolge von *Übersättigungserscheinungen* vor. Sie lassen sich gering halten, indem das Fällungsmittel tropfenweise und nur in geringem Überschuß zugegeben wird. Damit wird gleichzeitig die Adsorption von Eigen- oder Fremdionen am Niederschlag verringert. Demgegenüber wird bei *Kollektorfällungen* (↗ 2.1.1.), wo die Adsorption an Niederschlägen zur Spurenabtrennung ausgenutzt wird, das Fällungsmittel im Überschuß und in einem Guß zugesetzt.

Gravimetrische Bestimmungen erfordern Probenmengen, die Auswaagen im mg-Bereich ermöglichen. Ihre Vorteile liegen in der hohen Präzision ($S_r = 10^{-2} \ldots 10^{-4}$ bei Haupt- und Nebenbestandteilen), dem geringen Geräteaufwand und dem Wegfall von Eichungen. Dem steht ein relativ hoher Zeitbedarf als Nachteil gegenüber.

Fällungsreaktionen werden sehr häufig für chemische Nachweise, also zur Ermittlung der Art von Bestandteilen, herangezogen, und zwar in spezifischer Form für Einzelnachweise oder in selektiver Form für systematische Trennungsgänge. Gravimetrische Verfahren werden für Präzisions-Mengenbestimmungen angewendet, und zwar vorteilhaft bei hohen und mittleren Probengehalten. Mehrkomponentenanalysen sind infolge der mit selektiven Fällungen verbundenen Trennungen (↗ 2.1.1.) möglich. In begrenztem Umfang können auch Simultanbestimmungen auf indirektem Wege durchgeführt werden. Hinweise auf die Konstitution von Verbindungen in Lösung, insbesondere von anorganischen Komplexen, kann das Eintreten oder Nichteintreten und die Geschwindigkeit von Fällungen geben (Tab. 3.2).

Tabelle 3.2. Beispiele für Informationen über Probenbestandteile, die Aussagen über deren Bindungszustände und Koordinationsverhältnisse ermöglichen

Probenbestandteil	Reaktion bei Zugabe von Silberionen
Ionogenes Chlor (Chloridionen), z. B. als $[Co(NH_3)_6]Cl_3$	sofortige Bildung eines Niederschlages von AgCl
Koordinativ gebundenes Chlor, z. B. in $[Co(NH_3)_3Cl_3]$	langsame Bildung eines Niederschlages von AgCl
Molekulares Chlor, z. B. in CCl_4	kein Niederschlag

Spezielle Methoden ergeben sich aus der Kombination der Gravimetrie mit anderen Analysenprinzipien; ihnen gemeinsam ist die Mengenbestimmung durch Wägung. Die wichtigsten sind die

Elektrogravimetrie (↗ 3.2.3.4.; elektrochemische Abscheidung von Probenbestandteilen);

Thermogravimetrie (↗ 3.3.4.; Bestimmung von Massendifferenzen bei thermischen Umwandlungen und Reaktionen);

gravimetrische Titration (↗ 3.1.3.; Bestimmung der Masse anstelle des Volumens von Maßlösungen);

Gasgravimetrie (↗ 3.1.4.; Ermittlung der Massenänderungen anstelle von Volumen- oder Druckänderungen zur Bestimmung gasförmiger Reaktionsprodukte).

Vertiefende Literatur: [3.8, 3.9].

3.1.3. Titrimetrie

Das Analysenprinzip der Titrimetrie (Maßanalyse, Lösungsvolumetrie) beruht auf der Ermittlung der zur vollständigen Gleichgewichtseinstellung einer chemischen Reaktion benötigten Menge eines gelösten Reagenzes durch Volumenmessung mit Hilfe von Indikationsmethoden.

Das als *Titrator* verwendete Reagens liegt in der Maßlösung in definierter Konzentration c_M (↗ Tab. 1.4) vor, es wird dem zu bestimmenden *Titranden* in der Regel schrittweise zugegeben und die ablaufende Reaktion, insbesondere das Erreichen des Äquivalenzpunktes, visuell oder messend verfolgt.

Die titrimetrische Analysenfunktion für den allgemeinen Fall direkter Titrationen lautet

$$\boxed{m_A = F \cdot f \cdot v_M; \qquad F = M_A \cdot c_{ev} = \frac{1}{E}}. \tag{3.16}$$

v_M Volumen der zum Erreichen des Äquivalenzpunktes benötigten Maßlösung in ml

m_A Masse des gesuchten Bestandteiles A

F stöchiometrischer Faktor in $g \cdot ml^{-1}$

M_A molare Masse des gesuchten Bestandteiles A

c_{ev} Äquivalentkonzentration der Maßlösung

E Empfindlichkeit des jeweiligen titrimetrischen Analysenverfahrens

$f = c_{praktisch}/c_{theoretisch}$ Korrekturfaktor, Wirkwert („Faktor")

Bis auf den Faktor f, der durch Korrektureichungen („Titereinstellung") ermittelt werden muß, liegen den titrimetrischen Analysenverfahren übertragbare stöchiometrische Eichfaktoren zugrunde.

Während bei visueller Indikation die Reagenszugabe am Äquivalenzpunkt abgebrochen wird, erfolgt bei messenden Indikationsmethoden die Bestimmung des Äquivalenzpunktes und damit des Maßlösungsverbrauches aus *Titrations-*

kurven. Sie stellen den funktionalen Zusammenhang bestimmter Eigenschaften des Titrand-Titrator-Systems in Abhängigkeit vom Umsetzungsgrad, hier *Titrationsgrad* τ, dar und charakterisieren damit den Reaktionsverlauf. Es gilt:

$$\tau = \frac{C_{Tr}}{C_{Td}}. \tag{3.17}$$

C_{Tr} Totalkonzentration des Titrators
C_{Td} Totalkonzentration des Titranden

Man unterscheidet registrierbare Eigenschaften, die logarithmisch von der Gleichgewichtskonzentration abhängig sind, und solche, die direkte Proportionalität zeigen. Logarithmische Titrationskurven treten bei Säure-Base-Reaktionen sowie bei Elektronenaustauschreaktionen auf. Für schwache Protolyte (Titration schwacher Säuren mit starken Basen) gilt:

$$\begin{aligned} pH &= pK_S + \lg \frac{\tau}{1-\tau} \qquad (0 < \tau < 1), \\ pH &= pK_W + \lg C_S + \lg (\tau - 1) \quad (\tau > 1). \end{aligned} \tag{3.18}$$

pK_S Säureexponent [definiert analog Gl. (3.3)]
pK_W Ionenexponent des Wassers
C_S Totalsäurekonzentration nach der Definition von BRÖNSTED

Für Redoxreaktionen gilt:

$$\begin{aligned} U &= U^{\ominus} + \frac{RT}{z_R F} \ln \frac{\tau}{1-\tau} \qquad (0 < \tau < 1), \\ U' &= U^{\ominus\prime} + \frac{RT}{z'_R F} \ln (\tau - 1) \quad (\tau > 1). \end{aligned} \tag{3.19}$$

[Symbole ↗ 3.2.1., Gln. (3.33) und (3.36)]

Im Bereich $0 < \tau < 1$ liegen bilogarithmische, im Bereich $\tau > 1$ einfach logarithmische Kurven vor (Abb. 3.3).

Für starke Protolyte (Titration starker Säuren mit starken Basen, Fällungs- oder Komplexbildungstitrationen) ergibt sich:

$$pTd = -\lg c_{Td} = -\lg C_{Td} - \lg (1 - \tau) \quad (0 \leqq \tau < 1), \tag{3.20}$$

so daß hierfür auch bis zum Äquivalenzpunkt eine einfach logarithmische Kurve gilt.

Lineare Titrationskurven ergeben sich, wenn Eigenschaften chemischer Systeme den Gleichgewichtskonzentrationen direkt proportional sind (Tab. 3.3). Für solche Eigenschaften Z gilt entsprechend Td + Tr → Rp:

$$Z = f_{Td} \cdot c_{Td} + f_{Tr} \cdot c_{Tr} + f_{Rp} \cdot c_{Rp}. \tag{3.21}$$

f Proportionalitätsfaktoren; c Gleichgewichtskonzentrationen
(*Td* Titrand; *Tr* Titrator; *Rp* Reaktionsprodukt)

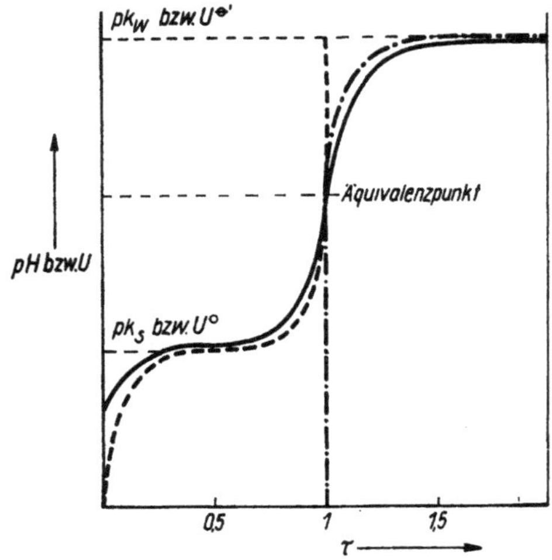

Abb. 3.3. Allgemeiner Verlauf von logarithmischen Titrationskurven [↗ Gln. (3.18) und (3.19)]
—— tatsächliche Titrationskurve
– – – Teilkurve bei Titrandüberschuß ($0 < \tau < 1$)
–·–·– Teilkurve bei Titratorüberschuß ($\tau > 1$)

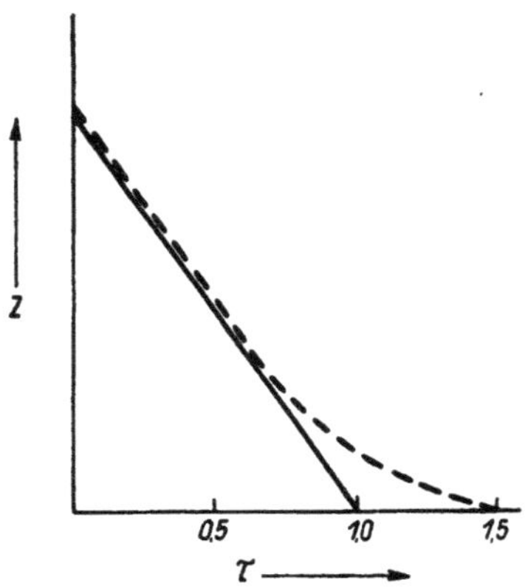

Abb. 3.4. Lineare Titrationskurve bei vollständiger (——) und unvollständiger Reaktion (– – – –)

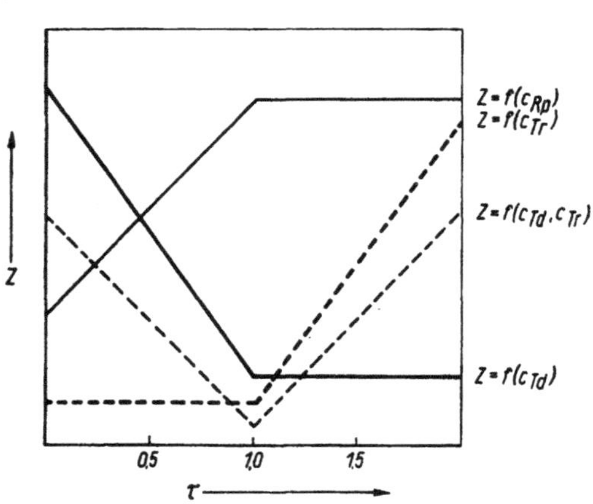

Abb. 3.5. Abhängigkeit der Eigenschaften chemischer Systeme (Z) von den Konzentrationen des Titranden c_{Td}, des Titrators c_{Tr} und des Reaktionsproduktes c_{Rp}

Für $0 < \tau < 1$ gilt bei $f_{Tr} = f_{Rp} = 0$

$$Z = f_{Td} \cdot C_{Td}(1 - \tau). \tag{3.22}$$

Unvollständige Reaktionen ergeben einen Verlauf nach Abb. 3.4. Die verschiedenen Formen der sich ergebenden Titrationskurven sind in Abb. 3.5 dargestellt. Der Vorteil linearer Titrationskurven besteht darin, daß die Äquivalenzpunktsermittlung durch vier Meßwerte sowohl graphisch als auch rechnerisch möglich ist. Gelegentlich werden auch Maßlösungen angewandt, deren geringer Überschuß nach Überschreiten des Äquivalenzpunktes einen beschleunigten Ablauf einer Indikatorreaktion auslöst (*katalytische* bzw. *katalymetrische Titration* [3.39]).

Die Endpunktsindikation erfolgt in der Titrimetrie in der Regel mit Hilfe anderer Analysenprinzipien; eine Übersicht über die sich daraus ergebenden Titrationsmethoden zeigt Tab. 3.3. Bei der praktischen Auswertung wird die registrierte Eigenschaft Z des Titrand-Titrator-Systems, also die Meßgröße, als Funktion des Volumens der zugefügten Maßlösung graphisch dargestellt, wobei τ proportional v ist Die den Titrationsmethoden zugrunde liegenden Reaktionstypen und ihre theoretischen Zusammenhänge zeigt Tab. 3.4.

Sind die chemischen Bestimmungsreaktionen zugrunde liegenden allgemeinen Forderungen, insbesondere die nach hoher Reaktionsgeschwindigkeit, nicht erfüllt, werden häufig Methoden der *indirekten Titration* angewandt. Dabei unterscheidet man

1. *Verdrängungs-* oder *Substitutionstitrationen*, bei denen das zu bestimmende Element A aus einer geeigneten Verbindung eine äquivalente Menge eines Elementes B freisetzt, die anschließend direkt titriert wird.
2. *Rücktitrationen*, bei denen eine Maßlösung 1 dem Titranden im Überschuß zugegeben wird und die nach Umsetzung mit dem zu bestimmenden Element A nicht verbrauchte Maßlösung 1 mit einer geeigneten Maßlösung 2 (zurück)titriert wird. Für die Berechnung gilt in diesem Falle

   $$m_A = M_A(f_1 \cdot v_1 \cdot c_{ev,1} - f_2 \cdot v_2 \cdot c_{ev,2}) \tag{3.23a}$$

   bzw. bei Verwendung gleichmolarer Lösungen

   $$m_A = F(f_1 \cdot v_1 - f_2 \cdot v_2). \tag{3.23b}$$

3. *Inverse Titrationen*, bei denen eine bekannte Menge Maßlösung mit der Probelösung titriert wird.

Titrationen lassen sich weiterhin zwischen zwei verschiedenen flüssigen Phasen ausführen (*Zweiphasen-* oder *Verteilungstitration* [3.37] bzw. *extraktive Titration* [3.38]).

Die Maßanalyse gehört wegen ihres geringen Zeitbedarfs und ihrer relativ hohen Präzision zu den am häufigsten angewandten Analysenprinzipien zur Mengenbestimmung, besonders für mittlere und hohe Probengehalte. Die Anwesenheit des zu bestimmenden Elementes sollte vor der Titration bekannt sein; qualitative Analysen sind auf diesem Wege nicht üblich. Die Titrimetrie erfordert Probenmengen im mg-Bereich, durch Anwendung von *Verviel-*

fachungsreaktionen [3.40] sind auch Mikromengen bestimmbar. Darüber hinaus wird durch die Anwendung ***ultramikroanalytischer Arbeitstechniken***, besonders mit Hilfe elektrometrischer Endpunktsindikation, die Bestimmung von Nanomengen möglich [3.41].

Die Titrimetrie hat neben der vorrangigen Anwendung auf rasch ablaufende anorganische Reaktionen auch für die quantitative Bestimmung funktioneller Gruppen organischer Verbindungen Bedeutung erlangt [3.42]. Schließlich lassen sich auch Gase in Gasmischungen nach Absorption in einer Maßlösung durch Rücktitration des Absorptionsmittels bestimmen (*Gastitrimetrie*), wobei das betreffende Gas auch durch chemische Reaktionen entwickelt werden kann (z. B. Stickstoffbestimmung nach KJELDAHL).

Unter bestimmten Voraussetzungen können mehrere Komponenten nebeneinander ohne Trennung durch direkte Titration (*Sequentialtitration*) oder durch Kombination von indirekter und direkter Titration bestimmt werden.

Titrationen sind gut automatisierbar [3.43], besonders bei elektrometrischer Endpunktsindikation, so daß sie Anwendung bei Serienanalysen finden.

Tabelle 3.3. Übersicht über messende Titrationsmethoden

Titrationsmethode	Titrationsfunktion	Verlauf der Titrationskurve	Literatur
1. Optische Titrationsmethoden			
1.1. Kolorimetrische Titration (↗ 3.4.3.2.2.)	$E_\lambda^1 = E_\lambda^2$		
1.2. Photometrische Titration (↗ 3.4.3.2.2.)	$E_\lambda = f(v)_\lambda$	linear	[3.15, 3.16]
1.3. Fluorimetrische Titration (Fluoreszenztitration) (↗ 3.4.3.2.3.)	$I_F = f(v)_\lambda$	linear	
1.4. Turbidimetrische Titration (Trübungstitration) (↗ 3.4.3.2.4.)	$E_{S,\lambda} = f(v)_\lambda$	linear	
1.5. Nephelometrische Titration (Tyndallometrische Titration) (↗ 3.4.3.2.4.)	$\Phi_{ES} = f(v)_\lambda$	linear	
1.6. Polarimetrische Titration (↗ 3.4.2.3.2.)	$\alpha = f(v)_\lambda$	linear	[3.17]
1.7. Interferometrische Titration (↗ 3.4.2.3.1.)	$n_D - n'_D = f(v)$	linear	[3.18]
1.8. Flammenphotometrische Titration (↗ 3.4.4.2.1.)	$I = f(v)$		
2. Elektrochemische Titrationsmethoden (↗ 3.2.)			
2.1. Konduktometrische Titration (Leitfähigkeitstitration) (↗ 3.2.2.1.)	$\gamma = f(v)$	linear	[3.22, 3.59]
2.2. Hochfrequenzkonduktometrische Titration (Hochfrequenztitration,			

Tabelle 3.3. (Fortsetzung)

Titrationsmethode	Titrationsfunktion	Verlauf der Titrationskurve	Literatur
oszillometrische Titration) (↗ 3.2.2.2.)			
2.2.1. RC-Titration	$G = f(v)$		
2.2.2. RL-Titration	$B = f(v)$		
2.3. Dielektrometrische Titration (Dielkometrische Titration, dekametrische Titration) (↗ 3.2.2.3.)	$\varepsilon_r = f(v)$	linear	[3.21]
2.4. Potentiometrische Titration (vor allem mit ionensensitiven Elektroden) (↗ 3.2.3.1.)	$U = f(v)_{I=0}$	logarithmisch	[3.22, 3.73]
2.5. Voltammetrische Titration			
2.5.1. Amperometrische Titration (↗ 3.2.3.2.2.)	$I = f(v)_U$	linear	[3.106, 3.107]
2.5.2. Stromkontrollierte potentiometrische Titration (↗ 3.2.3.2.3.)	$U = f(v)_{I \neq 0}$	logarithmisch	
2.6. Tensammetrische Titration (↗ 3.2.4.)			
3. Thermische Titrationsmethoden (↗ 3.3.)			
3.1. Thermometrische Titration (↗ 3.3.2.)	$T = f(v)$	linear	[3.23, 3.24, 3.25]
3.2. Differentialthermometrische Titration	$\Delta T = f(v)$	linear	
3.3. Enthalpiemetrische Titration (Kalorimetrische Titration) (↗ 3.3.2.)	$\Delta H = f(v)$	linear	[3.26]
3.4. Kryoskopische Titration (↗ 3.3.3.)	$\Delta T_F = f(v)$	linear	[3.27]
3.5. Dilatometrische Titration (↗ 3.3.5.)	$\Delta l = f(v)$ $\Delta v = f(v)$	linear	[3.28]
4. Weitere Titrationsmethoden			
4.1. Viskometrische Titration	$t_{Fl} = f(v)$	linear	[3.29]
4.2. Stalagmometrische Titration	$t_{Tr} = f(v)$	linear	[3.30]
4.3. Radiometrische Titration (↗ 3.4.6.2.3.)	$z = f(v)$	linear	[3.31]
4.4. Magnetometrische Titration	$\chi = f(v)$	linear	[3.32]
4.5. Phonometrische Titration (Akustische oder Schallabsorptionstitration)	$\alpha = f(v)$ $v_{Sch} = f(v)$	linear	[3.33]

Zur Symbolerklärung siehe die angegebenen Kapitel und Abschnitte. t_{Fl} Fließzeit; t_{Tr} Tropfzeit; χ magnetische Suszeptibilität; α Schallabsorption; v_{Sch} Schallgeschwindigkeit

Tabelle 3.4. Übersicht über Titrationsarten und charakteristische -methoden

Reaktionstypen und auf ihnen beruhende Titrationsarten	Theoretische Grundlage	Titrationsmethoden (Beispiele)
1. *Ionenkombination*		
1.1. Neutralisationstitration (Säure-Base-Titration, Protolysetitration)		Alkalimetrie (OH^-) Acidimetrie (H^+)
$H^+ + OH^- \rightleftharpoons H_2O$	$K_W = a_{H^+} \cdot a_{OH^-}$	
1.2. Fällungstitration		Argentometrie (Ag^+; Cl^-, SCN^-) hydrolytische Fällungstitration
$\nu_A A^{z_+ +} + \nu_B B^{z_- -} \rightleftharpoons A_{\nu_A} B_{\nu_B}$	$L_{A_{\nu_A} B_{\nu_B}} = a^{\nu_A}_{A^{z_+ +}} \cdot a^{\nu_B}_{B^{z_- -}}$	
1.3. Komplexbildungstitration (kompleximetrische Titration)		Chelatometrie (Chelaplex I, II und III)
$\nu_{Me} Me^{z_+ +} + \nu_x X^{z_- -} \rightleftharpoons Me_{\nu_{Me}} \cdot X_{\nu_x}$	$K = \frac{a^{\nu_{Me}}_{Me^{z_+ +}} \cdot a^{\nu_x}_{X^{z_- -}}}{a_{[Me_{\nu_{Me}} \cdot X_{\nu_X}]}}$	
2. *Elektronenaustausch* Redoxtitration (oxydimetrische bzw. reduktometrische Titration)		Permanganatometrie (MnO_4^-/Mn^{2+}) Iodometrie (I_2/I^-) Ferrometrie (Fe^{2+}/Fe^{3+}) Cerimetrie (Ce^{4+}/Ce^{3+}) Titanometrie (Ti^{3+}/Ti^{4+}) Mercurimetrie (Hg^{2+}/Hg_2^{2+}) Bromatometrie (BrO_3^-/Br^-)
$\nu Ox + \nu' Red \rightleftharpoons \nu Red' + \nu' Ox'$	$K = \frac{a^{\nu}_{Red'} \cdot a^{\nu'}_{Ox'}}{a^{\nu}_{Ox} \cdot a^{\nu'}_{Red}}$ $pK = \frac{0{,}434 z_R z'_R F}{RT} (U - U')$ (vgl. Gl. 3.19)	

Spezielle, nur begrenzt angewandte Methoden der Titrimetrie ermitteln die Maßlösungsmenge nicht durch Volumenmessung, sondern durch andere Meßgrößen, so die

gravimetrische Titration oder *Wägetitration*, bei der die Maßlösungsmenge aus einer Massenbestimmung ermittelt wird ([3.44], ↗ 3.1.2.),

numerometrische Titration, bei der die Mengenbestimmung durch Abzählen einer bestimmten Anzahl von Formkörpern (meist Kugeln) bekannten Gehaltes erfolgt; sie wird gelegentlich zu Kontrollen von Produktionsabläufen eingesetzt,

coulometrische Titration, bei der das Reagens nicht zugesetzt, sondern im Elektrolyten durch eine elektrochemische Reaktion erzeugt wird und die Mengenbestimmung bei konstanter Stromstärke durch eine Zeitmessung erfolgt (↗ 3.2.3.3).

Vertiefende Literatur: [3.10 bis 3.14, 3.19, 3.20, 3.34 bis 3.36].

3.1.4. Gasvolumetrie und -manometrie

Das Analysenprinzip der Gasvolumetrie beruht auf der Mengenbestimmung gasförmiger Reaktionsprodukte oder von Bestandteilen in Gasgemischen nach Absorptionsreaktionen durch Messung von Volumenänderungen bei konstanter Temperatur und konstantem Druck.

Bei Gasgemischen wird in der Regel die Volumenverminderung gemessen, die nach Absorption eines Probenbestandteiles in einer geeigneten Reagenzlösung gegenüber dem Ausgangsvolumen auftritt (*Gasabsorptiometrie*).

Gasförmige Reaktionsprodukte entstehen häufig bei der Verbrennung von Proben bzw. Probenbestandteilen unter definierten Bedingungen (*Verbrennungsanalyse*), wobei die Volumenzunahme gemessen wird, die das gebildete Gas verursacht.

Die Analysenfunktion für die Gasvolumetrie leitet sich aus der allgemeinen Zustandsgleichung idealer Gase ab; für p, T = konst. gilt

$$\boxed{m_A = \frac{M_A \cdot p}{RT} \cdot v_A}. \tag{3.24}$$

v_A Partialvolumen der Komponente A, entspricht der gemessenen Volumendifferenz

m_A Masse des gesuchten Bestandteiles A

M_A molare Masse des Bestandteiles A

Zur Kennzeichnung der Zusammensetzung von Gasgemischen wird in der Regel der Stoffmengenbruch $x_A = v_A/v$ (↗ Tab. 1.4) verwendet. Als Sperrflüssigkeiten, über denen die untersuchten Gase aufgefangen und gemessen werden und in denen sie daher nur gering löslich sein dürfen, werden in der technischen Gasanalyse Elektrolytlösungen, für exakte Gasanalysen Quecksilber verwendet.

Die Gasvolumetrie wird für die Mengenbestimmung gasförmiger oder vergasbarer Probenbestandteile angewandt, wobei die qualitative Zusammensetzung der Gasmischung in der Regel feststeht. Das Auftreten gasförmiger Reaktionsprodukte bei chemischen Reaktionen oder thermischen Zersetzungen wird häufig für chemische Nachweise genutzt.

Absorptiometrische Gasanalysen finden vor allem bei Mehrkomponentenbestimmungen z. B. in der Rauchgas- oder Leuchtgasanalyse Anwendung. Als Probenmengen werden in der Regel mehr als zehn Kubikzentimeter benötigt. Demgegenüber läßt sich die Verbrennungsanalyse leicht als Mikroanalyse durchführen; wichtige Anwendungsgebiete sind die organische Elementanalyse („*Elementaranalyse*") und Kohlenstoffbestimmungen in Metallen, vor allem Stählen.

Aus Gl. (3.24) ist zu erkennen, daß beim Arbeiten unter konstantem Volumen auch die Druckänderung, also der Partialdruck p_A, der zu bestimmenden Komponente ein Maß für dessen Menge ist. Auf der Beziehung

$$\boxed{m_A = \frac{M_A \cdot v}{RT} p_A;} \tag{3.25}$$

beruht die *manometrische Gasanalyse* oder *Manometrie*.

Speziellere Methoden, die aber relativ häufig angewendet werden, basieren auf der Konzentrationsempfindlichkeit der Wärmeleitfähigkeit von Gasen (*katharometrische Gasanalyse*, ↗ 3.3.6.) oder ihrer Brechungsindizes (*Interferometrie*, ↗ 3.4.2.3.1.).

Vertiefende Literatur: [3.45 bis 3.48].

3.1.5. Kinetische Analyse

Das Prinzip der kinetischen Analyse (*katalytische Analyse*) besteht in der Messung von Geschwindigkeiten chemischer Reaktionen, deren Ablauf durch homogene Katalyse beschleunigt wird, wobei der zu bestimmende Bestandteil als Katalysator wirkt.

Katalytische Effekte beruhen auf einer Herabsetzung der Aktivierungsenergie infolge der Bildung aktiver Zwischenprodukte und führen damit gemäß Gl. (3.11) zu einer Erhöhung der Reaktionsgeschwindigkeit. Vor allem Elektronenaustauschreaktionen sind katalytisch beeinflußbar.

Für eine chemische Reaktion [nach Gl. (3.1.)], die durch einen Katalysator K beschleunigt wird, ergibt sich

$$v = \frac{\mathrm{d}c_\mathrm{C}}{\mathrm{d}t} = \frac{\mathrm{d}c_\mathrm{D}}{\mathrm{d}t} = k \cdot c_\mathrm{K}^{n_\mathrm{K}} \cdot c_\mathrm{A}^{n_\mathrm{A}} \cdot c_\mathrm{B}^{n_\mathrm{B}}. \tag{3.26}$$

$n_\mathrm{A}, n_\mathrm{B}, n_\mathrm{K}$ Reaktionsordnungen für die Ausgangsstoffe sowie den Katalysator

Da in der Regel eine direkte Proportionalität zwischen v und der Katalysatorkonzentration c_K vorliegt ($n_\mathrm{K} = 1$), ergibt sich aus Gl. (3.26) folgende allgemeine Analysenfunktion der kinetischen Analyse:

$$\boxed{c_\mathrm{K} = \frac{k'}{c_\mathrm{A}^{n_\mathrm{A}} \cdot c_\mathrm{B}^{n_\mathrm{B}}} \cdot v = \frac{k'}{c_\mathrm{A}^{n_\mathrm{A}} \cdot c_\mathrm{B}^{n_\mathrm{B}}} \cdot \frac{\mathrm{d}c_\mathrm{C}}{\mathrm{d}t}.} \tag{3.27}$$

Die Bestimmung erfolgt durch die Ermittlung der Veränderung der Konzentration eines Reaktionspartners in Abhängigkeit von der Zeit. Die Konzentrationsänderung wird meist photometrisch, seltener elektrometrisch verfolgt.

In der Regel wird die Konzentrationszunahme eines Reaktionsproduktes C bestimmt. In diesem Falle wählt man zweckmäßig c_A^0 und c_B^0 so groß, daß ihre Änderungen während der Reaktion klein bleiben. Aus Gl. (3.27) folgt dann

$$c_\mathrm{K} = k'' \cdot v = k'' \frac{\mathrm{d}c_\mathrm{C}}{\mathrm{d}t}. \tag{3.28}$$

Abb. 3.6 zeigt die Zunahme der Konzentration c_C mit der Zeit bei verschiedenen c_K und die Eichgerade zur Bestimmung der Katalysatorkonzentration.

Läßt sich die Geschwindigkeit leichter anhand der Konzentrationsabnahme eines (z. B. farbigen) Ausgangsstoffes A verfolgen, wird c_B^0 so groß gewählt, daß Änderungen zu vernachlässigen sind. Je nach der Reaktionsordnung n_A folgt eine Abhängigkeit der Form

$$f(c_A) = k''' \cdot c_K \cdot t, \tag{3.29}$$

wobei $f(c_A)$ für verschiedene Reaktionsordnungen aus Tab. 3.5 ersichtlich ist. Die Auswertung erfolgt analog Abb. 3.6, wobei zunächst $f(c_A)$ gegen t bei solchen Ordinatenauftragungen dargestellt wird, für die sich lineare Abhängigkeiten ergeben.

Bei eindeutiger Erkennbarkeit des Reaktionsumsatzes, z. B. des Endes von Reaktionen, und linearer Abhängigkeit der Konzentrationsänderungen von c_K (Abb. 3.6b) lassen sich kinetische Messungen auf zwei Zeitmessungen nach gleichen Umsätzen zurückführen, und zwar einmal auf die bei der zu bestimmenden Katalysatorkonzentration, zum anderen bei der nach einem bekannten Eichzusatz vorliegenden Konzentration. Ändert sich dabei das Volumen der Lösung nicht, so folgt mit c_C = konst. aus Gl. (3.28)

$$c_K = \frac{c_E \cdot t_{K+E}}{t_K - t_{K+E}}. \tag{3.30}$$

c_E Eichzusatzkonzentration

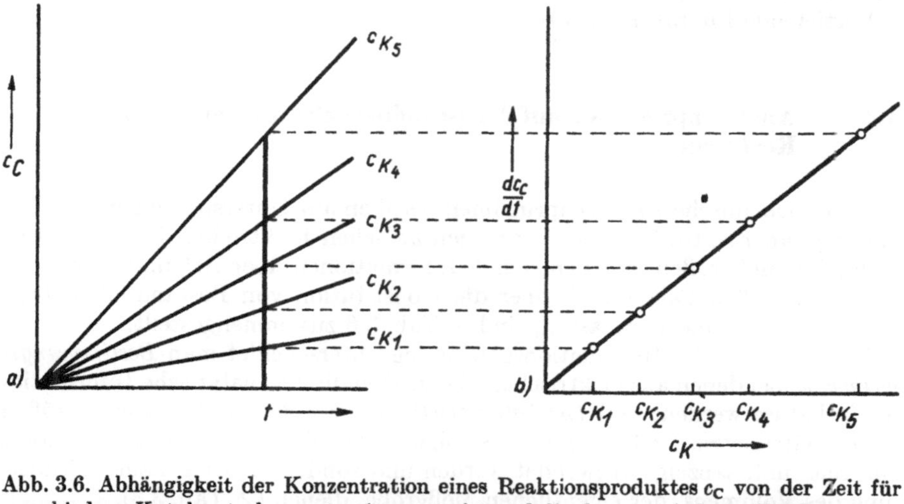

Abb. 3.6. Abhängigkeit der Konzentration eines Reaktionsproduktes c_C von der Zeit für verschiedene Katalysatorkonzentrationen c_{K_i} (a) und die daraus erhaltene Eichkurve (b), die die Abhängigkeit der Reaktionsgeschwindigkeit von der Katalysatorkonzentration darstellt

Tabelle 3.5. Funktionen $f(c_A)$ bei verschiedenen Reaktionsordnungen

	0. Ordnung	1. Ordnung	n-te Ordnung ($n \geq 2$)
$f(c_A)$	$c_A^0 - c_A$	$\lg \frac{c_A^0}{c_A}$	$\frac{1}{c_A^{n-1}} - \frac{1}{(c_A^0)^{n-1}}$

Unter den gleichen Voraussetzungen lassen sich die Umsätze bei gleichen Zeiten messen, wofür mengenproportionale Meßgrößen x, wie z. B. die Extinktion (↗ 3.4.3.2.1), geeignet sind:

$$c_K = \frac{c_E \cdot x_K}{x_{K+E} - x_K} . \tag{3.31}$$

Bei kinetischen Bestimmungen ist die Temperatur wegen ihres Einflusses auf die Reaktionsgeschwindigkeit [↗ Gl. (3.11)] konstant zu halten. Diesbezügliche Schwierigkeiten werden bei der Simultan-Komparations-Methode nach BOGNAR [3.50] vermieden, die auf dem gleichzeitigen Reaktionsstart von 12 Proben (Eichlösungen und unbekannte Probe) beruht. Ein Spiegelsystem dient als Komparator für die Reaktionsgefäße; Eichkurven und Ergebnisberechnung entfallen.

Da katalytische Effekte sehr empfindlich sind, zeichnet sich die kinetische Analyse durch ein hohes Nachweisvermögen aus. Ihr Hauptanwendungsgebiet ist deshalb die Spurenanalyse, wo sie sowohl für Nachweise als auch für Mengenbestimmungen genutzt wird. Hochwirksame organische Katalysatoren sind Enzyme (Fermente), deren Anwendung in der biochemischen und klinischen Analyse immer mehr an Bedeutung gewinnt.

Vertiefende Literatur: [3.49].

3.2. Analysenprinzipien auf der Grundlage elektrochemischer Reaktionen

Elektrochemische Analysenprinzipien beruhen auf Untersuchungen von Reaktionen an Elektroden bzw. Vorgängen zwischen Elektroden. Die dabei auftretenden Meßgrößen, aus denen sich Informationen über Art und Menge sowie in speziellen Fällen auch über die Konstitution von Bestandteilen stofflicher Systeme gewinnen lassen, sind in Tab. 3.6 zusammengestellt.

Nach der Art der Informationsgewinnung unterscheidet man *Bestimmungsmethoden*, bei denen aus elektrischen Meßgrößen direkt analytische Informationen erhalten werden, und *Indikationsmethoden*, bei denen elektrische Größen in der Titrimetrie (↗ 3.1.3.) zur Verfolgung des Titrationsgrades und damit zur Endpunktsanzeige verwendet werden und somit nur der genauen Ermittlung des Volumens, der eigentlichen Meßgröße, dienen (↗ Tab. 3.3).

Eine Klassifizierung elektrochemischer Analysenprinzipien anhand der an oder zwischen Elektroden ablaufenden Vorgänge zeigt Abb. 3.7.

3.2.1. Allgemeine Grundlagen

Als Elektrode bezeichnet man ein sich berührendes System aus zwei elektrisch leitenden Phasen, wobei in einer Phase Elektronenleitung und in mindestens einer Phase Ionenwanderung möglich ist. Meist handelt es sich dabei um

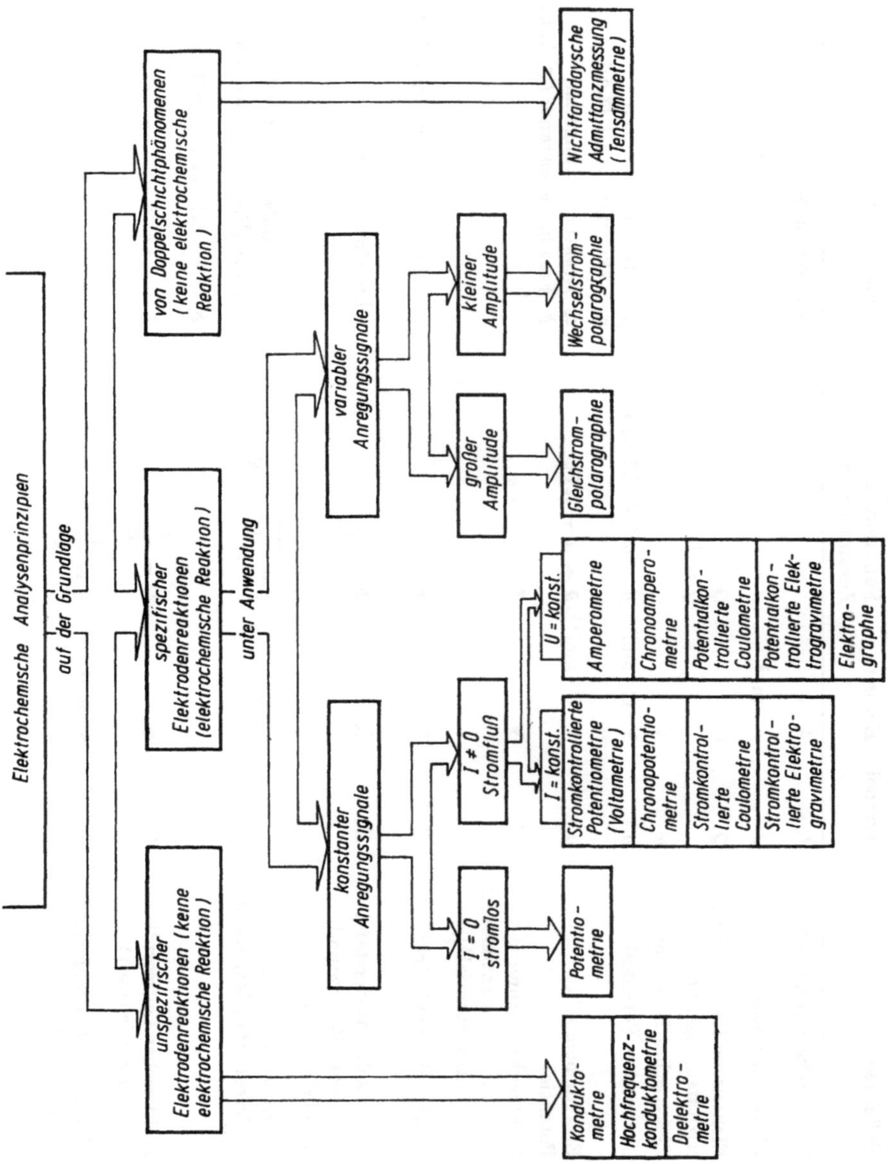

Abb. 3.7. Einteilung elektrochemischer Analysenprinzipien

Tabelle 3.6. Übersicht über die bei elektrochemischen Analysenprinzipien auftretenden Meßgrößen

Meßgröße	Symbol	Einheit	Funktionaler Zusammenhang	Bemerkungen
Elektrische Stromstärke	I, i	A		Grundgrößenart
Elektrische Stromdichte	J	$A \cdot m^{-2}$	$J = \frac{I}{A}$	A Fläche (Elektrodenfläche)
Elektrische Ladung (Elektrizitätsmenge, Strommenge)	Q	C	$Q = \int i\,dt$ $Q = It$	t Zeit $1\,C = 1\,A \cdot s$ wenn $I \neq f(t)$, d. h. für Gleichstrom
Elektrisches Potential	φ	V		
Chemisches Potential	μ	$V \cdot C \cdot mol^{-1}$	$\mu = \mu^{\ominus} + RT \ln a$	$\mu^{\ominus}$ Standardpotential a Aktivität [↗ Gl. (3.5)]
Elektrochemisches Potential	$\tilde{\mu}$	$V \cdot C \cdot mol^{-1}$	$\tilde{\mu} = \mu + z_R F \varphi$	z_R Reaktionsladungszahl F Faraday-Konstante (↗ Anhang A. 1)
Elektrische Spannung (Elektrische Potentialdifferenz, Elektrodenpotential[1]))	U	V	$U = \varphi_1 - \varphi_2$	
Elektrische Feldstärke	E	$V \cdot m^{-1}$	$E = \frac{U}{l}$	(im homogenen Feld eines Plattenkondensators)
Elektrischer Widerstand (Ohmscher Widerstand, Gleichstromwiderstand)	R	Ω	$R = \frac{U_-}{I_-}$	Ohmsches Gesetz
Spezifischer elektrischer Widerstand[2]) (Resistivität)	ϱ	$\Omega \cdot m$	$\varrho = \frac{RA}{l} = \frac{R}{K}$	Widerstandsgesetz (für T = konst.) l Länge (Elektrodenabstand) $K = \frac{l}{A}$ Zell- bzw. Gefäßkonstante
Elektrischer Leitwert[3]) (Gleichstromleitwert)	G	S	$G = \frac{1}{R}$	$1\,S = 1\,\Omega^{-1}$
Elektrische Leitfähigkeit[4]) (Konduktivität)	γ	$S \cdot m^{-1}$	$\gamma = \frac{1}{\varrho}$	

konstante (Dielektrizitätszahl)				ε_0 elektrische Feldkonstante (Influenzkonstante, ↗ Anhang A. 1)
Elektrische Kapazität	C	F	$C = \frac{Q}{U}$	$1\ F = 1\ C \cdot V^{-1}$
			$C = \varepsilon_0 \varepsilon_r \frac{A}{l}$	(für Plattenkondensatoren)
Elektrischer Scheinwiderstand (Wechselstromwiderstand, Impedanz)	Z	Ω	$Z = \frac{U_\sim}{I_\sim}$ $Z = R + jX$ $Z = \sqrt{R^2 + X^2}$ $X = X_L - X_C$ $X_L = \omega L$ $X_C = \frac{1}{\omega C}$	Komplexer Widerstand, $j = \sqrt{-1}$ R Elektrischer Wirkwiderstand (Resistanz) X Elektrischer Blindwiderstand (Reaktanz) X_L Induktiver Blindwiderstand (Induktanz) X_C Kapazitiver Blindwiderstand (Kondensanz) $\omega = 2\pi f$ Winkelfrequenz der Wechselspannung f Frequenz der Wechselspannung L Induktivität
Elektrischer Scheinleitwert (Wechselstromleitwert, Admittanz)	Y	S	$Y = \frac{1}{Z}$ $Y = G + jB$ $Y = \sqrt{G^2 + B^2}$ $B = B_C - B_L$ $B_C = \frac{1}{X_C} = \omega C$ $B_L = \frac{1}{X_L} = \frac{1}{\omega L}$	Komplexer Leitwert G Elektrischer Wirkleitwert (Konduktanz) B Elektrischer Blindleitwert B_L Induktiver Blindleitwert (Suszeptanz) B_C Kapazitiver Blindleitwert (Kapazitanz)
Dielektrischer Verlustfaktor	$\tan \delta$	1	$\tan \delta_C = \frac{1}{\omega RC} = \frac{\gamma}{\omega \varepsilon_0 \varepsilon_r}$	(für Kondensatorverluste)
			$\tan \delta_L = \frac{R}{\omega L}$	(für Spulenverluste)

[1]) Exakt, aber wenig üblich: Elektrodenspannung. [2]) Keine spezifische, d. h. auf eine Masse bezogene Größe. [3]) Gelegentlich fälschlicherweise als elektrische Leitfähigkeit bezeichnet. [4]) Fälschlicherweise auch als spezifische elektrische Leitfähigkeit bezeichnet.

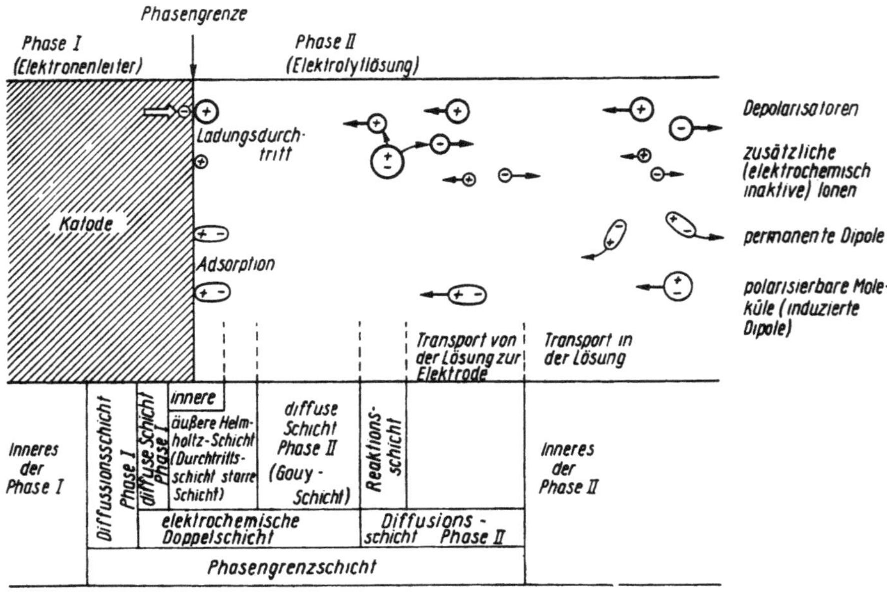

Abb. 3.8. Schematische Darstellung einer Elektrode

ein Metall in einer Elektrolytlösung. Elektrochemische Reaktionen (*Elektrodenreaktionen*) sind stets heterogene Reaktionen, in deren Verlauf ein Durchtritt von Ionen und Elektronen durch die *elektrochemische Doppelschicht* (Abb. 3.8) erfolgt, der von einem Stromfluß I (*Faradayscher Strom*) begleitet wird:

$$\text{Me (Phase I)} \rightleftharpoons \text{Me}^{z+} \text{ (Phase II)} + z_R\, e^- \text{ (Phase I)}. \tag{3.32}$$

Elektrochemisches Gleichgewicht liegt vor, wenn kein äußerer Strom durch die Phasengrenze fließt. Das im Gleichgewichtszustand vorliegende Elektrodenpotential, die thermodynamisch bestimmte Gleichgewichtsgalvanispannung g_{eq}, wird in seiner Abhängigkeit von der Ionenaktivität durch die *Nernstsche Gleichung* bestimmt, die für eine Metallionenelektrode [Gl. (3.32)] lautet:

$$g_{eq}^{I,II} = (\varphi^{I} - \varphi^{II})_{eq} = g_{eq}^{\ominus I,II} + \frac{RT}{z_R F} \ln \frac{a_{Me^{z+}}}{a_{Me}}. \tag{3.33}$$

φ inneres elektrisches (Galvani-) Potential
R Gaskonstante (↗ Anhang A. 1)
T Temperatur
F Faraday-Konstante (↗ Anhang A. 1)
z_R Reaktionsladungszahl der Elektrodenreaktion
$g_{eq}^{\ominus I,II}$ Standardgalvanispannung einer Phase I in bezug auf eine in Kontakt befindliche Phase II im Gleichgewicht

Für den allgemeinsten Fall einer Redoxelektrode

$$\nu_{A\,Red} A_{Red} + \nu_{B\,Ox} B_{Ox} \rightleftharpoons \nu_{A\,Ox} A_{Ox} + \nu_{B\,Red} B_{Red} + z_R\, e^- \tag{3.34}$$

folgt:

$$g_{eq} = g^{\ominus} + \frac{RT}{z_R F} \ln \frac{a_{A\,Ox}^{\nu_{A\,Ox}} a_{B\,Red}^{\nu_{B\,Red}}}{a_{A\,Red}^{\nu_{A\,Red}} a_{B\,Ox}^{\nu_{B\,Ox}}}. \tag{3.35}$$

Galvanispannungen von Einzelelektroden sind nicht meßbar, sondern nur *Zellspannungen* von Kombinationen zweier elektrisch zusammengeschalteter Elektroden (*galvanische Zellen*), deren Elektrolytlösungen aneinander grenzen. Für die Gleichgewichtszellspannung U_{eq} einer Redoxelektrode gilt allgemein:

$$U_{eq} = U^{\ominus} + \frac{RT}{z_R F} \ln \Pi\, a_i^{\nu_i}. \tag{3.36}$$

$U^{\ominus}$ Standardzellspannung

Ein Vergleich der Elektroden ist mit einer Bezugselektrode möglich. Dabei wird die *relative Elektrodenspannung* einer Elektrode als Zellspannung einer galvanischen Zelle gemessen, die aus der Elektrode und einer Bezugselektrode besteht. Diese wird vielfach Potential einer Elektrode oder *Elektrodenpotential* genannt. Als Bezugselektrode dient die *Standardwasserstoffelektrode* Pt/H_2 (101325 Pa), H^+_{aq}(a_{H^+} = 1 mol · l^{-1}), dessen *Standardelektrodenpotential* definitionsgemäß $U_H^{\ominus} \equiv 0$ V beträgt.

Zwischen den Polen einer aus zwei Elektroden bestehenden Zelle mißt man ohne Stromfluß eine Zellspannung, die sich aus der Differenz der Elektrodenpotentiale von Anode U_A und Katode U_K ergibt:

$$U = U_A - U_K. \tag{3.37}$$

Sie wird bei einer Spannungsquelle auch *Urspannung* U_0 oder *Quellenspannung* U_Q (früher: EMK) genannt. Für die bei einer solchen galvanischen Zelle des Innenwiderstandes R_i bei Stromfluß nutzbare *Klemmenspannung* U_{Kl} erhält man dann $U_{Kl} = U_0 - IR_i$.

Fließt ein äußerer Strom durch die Elektrode, so verändert sich ihre Galvanispannung und damit ihr Elektrodenpotential. Es treten Abweichungen zwischen dem Elektrodenpotential bei Stromfluß U_I und dem Elektrodenpotential im stromlosen Zustand (*Ruhepotential*) $U_{I=0}$ auf; es erfolgt eine *Polarisation* der Elektrode. Die Potentialdifferenz $U_I - U_{I=0}$ heißt *Elektrodenpolarisation*. Liegt an der Elektrode im stromlosen Zustand elektrochemisches Gleichgewicht vor, ist das Ruhepotential gleichzeitig Gleichgewichtspotential ($U_{I=0} = U_{eq}$). Man bezeichnet die Abweichung des Elektrodenpotentials bei Stromfluß vom Gleichgewichtspotential als *Überspannung* η einer Elektrode

$$\eta = U_I - U_{eq}. \tag{3.38}$$

Die elektrochemischen Vorgänge werden durch folgende Teilprozesse bestimmt (vgl. Abb. 3.8):

1. Durchtrittsreaktion: Übergang von Ladungsträgern über die Phasengrenze der Elektrode;
2. Transportvorgänge im Elektrolyten: Antransport der elektrochemisch aktiven Komponenten (Depolarisatoren) zur Elektrode, Abtransport löslicher

Reaktionsprodukte von der Elektrode, Transport zusätzlicher indifferenter Ionen und Dipole im Lösungsinneren und zur Elektrode;
3. Ladungsverschiebungen und Ladungsorientierungen (kapazitive Effekte);
4. vor- bzw. nachgelagerte homogene und heterogene chemische Reaktionen.

Diese Teilschritte entsprechen unterschiedlich starken Hemmungen des elektrochemischen Gesamtvorganges und lassen sich schematisch als Widerstände darstellen (Abb. 3.9), die entsprechenden Überspannungsbeträgen zugrunde liegen. Die Gesamtüberspannung ergibt sich demzufolge aus den Teilbeträgen

$$\eta = \eta_K + \eta_D + \eta_{R,het} + \eta_{\Omega,het} + \eta_{R,hom} + \eta_d + \eta_{\Omega,hom}. \tag{3.39}$$

Für den Polarisationswiderstand gilt entsprechend

$$R_P = \left(\frac{d\eta}{dI}\right)_{I=0} = R_K + R_D + R_R + R_\Omega + R_d. \tag{3.40}$$

Aus dem Auftreten von Überspannungserscheinungen lassen sich zwei Grenzfälle ableiten:

1. Elektroden, an denen Überspannungserscheinungen auftreten, heißen polarisierbare Elektroden (ideal: $\eta \to \infty$, kein Übergang von Ladungsträgern);
2. Elektroden, an denen elektrochemische Reaktionen ungehemmt ablaufen, heißen unpolarisierbare Elektroden (ideal: $\eta \to 0$, es gilt die Nernstsche Gleichung (3.33)).

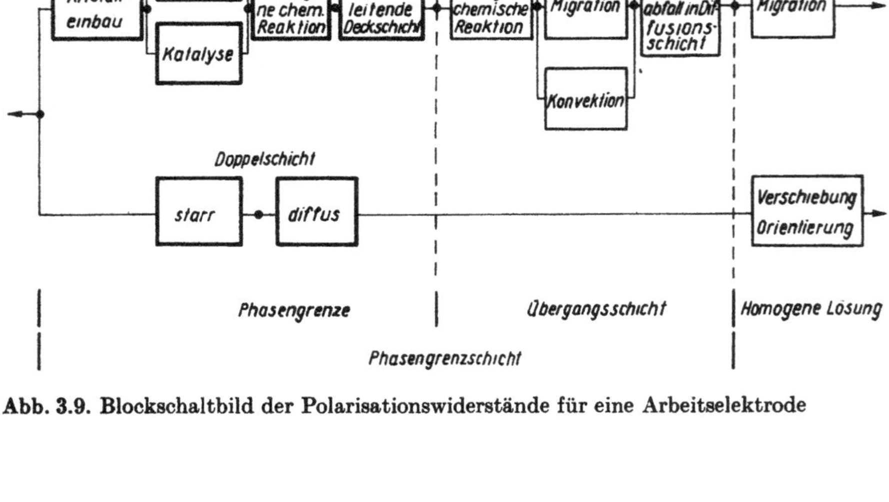

Abb. 3.9. Blockschaltbild der Polarisationswiderstände für eine Arbeitselektrode

Die Realisierbarkeit dieser idealen Grenzfälle hängt ab vom Elektrodenmaterial, von der Stromdichte und damit von der Größe und Beschaffenheit der Elektrodenoberfläche, vom Leitelektrolyten, von den an der elektrochemischen Reaktion beteiligten Ionen oder Molekülen sowie von den elektrochemisch indifferenten Zusätzen.

Messungen der Größe und der Art der Überspannung dienen der Informationsgewinnung über Art, Menge, Struktur sowie räumlicher und zeitlicher Verteilung von Stoffen in homogenen und heterogenen Systemen. Darüber hinaus spielen sie eine große Rolle bei Untersuchungen der Dynamik von Stoffumwandlungsprozessen.

Die Messung der Überspannung einer Elektrode ist nur als Polarisation (Überspannung) einer Zelle mit Hilfe einer Gegenelektrode möglich, gegebenenfalls unter Zuhilfenahme einer zusätzlichen, nicht stromdurchflossenen Bezugselektrode (Abb. 3.10). Die wichtigsten Meßanordnungen für elektrochemische Untersuchungen sind in Abb. 3.11 in Form von Ersatzschaltbildern dargestellt. Dabei läßt sich jede Elektrode schematisch durch eine ihrer elektrochemischen Doppelschicht entsprechende Kapazität C_D und den Polarisationswiderstand R_P [↗ Gl. (3.40)] darstellen.

Beim Arbeiten mit zwei unpolarisierbaren Elektroden ($R_{P_1} = R_{P_2} = 0$; Ersatzschaltbilder 3.11 d und e) finden keine elektrochemischen Reaktionen statt; es liegen dann strenggenommen *elektrometrische Analysenprinzipien* vor.

Für *elektrochemische Analysenprinzipien* finden meist Kombinationen aus einer polarisierbaren Arbeitselektrode und einer unpolarisierbaren Gegenelektrode Verwendung ($R_{P_2} = 0$; Ersatzschaltbild 3.11 c), seltener ist auch die Gegenelektrode polarisierbar (3.11 b). Die Konzentrationsabhängigkeit von R_P

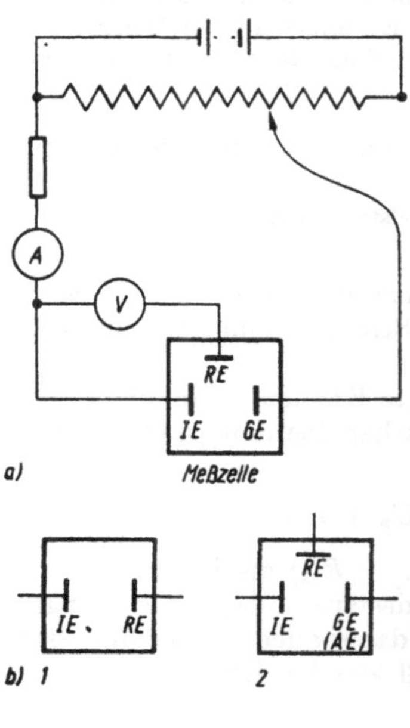

Abb. 3.10
a) Meßanordnung zur Potentialmessung einer stromdurchflossenen Elektrode;
b) Benennung der Elektroden in einem Zwei-Elektroden-System (*1*) und einem Drei-Elektroden-System (*2*)
IE Indikator- (*I*ndicator *E*lectrode) oder *Test-Elektrode*, bei merklicher Änderung der Lösungszusammensetzung *Arbeitselektrode*;
RE Referenz- (*R*eferenz *E*lectrode) oder *Bezugs-Elektrode*;
GE Gegen- oder *Hilfselektrode AE* (*A*uxiliary *E*lectrode)

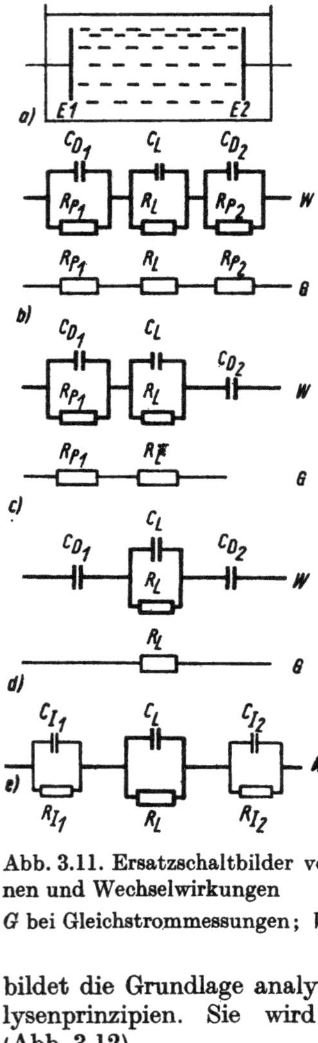

a) Schematische Darstellung einer Meßzelle für elektrochemische Analysenprinzipien

Ersatzschaltbild bei Ablauf von Elektrodenreaktionen mit zwei polarisierbaren Elektroden

b) Ersatzschaltbild bei Ablauf von Elektrodenreaktionen mit einer polarisierbaren Elektrode

c) Ersatzschaltbild ohne Ablauf von Elektrodenreaktionen bei Berührung von Meßlösung und Elektroden

d) Ersatzschaltbild ohne Ablauf von Elektrodenreaktionen ohne Berührung von Meßlösung und Elektroden (E 1 und E 2 außerhalb der Meßzelle; C_I, R_I Kapazität bzw. Widerstand der Isolatorschichtgefäßwand)

Abb. 3.11. Ersatzschaltbilder von Meßzellen für verschiedene elektrochemische Reaktionen und Wechselwirkungen
G bei Gleichstrommessungen; *W* bei Wechselstrommessungen

bildet die Grundlage analytischer Informationen bei elektrochemischen Analysenprinzipien. Sie wird mittels Strom-Spannungs-Kurven ausgewertet (Abb. 3.12).

Für die an zwei Elektroden angelegte Klemmenspannung U_{Kl} (Gleichspannung) gilt bei Stromfluß mit dem ohmschen Spannungsabfall in der Elektrolytlösung IR_{L}:

$$U_{\mathrm{Kl}} = |U_1 - U_2| + IR_{\mathrm{L}} = U_{\mathrm{P}} + IR_{\mathrm{L}} = I(R_{\mathrm{P}} + R_{\mathrm{L}}). \tag{3.41}$$

Die Polarisationsspannung $U_{\mathrm{P}} = I(R_{\mathrm{P}_1} + R_{\mathrm{P}_2})$ als Differenz der Elektrodenpotentiale stellt die erforderliche Mindestspannung bei erzwungenen elektrochemischen Reaktionen dar und wird daher auch Abscheidungsspannung U_{Ab} genannt. Da im allgemeinen an den Elektroden Überspannungserscheinungen

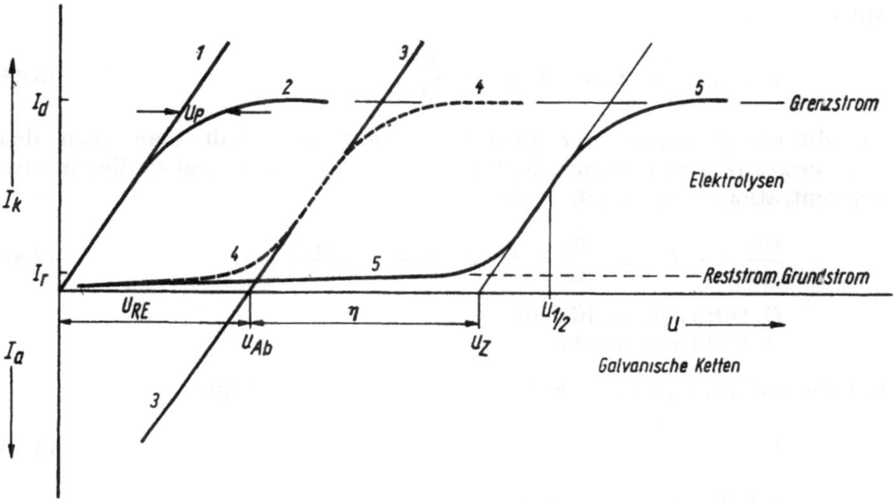

Abb. 3.12. Strom-Spannungs-Kurven verschiedener Elektrodenkombinationen

Fall 1: Ohmscher Widerstand für Leiter erster Klasse; zwei gleichartige unpolarisierbare Elektroden;

Fall 2: zwei gleichartige, ursprünglich unpolarisierbare Elektroden mit zunehmender Konzentrationspolarisation;

Fall 3: zwei verschiedene unpolarisierbare Elektroden;

Fall 4: eine polarisierbare und eine unpolarisierbare Elektrode;

Fall 5: eine polarisierbare und eine unpolarisierbare Elektrode beim Auftreten von Überspannungserscheinungen

U_{RE}	Potential der Bezugselektrode gegen die Standardwasserstoffelektrode	I_k	katodischer Strom
$U_{1/2}$	Halbstufenpotential	I_r	Reststrom
I_a	anodischer Strom	U_{Ab}	Abscheidungsspannung
I_d	Diffusionsgrenzstrom	U_P	Polarisationsspannung
		U_Z	Zersetzungsspannung

auftreten (η_A an der Anode, η_K an der Katode) ergibt sich für die erforderliche *Zersetzungsspannung* U_Z

$$U_Z = U_{Z,A} - U_{Z,K} = (U_A + \eta_A) - (U_K + \eta_K) = U_{Ab} + \eta_A - \eta_K . \tag{3.42}$$

Die in Abb. 3.12 dargestellten Strom-Spannungs-Kurven charakterisieren den Polarisationswiderstand und dessen Konzentrationsabhängigkeit und sind deshalb für die Bestimmung der Art und Menge von Probenbestandteilen geeignet.

Die bei elektrochemischen Reaktionen umgesetzten Stoffmengen ergeben sich aus den *Faradayschen Gesetzen*, die zusammengefaßt lauten:

$$m = \frac{QM}{z_R F} = \frac{ItM}{z_R F} . \tag{3.43}$$

M molare Masse

Mit $n = m/M$ ergibt sich

$$I = z_R F \frac{n}{t} \quad \text{bzw.} \quad I = z_R F \frac{dn}{dt}. \tag{3.44}$$

Bei diffusionsbestimmender Reaktionsstromstärke erhält man nach dem *1. Fickschen Gesetz* für ebene Elektroden, gerührte Lösung und zeitlich lineares Konzentrationsgefälle (Abb. 3.13):

$$\frac{dn}{dt} = -D \cdot A \cdot \frac{dc}{dx} = D \cdot A \cdot \frac{c_{x \to \infty} - c_{x=0}}{\delta}. \tag{3.45}$$

D Diffusionskoeffizient
A Elektrodenfläche

Für den Diffusionsgrenzstrom $I_d(c_{x \to \infty} = c;\ c_{x=0} = 0)$ folgt

$$I_d = \frac{z_R \cdot F \cdot D \cdot A}{\delta} \cdot c. \tag{3.46}$$

δ Diffusionsschichtdicke

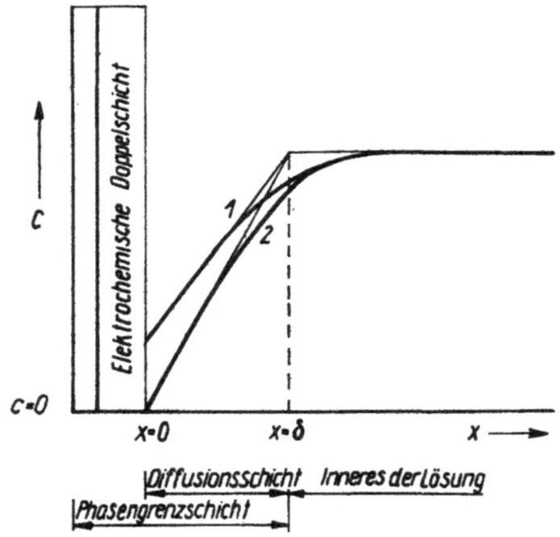

Abb. 3.13. Diffusionsbedingtes Konzentrationsgefälle an einer Elektrode
1 Diffusion; *2* Grenzdiffusion

Für die reversible anodisch-katodische *Strom-Spannungs-Kurve* erhält man damit schließlich

$$U = U_{1/2} + \frac{RT}{z_R F} \ln \frac{I_{d,k} - I}{I - I_{d,a}}. \tag{3.47}$$

$U_{1/2}$ Halbstufenpotential
$I_{d,a}$; $I_{d,k}$ anodischer bzw. katodischer Diffusionsgrenzstrom

Vertiefende Literatur: [3.51 bis 3.58].

3.2.2. Analysenprinzipien auf der Grundlage unspezifischer Elektrodenreaktionen

3.2.2.1. Konduktometrie

Die Konduktometrie beruht auf der Messung der elektrischen Leitfähigkeit oder des elektrischen Widerstandes (bzw. des zu ihm reziproken elektrischen Leitwertes) von Lösungen in Abhängigkeit von der Konzentration mittels Gleichspannung (*Gleichstrom-Konduktometrie*) oder niederfrequenter Wechselspannung ($f < 0{,}1$ MHz). Ursache dieser Leitfähigkeit ist die Ionenwanderung im elektrischen Feld. Sie wird durch die auf die elektrische Feldstärke E bezogene Wanderungsgeschwindigkeit v charakterisiert und Ionenbeweglichkeit $u = v/E$ genannt. Die elektrische Leitfähigkeit γ einer Elektrolytlösung ergibt sich zu

$$\gamma = \frac{I}{AE} = z_e Fc(u_+ + u_-). \tag{3.48}$$

u_+, u_- Ionenbeweglichkeit des Kations bzw. Anions

Die Äquivalentleitfähigkeit Λ_{ev} eines Elektrolyten setzt sich additiv aus den Ionenäquivalentleitfähigkeiten von Kation Λ_{ev+} und Anion Λ_{ev-} zusammen. Mit $\Lambda_{ev+} = Fu_+$ und $\Lambda_{ev-} = Fu_-$ folgt:

$$\Lambda_{ev} = \frac{\gamma}{z_e c} = \Lambda_{ev+} + \Lambda_{ev-}. \tag{3.49}$$

Sie nimmt mit steigender Verdünnung zu, was bei schwachen Elektrolyten durch die Zunahme des Dissoziationsgrades α verursacht wird und bei starken Elektrolyten auf die Abnahme der interionischen Wechselwirkungen zurückzuführen ist. Dabei wird im Zustand unendlicher Verdünnung ($c \to 0$) eine Grenzleitfähigkeit Λ_∞ erreicht:

$$\Lambda_\infty = \Lambda_{+\infty} + \Lambda_{-\infty}. \tag{3.50}$$

Die Äquivalentleitfähigkeit wird näherungsweise für starke Elektrolyte ($\alpha = 1$) durch das *Kohlrauschsche Quadratwurzelgesetz*

$$\Lambda_{ev} = \Lambda_\infty - A\sqrt{c} \tag{3.51}$$

A Konstante

und für schwache Elektrolyte ($f_\Lambda = 1$) durch die Beziehung

$$\Lambda_{ev} = \Lambda_\infty - Ac \tag{3.52}$$

beschrieben. Allgemein gilt:

$$\Lambda_{ev} = \Lambda_\infty \alpha f_\Lambda. \tag{3.53}$$

f_Λ Leitfähigkeitskoeffizient (berücksichtigt die interionischen Wechselwirkungen)

Daraus ergibt sich für einen reinen Elektrolyten folgende Analysenfunktion der Konduktometrie

$$\boxed{c = k_1\gamma = k_2 G_L = k_3' \frac{1}{R_L}}, \tag{3.54}$$

deren Proportionalitätsfaktoren aus den Gln. (3.49), (3.50), (3.53) und aus Tab. 3.6 hervorgehen. Da sich nur bei niedrigen Konzentrationen ein linearer Zusammenhang ergibt (Abb. 3.14), erfolgt die Auswertung zweckmäßig über Eichkurven.

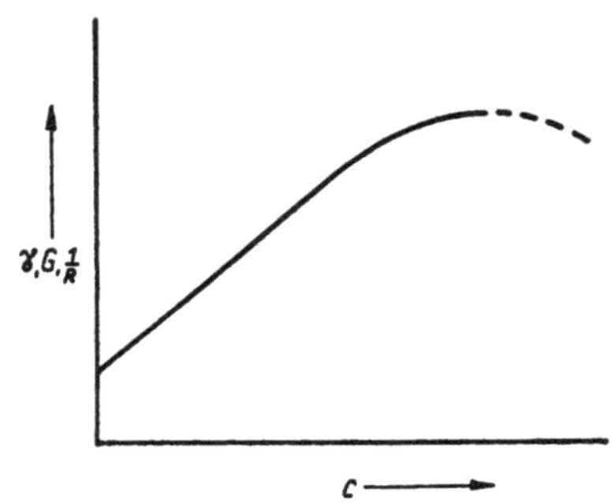

Abb. 3.14. Konduktometrische Eichkurve

Erfolgt die Messung von R_L mit Hilfe von Gleichspannung, so müssen gemäß Gl. (3.41) unpolarisierbare Elektroden nach Abb. 3.11c oder d verwendet werden ($R_P = 0$). Günstiger ist die Anwendung von Wechselspannung, da hierbei Oberflächenveränderungen an den Elektroden infolge elektrochemischer Reaktionen sowie Veränderungen im Elektrolyten ausgeschaltet werden. Aus Abb. 3.11d folgt mit $C_{D_1} + C_{D_2} = C_D$ und $R_{C_L} \gg R_L$ das Ersatzschaltbild in Abb. 3.15b. Letztere Bedingung ist erfüllt bei Anwendung niederfrequenter Wechselspannungen von 50 Hz (konzentrierte Lösungen) bis 1000 Hz (verdünnte Lösungen). Die Messung erfolgt mit Hilfe einer Wheatstoneschen Brückenschaltung (Abb. 3.15a), die Auswertung nach $R_L = R_V \cdot b/a$.

Da alle in der Lösung vorhandenen Ionen zur Leitfähigkeit beitragen, können bestimmte Ionenarten nicht identifiziert werden. Demzufolge beschränkt sich die Anwendung der Konduktometrie auf die Konzentrationsbestimmung reiner Lösungen bzw. binärer Mischungen oder auf die Ermittlung von Gesamtelektrolytgehalten. Verbreitete technische Anwendungen, wie die Bestimmung des Salzgehaltes oder der Härte von Wasser, von CO_2 in Gasen nach Absorption in NaOH oder des Wassergehaltes technischer Produkte, dienen häufig der *Prozeßkontrolle* und sind leicht automatisierbar.

Leitfähigkeitsmessungen besitzen besonders für die Endpunktsindikation von Titrationen Bedeutung [3.59]. *Konduktometrische Titrationen* gestatten vor allem die Verfolgung der Änderung von Ionenzahl und -leitfähigkeiten, wie sie bei Neutralisationsreaktionen auftreten, da sich die Einzelionenleitfähigkeiten

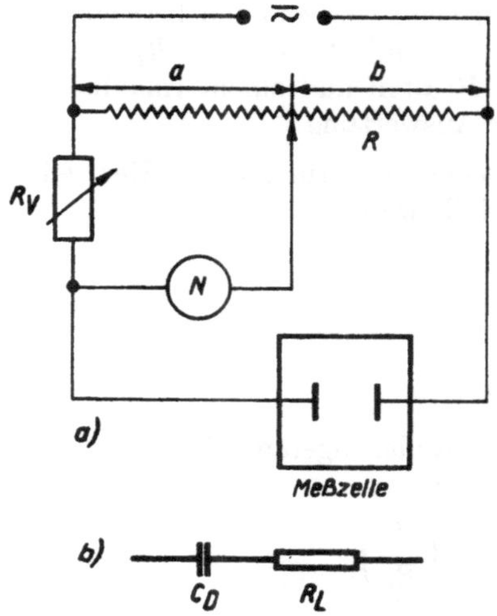

Abb. 3.15. Meßanordnung (a) und Ersatzschaltbild (b) für konduktometrische Messungen
N Nullinstrument

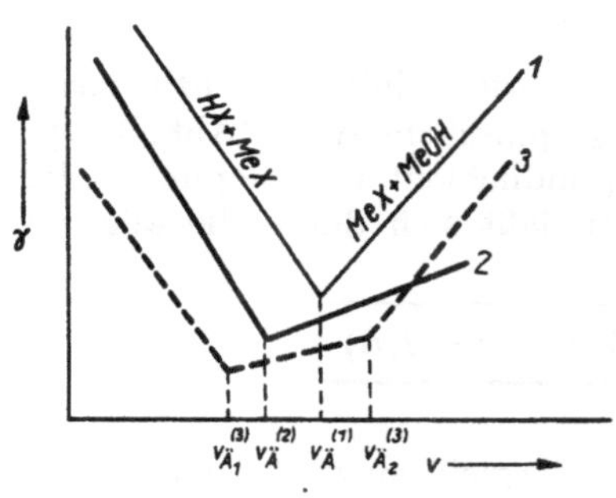

Abb. 3.16. Konduktometrische Titrationskurven
1 starke Säure und starke Base;
2 starke Säure und schwache Base;
3 starke und schwache Säure mit starker Base

von H^+ und OH^- von denen anderer Ionen beträchtlich unterscheiden. Konduktometrische Titrationskurven zeigt Abb. 3.16.

Vertiefende Literatur: [3.60 bis 3.63].

3.2.2.2. Hochfrequenzkonduktometrie

Die Hochfrequenzkonduktometrie (auch *Oszillometrie*) stellt die indirekte Messung der Impedanz bzw. Admittanz einer Zelle in Abhängigkeit von der Konzentration einer Lösung bei angelegter hochfrequenter Wechselspannung ($f > 0{,}1$ MHz) dar, wobei die Elektroden in keinem galvanischen Kontakt mit dem Elektrolyten stehen.

Zur Messung finden Anwendung:

1. *Kapazitätszellen* (Kondensatorzellen) mit ringförmigen Leitern, die auf die Zelle aufgedampft sein können; ihre effektive Kapazität wird durch γ und ε der Probe bestimmt;
2. *Induktionszellen* (Spulenzellen) mit spulenförmigen Leitern.

Das Ersatzschaltbild für die vorwiegend verwendeten Kapazitätszellen entspricht der Abb. 3.11e ($C_{I_1} + C_{I_2} = C_I$ und $R_{I_1} \gg R_{C_{I1}}$, $R_{I_2} \gg R_{C_{I2}}$). Da die Admittanz $Y = G + jB$ aus einem Realteil und einem Imaginärteil besteht, ergeben sich zwei Möglichkeiten der Auswertung:

1. *Wirkkomponentenverfahren*, bei denen Änderungen des Realteils der Meßzellenadmittanz (Konduktanz) erfaßt werden

$$G = \frac{\omega^2 C_I^2 \left(\frac{1}{R_L}\right)}{\omega^2 (C_I + C_L)^2 + \left(\frac{1}{R_L}\right)^2}. \tag{3.55}$$

2. *Blindkomponentenverfahren*, die die Änderungen des Imaginärteils der Meßzellenadmittanz (Suszeptanz) erfassen

$$B = \frac{\omega^3 C_I C_L (C_I + C_L) + \omega C_I \left(\frac{1}{R_L}\right)^2}{\omega^2 (C_I + C_L)^2 + \left(\frac{1}{R_L}\right)^2}. \tag{3.56}$$

Die Auswertung bei beiden Verfahren erfolgt infolge Nichtlinearität der Vergleichskurve (analog Abb. 3.14) auf graphischem Wege (Abb. 3.17), wobei die Messung im Bereich optimaler Empfindlichkeit (Wendepunkte der Kurven) erfolgen sollte. Die Analysenfunktion läßt sich durch die allgemeinen Ausdrücke

$$\boxed{c = f(Y), \qquad c = f(G) \quad \text{bzw.} \quad c = f(B)} \tag{3.57}$$

darstellen.

Die analytischen Anwendungen sind die gleichen wie bei der Konduktometrie, wobei die Vorteile hochfrequenzkonduktometrischer Messungen darin liegen, daß keine Beeinflussung der Meßelektroden (Verunreinigungen, Korrosion) stattfindet und daß auch Substanzen in verschlossenen Gefäßen (Ampullen) gemessen werden können. Der apparative Aufwand ist höher als bei konduktometrischen Messungen.

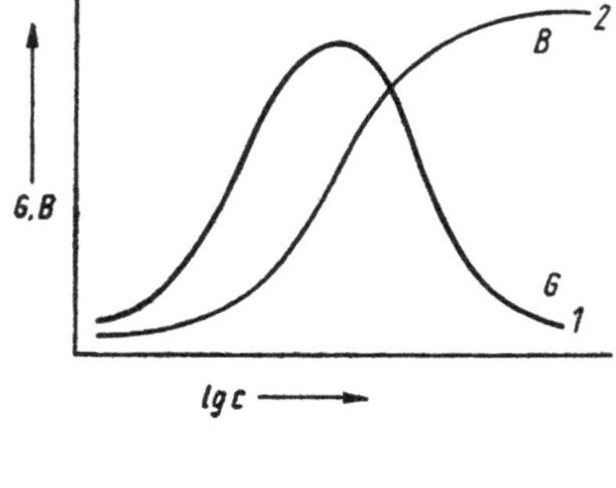

Abb. 3.17. Hochfrequenzkonduktometrische Kennkurven für Messungen mit einer Kapazitätsszelle

1 nach dem Wirkkomponentenverfahren; *2* nach dem Blindkomponentenverfahren

Die *hochfrequenzkonduktometrische Titration* (kurz: *Hochfrequenztitration*, auch *oszillometrische Titration*) [3.64, 3.65] erfolgt in Kapazitätszellen (*RC-Titration*) oder in Induktionszellen (*RL-Titration*). Sie ist für Neutralisations-, Fällungs- und Komplexbildungsreaktionen vorteilhaft einsetzbar und wird in einem *Oszillotitrator* durchgeführt.

Vertiefende Literatur: [3.66, 3.67].

3.2.2.3. Dielektrometrie

Die Dielektrometrie (*Dekametrie*, kurz: *DK-Metrie*, auch *Dielkometrie*) beruht auf der direkten Messung der relativen Dielektrizitätskonstante in Abhängigkeit von der Konzentration mittels hochfrequenter Wechselspannung ($f > 0{,}1$ MHz).

Für die Messung von C_L gilt das Ersatzschaltbild Abb. 3.11d mit $C_{D_1} = C_{D_2} = 0$ und $R_L \gg R_{C_L}$. Damit verlangt die DK-Messung entweder elektrolytfreie Systeme ($R_L \to \infty$) oder hohe Frequenzen ($R_{C_L} = 1/\omega C_L$), was eine Messung in Schwingkreisen oder Kapazitätsmeßbrücken erfordert.

Die auf diese Weise bestimmbare relative Dielektrizitätskonstante

$$\varepsilon_r = \frac{C_L}{C_0} \tag{3.58}$$

erhält man nach Eichung mit Eichlösungen oder mit Präzisionskondensatoren. Absolutmessungen sind bei hohen Frequenzen mittels Hohlraumresonatoren möglich.

Obwohl DK-Messungen unspezifisch sind, können relative Dielektrizitätskonstanten, da sie ohne Schwierigkeiten auf vier Dezimalstellen genau bestimmbar sind, gemeinsam mit anderen Stoffkonstanten (Dichte, Brechungsindex) für die Identifizierung reiner Substanzen und zu deren Reinheitsprüfung herangezogen werden. Die Auswertung erfolgt mittels Vergleichskurven nach der Analysenfunktion

$$\boxed{c = f(\varepsilon_r)}\,, \tag{3.59}$$

da häufig Abweichungen von der Linearität auftreten.

DK-Messungen dienen auch zur Endpunktsindikation in der Titrimetrie (*dielektrometrische Titration*, auch *dekametrische* bzw. *dielkometrische Titration*) [3.21].

Die Frequenzabhängigkeit von ε_r zeigt ein Absinken des statischen Wertes (ε_{r_0}) innerhalb des Gebietes der anomalen dielektrischen Dispersion auf den optischen Wert $\varepsilon_{r_\infty} = n^2$ (n Brechungsindex, ↗ 3.4.2.3.). Im gleichen Gebiet durchläuft der *dielektrische Verlustfaktor* $\tan \delta = I_R/I_C = 1/\omega RC$, der einem Imaginäranteil der Dielektrizitätskonstanten entspricht, ein Maximum (Abb. 3.18). Er ist besonders stark von geringen Beimengungen in einer Substanz abhängig.

Qualitative Strukturaussagen sind über die *Dipolmomente* μ möglich, die mit der Dielektrizitätskonstante über die Gleichung von *Debye-Clausius-Mosotti* zu-

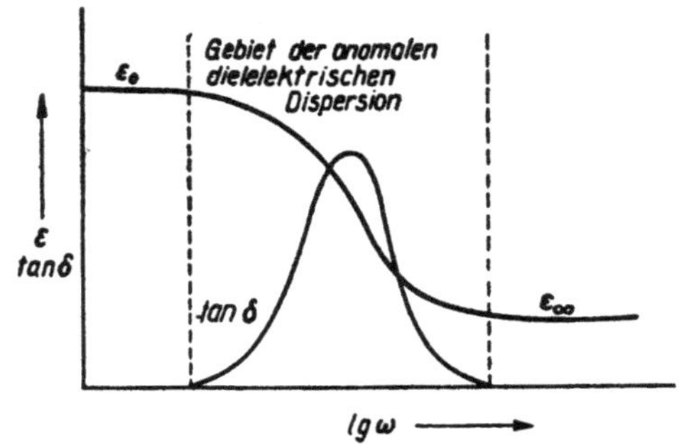

Abb. 3.18. Frequenzabhängigkeit der Dielektrizitätskonstante und des dielektrischen Verlustfaktors

sammenhängen

$$P = \frac{\varepsilon_r - 1}{\varepsilon_r + 2} \frac{M}{\varrho} = \frac{4\pi}{3} N_A \left(\alpha_E + \alpha_A + \frac{\mu^2}{3kT}\right). \tag{3.60}$$

P Molpolarisation
M molare Masse
ϱ Dichte
k Boltzmann-Konstante (↗ Anhang A. 1)
α_E Polarisierbarkeit der Elektronen
α_A Polarisierbarkeit der Atomkerne
N_A Avogadro-Konstante (↗ Anhang A. 1)
μ (permanentes) Dipolmoment

Während das Dipolmoment Null von vornherein gewisse Molekülsymmetrien erfordert, lassen sich auch aus von Null verschiedenen Dipolmomenten durch Zerlegung in Bindungs- und Strukturgruppenmomente und vektorielle Addition Informationen über die Konfiguration, Konstitution und Konformation von Molekülen gewinnen.

Vertiefende Literatur: [3.68 bis 3.71].

3.2.3. Analysenprinzipien auf der Grundlage spezifischer Elektrodenreaktionen

3.2.3.1. Potentiometrie

Potentiometrie ist die praktisch stromlose Messung von Elektrodenpotentialen zur Ermittlung der Aktivität von Lösungsbestandteilen.

Grundlage potentiometrischer Messungen ist die Nernstsche Gleichung (3.36), aus der sich folgende Analysenfunktion ergibt:

$$\boxed{c = f(\exp \Delta U)_{I=0}}\,. \tag{3.61}$$

Aus der nach Gl. (3.41) meßbaren Klemmenspannung erhält man für $I = 0$ das Gleichgewichtspotential. Die praktisch stromlose Messung wird mit einer Poggendorfschen Kompensationsschaltung (Abb. 3.19) oder durch hohe Außenwiderstände des Meßgerätes realisiert.

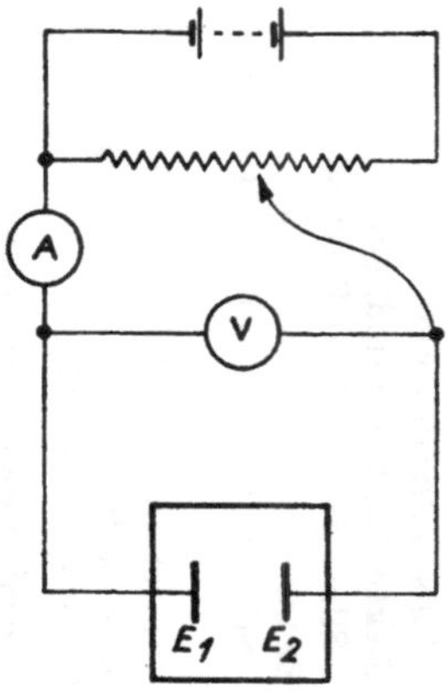

Abb. 3.19. Meßanordnung zur Potentiometrie (Poggendorfsche Kompensationsschaltung)

Allgemein wird bei der Potentiometrie (früher auch Nullstrom-Potentiometrie genannt) die Messung mit einer Indikator- und einer Bezugselektrode in derselben Lösung vorgenommen, und es gilt das Ersatzschaltbild 3.11c mit $R_{P_1} = 0$. Die Messung des Potentials kann aber auch mit zwei durch einen Ionenleiter verbundene Indikatorelektroden in getrennten Lösungen, der Meßlösung und einer Standardlösung, erfolgen, so daß die Methode mit dem Meßsignal $U = f(c, c')_{I=0}$ *Differenzpotentiometrie* (*Differentialpotentiometrie*, früher Präzisions-Nullstrom-Potentiometrie) genannt wird.

Besondere Bedeutung in der *Direktpotentiometrie* haben *p*H-Messungen [3.72] und [3.73]. Nach SÖRENSEN ist der *p*H-Wert (lat. *p*ondus *H*ydrogenii: Menge des Wasserstoffs) wie folgt definiert:

$$pH = -\lg \frac{a_{H^+}}{\text{mol} \cdot l^{-1}} . \qquad (3.62)$$

Die Bestimmung kann mit *p*H-empfindlichen Elektroden, wie der Platin-Wasserstoff-Elektrode, der Chinhydron-Elektrode oder am bequemsten mit einer *Glaselektrode* erfolgen. Als Sensor für die Wasserstoffionenaktivität besteht letztere aus zwei über eine Glasmembran miteinander elektrisch verbundenen Ionenelektroden. Die Abhängigkeit der relativen Elektrodenspannung von der Aktivität der bestimmbaren Ionenart [vgl. Gl. (3.36)] nennt man *Elektrodenfunktion*. Für selektive Aktivitätsmessungen verschiedener Ionen wurden besonders in den letzten Jahren *ionensensitive Elektroden* (*Sensitroden*) entwickelt. Man nennt diese Elektroden für Messungen in flüssigen Lösungen *ionenselektive Elektroden* ISE (*I*on *S*elective *E*lectrode) oder elektrochemische Ionensensoren, für Messungen in Gasmischungen *gasselektive Elektroden* oder Gassensoren.

Tabelle 3.6a. Übersicht über einige ionenselektive und gasselektive Elektroden

Einteilung nach dem Bauprinzip (Aufbau der elektrochemisch wirksamen Grenzfläche)	Ansprechzeit t_{An}/s	Elektrode	Bestimmbare Ionen oder Gase
Ionenselektive Elektroden			
Metallelektrode (älteste Elektrode, Nachteil: auch Redoxelektrode)	10^{-3}	Silberelektrode	Ag^+
		Kupferelektrode (Cu auf Pt)	Cu^{2+}
Ionenselektive Austauscherelektrode (Flüssigmembranelektrode)	10		
● Flüssiger Austauscher in porösem Träger (Keramikdiaphragma, hydrophobes Filterpapier)		Filterpapier-Membranelektrode	
● Flüssiger Austauscher in fester Kunststoffmatrix		PVC-Membranelektrode	
Ionenselektive Festkörperelektrode (Festkörpermembranelektrode)	10^{-2}		
Glasmembranelektrode		Glaselektrode	H^+
		Natriumsensitive Elektrode	Na^+
		Kaliumsensitive Elektrode	K^+
Kristallmembranelektrode			
●● Homogen: Einkristall oder Preßling eines schwerlöslichen Salzes		Elektroden 1. Art (direkt):	
		Lanthanfluoridelektrode	F^-
●● Heterogen: Schwerlöslicher Niederschlag in einer inerten Kunststoffmatrix		Silbersulfidelektrode	Ag^+
		Elektroden 2. Art (indirekt):	
		Silber-Silberchlorid-Elektrode	Cl^-
		Elektroden 3. Art (indirekt):	
		Silber-Silbersulfid-Bleisulfid-Elektrode	Pb^{2+}
Gasselektive Elektroden			
Gasselektive Membranelektrode	100	Kunststoffolie-$NaHCO_3$-Lösung	CO_2
		Kunststoffolie-$NaHSO_3$-Lösung	SO_2
		Kunststoffolie-NH_4Cl	NH_3
Festelektrolytgaszelle[1])		Zirconiumfestelektrolytzelle	O_2
		Thoriumfestelektrolytzelle	O_2
		Bleichloridfestelektrolytzelle	Cl_2

Ionenselektive Austauscherelektroden als Flüssigmembranelektroden oder ionenselektive Festkörperelektroden aus Gläsern bzw. kristallinen Stoffen mit Ionenarten großer Beweglichkeit haben sich bisher bewährt.

Gasselektive Membranelektroden sind Kombinationen dünner für Ionen undurchlässiger Kunststoffolien mit wäßrigen Elektrolyten, deren *p*H-Änderungen mit einer Glaselektrodenmeßzelle bestimmt werden. Sie sind zur Bestimmung von CO_2, SO_2 und NH_3 in der Umweltanalytik und zur Rauchgaskontrolle von Bedeutung. In Festelektrolytgaszellen kann man mit oxidionenleitenden Festelektrolyten mit Luftbezugselektrode den molekularen Sauerstoff in chemischen Gleichgewichten oder den in Schmelzen (z. B. Stahlschmelzen) gelösten Sauerstoff kontinuierlich bestimmen, was für die Prozeßanalytik von Interesse ist (Tab. 3.6a).

Bei den hochselektiven *Enzymelektroden* wird eine Membran mit einer Enzymschicht überzogen, die die zu bestimmende organische Substanz in Ionen zersetzt, auf die die gewählte Membran selektiv anspricht [3.74, 3.75].

Breite Anwendung finden *potentiometrische Indikationen*, besonders von Neutralisations-, Redox- und Fällungstitrationen. Auch hierbei gewinnt der Einsatz ionensensitiver Elektroden zunehmend an Bedeutung.

Die Auswertung erfolgt durch Potentialmessungen bei schrittweisem Zusatz bestimmter Volumina einer Maßlösung mittels Titrationskurven nach verschiedenen Methoden (Abb. 3.20). Mit Hilfe der Derivativpotentiometrie ist $\Delta U/\Delta v$ auch direkt meßbar. Schnellverfahren zeigen den Umschlagspunkt direkt an. Bei den Umschlagsmethoden wird der Meßelektrode eine Umschlagselektrode mit austitrierter Maßlösung oder ein Umschlagspotential entgegengeschaltet. Die bei Maßlösungszugabe auftretende Potentialänderung $\Delta U/\Delta v$ bildet die Grundlage automatischer Titriergeräte (*Derivativtitrimeter*), bei denen nach Erreichen des Endpunktes die Titration selbsttätig unterbrochen wird.

Vertiefende Literatur: [3.76 bis 3.79].

3.2.3.2. Voltammetrie

Die Voltammetrie[1]) beruht auf der Messung des Polarisationszustandes von Elektroden in Gegenwart von Depolarisatoren. Dazu bedient sie sich der Untersuchung von Strom-Spannungs-Kurven von dabei ablaufenden Elektrodenreaktionen in Abhängigkeit von der Konzentration oder der Zeit.

Die Funktion $f(I, U, c, t)$ läßt sich durch zwei dreidimensionale Darstellungen veranschaulichen (Abb. 3.21), deren zweidimensionale funktionale Abhängigkeiten den einzelnen voltammetrischen Analysenprinzipien entsprechen. Die Potentiometrie für $I = 0$ (↗ 3.2.3.1.) ist in Abb. 3.21b) als Spezialfall der Voltametrie[1]) $U = f(c)_{I=\text{konst}}$ enthalten. Die Voltametrie wird heute international [3.58] (nicht im deutschen Sprachgebiet [3.53]) als *stromkontrollierte Potentiometrie* oder Potentiometrie mit gesteuertem Strom bezeichnet.

---

[1]) Beachten des Unterschiedes zwischen

Voltam(pero)*metrie:* $U, I = f(c, t)$ und

Volta-metrie: $U = f(c)$.

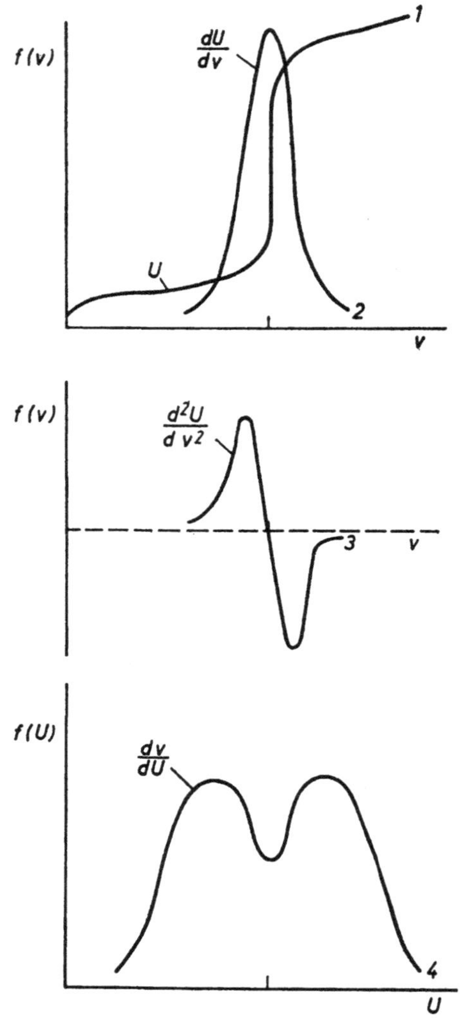

Abb. 3.20. Potentiometrische Titrationskurven

1 Potentiometrische Titration und differenzpotentiometrische Titration (Methode des Wendepunktes); *2* Derivativpotentiometrische Titration (Methode des Maximums oder Minimums); *3* Potentiometrische Titration mit 2. Ableitung (Methode des Vorzeichenwechsels); *4* Inverse derivativpotentiometrische Titration

Die Messungen erfolgen mit einer polarisierbaren Mikroelektrode gegen eine Bezugselektrode. Für Vorgänge an polarisierbaren Elektroden gilt das Ersatzschaltbild 3.11c mit $R_{P_1} \gg R_L$.

Charakteristische voltammetrische Kurven in Abhängigkeit von der Konzentration zeigt Abb. 3.22. Die Auswertung von Strom-Spannungs-Kurven für verschiedene Konzentrationen oder die Ermittlung des Diffusionsgrenzstromes an Mikroelektroden nach Gl. (3.46) kennzeichnet alle *polarometrischen* Methoden. Die verbreitetste Anwendungsform der Polarometrie stellt die Messung mit der Quecksilber-Tropfelektrode DME (*D*ropping *M*ercury *E*lectrode) oder einer

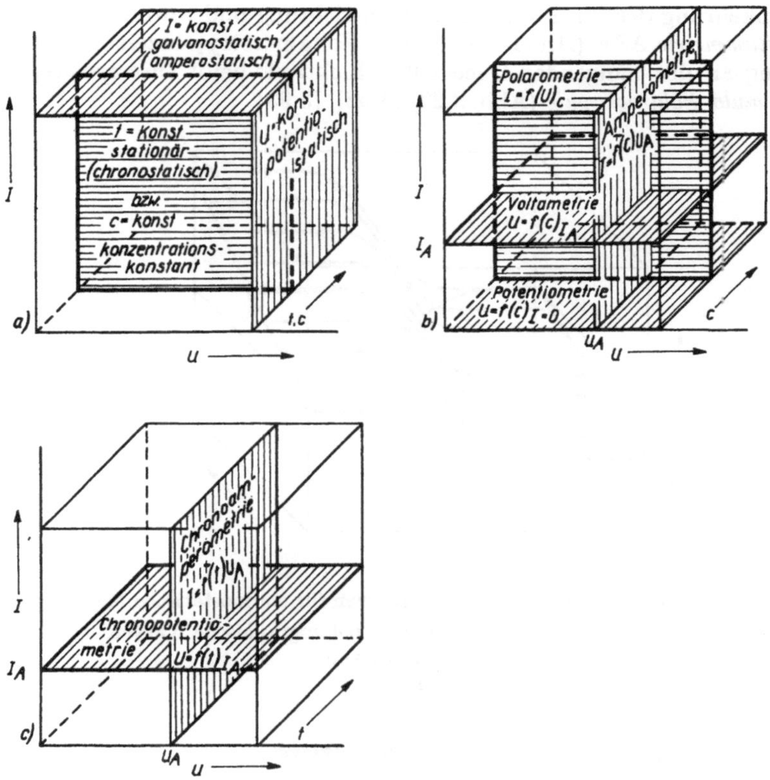

Abb. 3.21. Voltammetrische Meßverfahren (a) und sich daraus ergebende Meßgrößen und Analysenprinzipien;

b) stationäre Meßgrößen: chronostatische Analysenprinzipien;

c) zeitabhängige Meßgrößen: chronometrische Analysenprinzipien

anderen flüssigen Elektrode mit periodischer oder kontinuierlicher Erneuerung der Oberfläche als polarisierbarer Indikatorelektrode gegen eine unpolarisierbare Bezugselektrode großer Elektrodenoberfläche dar und heißt *Polarographie.* Bei der Verwendung von festen oder stationären Indikatorelektroden, wie Elektroden mit hängendem Quecksilbertropfen HMDE (*H*anging *M*ercury *D*ropping *E*lectrode), Pool-Elektroden, spricht man allgemein von *Voltammetrie.*

Bei den *direkten Verfahren* wird der Diffusionsgrenzstrom I_d der zur Elektrode diffundierenden Ionen registriert. Bei den *indirekten Verfahren* wird zunächst eine unspezifische Anreicherungselektrolyse als Vorelektrolyse durchgeführt, von der nur die Zeitdauer von Interesse ist, bevor der bei der anschließenden Auflösung des an der Arbeitselektrode abgeschiedenen Stoffes auftretende Diffusionsstrom gemessen wird. Dabei erfolgt die Bestimmung unter

Umkehrung der Strom- und Diffusionsrichtung und wird als anodische *Inversvoltammetrie* ASV (*A*nodic *S*tripping *V*oltammetry) bezeichnet. Die Ausführung an der hängenden Quecksilber-Elektrode heißt *Inverspolarographie* oder *Kemula-Polarographie* (Abb. 3.23) [3.92], [3.93].

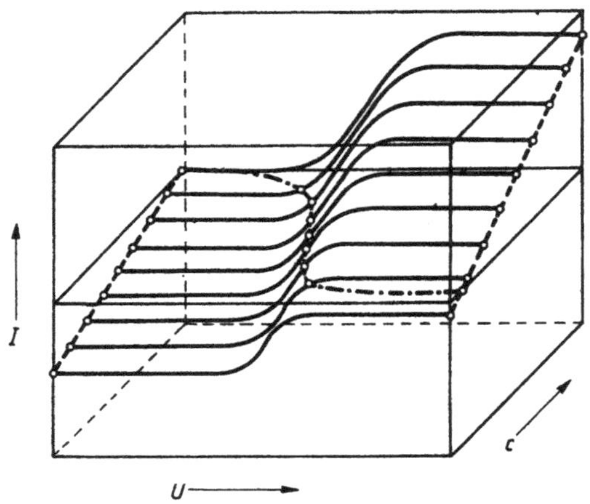

Abb. 3.22. Voltammetrische Kurven für chronostatische Messungen

——— polarometrische bzw. polarographische Kurven
-○-○-○- amperometrische Kurven
— · — · — voltametrische Kurve

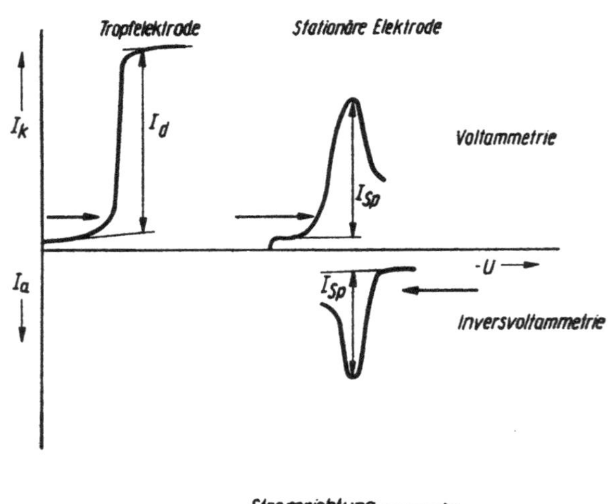

Abb. 3.23. Voltammetrische und inversvoltammetrische Strom-Spannungs-Kurven

I_d Diffusionsgrenzstrom; I_{Sp} Spitzenstrom

Das Hauptanwendungsgebiet inverser Verfahren liegt in der extremen Spurenanalyse bei Erfassungsgrenzen von $10^{-9} \dots 10^{-10}$ mol · l^{-1}.

Die Anwendung von Differenz-Puls-Techniken (differentiellen Pulsmethoden) hat für die Spurenbestimmung besondere Bedeutung. Hierbei wird der linearen Spannungsänderung als Anregungssignal ein Impuls überlagert und der resultierende Strom registriert. Bei der Anwendung einer Quecksilber-Tropfelektrode spricht man von *Differenz-Puls-Polarographie* DPP (↗ Tab. 3.8). Die Verwendung stationärer Elektroden führt zur *differentiellen Puls-Voltammetrie* DPV (*D*ifferential *P*ulse *V*oltammetry). Führt man die Bestimmung nach einer Anreicherungselektrolyse durch, liegt die *differentielle Puls-Inversvoltammetrie* DPIV vor. Dabei unterscheidet man:

1. *Differentielle anodische Puls-Inversvoltammetrie* DPASV (*D*ifferential *P*ulse *A*nodic *S*tripping *V*oltammetry), auch anodische Differenz-Puls-Inversvoltammetrie, als Bestimmung durch anodische Auflösung nach vorheriger katodischer Abscheidung,
2. *Differentielle katodische Puls-Inversvoltammetrie* DPCSV (*D*ifferential *P*ulse *C*athodic *S*tripping *V*oltammetry), auch katodische Differenz-Puls-Inversvoltammetrie, als Bestimmung durch katodische Auflösung nach vorheriger anodischer Abscheidung.

Die DPASV fand breite Anwendung zur simultanen Analyse vieler zur Amalgambildung befähigter Spurenmetalle, wobei mit der hängenden Quecksilber-Tropfelektrode noch 0,1 µg/ml und mit der Quecksilber-Filmelektrode MFE (*M*ercury *F*ilm *E*lectrode) noch 0,001 ... 0,0005 µg/ml bestimmt werden können.

Dreieckige Anregungssignale ergeben je nach der Anzahl der Zyklen die *Dreieckwellen-Voltammetrie* (ein Zyklus; früher: Cyclovoltammetrie) oder die *cyclische Dreieckwellen-Voltammetrie* (mehrere Zyklen) (vgl. auch Dreieckwellen-Polarographie Tab. 3.7). Beide Methoden dienen außer der spurenanalytischen Konzentrationsbestimmung auch zur Feststellung von Oxydationsstufen und der Ermittlung der Reversibilität von Elektrodenprozessen.

3.2.3.2.1. Polarographie

Die Polarographie beruht auf der Ermittlung der Art und Menge von Depolarisatoren aus Strom-Spannungs-Kurven bei Verwendung von Quecksilber-Tropfelektroden. Dabei ist das Halbstufenpotential $U_{1/2}$ [↗ Gl. (3.47); Abb. 3.12] charakteristisch für die Art des Stoffes und die gemessene Stromstärke ein Maß für dessen Konzentration.

Für den diffusionsbestimmten Grenzstrom I_d an der Quecksilbertropfelektrode gilt als zeitlicher Mittelwert $\bar{I}_d$ der Stromstärke während der Lebensdauer τ eines Tropfens die *Ilkovič-Gleichung*

$$\bar{I}_d = \frac{1}{\tau} \int_0^\tau I_d \, dt = 0{,}627 \, z_R \, F D^{1/2} \, m^{2/3} \, t_{Tr}^{1/6} \, c \,. \qquad (3.63)$$

D Diffusionskoeffizient des Depolarisators
m Ausströmgeschwindigkeit des Quecksilbers
t_{Tr} Tropfzeit des Quecksilbers

Für stationäre Elektroden oder Feststoffelektroden wird eine Stromspitze mit einem Spitzenstrom I_{Sp} bei einem Spitzenpotential U_{Sp} erhalten, das dem Halbstufenpotential $U_{1/2}$ entspricht. Für den Spitzenstrom I_{Sp} gilt die *Randles-Ševčik-Gleichung*

$$I_{Sp} = k\, z_R^{3/2}\, A\, D^{1/2}\, v^{1/2}\, c. \qquad (3.64)$$

k Proportionalitätsfaktor
A Elektrodenoberfläche
$v = dE/dt$ Potentialänderungsgeschwindigkeit

Die Stromstärken werden durch graphische Ermittlung der Höhe der polarographischen Stufe h bzw. der Höhe des Spitzenpeaks h_{Sp} festgestellt und mit Hilfe von Eichkurven ausgewertet, denen die Analysenfunktion der Polarographie bzw. Voltammetrie

$$\boxed{c = k_1 h \quad \text{bzw.} \quad c = k_2 h_{Sp}} \qquad (3.65)$$

mit

$$h = I_d - I_r \quad \text{bzw.} \quad h_{Sp} = I_{Sp} - I_r$$

I_d Diffusionsgrenzstrom
I_r Reststrom, Grundstrom
I_{Sp} Peak-Spitzenstrom

zugrunde liegt (Abb. 3.24). Die Konstanten k_1 und k_2 ergeben sich aus den Gln. (3.63) bzw. (3.64).

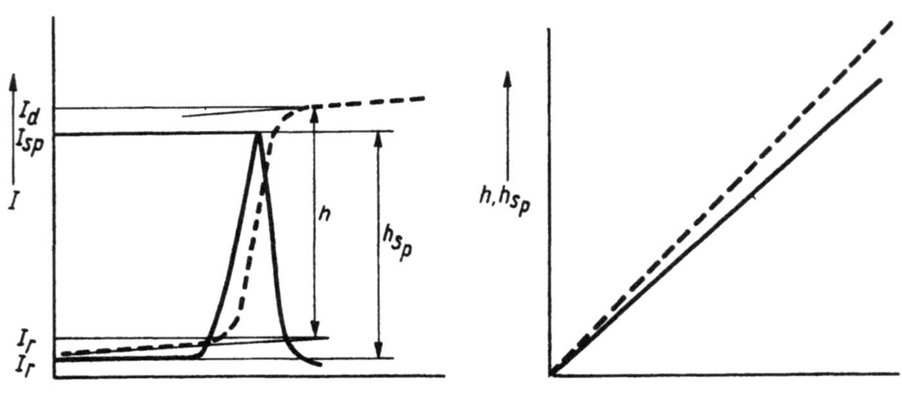

Abb. 3.24. Polarographische I-U-Kurven und Eichkurven für die Gleichstrompolarographie (- - - -) und für die Wechselstrompolarographie (———)

Die Messung erfolgt bei der klassischen *Gleichstrompolarographie* DCP (*D*irect *C*urrent *P*olarography, kurz *dc-Polarographie*) prinzipiell nach der gleichen Anordnung, wie sie in Abb. 3.19 dargestellt ist. Bei der *Wechselstrompolarographie* ACP (*A*lternating *C*urrent *P*olarography, kurz *ac-Polarographie*) wird dem gleichstrompolarographischen Meßkreis eine Wechselspannung überlagert (Meßanordnung ↗ Abb. 3.25). Sie kann sinusförmig, rechteckig, dreieckförmig

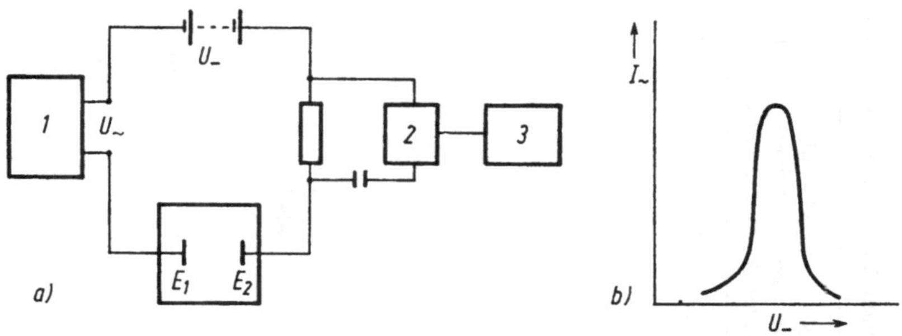

Abb. 3.25. Meßanordnung (a) und Polarogramm (b) zur Wechselstrompolarographie

1 Wechselspannungsquelle; *2* NF-Verstärker und Gleichrichter; *3* Registriereinrichtung

oder sägezahnförmig sein. Man kann sie einmalig (Puls) oder in ununterbrochener Folge (cyclisch) an die Indikatorelektrode anlegen. Die Benennung und Einteilung der polarographischen Methoden erfolgt in der Regel nach der Art des Anregungssignals, bei der Wechselstrompolarographie und Wechselspannungspolarographie (*A*lternating *V*oltage *P*olarography, kurz *av-Polarographie*) erfolgt sie dem früheren Gebrauch entsprechend nach der Art des Meßsignals (↗ Tab. 3.7 und Tab. 3.8). Da das Signal-Rausch-Verhältnis und damit die Erfassungsgrenze durch das Verhältnis von Diffusionsgrenzstrom zu Kapazitätsstrom I_d/I_c begrenzt wird (↗ 3.2.4.), sind eine Reihe von speziellen Methoden der Gleich- und Wechselstrompolarographie entwickelt worden (↗ Tab. 3.7 und 3.8), die alle darauf abzielen, I_c zu verringern und I_d zu erhöhen. Dabei wird nicht nur die Erfassungsgrenze, sondern in der Regel auch das analytische Auflösungsvermögen und das polarographische Trennvermögen [3.103] verbessert.

Der Zeitaufwand für die polarographische Messung kann durch eine erhöhte Tropffrequenz um den Faktor 10 verringert werden, indem durch einen Schlag mit einem elektromagnetbetätigten Hammer gegen die Kapillare der tropfenden Elektrode ein beschleunigter Abfall des Quecksilbertropfens veranlaßt wird (*Rapidpolarographie*).

Während bei den bisher betrachteten polarographischen Methoden stets eine Spannung als variables Anregungssignal verwendet wurde, dient bei der *Oszillopolarographie* (oszillographische Polarographie nach Heyrovsky und Forejt) ein sinusförmiger Strom großer Amplitude $I_{ac} = \hat{I}_{ac} \cdot \sin \omega t$ oder ein Strom mit

Tabelle 3.7. Übersicht über einige wichtige polarographische Methoden mit variablen Anregungssignalen großer Amplitude

Bezeichnung der Methode	Anregungssignal	Meßsignal	Analyt. Auflösungsvermögen N	Polarogr. Trennvermögen c_M/c_S	Erfassungsgrenze c_E in $mol \cdot l^{-1}$	Literatur
1. Polarographie (klassische) Gleichstrompolarographie (dc-Polarographie)	$U = U_0 \pm a \cdot t$	$I = f(U)$	10 ... 20	50 ... 100	$10^{-5} \dots 10^{-6}$	[3.80] bis [3.87]
2. Derivativ-Polarographie (derivative dc-Polarographie)	$U = U_0 \pm a \cdot t$	$\frac{dI}{dt} = f(U)$ oder $\frac{dI}{dU} = f(U)$	20 ... 60	besser als 1.	$10^{-3} \dots 10^{-4}$	
3. Differenz-Polarographie (Differenz-dc-Polarographie, auch Differential-Polarographie)	$U = U_0 \pm a \cdot t$	$\Delta I = f(U)$	besser als 1.	besser als 1.	10^{-5}	
4. Tast-Polarographie	$U = U_0 \pm a \cdot t$	$I = f(U)$[1])			10^{-6}	[3.89]
5. Single-sweep-Polarographie SSP (früher Single-sweep-Oszillopolarographie, Katodenstrahlpolarographie)	$U = U_0 \pm a \cdot t$	$I = f(U)$			$10^{-6} \dots 10^{-7}$	[3.91]
6. Multi-sweep-Polarographie MSP	mehrere U-Anstiege je Tropfen	$I = f(U)$				

7. Dreieckwellen-Polarographie	dreieckig, ein Zyklus je Tropfen	$I = f(U)$				[3.100]
8. Cyclische Dreieckwellen-Polarographie	dreieckig, mehrere Zyklen je Tropfen	$I = f(U)$				
9. Puls-Polarographie PP (*P*ulse *P*olarography)	$U_1 = U_{1,0} \pm a \cdot t$	$I = f(U_1)$				
10. Derivative Puls-Polarographie	$U_1 = U_0 + \Delta U$ 1 Impuls je Tropfen	$I = f(U_1)$ $\frac{dI}{dU} = f(U_1)$ $\frac{dI}{dt} = f(U_1)$	10 ... 20	10000	10^{-8}	
11. Kalousek-Polarographie	$U_1 = U_{1,0} \pm a \cdot t$ 5 ... 50 Impulse je Tropfen	$I = f(U_1)$				
12. Ladungsinkrement-Polarographie (früher Ladungsstufen-Polarographie, Entladungs-Polarographie)	stetiger Anstieg von Q					

c_M/c_S Verhältnis von Matrix- zu Spurenkonzentration

[1]) Stromregistrierung im Intervall $t_1 \leqq t \leqq t_1 + \Delta t$.

Tabelle 3.8. Übersicht über einige wichtige polarographische Methoden mit variablen Anregungssignalen kleiner Amplitude

Bezeichnung der Methode	Anregungssignal	Meßsignal	Analyt. Auflösungsvermögen N	Polarogr. Trennvermögen c_M/c_S	Erfassungsgrenze c_E in $mol \cdot l^{-1}$	Literatur
Techniken erster Ordnung						
1. (Klassische) Wechselstrompolarographie (ac-Polarographie)	$U_{dc} = U_0 \pm a \cdot t$ $U_{ac} = \hat{U}_{ac} \sin \omega t$	$I_{ac} = f(U_{dc})$	50	100 ... 1000	10^{-5}	[3.53], [3.83] [3.94], [3.95]
2. Square-wave-Polarographie SWP (Rechteckwellen-Polarographie, sw-Polarographie)	$U_{dc} = U_0 \pm a \cdot t$ U_{ac} rechteckig im Meßintervall	$I_{sw} = f(U_{dc})$	10 ... 50	10000	$10^{-6} \ldots 10^{-8}$	[3.101]
3. Treppenstufen-Polarographie (Staircase-Polarographie)	$U = U_0 + \sum_0^n \Delta U$	$I = f(U)$				
4. Differenz-Puls-Polarographie DPP (*D*ifferential *P*ulse *P*olarography, Differentielle Puls-Polarographie, dp-Polarographie)	$U_1 = U_0 \pm a \cdot t$ 1 Impuls pro Tropfen	$I = f(U_0, U_1)$				[3.88]
5. Wechselspannungspolarographie (av-Polarographie)	$I = I_{ac} \sin \omega t$ $U_{dc} = U_0 \pm a \cdot t$	$U_{ac} = f(U_{dc})$				

Techniken zweiter Ordnung				
6. Wechselstrompolarographie höherer Harmonischer (ac-Polarographie höherer Harmonischer, Oberwellenwechselstrompolarographie OWP)	$U_{dc} = U_0 \pm a \cdot t$ $U_{ac} = \hat{U}_{ac} \sin \omega t$	$I_{ac} = f(U_{dc})$	10^{-7}	[3.83] [3.102]
7. Radiofrequenz-Polarographie RFP (*R*adio *F*requency *P*olarography, rf-Polarographie, Hochfrequenzpolarographie HFP, hf-Polarographie)	$U_{dc} = U_0 \pm a \cdot t$ $U_{ac} = \hat{U}_{ac} \sin \omega t$	$I_{FR} = f(U_{dc})$ Faradayscher Gleichrichtungsstrom	$10^{-7} \dots 10^{-8}$	[3.96]
8. Modulationspolarographie	$U_{dc} = U_0 \pm a \cdot t$ U_1, U_2 überlagert	$I_{ac} = f(U_{dc})$		
9. Demodulationspolarographie	$U_{dc} = U_0 \pm a \cdot t$ $U_{ac} = \hat{U}_{ac} \sin \omega t$	$I_{FD} = f(\hat{U}_{dc})$ Faradayscher Demodulationsstrom		
10. Doppeltonpolarographie	$U_{dc} = U_0 \pm a \cdot t$ $U_1 = \hat{U}_1 \sin \omega_1 t$ $U_2 = \hat{U}_2 \sin \omega_2 t$	$I_{ac} = f(U_{dc})$		
11. High-level-faradaic-rectification-Polarographie	$U_{dc} = U_0 \pm a \cdot t$ mit überlagertem Impulszug	$I_{FR} = f(U_{dc})$ Faradayscher Gleichrichtungsstrom		

Rechteckfunktion zur Polarisation der Quecksilbertropfelektrode [3.97 bis 3.99]. Schaltskizze und Potential-Zeit-Kurven zeigt Abb. 3.26. Damit stellt die Oszillopolarographie einen Sonderfall der Chronopotentiometrie (↗ 3.2.3.2.4.) dar. Auch bei der *Strom-Abtast-Polarographie* (*Strom-Scanning-Polarographie*) wird ein stufenweise veränderlicher Strom als Anregungssignal verwendet und die Spannung $U = f(I)$ oder $U = f(t)$ gemessen.

Die analytische Anwendung der Polarographie erstreckt sich auf die Bestimmung fast aller anorganischen Kationen und einer Reihe von Anionen, wobei

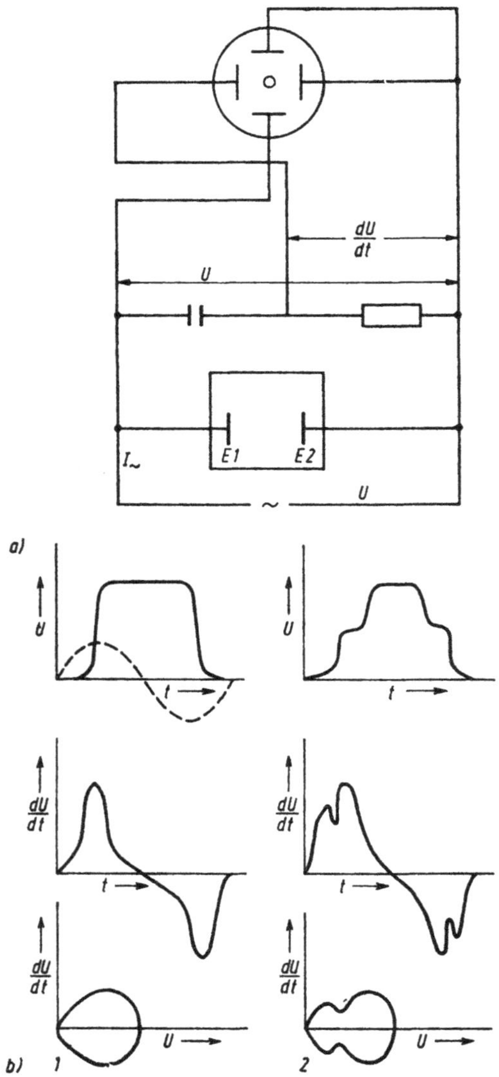

Abb. 3.26. Schaltskizze (a) und Potential-Zeit-Kurven (b) ohne (*1*) und mit (*2*) Depolarisator in verschiedenen Darstellungen bei der Oszillopolarographie.
○ Oszillograph

Spurenanalysen besondere Bedeutung zukommt. Organische Verbindungen mit bestimmten reaktiven Gruppen wirken ebenfalls als Depolarisatoren und sind damit polarographischen Bestimmungen zugänglich [3.104]. Neben den klassischen Anwendungsgebieten der Spurenanalyse metallischer und anorganischer Produkte findet die Polarographie zunehmend in die biochemische, klinische, forensische und Lebensmittelanalyse Eingang [3.105].

Vertiefende Literatur: [3.80 bis 3.90; 3.94 bis 3.96, 3.102].

3.2.3.2.2. Amperometrie

Die Amperometrie stellt die Messung des Diffusionsgrenzstromes bei konstantem Potential $U_A > U_{1/2}$ in Abhängigkeit von der Konzentration dar; die Messung erfolgt in der Regel mit Gleichspannung. Die Analysenfunktion

$$\boxed{c = k \cdot I_d} \tag{3.66}$$

ist mit der der Polarographie vergleichbar; sie wird graphisch ausgewertet (Abb. 3.27). Auch die Meßanordnungen entsprechen einander bis auf die Elektrodenausführung (↗ Abb. 3.19).

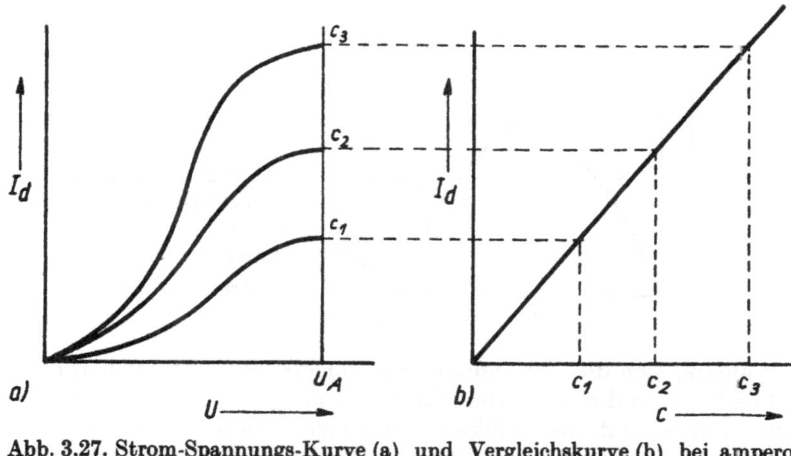

Abb. 3.27. Strom-Spannungs-Kurve (a) und Vergleichskurve (b) bei amperometrischen Messungen

Die Messung erfolgt entweder mit einer Indikator- und einer Bezugselektrode oder mit zwei Indikatorelektroden (*Amperometrie mit zwei Indikatorelektroden*, früher Biamperometrie) in derselben Lösung. Es werden auch zwei Indikatorelektroden in getrennten Lösungen verschiedener Konzentrationen c und c', einer Meß- und einer Standard-Lösung, verwendet, die durch einen Ionenleiter (Stromschlüssel) miteinander verbunden sind (*Differenzamperometrie*) und das Meßsignal $\Delta I = f(c, c')$ ergeben. Spezielle verwendete Indikatorelektroden rechtfertigen die Bezeichnungen *Amperometrie mit gerührter Quecksilber-Pool-*

Elektrode oder *Amperometrie mit rotierender Platinelektrode*. Die Polarisationsspannung beträgt 0,01 ... 1 V.

Die Amperometrie wird vorwiegend zur Indikation maßanalytischer Bestimmungen angewandt (↗ Tab. 3.3). Dabei unterscheidet man

1. die *amperometrische Titration* mit einer polarisierbaren Indikatorelektrode und einer Bezugselektrode (meist Kalomelelektrode). Bei Verwendung einer Tropfelektrode als Indikatorelektrode liegt eine *amperometrische Titration mit einer Quecksilbertropfelektrode* vor (in der Literatur bisher oft polarographische Titration oder polarometrische Titration, auch Grenzstromtitration oder potentiostatische Polarisationstitration genannt). Weiterhin kommen rotierende Platin- oder Graphitelektroden zur Anwendung.
2. die *amperometrische Titration mit zwei Indikatorelektroden*, wobei die zwei polarisierbaren Elektroden gleichartig (meist Platinelektroden) sind. Die als galvanometrische Titration eingeführte und auch Depolarometrie genannte Methode wurde bei Anwendung kleiner Polarisationsspannungen (~10 mV) und ohne Aufnahme einer Titrationskurve als *dead-stop-Titration* bekannt.

Titrationskurven für amperometrische Titrationen mit einer polarisierbaren Elektrode besitzen die in Abb. 3.5 angegebene Form, Titrationskurven für die amperometrische Titration mit zwei polarisierbaren Elektroden zeigt Abb. 3.28.

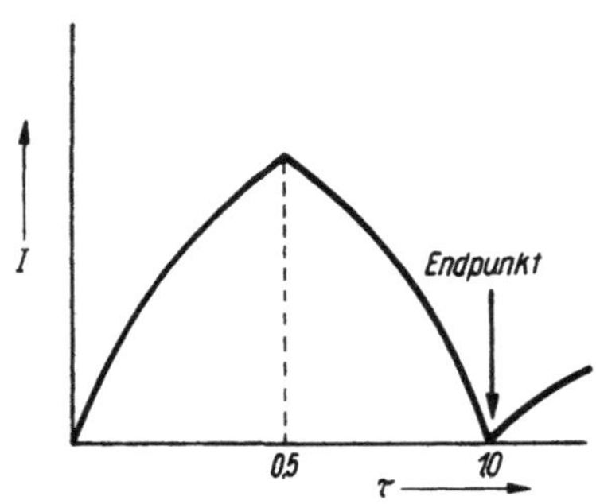

Abb. 3.28. Allgemeiner Verlauf der Titrationskurve bei der amperometrischen Titration mit zwei Indikatorelektroden
τ Titrationsgrad

Während sich die Anwendung amperometrischer Titrationen hauptsächlich auf Fällungs- und Komplexbildungsreaktionen beschränkt, ist die amperometrische Titration mit zwei Indikatorelektroden auch für Redoxtitrationen gut geeignet. Die Vorteile amperometrischer Indikationen liegen in ihrer Anwendbarkeit auf große Konzentrationsbereiche bis in den Mikromolbereich, wobei ihr Einsatz auch für nichtwäßrige Lösungsmittel oder Schmelzen möglich ist.

Vertiefende Literatur: [3.106 bis 3.109].

3.2.3.2.3. Stromkontrollierte Potentiometrie

Die stromkontrollierte Potentiometrie (verbreitet *Voltametrie* genannt) stellt die Messung von Elektrodenpotentialen bei einem konstanten Stromfluß in Abhängigkeit von der Konzentration dar. Die Analysenfunktion hat eine der „stromlosen" Potentiometrie analoge Form $c = f(\exp \Delta U)_{I=\text{konst.}}$, wie letztere überhaupt als spezielle Variante der stromkontrollierten Potentiometrie (Voltametrie) mit $I = 0$ betrachtet werden kann.

Die Messung erfolgt entweder mit einer Indikator- und einer Bezugselektrode oder mit zwei Indikatorelektroden (*stromkontrollierte Potentiometrie mit zwei Indikatorelektroden*, früher Bipotentiometrie) in derselben Lösung. Die Polarisationsstromstärke beträgt 1 ... 10 μA, die Messung erfolgt vorzugsweise mit Gleichstrom. Die stromkontrollierte Potentiometrie wird vorwiegend zur Indikation maßanalytischer Bestimmungen angewandt (↗ Tab. 3.3). Dabei unterscheidet man

1. die *stromkontrollierte potentiometrische Titration* (häufig *voltametrische Titration* genannt) mit einer polarisierbaren Indikatorelektrode und einer Bezugselektrode (Abb. 3.10),
2. die *stromkontrollierte potentiometrische Titration mit zwei Indikatorelektroden* (oft *voltametrische Titration mit zwei polarisierten Elektroden*, früher bipotentiometrische Titration), wobei die zwei polarisierbaren Elektroden gleichartig (meist Platin-, Gold- oder Silberelektroden), aber auch verschieden (Nichtedelmetalloxidanoden für kompleximetrische Titrationen) sein können (Abb. 3.19).

In der älteren Literatur wird die stromkontrollierte potentiometrische Titration galvanostatische Polarisationstitration, Polarisations-Spannungs-Titration, polaro-potentiometrische Titration oder Polarovoltrie genannt.

Je nach der Reversibilität der ablaufenden Elektrodenprozesse haben die Titrationskurven die in Abb. 3.29 angegebene Gestalt.

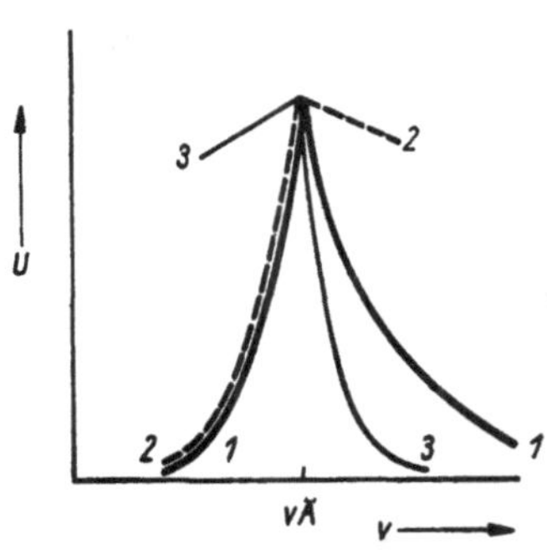

Abb. 3.29. Prinzipieller Verlauf voltametrischer Titrationskurven für reversible Elektrodenprozesse (*1*) und irreversible Elektrodenprozesse (*2* und *3*) bei Verwendung von zwei polarisierbaren Elektroden
$v_Ä$ Volumen am Äquivalenzpunkt

Voltametrische Indikationen sind auf Redox-, Fällungs- und kompleximetrische Titrationen, seltener auch auf Neutralisationstitrationen anwendbar, wenn ein reversibles System an der Umsetzung beteiligt ist. Im allgemeinen zeichnen sie sich gegenüber stromlosen potentiometrischen Indikationen durch eine bessere Erkennbarkeit des Äquivalenzpunktes und kürzere Meßzeiten sowie durch ihre Anwendbarkeit auch für sehr verdünnte Lösungen bis in den Mikromolbereich aus, allerdings werden die systematischen Titrierfehler um so größer, je kleiner die Ausgangskonzentrationen der Lösungen sind.

3.2.3.2.4. Chronopotentiometrie

Die Chronopotentiometrie stellt die Messung der Potentialänderung einer von einem konstanten Strom durchflossenen Arbeitselektrode gegen eine Bezugselektrode in Abhängigkeit von der Zeit $U = f(t)_{I=\text{konst.}}$ dar. Sie wird daher auch Voltammetrie bei konstantem Strom genannt.

Für galvanostatische Einschaltvorgänge bei diffusionsbestimmtem Transport ohne Konvektion in einer ungerührten Elektrolytlösung gilt bei großem Überschuß an Leitsalz für die Transitionszeit τ die *Sandsche Gleichung*

$$\tau^{1/2} = \frac{\pi^{1/2} z_R F D^{1/2}}{2I} \cdot c. \tag{3.67}$$

Die graphisch aus der *Potential-Zeit-Kurve* für reversible Elektrodenprozesse und lösliche Reaktionsprodukte

$$U = U_{\tau/4} + \frac{RT}{z_R F} \ln \frac{\tau^{1/2} - t^{1/2}}{\tau^{1/2}} \tag{3.68}$$

$U_{\tau/4}$ Viertelstufenpotential

bestimmbare Transitionszeit (Abb. 3.30) ist nach Gl. (3.67) proportional der Depolarisatorkonzentration, so daß die chronopotentiometrische Analysenfunktion lautet:

$$\boxed{c = k_S \sqrt{\tau}}, \tag{3.69}$$

wobei die Sandsche Konstante k_S u. a. von der Stromdichte und dem Diffusionskoeffizienten bestimmt wird. Die Meßanordnung entspricht dem in Abb. 3.10 angegebenen Prinzip.

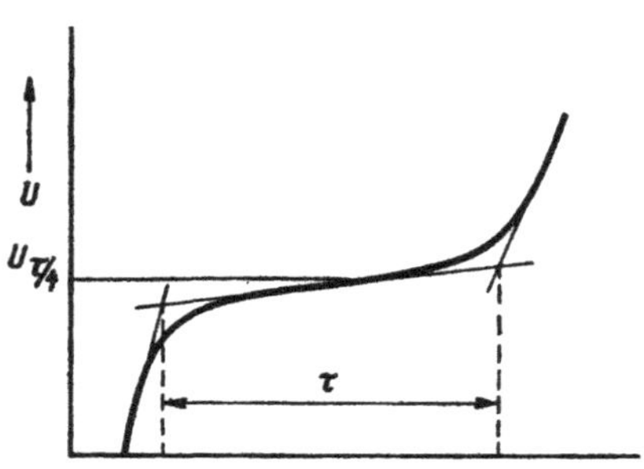

Abb. 3.30. Chronopotentiometrische Kurve
$U_{\tau/4}$ Viertelstufenpotential

Unter *derivativer Chronopotentiometrie* versteht man die Messung der Potentialänderungsrate $\frac{dU}{dt} = f(t)$.

Das Anwendungsgebiet der Chronopotentiometrie entspricht etwa dem der Polarographie, beschränkt sich aber in der Regel auf polarographisch schwer zugängliche Stoffe, da der apparative Aufwand und die methodischen Schwierigkeiten meist größer sind.

Darüber hinaus sind Untersuchungen kinetischer und Adsorptionsvorgänge möglich; auch *chronopotentiometrische Titrationen* werden angewandt.

3.2.3.2.5. Chronoamperometrie

Als Chronoamperometrie bezeichnet man die Messung des Diffusionsgrenzstromes bei konstantem Potential in Abhängigkeit von der Zeit $I_d = f(t)_{U=\text{konst.}}$ mit einer stationären Indikatorelektrode in ungerührter Lösung. Bei Messung des Stromes während der Lebensdauer eines einzelnen Tropfens an einer Tropfelektrode spricht man von *polarographischer Chronoamperometrie*, bei konvektivem Massentransport zur Arbeitselektrode von *konvektiver Chronoamperometrie*. Die Chronoamperometrie ist auch für Indikationen bei Maßanalysen geeignet (*chronoamperometrische Titration*).

3.2.3.3. Coulometrie

Die Coulometrie beruht auf der Messung von Elektrizitätsmengen, die für quantitative elektrochemische Reaktionen erforderlich sind. Die Masse eines umgesetzten Stoffes ergibt sich nach den Faradayschen Gesetzen [↗ Gl. (3.43)] aus der Analysenfunktion

$$\boxed{m_A = \frac{M_A}{z_R F} Q} \tag{3.70}$$

unter der Voraussetzung, daß die Stromausbeute 100% beträgt und damit konkurrierende Elektrodenreaktionen und sekundäre chemische Reaktionen ausgeschaltet sind. Primärreaktionen an der Elektrodenoberfläche ergeben sich aus der Zersetzung des Lösungsmittels, der Reduktion bzw. Oxydation von Fremdstoffen oder von gelöstem Sauerstoff bei mangelnder Inertgasspülung oder aus der Oxydation des Elektrodenmaterials, Sekundärreaktionen durch Rückoxydation in der Lösung.

Eine Kombination von Coulometrie und Elektrogravimetrie stellt die *Coulogravimetrie* dar, bei der zwei Stoffe gemeinsam abgeschieden und die hierfür erforderliche Elektrizitätsmenge sowie die Masse der abgeschiedenen Stoffe bestimmt werden

$$m = m_1 + m_2, \tag{3.71 a}$$

$$Q = F\left(\frac{z_{R_1} m_1}{M_1} + \frac{z_{R_2} m_2}{M_2}\right). \tag{3.71 b}$$

Die Messung kann als *Coulometrie bei konstantem Potential* (↗ Meßanordnung Abb. 3.10) oder als *Coulometrie bei konstantem Strom* (↗ Meßanordnung Abb. 3.31) durchgeführt werden und beruht auf dem konvektiven Massentransport zur Arbeitselektrode.

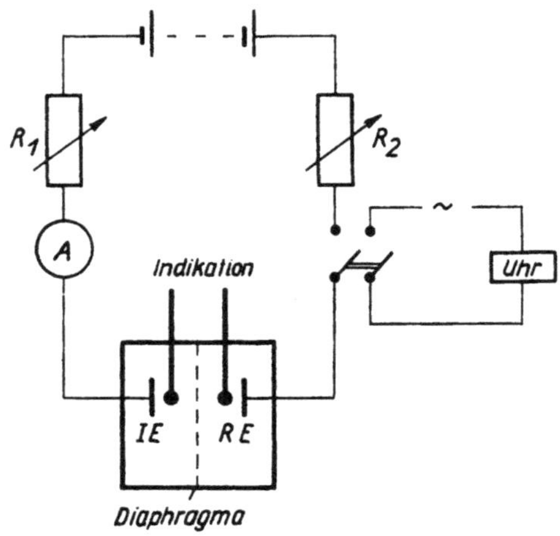

Abb. 3.31. Meßanordnung für die galvanostatische Coulometrie

Bei der *potentiostatischen* bzw. *potentialkontrollierten Coulometrie* oder *coulometrischen Analyse* wird die zu bestimmende Substanz direkt elektrochemisch an der Arbeitselektrode umgesetzt (Variante der Elektrogravimetrie mit konstantem Potential der Arbeitselektrode ↗ 3.2.3.4.), deren Potential mit einem Potentiostaten gegen eine Bezugselektrode konstant gehalten wird. Dabei sinkt der Strom im gerührten Elektrolyten nach

$$I = I_0 \cdot \exp\left(-\frac{DA}{\delta v}\right) t \tag{3.72}$$

auf einen Restwert (Hintergrundstrom) ab. Die Elektrizitätsmenge Q wird durch Integration aus der I-t-Kurve (Abb. 3.32) erhalten oder häufiger mit Hilfe chemischer Coulometer bestimmt. Nach Gl. (3.72) verringern Rühren ($\delta\downarrow$) Temperaturerhöhung ($D\uparrow$), kleine Lösungsvolumina und große Elektrodenflächen die Elektrolysedauer.

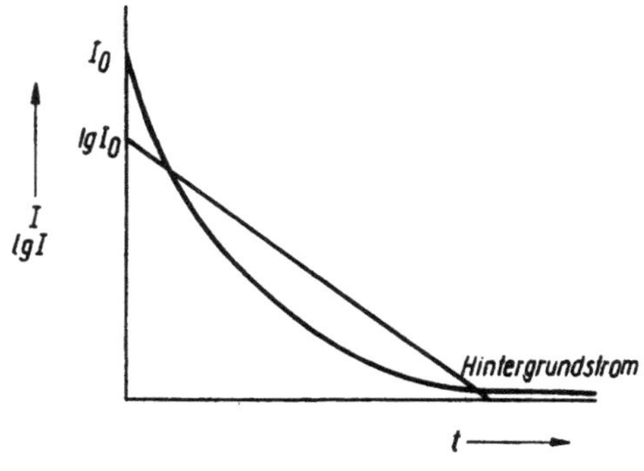

Abb. 3.32. Coulometrische Strom-Zeit-Kurven

Chemische Coulometer erlauben in Umkehrung der Analysenfunktion (3.70) eine genaue Bestimmung von Elektrizitätsmengen aus den an den Elektroden umgesetzten Stoffmengen, die auf gravimetrischem (Massencoulometer), gasvolumetrischem (Gascoulometer) oder titrimetrischem Wege (Titrationscoulometer) ermittelt werden können.

Die potentialkontrollierte Coulometrie ist für die Bestimmung aller reduzierbaren bzw. oxydierbaren Metallionen sowie für polarographisch aktive organische Verbindungen geeignet. Der Absolutmassenbereich umfaßt in der Regel 10–1000 mg.

Eine Bestimmung geringerer Mengen nach Voranreicherung als Amalgam gestattet die *Mikrocoulometrie* durch Auswertung der I-t- bzw. I-U-Kurven beim inversen Löseprozeß an Festelektroden oder Quecksilberfilmelektroden. Bei Anwendung von Quecksilbertropfelektroden spricht man von *polarographischer Coulometrie* oder *Coulometrie mit tropfender Elektrode*. Damit stellt sie ein besonderes Auswerteverfahren der invers-voltammetrischen I-U-Kurve dar. Aus dem Potential von Stromspitzenpeaks gestattet diese Methode auch Aussagen über die Art von Elementen.

Bei der *galvanostatischen* bzw. *stromkontrollierten Coulometrie* oder *coulometrischen Titration* (↗ 3.1.3.) wird das zur Umsetzung benötigte Reagens elektrochemisch erzeugt (Spezialfall der Elektrogravimetrie mit konstantem Strom ↗ 3.2.3.4.), entweder im System selbst oder in einer separaten Elektrolysezelle. Wegen der konstanten Stromstärke läuft die Verbrauchsermittlung auf eine Zeitmessung hinaus. Die Äquivalenzpunktbestimmung erfolgt mit anderen, teils chemischen, meistens elektrochemischen, häufig potentiometrischen Indikationsverfahren (stromkontrollierte Coulometrie mit potentiometrischer Endpunktbestimmung oder potentiometrische coulometrische Titration).

Coulometrische Titrationen eignen sich vor allem für Redoxtitrationen, besonders für solche mit luftempfindlichen Stoffen, wie Ti(III), Cr(II) oder Fe(II). Sie sind für die Bestimmung von Milli- bis Nanomengen mit relativ hoher Präzision einsetzbar.

Vertiefende Literatur: [3.110 bis 3.115].

3.2.3.4. Elektrogravimetrie

Die Elektrogravimetrie (vereinfacht *Elektrolyse* genannt) stellt die elektrochemische Abscheidung von Metallen oder unlöslichen Metallverbindungen beim Durchgang von Gleichstrom aus Lösungen auf einer großflächigen indifferenten Elektrode mit anschließender Wägung der auf der Elektrode abgeschiedenen Masse dar. Elektrogravimetrisch lassen sich bei Einhaltung bestimmter elektrischer Parameter, insbesondere der Stromdichte, sogenannte „Absolut"-Mengenbestimmungen durchführen, da nach der Analysenfunktion

$$\boxed{m = F \cdot m_{A_{\nu_A}B_{\nu_B}}; \qquad F = \frac{\nu_A M_A}{M_{A_{\nu_A}B_{\nu_B}}}} \tag{3.73}$$

im Falle katodischer Metallabscheidungen die Meßgröße gleich der Analysengröße ist ($F = 1$). Voraussetzung ist die Abscheidung als festhaftender Überzug auf der Elektrode. Da die Masse die eigentliche Meßgröße darstellt, gehört die Elektrogravimetrie zu den gravimetrischen Analysenprinzipien (↗ 3.1.2.).

Im allgemeinen wird die *Elektrogravimetrie mit konstantem Strom* (mit konstanter Stromdichte) nach der Meßanordnung Abb. 3.19 durchgeführt und ist weitgehend unspezifisch. Sie wird dann angewandt, wenn nur ein Bestandteil zur Abscheidung vorliegt. Der Spannungs- und Konzentrationsverlauf ist in Abb. 3.33 dargestellt und verdeutlicht den konvektiven Massentransport zur Arbeitselektrode.

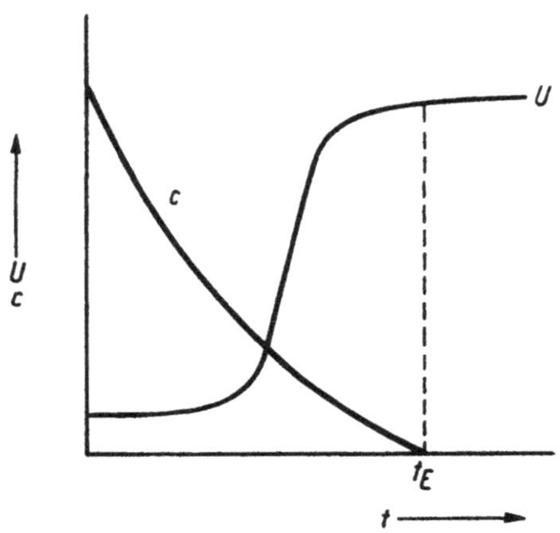

Abb. 3.33. Zeitlicher Konzentrations- und Spannungsverlauf für die Elektrogravimetrie bei konstantem Strom

t_E Zeit bis zur vollständigen Abscheidung

Bei Temperaturerhöhung und unter starkem Rühren läßt sie sich als *Schnellelektrolyse* (*Spontane Elektrogravimetrie*) [3.117] durchführen. Sie gestattet bei dieser Arbeitsweise keine Trennungen von Bestandteilen mit benachbarten Potentialen aufgrund deren Konzentrationsabhängigkeit nach der Nernstschen Gleichung (3.36).

Dagegen lassen sich bei der *Elektrogravimetrie mit konstantem* bzw. *kontrolliertem Potential*, d. h. einem *gesteuerten* Potential der Arbeitselektrode (*Potentialkontrollierte Elektrogravimetrie*), spezifische Abscheidungen verschiedener Bestandteile in bestimmten Spannungsintervallen (Fällungszonen) durchführen. Die Meßanordnung ist aus Abb. 3.10 ersichtlich. Das Potential soll 0,1 ... 0,2 V vom Abscheidungspotential der elektrochemisch aktiven Komponente entfernt sein, um saubere Metalltrennungen (*Potentialkontrollierte elektrolytische Trennung*) mit der elektrogravimetrischen Bestimmung zu verbinden.

Die Trennung von Metallen durch Abscheidung an Quecksilberelektroden nennt man *interne Elektrolyse* (Anreicherungselektrolyse); sie dient häufig zur Anreicherung für invers-voltammetrische Verfahren.

Die sogenannte *Innere Elektrolyse* (Kurzschlußelektrolyse) arbeitet ohne äußere Spannung und beruht auf dem Prinzip der Abscheidung (Zementation)

eines edleren Metalls aus einer Lösung durch Zugabe eines unedleren Metalls. Sie läßt sich auch als Schnellelektrolyse durchführen; die Meßanordnung zeigt Abb. 3.34. Als Anoden dienen unedle Metalle in Elektrolyten definierten *p*H-Wertes, als Katode eine Platin-Arbeitselektrode. Die Elektrodenräume sind durch ein Diaphragma getrennt.

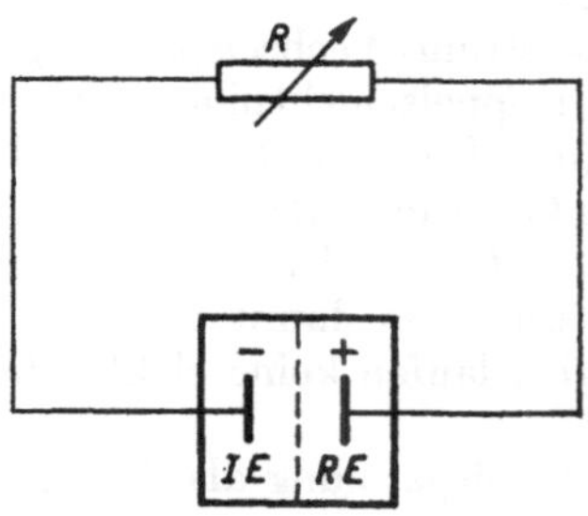

Abb. 3.34. Meßanordnung für die Innere Elektrolyse (Symbole ↗ Abb. 3.10)

Die Elektrogravimetrie besitzt als Trennmethode (↗ 2.1.3.) und für die Bestimmung von Metallen, in breitem Umfang vor allem für die Präzisionsanalyse von Kupfer, Bedeutung.

3.2.3.5. Elektrographie

Die Elektrographie stellt als anodische Auflösung metallischer Oberflächenschichten unter kontrollierten elektrischen Bedingungen in gewisser Weise eine inverse Arbeitsweise der Elektrogravimetrie dar. Sie dient der Identifizierung oder Bestimmung des aufgelösten Materials, meist mit chemischen Nachweis- oder Bestimmungsmethoden. Bei Anwendung elektrographischer Abdruckverfahren mittels elektrolytgetränkter Filterpapiere (Abb. 3.35) läßt sich nicht nur die qualitative Zusammensetzung des Materials bestimmen, sondern auch Risse und andere Materialfehler lassen sich erkennen.

Vertiefende Literatur: [3.116].

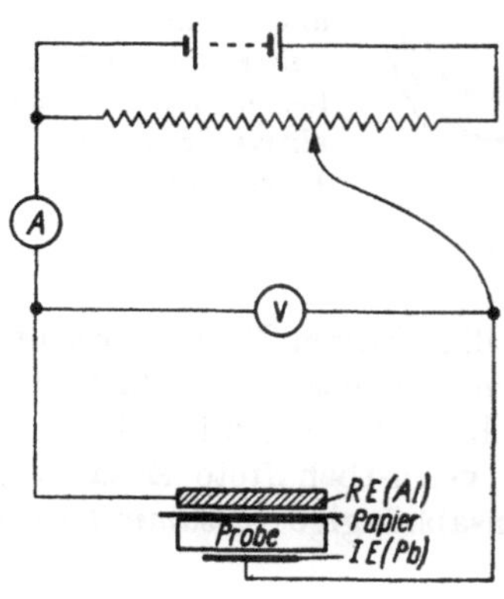

Abb. 3.35. Meßanordnung für die elektrographische Analyse

3.2.4. Analyse auf der Grundlage von Doppelschichtphänomenen

Zur Bestimmung der Konzentration grenzflächenaktiver Stoffe kann man die Grenzflächenspannung σ (↗ 2.2.3.) zwischen Elektrode und Lösung (oder einen relativen Parameter, wie die Tropfzeit t_{Tr} bei einer Tropfelektrode oder die Höhe eines polarographischen Maximums $I_{Max\,1}$ bzw. $I_{Max\,2}$) in einer gleichstrompolarographischen Anordnung mit einer Potentialdifferenz als Anregungssignal messen. Häufiger aber werden Wechselstrom-Wechselspannungs-Kurven zur Charakterisierung elektrochemischer Doppelschichtphänomene genutzt. Die *Nichtfaradaysche Admittanzmessung* (oft *Tensammetrie*, auch Kapazitometrie oder Elektrosorptionsanalyse genannt) beruht auf der Messung von Veränderungen der Doppelschichtkapazität C_D infolge Adsorptions- und Desorptionsvorgängen grenzflächenaktiver Stoffe und dem damit zusammenhängenden Auftreten von Kapazitätsströmen. Dabei laufen keine elektrochemischen Reaktionen ab.

Der Kapazitätsstrom ergibt sich bei Wechselspannung als Anregungssignal mit $C_D = f(U, t)$ und $U = f(t)$ (↗ Tab. 3.6) zu

$$I_C = \frac{dQ}{dt} = \frac{d(C_D U)}{dt} = C_D \frac{dU}{dt} + U \left[\frac{dC_D}{dU} \cdot \frac{dU}{dt} + \frac{dC_D}{dt}\right],$$
$$I_C = \frac{dU}{dt}\left(C_D + U \frac{dC_D}{dU}\right) + U \frac{dC_D}{dt}. \qquad (3.74)$$

Der Term $U \cdot dC_D/dt$ ist auf die ständige Neubildung der Tropfenoberfläche zurückzuführen und entspricht dem Kapazitätsstrom (Ladestrom zur Aufladung der Doppelschicht der Elektrode) bei der Gleichstrompolarographie, der zur Begrenzung des Nachweisvermögens führt. Der Term $dU/dt(C_D + U \cdot dC_D/dU)$ ist der zusätzliche Kapazitätsstrom bei der Wechselstrompolarographie.

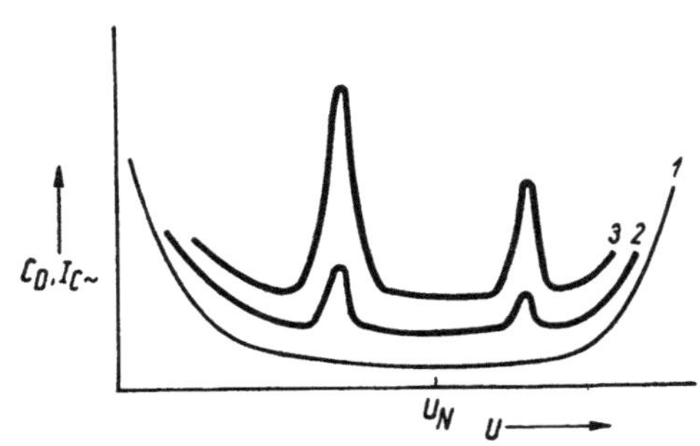

Abb. 3.36. Tensammetrische Peaks (schematische Darstellung)
1 Leitsalzlösung ohne kapillaraktive Substanz; *2* und *3* Leitsalzlösung mit unterschiedlichem Gehalt an kapillaraktiver Substanz, $c_{(3)} > c_{(2)}$; U_N elektrokapillarer Nullpunkt

Die Grenzflächenkonzentration des kapillaraktiven Stoffes erreicht am elektrokapillaren Nullpunkt U_N ihr Maximum. Bei positiveren bzw. negativeren Potentialen findet eine Verdrängung durch die Lösungsmitteldipole statt, wobei parallel zur Doppelschichtkapazität verlustbehaftete Zusatzkapazitäten auftreten, die sich durch konzentrationsabhängige *tensammetrische Wellen* (Maxima) zu erkennen geben (Abb. 3.36).

Die Analysenfunktion läßt sich allgemein darstellen durch

$$\boxed{c_A = f(C_D) \quad \text{bzw.} \quad c_A = f(I_C)}\,. \tag{3.75}$$

Die Messung erfolgt meist mit wechselstrompolarographischen Versuchsanordnungen.

Mit Hilfe der Tensammetrie erhält man analytische Informationen, die weitgehend unspezifisch sind und in der Regel nur Konzentrationsbestimmungen oberflächenaktiver Substanzen gestatten.

Vertiefende Literatur: [3.94], [3.118].

3.3. Analysenprinzipien auf der Grundlage thermischer Prozesse

Thermische Analysenprinzipien beruhen auf Vorgängen, die von Enthalpieänderungen begleitet werden. Die dabei auftretenden Meßgrößen sind in Tab. 3.9 zusammengestellt; bei konstanter Enthalpie zu- bzw. -abführung kann auch die Zeit t als Meßgröße auftreten.

Die Wechselwirkungsprozesse mit Wärmeenergie und darauf begründete Analysenprinzipien zeigt Abb. 3.37. Am häufigsten finden thermische Effekte analytische Anwendung, die Ursache bzw. Folge chemischer Reaktionen sind,

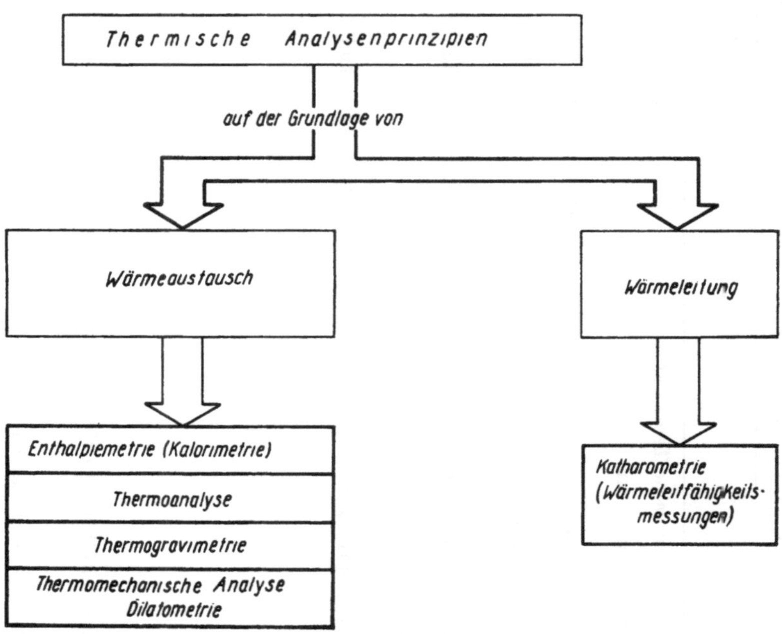

Abb. 3.37. Einteilung thermischer Analysenprinzipien

Tabelle 3.9. Übersicht über die bei thermischen Analysenprinzipien auftretenden Meßgrößen

Meßgröße	Symbol	Einheit	Funktionaler Zusammenhang	Bemerkungen
Thermodynamische Temperatur	T	K		Grundgrößenart
Celsius-Temperatur	t	°C	$t = T - T_0$	$T_0 = 273{,}15$ K
Wärmemenge	Q	J		
Wärmekapazität	C	$J \cdot K^{-1}$	$C = \frac{Q}{\Delta T}$	
Spezifische Wärmekapazität	c	$J \cdot kg^{-1} \cdot K^{-1}$	$c = \frac{C}{m}$	
Enthalpie	Δh	J	$\Delta h = \sum \Delta_j h$	
Molare Enthalpie	ΔH	$J \cdot mol^{-1}$	$\Delta H = \frac{\Delta h}{n}$	
			$\Delta_j h = n_j \Delta_j H$	$\Delta_S H$ Molare Schmelzenthalpie (Molare Erstarrungsenthalpie) $\Delta_V H$ Molare Verdampfungsenthalpie (Molare Kondensationsenthalpie) $\Delta_{Subl.} H$ Molare Sublimationsenthalpie $\Delta_U H$ Molare Umwandlungsenthalpie $\Delta_M H$ Molare Mischungsenthalpie $\Delta_R H$ Molare Reaktionsenthalpie
Wärmeleitfähigkeit (Wärmeleitzahl)	λ	$W \cdot m^{-1} \cdot K^{-1}$	$\lambda = \frac{Q}{lt \Delta T}$	$1 W = 1 J \cdot s^{-1}$
Volumen-Temperatur-Koeffizient (kubischer Ausdehnungskoeffizient)	γ	K^{-1}	$\gamma = \frac{\Delta v}{v \Delta T}$	
Längen-Temperatur-Koeffizient (linearer Ausdehnungskoeffizient)	α	K^{-1}	$\alpha = \frac{\Delta l}{l \Delta T}$	

da jede stoffliche Umsetzung mit einem Austausch thermischer Energie verbunden ist.

Aus physikalischen Vorgängen resultieren Enthalpieänderungen (latente Wärmen) bei Phasenumwandlungen und Modifikationsänderungen sowie Enthalpiedifferenzen bei anderen Veränderungen der zwischenmolekularen Wechselwirkungskräfte, z. B. beim Lösen, Mischen oder Verdünnen.

Thermische Analysenprinzipien dienen sowohl zur direkten Bestimmung, wenn aus thermischen bzw. enthalpiemetrischen Meßgrößen unmittelbar analytische Informationen erhalten werden, als auch zur Kontrolle des Ablaufs chemischer Reaktionen als *thermische Indikationsmethoden*.

Darüber hinaus findet thermische Energie Anwendung, um Reaktionen, insbesondere Zersetzungen und Oxydationen, auszulösen, die zwar mittels thermischer Meßgrößen kontrolliert werden, bei denen aber zur Informationsgewinnung andere Meßgrößen herangezogen werden (*Thermogravimetrie* ↗ 3.1.2.; *Thermovolumetrie* und *Thermomanometrie* ↗ 3.1.4.).

Die Untersuchungen der Temperaturabhängigkeit bestimmter Probenparameter, wie der linearen oder räumlichen Dimensionen, der elektrischen, magnetischen oder optischen Eigenschaften, die sich auf Strukturänderungen zurückführen lassen, stellen keine eigentlichen thermischen Analysenmethoden, sondern spezielle Methoden zur Untersuchung von Strukturänderungsprozessen in Abhängigkeit von der Temperatur (↗ 4.4.4.) dar. Beispiele für derartige Untersuchungsmethoden sind die Hochtemperatur-Reflexionsspektroskopie (↗ 3.4.3.2.1.), die Hochtemperatur-Röntgenbeugung (↗ 3.4.2.2.1.) und die Hochtemperaturmikroskopie (↗ 3.4.2.1.). Auch die *Thermomagnetometrie* (TMM) als Methode, bei der die magnetischen Eigenschaften einer einem Temperaturprogramm unterworfenen Probensubstanz gemessen werden, gehört hierzu.

3.3.1. Allgemeine Grundlagen

Thermische Effekte sind stets mit einem Wärmeaustausch verbunden. Die aufgenommene ($\Delta h > 0$) bzw. abgegebene ($\Delta h < 0$) Enthalpie ergibt sich aus

$$\Delta h = C\,\Delta T = mc\,\Delta T = nMc\,\Delta T\,. \tag{3.76}$$

Die ausgetauschte Enthalpie setzt sich aus allen Enthalpiebeträgen des Gesamtsystems zusammen (↗ Tab. 3.9). Dabei sind auch die der mechanischen Arbeit äquivalente Enthalpie ($\Delta_{\text{Mech}}H$; z. B. beim Rühren) sowie der Wärmeaustausch mit der Umgebung ($\Delta_{\text{Aust}}H$) zu berücksichtigen.

Für den zeitlichen Verlauf der Abkühlung von Systemen gilt das *Newtonsche Abkühlungsgesetz*

$$T = T_u + (T_0 - T_u)\exp\left(-\frac{A}{C}t\right). \tag{3.77}$$

A Abkühlungskonstante
T_u Umgebungstemperatur
T_0 Anfangstemperatur

Die Auswertung erfolgt nach Abb. 3.38.

Aus Gl. (3.76) geht hervor, daß sich unter geeigneten konstanten Versuchsbedingungen Stoffmengen *enthalpiemetrisch* oder *thermometrisch* bestimmen

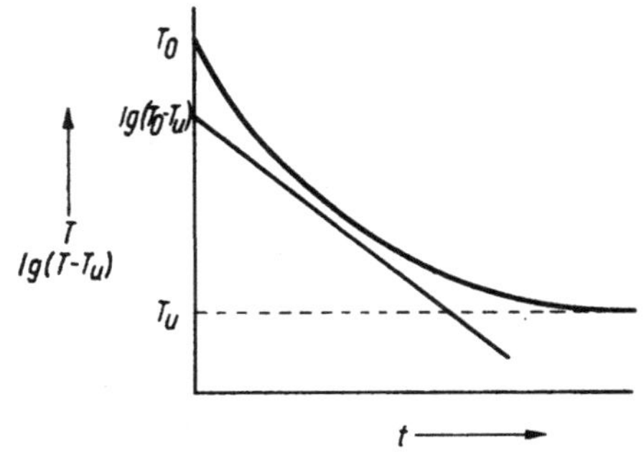

Abb. 3.38. Abkühlungskurven ohne auftretende thermische Effekte

lassen. Bei chemischen Reaktionen mit der molaren Reaktionsenthalpie $\Delta_R H$ erfolgt der Wärmeaustausch [↗ Gl. (3.76), Tab. 3.9] gemäß

$$\Delta h = C\,\Delta T = n\,\Delta_R H + \sum \Delta_j h . \tag{3.78}$$

Reaktionsenthalpien sind dabei durch Vergleichsmessungen erhältlich

$$\Delta_R H_2 = \Delta_R H_1 \cdot \frac{\Delta T_2}{\Delta T_1} \cdot \frac{n_1}{n_2} . \tag{3.79}$$

Für die qualitative Stoffkennzeichnung sind die thermometrisch bestimmbaren Fixpunkte wesentlich, bei denen sich Enthalpieänderungen vollziehen. Sie werden durch Dampfdruckkurven (Abb. 3.39) gekennzeichnet. Stellen die Unter-

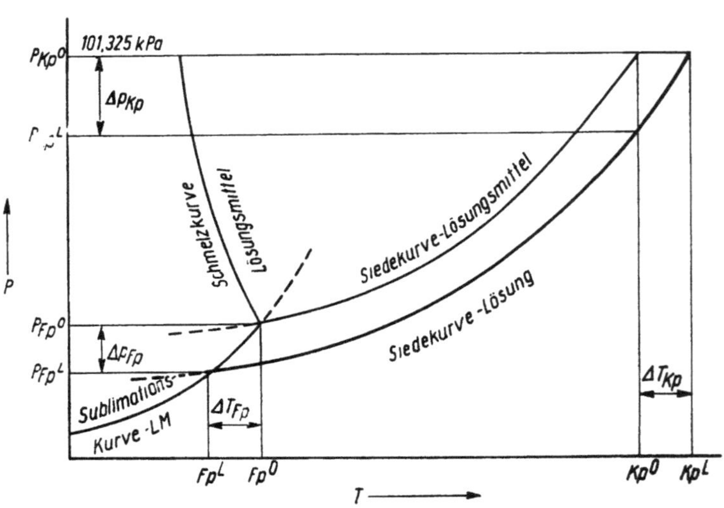

Abb. 3.39. Zustandsdiagramm von Lösung und reinem Lösungsmittel

suchungsproben Mischphasen dar, so kann aus der konzentrationsbestimmten Verschiebung der Fixpunkte ΔT_F aufgrund der kolligativen Eigenschaften in idealen Lösungen die enthaltene Stoffmenge quantitativ nach dem *1. Raoultschen Gesetz*

$$\frac{\Delta p}{p_0} = \frac{p_1 - p_2}{p_1} = \frac{n_2}{n_1 + n_2} \tag{3.80}$$

Δp Dampfdruckerniedrigung
p_1 Dampfdruck des Lösungsmittels
p_2 Dampfdruck der Lösung
n_1, n_2 Stoffmengen des Lösungsmittels und der Lösung

ermittelt werden (↗ Abb. 3.39).

Vertiefende Literatur: [3.119 bis 3.122].

3.3.2. Enthalpiemetrie

Die *enthalpiemetrische* (bisher allgemein *kalorimetrische*) *Analyse* dient der Ermittlung von Stoffmengen oder diesen äquivalenten Kenngrößen aus Enthalpieänderungen oder ihnen entsprechenden Temperaturdifferenzen. Als Analysenfunktion erhält man für die Stoffmengenkonzentration c

$$\boxed{c = a \cdot \Delta T + b} \tag{3.81}$$

mit

$$a = \frac{C}{v\,\Delta_R H} \quad \text{und} \quad b = -\frac{\sum \Delta_j h}{v\,\Delta_R H}.$$

Bei der praktischen Durchführung wird ein Überschuß eines selektiv reagierenden Reaktionspartners in einem Schritt und in konzentrierter Form der Probenlösung zugegeben (injiziert). Die bei der Reaktion ausgetauschte Enthalpie bewirkt bei sonst konstanten Arbeitsbedingungen eine Temperaturänderung, die bei bekannter molarer Reaktionsenthalpie eine rechnerische Konzentrationsermittlung nach Gl. (3.81) gestattet. Gebräuchlicher ist die graphische Auswertung nach Eichung; auf diesem Wege sind auch Reaktionsenthalpien zugänglich.

Aufgrund des Meßvorganges sind auch die Bezeichnungen *thermometrische Analyse* bzw. *Direkt-Injektions-Enthalpiemetrie* (DIE) [3.123] gebräuchlich.

Die Ermittlung der Enthalpien von Verbrennungsreaktionen unter Sauerstoffüberdruck in kalorimetrischen Bomben wird aus historischen Gründen häufig noch als *Kalorimetrie* bezeichnet. Sie wird vorwiegend bei organischen Substanzen angewandt. Die auftretenden Reaktionsenthalpien werden auf eine im Kalorimeter befindliche Wassermenge übertragen, deren Temperaturänderung über einen längeren Zeitraum verfolgt wird. Die Auswertung erfolgt mit Hilfe von Vergleichsmessungen.

Enthalpiemetrische bzw. kalorimetrische Messungen liefern analytische Informationen über Art und Menge von Bestandteilen stofflicher Systeme. Insbesondere dienen kalorimetrische Messungen häufig zur Ermittlung bestimmter Gebrauchswert-Kenngrößen von Stoffgemischen, z. B. des Heizwertes.

Die *Dynamische Differenzkalorimetrie* DDK oder DSC (*D*ifferential *S*canning *C*alorimetry), auch *Differential-Kalorimetrie*(*-Enthalpie*) genannt, stellt die Messung kalorischer Größen einer Probe im Vergleich zu einer inerten Referenzsubstanz dar, die beide einem gemeinsamen Temperaturprogramm unterworfen werden. Sie ermöglicht nicht nur exaktere Ergebnisse in bezug auf die Elementzusammensetzung, sondern auch die Ermittlung kalorischer Größen. Darüber hinaus gestattet sie bestimmte qualitative Strukturaussagen zur Charakterisierung von Polymeren, z. B. über deren Kristallinitätsgrad, über Anteile an verschiedenen Polymerformen und über den Grad der Kettenverzweigung.

Die Messung des Wärmestromes in der Probe erfolgt durch Differenz-Scanning-Kalorimeter, entweder durch Messung der Heizleistungsdifferenz (Abb. 3.40a) oder durch Temperaturdifferenzmessung (Abb. 3.40b).

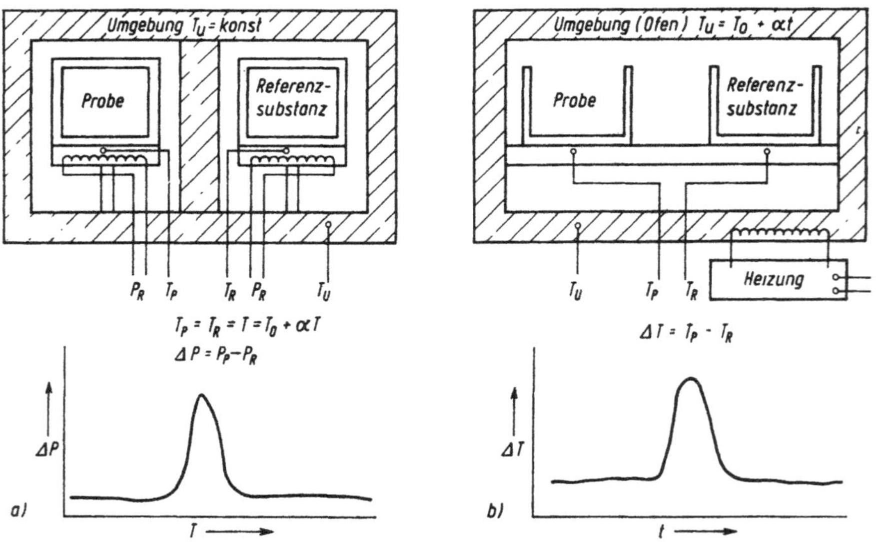

Abb. 3.40. Schematischer Aufbau (nach [3.126]) eines

a) Leistungs-Differenz-Scanning-Kalorimeters; *b*) Temperatur-Differenz-Scanning-Kalorimeters

P Elektrische Leistung $P = UI$; *T* Temperatur; *t* Zeit; $\alpha = T/t$ Aufheizrate

Indizes: P Probe; R Referenzsubstanz; U Umgebung; 0 Ausgangszustand

Bei der *thermometrischen* bzw. *enthalpiemetrischen Titration* wird die durch $\Delta_R H$ verursachte Temperaturänderung zur Indikation maßanalytischer Bestimmungen verwendet [3.23] und ΔT oder T als Funktion des Titratorvolumens verfolgt (Abb. 3.41). Bei konstantem Titratorzufluß wird häufig auch $T = f(t)$

registriert. Zur raschen Einstellung des chemischen und thermischen Gleichgewichtes ist bei thermometrischen Titrationen intensives Rühren erforderlich.

Das breite Einsatzgebiet ergibt sich daraus, daß alle Reaktionen stets von merklichen Enthalpieänderungen begleitet werden. Diese sind mit Thermistoren auch im Falle geringer Temperaturdifferenzen genau und schnell meßbar. Thermometrische Titrationen sind leicht automatisierbar [3.124].

Vertiefende Literatur: [3.120, 3.121, 3.125, 3,126].

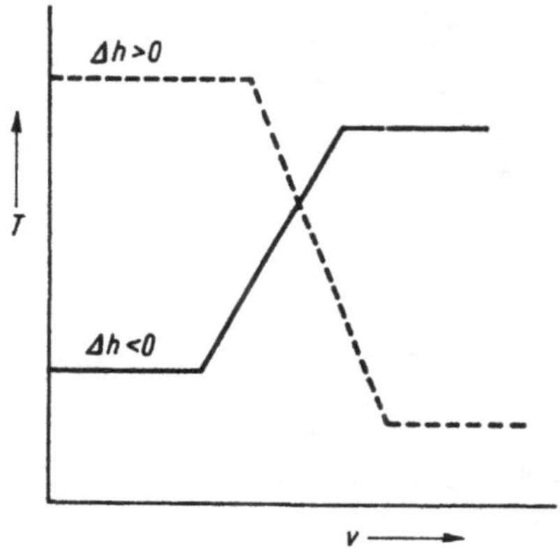

Abb. 3.41. Schematische Darstellung thermometrischer Titrationskurven

3.3.3. Thermoanalyse

Als Thermoanalyse (TA) bezeichnet man die Messung der Temperatur einer Probe in Abhängigkeit von der zugeführten oder abgeführten Wärmemenge. Praktisch erfolgt die Messung meist bei zeitlich konstanter Enthalpieänderung als Funktion der Zeit. Die dabei erhaltenen thermoanalytischen Diagramme (Abb. 3.42) zeigen alle Änderungen des Aggregatzustandes, alle Phasenänderungen sowie ablaufende Reaktionen an.

Die *Bestimmung von Schmelztemperaturen* t_S (Schmelzpunkten *Fp*) und *Siedetemperaturen* t_V (Siedepunkten *Kp*) ist für die Charakterisierung von Stoffen mit definierten Fixpunkten geeignet. Insbesondere kann die Sicherheit von Feststoffidentifikationen durch *Mischschmelzpunktbestimmungen* (Boetius, Kofler) von Probe und bekannter reiner Substanz erhöht werden.

Bei Hochpolymeren treten anstelle definierter Schmelztemperaturen *Schmelz- und Erweichungsintervalle* auf, die Informationen über Zusammensetzung sowie Vernetzungs- und Kristallinitätsgrad ergeben.

Die qualitative Untersuchung von Flüssigkeiten erfolgt durch *Siedeanalysen*, quantitative Aussagen über Flüssigkeitsmischungen sind aus Siedediagrammen $v = f(T_V)$ möglich (↗ 2.2.2.1.). Die Ermittlung von Stoffmengen ist darüber hinaus nach Gl. (3.76) aus latenten Wärmen möglich.

Große Bedeutung kommt der Ermittlung von Umwandlungspunkten in *T*-*t*-Diagrammen zu, die Informationen über Strukturänderungen in Feststoffen liefern. Da die Umwandlungstemperatur T_U durch Verunreinigungen stark beeinfluß wird, stellt die ΔT_U-Messung eine empfindliche Methode der Reinheitsprüfung von Festsubstanzen dar. Die graphische Darstellung der Fix- und Um-

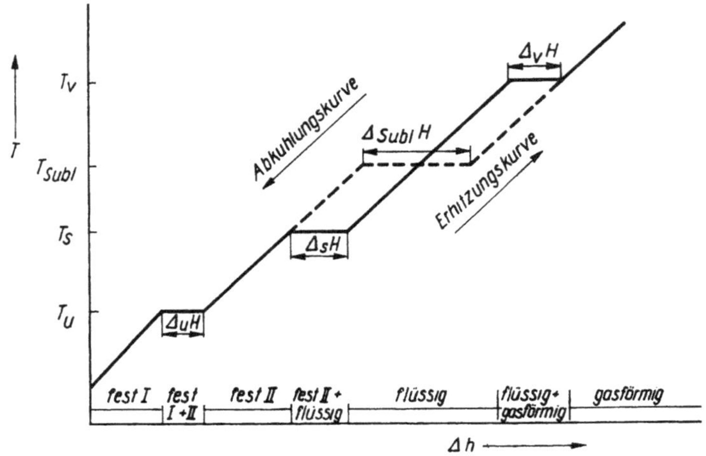

Abb. 3.42. Idealisiertes T-Δh-Diagramm; bei zeitlich konstanter Wärmezufuhr auch als T-t-Diagramm darstellbar

wandlungspunkte führt zu Phasendiagrammen für Ein- und Mehrstoffsysteme (↗ 2.2.2.; Abb. 2.2, 2.3 und 2.5), wobei sich aus letzteren Informationen über die Zusammensetzung erhalten lassen.

Die als Folge von Umwandlungen oder chemischen Reaktionen auftretenden Enthalpien führen in T-t-Diagrammen bei reinen Stoffen zu Haltepunkten und bei Mischungen zu Knickpunkten (Abb. 3.43, Kurve *1*). Die einfache thermische Analyse ist dann unempfindlich, wenn Umwandlungen in einem großen Temperaturintervall ablaufen. In solchen Fällen ist die Anwendung differentieller Methoden günstig; die Registrierung von $dT/dt = f(t)$, die Abb. 3.43, Kurve *2* zeigt, wird als *derivative Thermoanalyse* (dTA) bezeichnet.

Experimentell leichter realisierbar ist eine Differentialregistrierung $\Delta T = f(t)$ oder $\Delta T = f(T)$. Diese ist in der *Differenzthermoanalyse*, auch *Differentialthermoanalyse* (DTA) verwirklicht, bei der die Temperaturdifferenz zwischen der Untersuchungsprobe und einer inerten Vergleichssubstanz gemessen wird (Abb. 3.43, Kurve *3*). Moderne Geräte arbeiten mit automatischer Temperaturprogrammierung.

Im allgemeinen gestattet die DTA nur qualitative Aussagen über Stoffe bzw. Stoffgemische anhand charakteristischer exothermer und endothermer Umwandlungen und Reaktionen. Die Hauptanwendung liegt auf anorganischem Gebiet, vor allem bei der Untersuchung von Mineralien sowie technischer Tone und Silicate. Auch für die Kennzeichnung von Polymeren lassen sich DTA-Untersuchungen heranziehen. Quantitative Informationen sind prinzipiell aus der Fläche differentialthermoanalytischer Peaks erhältlich, jedoch sind diese nur schlecht reproduzierbar. Deshalb werden in der Regel differentialkalorimetrische Messungen für quantitative Aussagen verwendet.

Der Einfluß geringer Stoffbeimengungen auf die Fixpunkte reiner Substanzen kann zur Konzentrationsbestimmung von Lösungen und zur Bestimmung der molaren Masse herangezogen werden. Im Falle idealer Lösungen (Masse des gelösten Stoffes klein gegen die des Lösungsmittels $m_A \ll m_L$ und $p_A \ll p_L$) ist die Dampfdruckerniedrigung nach Gl. (3.80) der Teilchenzahl proportional.

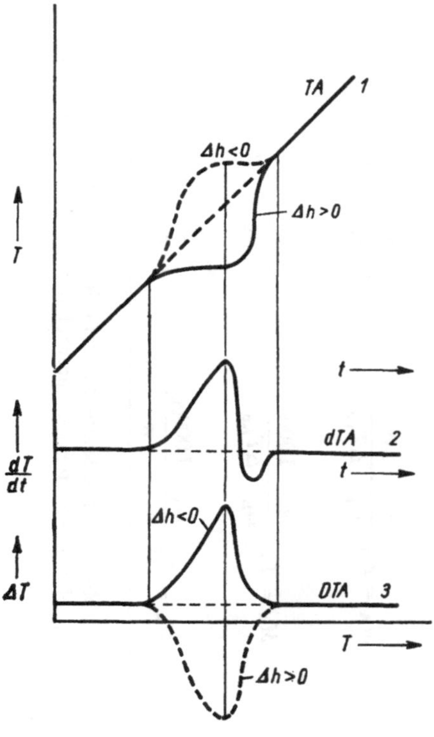

Abb. 3.43. Erhitzungskurven für verschiedene Methoden der Thermoanalyse
1 normale Thermoanalyse (TA); *2* derivative Thermoanalyse (dTA); *3* Differenzthermoanalyse (DTA)

Nach dem *2. Raoultschen Gesetz* ergibt sich ein linearer Zusammenhang zwischen der Stoffmengenkonzentration und der Verschiebung von Fixpunkten ΔT_F.

$$c = \frac{\varrho_L}{E} \Delta T_F. \tag{3.82}$$

E molale Fixpunktverschiebung

ϱ_L Dichte der Lösung

Die Beziehung zwischen Fixpunktverschiebung, Dampfdruckerniedrigung und dem osmotischen Druck π einer Lösung läßt sich durch folgende Gleichung darstellen

$$\Delta T_F = E \cdot \frac{1000}{M_L} \frac{\Delta p}{p_L} = \frac{E}{\varrho_L RT} \pi. \tag{3.83}$$

Tabelle 3.10. Auf Fixpunktverschiebungen, Dampf- und Lösungsdruckänderungen beruhende Analysenmethoden

Methode	Erscheinung	Analysenfunktion für die		Konstante
		Bestimmung der molaren Masse	Bestimmung der Stoffmengenkonzentration	
Tensimetrie	relative Dampfdruckerniedrigung Δp	$M_A = \frac{m_A}{n_L} \cdot \frac{p_L}{\Delta p}$ $= E_D \cdot \frac{m_A}{m_L} \cdot \frac{1000 p_D}{\Delta p}$	$c = \frac{\varrho_L}{E_D} \cdot \frac{\Delta p}{p_L}$	$E_D = \frac{M_L}{1000}$
Kryoskopie	Gefriertemperaturerniedrigung ΔT_{Fp}	$M_A = E_G \cdot \frac{m_A}{m_L} \cdot \frac{1000}{\Delta T_{Fp}}$	$c = \frac{\varrho_L}{E_G} \cdot \Delta T_{Fp}$	$E_G = \frac{RT_{Fp}^2 M_L}{1000\, \Delta_S H}$
Ebullioskopie	Siedetemperaturerhöhung ΔT_{Kp}	$M_A = E_S \cdot \frac{m_A}{m_L} \cdot \frac{1000}{\Delta T_{Kp}}$	$c = \frac{\varrho_L}{E_S} \cdot \Delta T_{Kp}$	$E_S = \frac{RT_{Kp}^2 M_L}{1000\, \Delta_V H}$
Osmometrie	osmotischer Druck π	$M_A = E_0 \cdot \frac{m_A}{m_L} \cdot \frac{1000 \varrho_L}{\pi}$	$c = \frac{\pi}{E_0}$	$E_0 = RT$

M_A Molare Masse des Stoffes A
m_A Masse des Stoffes A
n_L Stoffmenge des Lösungsmittels L
m_L Masse des Lösungsmittels L
p_L Dampfdruck des Lösungsmittels L
M_L Molare Masse des Lösungsmittels L
E_G Molale Gefriertemperaturerniedrigung (kryoskopische Konstante)[1])
E_S Molale Siedetemperaturerhöhung (ebullioskopische Konstante)[1])

[1]) In $K \cdot kg \cdot mol^{-1}$ (↗ Tab. 1.4), unkorrekt allgemein molare Gefrierpunktserniedrigung bzw. Siedepunkterhöhung genannt.

Hieraus lassen sich vier Methoden zur Ermittlung von molaren Massen und Stoffmengenkonzentrationen ableiten (↗ Tab. 3.10).

Die bei chemischen Reaktionen auftretenden Teilchenzahländerungen lassen sich durch *kryoskopische Titration* ermitteln [3.27]. Die kryoskopische Endpunktindikation erfolgt anhand von Titrationskurven $\Delta T_{Fp} = f(v)$ nach Auftau- bzw. Abkühlungsverfahren.

Die Zufuhr von Wärmemengen führt nicht nur zu definierten Umwandlungspunkten, sondern bei thermisch instabilen Stoffen zur Abgabe flüchtiger Komponenten oder zur Zersetzung (thermischer Abbau, Pyrolyse). Die dabei auftretenden Produkte werden in der Regel durch andere Analysenprinzipien, meist nach Trennung, charakterisiert (z. B. Gaschromatographie, Massenspektroskopie, Gasvolumetrie bzw. -katharometrie). Unter der *Emissionsgasthermoanalyse* EGA (*E*volved *G*as *A*nalysis) versteht man die Bestimmung von Art und /oder Menge eines Gases, das von einer einem Temperaturprogramm unterworfenen Probensubstanz abgegeben wird.

In diesem Zusammenhang gewinnt die Methode der *Vakuumheißextraktion* (*Thermoextraktion*, *Exhalographie*) immer mehr an Bedeutung, besonders für C-, O-, H- und N-Bestimmungen in Metallen und anderen Feststoffen. Eine Kombination von Thermoextraktion flüchtiger Komponenten, Gasphasentransport und direkter Auftragung auf Dünnschichten zur Chromatographie stellt die *Mikro-Abtrenn-Transfer-und-Auftrag-Technik* dar, die sich durch thermische Fraktionierung und fraktioniertes Auffangen zur *Thermofraktographie* [3.135] erweitern läßt.

Thermische Reaktionen in der Gasphase besitzen vor allem bei der Verbrennung organischer Substanzen im Sauerstoffstrom Bedeutung, wo sie zur C-, H- und N-Bestimmung dienen (↗ *organische Elementaranalyse*: [3.47, 3.48]).

Qualitative Untersuchungen mittels *Brennbarkeitstests* werden für Plastprüfungen sowie für *Flammpunktbestimmungen* zur Kennzeichnung von Bezinen und Ölen eingesetzt.

Vertiefende Literatur: [3.127 bis 3.134].

3.3.4. Thermogravimetrie

Die Thermogravimetrie (TG) stellt die Messung der Massenänderung einer Probe in Abhängigkeit von der Temperatur dar. Sie gestattet damit die Untersuchung chemischer Prozesse bei Temperaturänderungen, gegebenenfalls in definierten Atmosphären (Zersetzungs-, Oxydations- und Trocknungsvorgänge, Oberflächenreaktionen).

Die Ermittlung der Analysengröße Δm erfolgt direkt mittels *Thermowaagen* aus thermogravimetrischen Kurven (Abb. 3.44, Kurve *1*).

Mit Hilfe der *Derivativen Thermogravimetrie* bzw. *Differentialthermogravimetrie* DTG wird die erste Ableitung $\Delta m/\Delta t = f(T)$ registriert (Abb. 3.44, Kurve *2*), wobei die Massenänderungen deutlich erkennbar werden.

Zuverlässig miteinander vergleichbare Ergebnisse thermischer Untersuchungsverfahren ergeben sich durch Kombination der Thermogravimetrie mit der Thermoanalyse und den derivativen Methoden zur *Derivatographie* (Abb. 3.45).

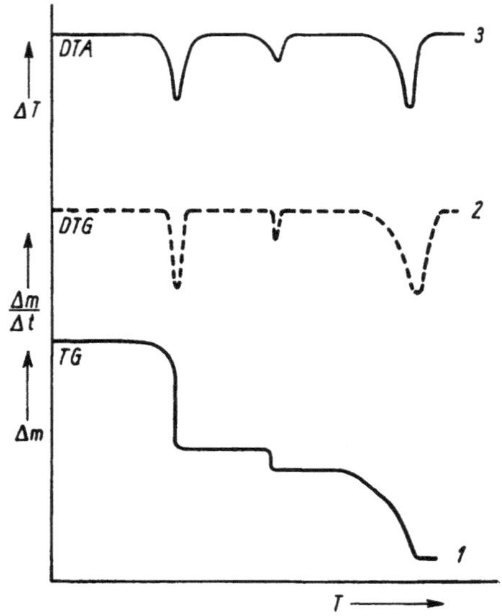

Abb. 3.44. Derivatographische Kurven
1 Thermogravimetrie (TG);
2 Derivative Thermogravimetrie (DTG);
3 Differenzthermoanalyse (DTA)

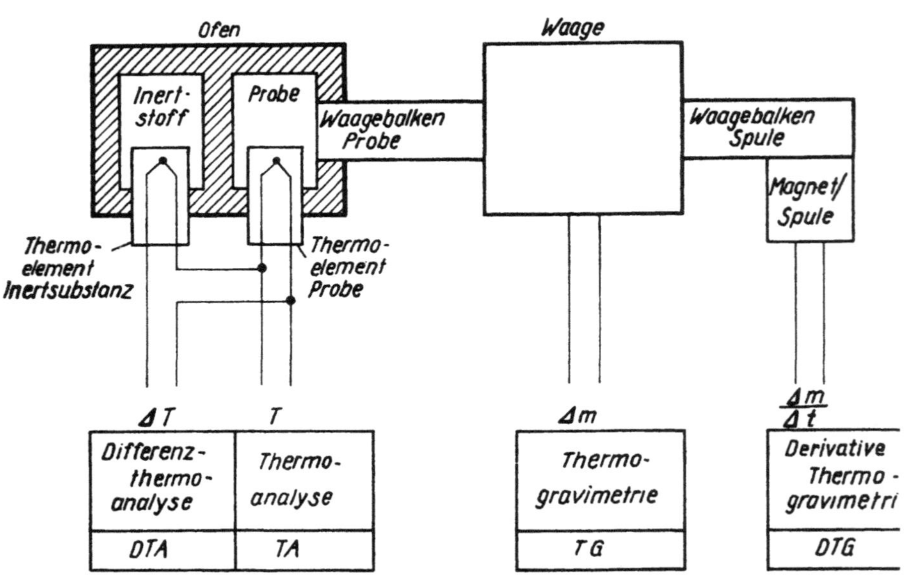

Abb. 3.45. Schematische Darstellung der Funktion eines Derivatographen

Thermogravimetrische Methoden werden häufig zur Bestimmung des Wassergehaltes von Proben eingesetzt, wobei zwischen adsorbiertem und gebundenem Wasser unterschieden werden kann. Ein weiteres breites Einsatzgebiet ist die Polymerenanalytik, wo sie die Bestimmung der relativen Stabilität und der qualitativen und quantitativen Zusammensetzung gestatten. Bei thermogravimetrischen Untersuchungen auftretende flüchtige Produkte werden meist chromatographisch und massenspektrometrisch weiter untersucht.

Vertiefende Literatur: [3.120 bis 3.122, 3.136].

3.3.5. Thermomechanische Analyse

Die Thermomechanische Analyse (TMA) untersucht den Einfluß thermischer Energie auf die mechanischen Eigenschaften von Proben, entweder ohne Krafteinwirkung (*Thermodilatometrie*) oder unter statischer bzw. dynamischer Krafteinwirkung (eigentliche TMA) bei Einhaltung eines bestimmten Temperaturprogrammes. Soweit überhaupt analytische Problemstellungen vorliegen, stellt sie ein thermisches Analysenprinzip dar, mit dessen Hilfe überwiegend Strukturänderungen ermittelt werden. Bei Phasenumwandlungen ändert sich der lineare Ausdehnungskoeffizient (Längen-Temperatur-Koeffizient) α und damit die Längenzunahme

$$\Delta l = \alpha l \, \Delta T \tag{3.84}$$

bzw. der kubische Ausdehnungskoeffizient (Volumen-Temperatur-Koeffizient) γ und damit die Volumenzunahme

$$\Delta v = \gamma v \, \Delta T . \tag{3.85}$$

Von den thermomechanischen Analysenmethoden besitzt fast ausschließlich die *Dilatometrie* Bedeutung, die die Änderung linearer oder räumlicher Dimensionen von Proben als Funktion der Temperatur verfolgt. Sie wird vor allem für die Untersuchung von Polymeren eingesetzt, für die sie Informationen über die Wärmeausdehnung, gegebenenfalls unter mechanischer Belastung, sowie über den Polymerisations- und Kristallinitätsgrad liefert. Volumenänderungen von Lösungen sind ebenfalls dilatometrisch bestimmbar. Sie sind nach der Debye-Hückel-Theorie konzentrationsabhängig:

$$a \cdot \sqrt{c} + b \cdot c = \Delta v - \Delta v_0 . \tag{3.86}$$

a, b stoffspezifische Konstanten

Diese werden gegenwärtig nur zur Endpunktsindikation maßanalytischer Bestimmungen als *dilatometrische Titrationen* [3.28] durchgeführt. Hierbei wird die Volumenänderung der Lösung Δv oder eine proportionale Längenänderung Δl in Abhängigkeit vom Titratorvolumen v_{Tr} verfolgt (Abb. 3.46).

Auch die Temperaturabhängigkeit der Viskosität (*Penetrometrie*) liefert wichtige qualitative Strukturinformationen, vor allem über den Polymerisations- bzw. Vernetzungsgrad und die Kristallinität von Polymeren.

Vertiefende Literatur: [3.120, 3.121].

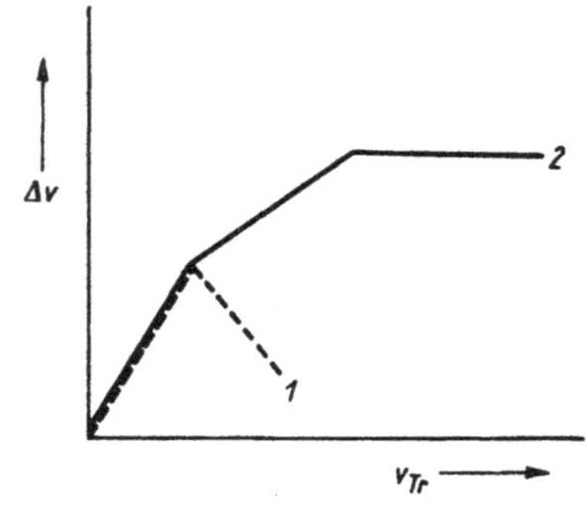

Abb. 3.46. Dilatometrische Titrationskurve einer einprotonigen Säure (*1*) und einer zweiprotonigen Säure (*2*) mit einer Base

3.3.6. Katharometrie

Die Katharometrie beruht auf der Messung der Wärmeleitfähigkeit von Gasgemischen als Funktion der Zusammensetzung. Dabei ist der Gehalt der zu bestimmenden Gaskomponente bei geringen Konzentrationen der relativen Änderung der Wärmeleitfähigkeit des Trägergases $\Delta\lambda/\lambda$ direkt proportional:

$$\boxed{x = k \cdot \frac{\Delta\lambda}{\lambda}}. \tag{3.87}$$

x Stoffmengenbruch
k Konstante

Praktisch erfolgt die Messung in Wärmeleitfähigkeitszellen, in denen die Joulesche Wärme eines Widerstandsdrahtes je nach dem Wärmeleitvermögen des umspülenden Gasgemisches unterschiedlich stark abgeführt wird, was eine entsprechende Widerstandsänderung zur Folge hat. Diese kann durch die proportionale Stromstärkeänderung bestimmt werden. In der Regel verwendet man jedoch die empfindlichere Widerstandsmessung mittels Wheatstonescher Brückenschaltungen (↗ Abb. 3.15a). Anstelle von Metallwiderständen werden häufig die empfindlicheren Thermistoren eingesetzt. Eine Eichung mit Testgemischen ist in jedem Fall erforderlich.

Die Katharometrie findet bei der Analyse technischer Gasgemische breite Anwendung, wobei meist Wasserstoff oder Helium als Trägergas dienen. Darüber hinaus gehören Wärmeleitfähigkeitszellen zu den am häufigsten angewandten Detektoren in der Gaschromatographie (↗ 2.2.3.2.2.).

Vertiefende Literatur: [3.137].

3.4. Analysenprinzipien auf der Grundlage von Wechselwirkungen mit elektromagnetischer und Teilchenstrahlung

Wechselwirkungen von elektromagnetischer oder korpuskularer Strahlung mit den Teilchen der Probe können elastisch oder unelastisch erfolgen (↗ 1.3.3.). Elastischen Vorgängen liegen *wellenoptische* Erscheinungen zugrunde, die Änderungen der Ausbreitungsrichtung elektromagnetischer Wellen bzw. energieäquivalenter Teilchenstrahlen bewirken, bei denen jedoch deren kinetische Energie unverändert bleibt (↗ Tab. 1.6). Mit Ausnahme der refraktometrischen Methoden handelt es sich dabei um abbildende Prinzipien im weitesten Sinne.

Bei unelastischen Wechselwirkungen findet ein definierter Energieaustausch zwischen der Strahlung und den Teilchen der Probe auf der Grundlage *quantenoptischer* Vorgänge statt. Man erhält aufgrund dessen im Verlaufe des Meßprozesses Signale, die in einem registrierten *Spektrum* nach ihrer Energie geordnet vorliegen.

Es handelt sich dabei stets um einen begrenzten Ausschnitt aus dem weite Energiebereiche umfassenden *elektromagnetischen Spektrum.* Abb. 3.47 zeigt neben den Bereichen des elektromagnetischen Spektrums die von bestimmten Energiebeträgen anregbaren Formen der inneren Energie und die jeweils zuordenbaren Analysenprinzipien. Diese werden unter dem Oberbegriff *Spektroskopie* zusammengefaßt.

3.4.1. Allgemeine Grundlagen

Spektren verkörpern zweidimensionale analytische Informationen, in denen Art und Menge von Energieübergängen in Atomen oder Molekülen codiert sind. Damit charakterisieren die *Frequenzen* bzw. *Wellenlängen* die Art von Stoffen oder von Strukturelementen, während die zugehörigen *Intensitäten* Aussagen über die Menge liefern.

Qualitative Strukturinformationen ergeben sich aus der Gesamtheit eines Spektrums, das in bezug auf den Molekülbau häufig als „*Fingerabdruck*" bezeichnet wird. Die bei spektroskopischen Analysenprinzipien auftretenden Meßgrößen sind in Tab. 3.11 zusammengestellt.

Der Energieaustausch zwischen elektromagnetischer Strahlung und der Probe erfolgt in Form diskreter Energiequanten. Er wird auf der Grundlage der Planckschen Quantenbeziehung durch das Bohrsche Frequenzpostulat beschrieben:

$$\Delta E = E_{n'} - E_n = h \cdot \nu. \tag{3.88}$$

Für die theoretische Betrachtung von Spektren, besonders in bezug auf die Auswahlregeln, ist die Darstellung der Energiezustände in Form von Termen gebräuchlich. Für die Termdifferenz ΔF gilt:

$$\Delta F = \tilde{\nu} = \frac{\Delta E}{h \cdot c}. \tag{3.89}$$

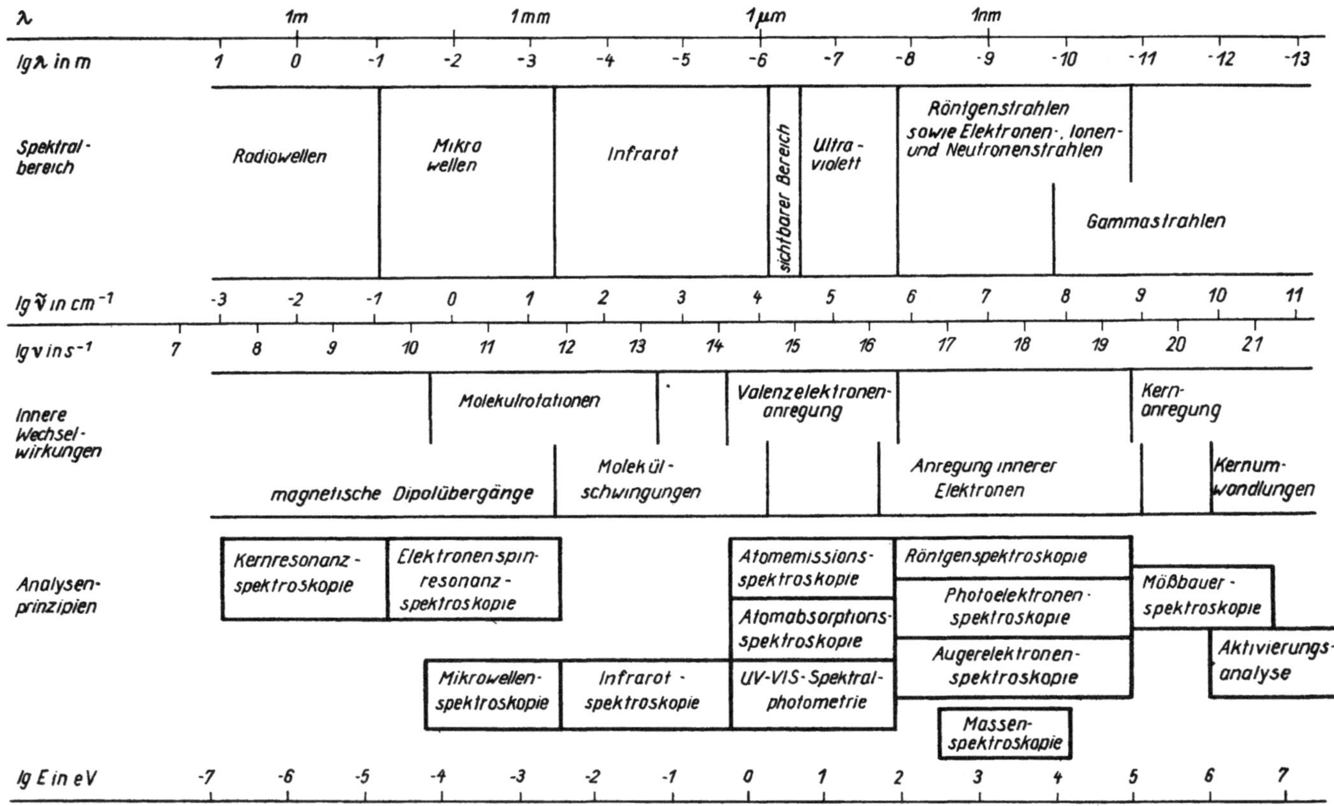

Abb. 3.47. Elektromagnetisches Spektrum und Analysenprinzipien, die auf Wechselwirkungen mit elektromagnetischer bzw. korpuskularer Strahlung beruhen

Tabelle 3.11. Übersicht über die bei spektroskopischen Analysenprinzipien auftretenden Meßgrößen

Meßgröße	Symbol	Einheit	Funktionaler Zusammenhang	Bemerkungen
Wellenlänge	λ	µm, nm		
Wellenzahl	$\tilde{\nu}$	cm^{-1}	$\tilde{\nu} = 1/\lambda$	
Frequenz	ν	s^{-1}, Hz	$\nu = c/\lambda$	c Vakuumlichtgeschwindigkeit (↗ Anhang A. 1.)
Strahlungsenergie	E	J, eV	$R = h\nu = hc/\lambda$	h Planck-Konstante (↗ Anhang A. 1.)
Thermische Energie	E	J	$E = \frac{1}{2}fkT$	k Boltzmann-Konstante (↗ Anhang A. 1.) f Zahl der Freiheitsgrade der inneren Energie
Kinetische Energie	E_k	J, eV	$E_k = \frac{1}{2}m\bar{v}^2$	m Teilchenmasse $\bar{v}$ mittlere Teilchengeschwindigkeit 1 eV = $1{,}602 \cdot 10^{-19}$ J 1 eV $\triangleq$ 8067,5 cm^{-1}
De-Broglie-Wellenlänge	λ	nm	$\lambda = h/m \cdot v$	
Intensität	I			

Für ΔF ergeben sich bei den einzelnen Analysenprinzipien spezielle Funktionen der jeweiligen Quantenzahlen. Abb. 3.48 zeigt ein allgemeines Termschema mit möglichen energetischen Übergängen ohne Berücksichtigung von Auswahlregeln.

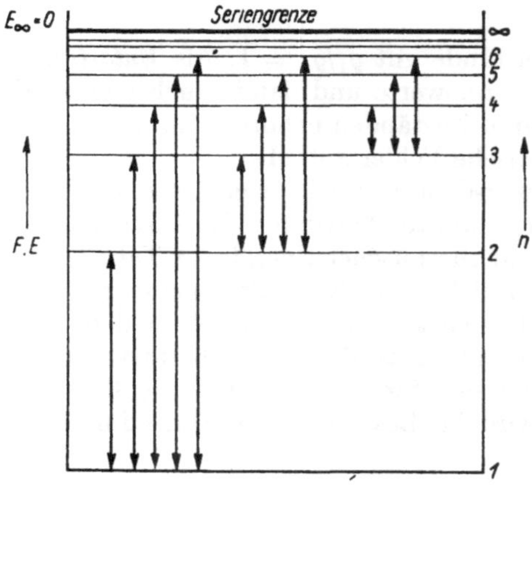

Abb. 3.48. Termschema
E Energie; F Term

Je nachdem, ob solche Übergänge unter Energieabgabe oder -aufnahme erfolgen, unterscheidet man zwischen *Emission* und *Absorption*.

Emissionsspektren erhält man bei der Rückkehr angeregter Atome in den Grundzustand unter Emission von Strahlungsquanten.

Absorptionsspektren entstehen durch energetische Übergänge in umgekehrter Richtung infolge Strahlungsabsorption aus dem kontinuierlichen Spektrum einer geeigneten Strahlungsquelle. Emissions- und Absorptionsspektren entsprechen einander in der Regel bezüglich der Signallage, sie verhalten sich zueinander wie photographisches Positiv und Negativ.

Die Aufhebung der durch Absorption angeregten Zustände erfolgt entweder durch strahlungslose Relaxationsvorgänge (im allgemeinen Stoßprozesse) oder durch Strahlungsemission. Erfolgt diese spontan, spricht man von *Fluoreszenz*, bei Verzögerung des Abklingvorganges von *Phosphoreszenz*.

Aufgrund des Anregungsmechanismus sollten die Fluoreszenzsignale $\tilde{\nu}_F$ bei niedrigeren Energien als die entsprechenden Absorptionssignale $\tilde{\nu}_A$ liegen (Stokessche Regel): $\tilde{\nu}_F \leqq \tilde{\nu}_A$. Der Fall $\tilde{\nu}_F = \tilde{\nu}_A$ entspricht der Resonanzfluoreszenz. Wirkt jedoch neben der anregenden Strahlung ein zusätzlicher Energiebetrag auf die Probe ein, können auch antistokessche Linien bzw. Banden auftreten.

Die Intensität von Spektrallinien wird von den Besetzungsdichten der betrachteten Energieniveaus und von den Übergangswahrscheinlichkeiten zwischen ihnen bestimmt. Letztere werden durch quantentheoretische *Auswahlregeln* beschrieben.

Für das Verhältnis der Besetzungsdichten folgt bei thermodynamischem Gleichgewicht eine Boltzmann-Verteilung

$$\frac{N_1}{N_0} = \frac{g_1}{g^0} \exp\left(-\frac{E_1 - E_0}{kT}\right). \tag{3.90}$$

N_1, N_0 Teilchenzahlen in den Energiezuständen E_1 bzw. E_0 bei der Temperatur T

g_1, g_0 statistische Gewichte der betreffenden Energieniveaus

Für nichtentartete Energiezustände gilt $g_1/g_0 = 1$. Als *Entartung* bezeichnet man den Fall, daß gleiche Energiewerte und damit auch gleiche Frequenzen zu unterschiedlichen stationären Zuständen gehören. Entartungen lassen sich durch elektrische und magnetische Felder aufheben.

Das Verhältnis der Besetzungsdichten wird für eine bestimmte Temperatur durch den Abstand der Energieniveaus bestimmt. Entsprechend der Äquivalenz von Strahlungsenergie und thermischer Energie (↗ Tab. 3.11) ergibt sich für den Energiezustand von Teilchen bei Normaltemperatur eine Wellenzahl von etwa $100\ \text{cm}^{-1}$; bei allen spektroskopischen Methoden im Bereich $\tilde{\nu} > 100\ \text{cm}^{-1}$ ist deshalb der Grundzustand wesentlich stärker besetzt als die angeregten Zustände, während sich für $\tilde{\nu} \leqq 100\ \text{cm}^{-1}$ die Besetzungsdichten ausgleichen; in diesem Falle wird das Besetzungsverhältnis durch die Temperatur stark beeinflußt.

Die Form spektroskopischer Signale läßt sich in der Regel durch eine Gauß- oder Lorentz-Funktion darstellen (Abb. 3.49), wobei nach Gl. (3.88) die Signalbreite $\Delta\nu$ gegen Null gehen sollte. Tatsächlich werden endliche Linienbreiten beobachtet, die teilweise erhebliche Werte annehmen können.

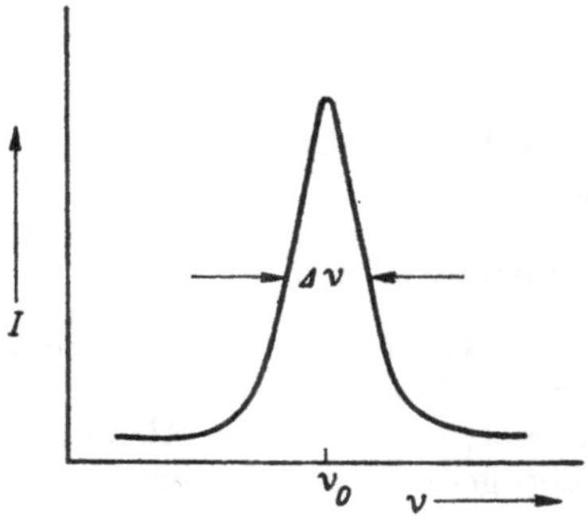

Abb. 3.49. Profil einer Spektrallinie

Zunächst kommt jeder Spektrallinie aufgrund der Heisenbergschen Unbestimmtheitsrelation

$$\delta E \cdot \delta\tau \geqq \frac{h}{2\pi}, \tag{3.91}$$

nach der die Energieunschärfe der einzelnen Niveaus durch die Lebensdauer $\delta\tau$ der angeregten Zustände bestimmt wird, unter Berücksichtigung von Gl. (3.88) eine *natürliche Linienbreite* $\delta\nu_N$ zu

$$\delta\nu_N \geqq \frac{1}{2\pi\,\delta\tau}. \tag{3.92}$$

Sie wird durch alle Vorgänge vergrößert, die $\delta\tau$ verringern. Dazu gehört in erster Linie die strahlungslose Energieabgabe durch Zusammenstöße mit anderen Teilchen (*Stoßverbreiterung*). Aufgrund dessen ist die natürliche Linienbreite druckabhängig.

Darüber hinaus bewirken weitere Einflüsse eine zusätzliche Signalverbreiterung. Wichtige Einflußfaktoren sind:

1. die relative Teilchenbewegung v in bezug auf die Strahlung, die sich in der *Doppler-Verbreiterung* $\delta\nu_D$ äußert

$$\delta\nu_D = \nu \cdot \frac{v}{c} = \frac{\nu}{c}\sqrt{\frac{3kT}{m}}; \tag{3.93}$$

2. Verbreiterungen infolge *nichtaufgelöster Feinstrukturen* $\delta\nu_F$; diese sind darauf zurückzuführen, daß Übergänge geringerer Energie mitangeregt bzw. Entartungen in äußeren oder Kristallfeldern aufgehoben werden;
3. der Spektralapparat selbst, vor allem die Spaltsysteme sowie die Registriereinrichtung; diese *apparativ bedingten Verbreiterungen* $\delta\nu_A$ sind in gewissen Grenzen gezielt beeinflußbar (↗ 4.5.3.2.).

Damit ergibt sich für die experimentell zu beobachtenden Linienbreiten

$$\Delta\nu_{\exp} = \delta\nu_N + \delta\nu_D + \delta\nu_F + \delta\nu_A, \tag{3.94}$$

wobei der Einfluß der einzelnen Glieder bei den verschiedenen spektroskopischen Analysenprinzipien in unterschiedlichem Maße wirksam wird.

Vertiefende Literatur: [3.138 bis 3.142].

3.4.2. Auf elastischen und quasielastischen Wechselwirkungen beruhende Analysenprinzipien

3.4.2.1. Mikroskopische Analysenprinzipien

Unter Mikroskopie versteht man die Vergrößerung kleiner bzw. kleinster Objektbereiche mit Hilfe mehrstufiger Abbildungseinrichtungen. Die Vergrößerung wird durch die *Auflösungsgrenze* δ begrenzt, die den Abstand zweier Bildpunkte angibt, die mit dem Mikroskop gerade noch getrennt wahrgenommen werden können.

$$\delta = 0{,}61 \frac{\lambda}{n \cdot \sin\alpha}. \tag{3.95}$$

$n \cdot \sin\alpha$ numerische Apertur
n Brechungsindex des Mediums zwischen Probe und Mikroskop

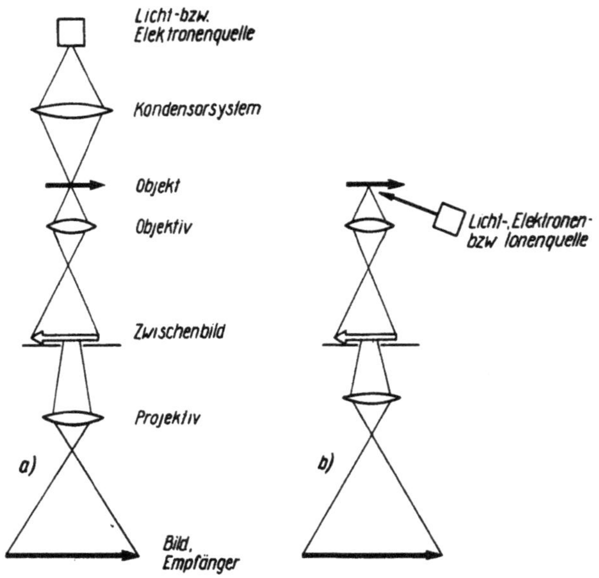

Abb. 3.50. Schematische Darstellung des Strahlenganges

a) im Durchstrahlungs-Licht- bzw. -Elektronenmikroskop; b) im Auflicht- bzw. Emissionselektronenmikroskop

Im allgemeinen werden zweistufige Abbildungssysteme nach dem in Abb. 3.50 dargestellten Schema verwendet. Nach dem Standort der Strahlenquelle unterscheidet man

1. *Durchlicht-* (*Transmissions-*) *Mikroskopie* und
2. *Auflicht-* (*Reflexions-* bzw. *Emissions-*) *Mikroskopie*.

Nach Gl. (3.95) ergibt sich für lichtmikroskopische Methoden eine Auflösungsgrenze von 100 ... 300 nm. Eine Verringerung durch Anwendung der kürzwelligeren Röntgenstrahlung ist wegen des Fehlens geeigneter Linsensysteme nicht möglich. Dagegen bietet sich die Verwendung von Elektronen- und Ionenstrahlen aufgrund ihrer Welleneigenschaften an.

Elektronenmikroskope sind nach dem gleichen Prinzip aufgebaut wie Lichtmikroskope, nur daß an die Stelle optischer Linsen elektromagnetische Linsen treten. Die sogenannten *konventionellen* elektronenmikroskopischen Methoden nach dem *Durchstrahlungsprinzip*, die auf der Wellennatur der Elektronen beruhen, gestatten nur, Objekte in Form dünner Schichten bis zu wenigen 100 nm Dicke zu untersuchen (*Höchstspannungs-Elektronenmikroskope* bis zu einigen µm). Lassen sich solche Objekte mit Hilfe der Ultradünnschnittechnik nicht herstellen, wird häufig ein Abdruck des Oberflächenreliefs nach verschiedenen Techniken (Oxid-, Lack-, Kohlenstoffaufdampfabdrücke, Dekorationstechniken) angefertigt, dessen elektronenmikroskopische Untersuchung Informationen topographischer Art liefert.

Eine direkte Untersuchung von Oberflächen ist mit den *nichtkonventionellen* Methoden der Elektronenmikroskopie und der *Ionenmikroskopie* möglich (↗ Tab. 3.12), bei denen auch unelastische Wechselwirkungen von Strahlung und Probenoberfläche eine Rolle spielen. Da auf diese Weise neben Strukturinformationen auch Aussagen über Art und Menge der Probenbestandteile erhalten werden können, gewinnen diese Methoden immer mehr an Bedeutung. Der Trend zur Kombination von Mikroskop und Analysengerät ist in den kommerziellen Gerätetypen *Rasterionenmikroskop/Sekundärionenmikroanalysator* bzw. *-massenspektrometer* (*SIMA* bzw. *SIMS*; ↗ 3.4.3.3.) und *Rasterelektronenmikroskop/Elektronenstrahlmikroanalysator* (*ESMA*; ↗ 3.4.4.1.1.) bzw. dem *Analytischen Elektronenmikroskop* bereits realisiert.

Das Analytische Elektronenmikroskop ermöglicht dabei eine hochvergrößernde Abbildung und gleichzeitige Elementanalyse. Es stellt eine Kopplung eines konventionellen Transmissionselektronenmikroskops mit hoher lateraler Auflösung (einige 0,1 nm), energiedispersivem Röntgenspektrometer (*EDXS*; ↗ 3.4.4.1.1.) und Elektronenenergieverlustanalysator (*EELS*; ↗ 3.4.4.1.4.) dar. Die Nutzung von Strahlerzeugern für Elektronenenergien zwischen 100 und 300 keV und hohem Richtstrahlwert durch Verwendung von LaB_6- oder Feldemissionskatoden ermöglicht es, mittels EDXS an Schichten von 50 nm Dicke und mittlerer Ordnungszahl eine laterale Auflösung für den Elementnachweis von 10 nm zu erzielen. Unter optimalen Bedingungen sind damit 10^{-18} bis 10^{-20} g Substanz nachweisbar. Die Analyse leichter Elemente, die mit EDXS nicht möglich ist, erfolgt mit Hilfe der EELS, die mit einer Energieauflösung von 1 eV neben dem Elementnachweis auch Untersuchungen zur chemischen

Tabelle 3.12. Übersicht über Methoden der Licht-, Elektronen- und Ionenmikroskopie

Methode	Abbildungsprinzip	Bildkontrastentstehung Objektbereiche unterscheiden sich	Auflösungsgrenze δ in nm	Analytische Informationen
1 Transmissionslichtmikroskopie (Durchlichtmikroskopie)	Gesamtoberfläche m. H. des vom Objekt transmittierten Lichtes	im Absorptions- und Reflexionsvermögen	200 … 300	Oberflächentopographie, Makro-Strukturuntersuchungen (Gefügeuntersuchungen)
2 Reflexionslichtmikroskopie (Auflichtmikroskopie)	Gesamtoberfläche m. H. des vom Objekt reflektierten (bzw. bei selbstleuchtenden Objekten emittierten) Lichtes	wie bei 1		wie bei 1
– Phasenkontrastmikroskopie – Interferenzmikroskopie	wie bei 1 oder 2	in den Brechungsindizes		Phasenidentifizierung
– UV-Mikroskopie	wie bei 1 oder 2	wie bei 1	100 … 200	wie bei 1
3 Transmissions-Elektronenmikroskopie (Durchstrahlungs-EM)	Gesamtoberfläche m. H. der vom Objekt transmittierten Strahlung	im Streuvermögen für Elektronen	2 … 10	Oberflächentopographie, Strukturanalyse, Realstrukturen, Oberflächenauf- und -abbauprozesse
– Höchstspannungselektronenmikroskopie			0,2 … 1	
4 Photoemissionselektronenmikroskopie	Gesamtoberfläche m. H. der vom Objekt emittierten Strahlung	durch unterschiedliche Austrittsarbeit	10	wie bei 1
5 Emissionselektronenmikroskopie	Gesamtoberfläche m. H. der vom Objekt emittierten Strahlung	im Sekundärelektronenemissionsvermögen	10 … 50	wie bei 3, zusätzlich Identifizierung von Phasen
6 Analytische Elektronenmikroskopie	Gesamtoberfläche m. H. der Emission von Röntgenstrahlung bzw. Elektronenenergieverlust	Wellenlänge der charakteristischen Röntgenstrahlung bzw. Energieverlust	10 1	Art und Menge von Bestandteilen

7 Reflexions-elektronenmikroskopie	Gesamtoberfläche m. H. der reflektierten Strahlen	im Elektronen-reflexionsvermögen	20	Topographie, Strukturanalyse, Realstrukturen
8 Raster-elektronenmikroskopie	Anregung kleiner Objektbereiche zur Sekundärelektronen-emission	wie 4	10 ... 50	wie bei 3, zusätzlich Bestimmung von Art und Menge der Bestandteile möglich (Verteilung)
9 Spiegel-elektronenmikroskopie	elektrostatische Spiegelung eines Elektronenstrahls durch kleine Objektbereiche	in ihren Oberflächenpotentialen	100 ... 200	wie bei 5, Leitfähigkeits-inhomogenitäten
10 Feld-elektronenmikroskopie	Emission von Elektronen durch Objekte in Form feiner Spitzen in starken elektrischen Feldern	in lokalen Feldstärken, im Elektronenemissions-vermögen	2	Abbildung von Kristallebenen und Atomen, Gestalt absorbierter Teilchen
11 Transmissions-ionenmikroskopie	Gesamtoberfläche m. H. transmittierter Ionen	im Streuvermögen für Ionen		wie bei 3
12 Emissions-ionenmikroskopie	Gesamtoberfläche m. H. emittierter Ionen	im Sekundärionen-emissionsvermögen	200 ... 1000	wie bei 5, zusätzlich Verteilungsbild bestimmter Elemente
13 Raster-ionenmikroskopie	Anregung kleiner Objektbereiche zur Sekundär-ionenemission	wie 12	1000	wie bei 5, zusätzlich Art und Menge von Bestandteilen
14 Feldionenmikroskopie	Reflexion und teilweise Ionisation von in starken elektrischen Feldern polarisierten Gasatomen an feinen Objektspitzen	in lokalen Feldstärken	0,1 ... 0,3	Abbildung von Kristallebenen und von einzelnen Atomen
15 Raster-Tunnel-Mikroskopie	Erzeugung eines Tunnelstromes beim Abtasten mit einer feinen Spitze	Steuerung eines konstanten Tunnelstromes	0,1	Dreidimensionale Oberflächenabbildung in atomaren Bereichen

Bindung und zu elektronischen Eigenschaften durchzuführen gestattet. Ergänzt wird die Zahl der analytisch verwertbaren Informationen noch durch die Möglichkeit, Rasterelektronenmikroskopie in Reflexion und Transmission sowie Elektronenbeugung durchführen zu können.

Als eine besonders aktuelle Technik, die jedoch nicht auf dem elektronenmikroskopischen Abbildungsprinzip beruht, ist die *Raster-Tunnel-Mikroskopie* anzusehen. Bei dieser Analysentechnik wird die Objektoberfläche mit einer punktförmigen Spitze abgerastert. Aufgrund des geringen Abstandes zwischen Spitze und Objekt von nur wenigen Zehntel Nanometern kommt es zur Ausbildung eines sog. Tunnelstromes. Die Größe dieses Tunnelstromes ist dabei vom jeweils aktuellen Abstand Spitze–Objekt sowie von der Atomart abhängig. Durch eine elektronische Steuerung des aus Piezokeramik bestehenden Bewegungssystems der Spitze wird dieser Tunnelstrom stets konstant gehalten und so die Spitze mit konstantem Abstand mit einer Genauigkeit von ± 10 pm über die Probe geführt. Die Steuergröße in Probennormalenrichtung ist somit ein Maß für die Oberflächenbeschaffenheit der Probe und wird zur Bilderzeugung benutzt (Abb. 3.51). Dabei können verschiedene Atomarten (Elemente)

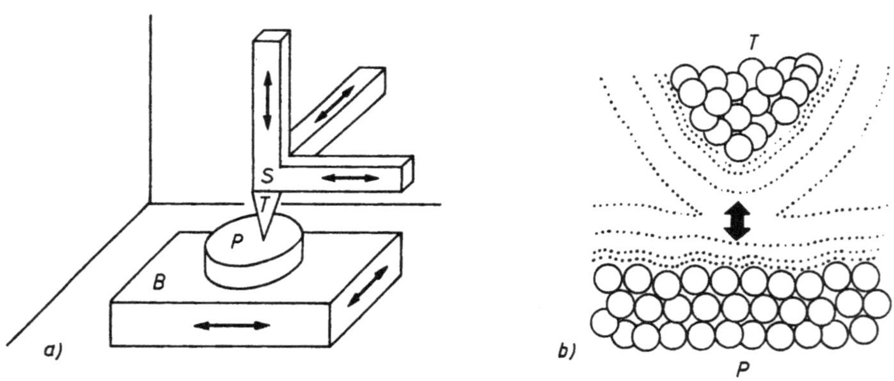

Abb. 3.51. Prinzip der Raster-Tunnel-Mikroskopie (nach [3.154])

a) Schematischer Aufbau eines Raster-Tunnel-Mikroskops (ohne Steuerteil);
b) Bereich der Spitze in Probennähe (10^8fach vergrößert)

P Probe; *T* „Tunnel"-Spitze; *B* Bewegungssystem (grob); *S* Steuer- und Bewegungssystem (fein)
Punktiert: Linien gleicher Elektronendichte

durch Auswertung eines modulierten Tunnelstromes unterschieden werden. Mit dieser Technik ist die Abbildung von kristallinen Oberflächen mit atomarer Auflösung (z. B. 7 × 7 Rekonstruktion auf Si(111)-Oberflächen) ebenso möglich wie der Nachweis von Fremdatomen (z. B. Adsorbatstrukturen). Verzichtet man auf höchste Auflösung, so ist mit dieser zerstörungsfrei arbeitenden Methode auch ein Arbeiten an Luft möglich.

Das von MÜLLER entwickelte Prinzip der *Feldelektronen-* bzw. *Feldionenmikroskopie* (FEM bzw. FIM), das die Abbildung von Kristallebenen und einzelner Atome gestattet, stellt im Unterschied zu allen anderen Methoden ein einstufiges Abbildungssystem dar [3.157]. Die praktische Anwendung ist auf feine einkristalline Metallspitzen beschränkt (Abb. 3.52). Aufgrund der größeren Masse der Ionen ist deren De-Broglie-Wellenlänge wesentlich kleiner als die der Elektronen, woraus das erheblich bessere Auflösungsvermögen des Feldionen-Mikroskops resultiert. Der Übergang zu höheren Feldstärken, als sie für die Abbildung förderlich sind, führt zur Feldverdampfung des Probenmaterials. Damit ergibt sich bei Kopplung mit einem leistungsfähigen *Flugzeit-Massenspektrometer* (↗ 3.4.5.5.) die Möglichkeit der Analyse weniger Atome.

Vertiefende Literatur: [3.143 bis 3.156].

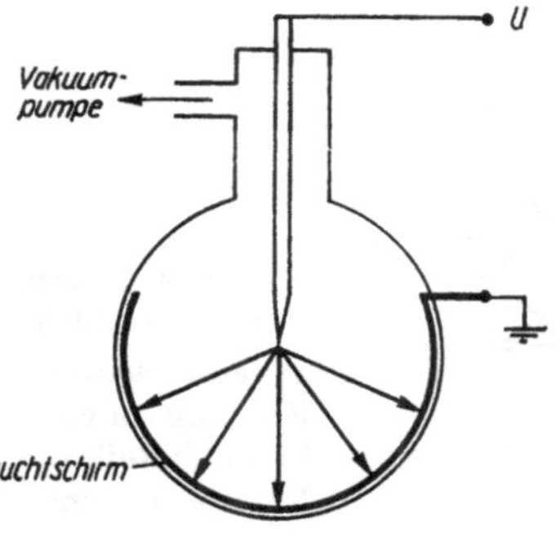

Abb. 3.52. Prinzipieller Aufbau eines Feldelektronen- bzw. Feldionenmikroskops. Letzteres besitzt statt des sphärischen einen planaren Leuchtschirm

3.4.2.2. Diffraktometrische Analysenprinzipien

Die *Diffraktometrie* beruht auf der Erzeugung von Beugungsbildern von Kristallen zur Bestimmung qualitativer und quantitativer Strukturparameter.

Kristalle verhalten sich gegenüber Röntgen- oder Teilchenstrahlen wie Beugungsgitter, wenn deren Wellenlänge von der Größenordnung der Gitterabstände ist. Die Gitterbausteine wirken als Streuzentren, von denen Elementarwellen ausgehen, die sich zu Wellenfronten überlagern (Abb. 3.53a). Voraussetzung für das Auftreten von Interferenzmaxima unterschiedlicher Ordnung n ist, daß der Gangunterschied $2d \cdot \sin\vartheta$ zwischen Strahlen, die an parallelen Netzebenen einer Netzebenenschar „reflektiert“ werden, ein ganzzahliges Vielfaches der Wellenlänge der verwendeten Strahlung beträgt (Abb. 3.53b):

$$n \cdot \lambda = 2d \cdot \sin\vartheta \quad (n \text{ ganzzahlig}). \tag{3.96}$$

Aus diesem Braggschen Reflexionsgesetz ergibt sich für die Ermittlung des Netzebenenabstandes

$$\boxed{d = \frac{n \cdot \lambda}{2 \cdot \sin\vartheta}.} \tag{3.97}$$

Diese Beziehung beschreibt sowohl die Beugung von Röntgenstrahlen als auch die von Teilchen entsprechender De-Broglie-Wellenlänge.

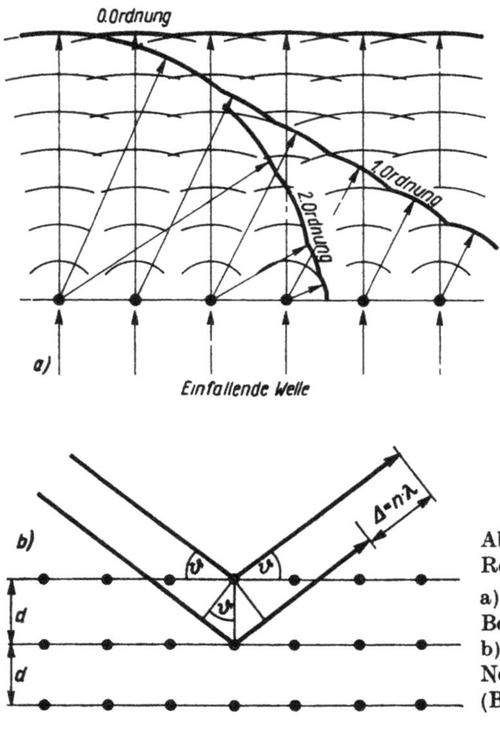

Abb. 3.53. Interferenz von Röntgenstrahlen
a) veranschaulicht durch Beugung an einer Punktreihe;
b) durch Reflexion an den Netzebenen eines Kristalles (Braggsches Reflexionsgesetz)

3.4.2.2.1. Röntgenbeugung

Die wichtigsten Methoden der Röntgenbeugung sind in Abb. 3.54 zusammengestellt. Sie ermöglichen nach Gl. (3.96) Strukturbestimmungen durch

1. Variation der Wellenlänge, d. h. Verwendung polychromatischer Strahlung (Laue-Methoden), und
2. Veränderung des Glanzwinkels ϑ (Drehkristall- und Pulvermethoden).

Während bei den Drehkristallmethoden verschiedene Netzebenen nacheinander in Reflexionsstellung gebracht werden, befinden sich bei Verwendung feiner Kristallpulver oder polykristalliner Proben (z. B. Drähte) von vornherein alle möglichen Netzebenen in Reflexionsstellung zum Primärstrahl.

Aus Beugungsdiagrammen lassen sich folgende Informationen gewinnen:

1. Das Auftreten und die Schärfe von Reflexen lassen den kristallinen Aufbau bzw. den Kristallinitätsgrad von Stoffen erkennen.
2. Aus Lage und Intensität der Beugungslinien sind sämtliche Strukturparameter (Symmetrieelemente, Translations- und Raumgruppen, Kristallklassen, Gittertyp, Gitterkonstanten) sowie deren Änderung in Abhängigkeit von der Temperatur (Ausdehnungskoeffizienten, Gitterumwandlungen) bestimmbar.

Methode	Verwendete Strahlung	Probenzustand	Prinzipielle Versuchsanordnung	Beugungsdiagramm	Analytische Informationen
1. Laue-Methode*	poly-chromatisch	dünne einkristalline Scheiben bzw. Einkristalle*	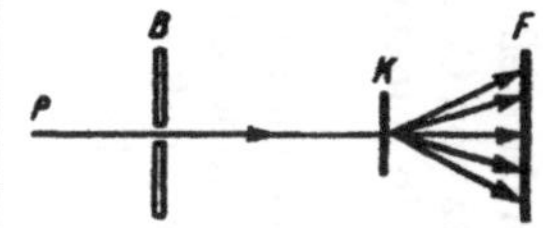	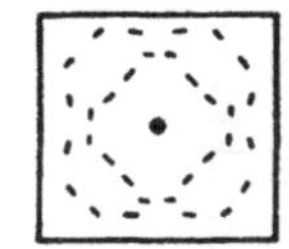	Symmetrieverhältnisse des Kristalls (Kristallklassen), Winkelbeziehungen zwischen den reflektierenden Netzebenen
2.1. Dreh-kristall-Methode	mono-chromatisch	Einkristall	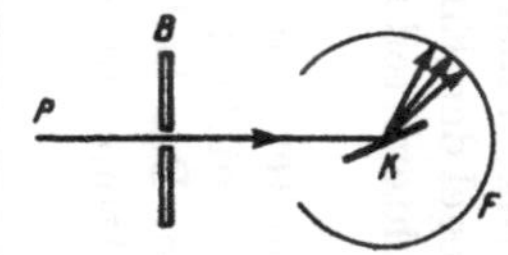	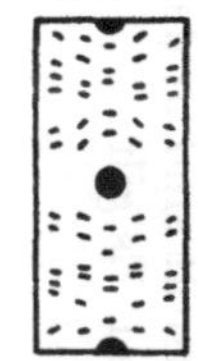	Art und Größe der Elementarzelle (Kristallklasse, Gitterkonstanten), äußere und innere Kristallsymmetrie (Raumgruppen), besondere Eigenschaften, wie Faserstrukturen, Rekristallisation usw.
2.2. Gonio-meter-Methode	mono-chromatisch	Einkristall	ähnlich wie 2.1. bzw. 3. bei synchroner Kristall- und Film- bzw. Zählrohrdrehung	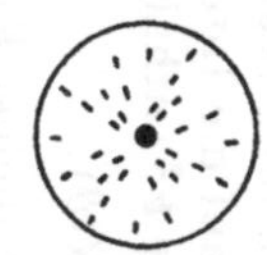	
3. Debye-Scherrer-Methode*	mono-chromatisch	Kristallpulver	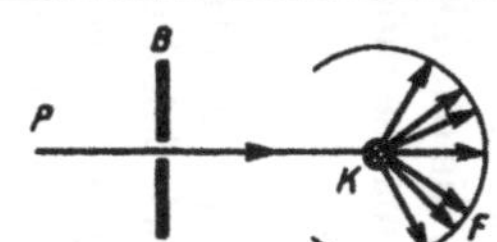		Symmetrieverhältnisse (Kristallklassen) und Gitterkonstanten für Systeme hoher Symmetrie (kubisch, tetragonal, hexagonal), Art und Menge von Bestandteilen durch Vergleich

* Auch als Rückstrahlverfahren, bei denen nur sehr große Beugungswinkel auftreten, durchführbar

Abb. 3.54. Übersicht über die wichtigsten Röntgenbeugungsmethoden
B Blende; *F* Photoplatte bzw. Film; *K* kristalline Probe; *P* Primärstrahl

3. Informationen über Gefügeparameter (Korngröße, Texturen, Phasenanteile), Spannungszustände und Versetzungsdichten sowie über Wärmeschwingungen der Gitterbausteine und die charakteristische Temperatur Θ von Metallen liefert die komplexe Auswertung von Lage, Intensität und Feinstruktur der Beugungslinien,
4. Quantitative Strukturinformationen erhält man aus der Gesamtheit aller Reflexintensitäten, die meist durch Fourier-Analyse ausgewertet wird.

Die bei den Röntgenbeugungsmethoden erhaltenen Reflexintensitäten I, die jeweils bestimmte durch die Millerschen Indizes (hkl) bezeichnete Netzebenen bzw. Netzebenenscharen charakterisieren, sind sowohl von der Anordnung und Art der Gitterbausteine im Kristall als auch von verfahrensspezifischen, im allgemeinen ϑ-abhängigen Faktoren bestimmt. Die Einflüsse von Anordnung und Art der Gitterbausteine auf die Intensität sind in der Strukturamplitude $F(hkl)$ bzw. im Strukturfaktor F^2 enthalten. Es gilt:

$$I(hkl) = |F(hkl)|^2 \cdot K(\vartheta). \tag{3.98}$$

$K(\vartheta)$ glanzwinkelabhängiger Faktor

Die Strukturfaktoren sind im allgemeinsten Fall komplexe Größen, die in komplizierter Weise mit den Elektronendichten $\varrho(xyz)$ zusammenhängen. Deren Ermittlung, die das Ziel vollständiger Strukturanalysen darstellt, ist nur mittels Fourier-Synthese möglich, die in der Regel den Einsatz von Computern erfordert. Abb. 3.55 zeigt die Elektronendichteverteilung in einem NaCl-Kristall.

Die Ermittlung quantitativer Strukturparameter von Molekülkristallen bereitet insofern Schwierigkeiten, als die Bausteine infolge ihrer endlichen Dimensionen über die Symmetrieebenen hinausragen. Das bedeutet, daß es infolge zusätzlicher Ebenen durch die endständigen Atome zu einer Phasenverschiebung der Reflexe kommt.

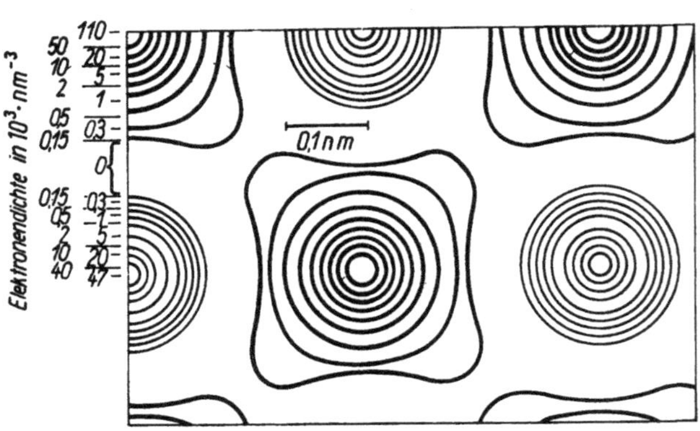

Abb. 3.55. Elektronendichteverteilung in einem NaCl-Kristall; eine Integration über die einzelnen Ionen ergibt 10 Elektronen für Na und 18 Elektronen für Cl, also das Vorliegen reiner Ionen

Aufgrund der Tatsache, daß Röntgenstrahlen an Hüllelektronen gestreut werden und daß das Streuvermögen von Atomen mit der Ordnungszahl steigt, ist die Lage von H-Atomen in der Regel nicht festzulegen. Das ist jedoch mit Teilchenbeugung möglich, da hier andere Streukriterien gelten.

Vertiefende Literatur: [3.158 bis 3.164].

3.4.2.2.2. Elektronenbeugung

Im Gegensatz zu Röntgenstrahlen werden Elektronen bevorzugt an Atomkernen gestreut. Da der Wirkungsquerschnitt in diesem Fall sehr viel größer ist als bei der Röntgenbeugung, ergeben sich für die Elektronenbeugung folgende Besonderheiten:

1. Aufgrund der stärkeren Interferenzintensitäten sind wesentlich geringere Belichtungszeiten erforderlich.
2. Aus der merklichen Absorption von Elektronen folgt, daß Feststoffe nur als dünne Schichten bzw. kleine Kristalle in Transmission untersuchbar sind; außerdem ist die Anwendung von Vakuum ($<10^{-2}$ Pa) erforderlich.
3. Es besteht die Möglichkeit der Untersuchung von Gasen [3.167] (Abb. 3.56), von zeitlich veränderlichen Strukturen sowie die Lokalisierbarkeit von H-Atomen.
4. Neben dem elastischen Beugungsvorgang treten gleichzeitig beträchtliche Anteile unelastischer Wechselwirkungen auf.

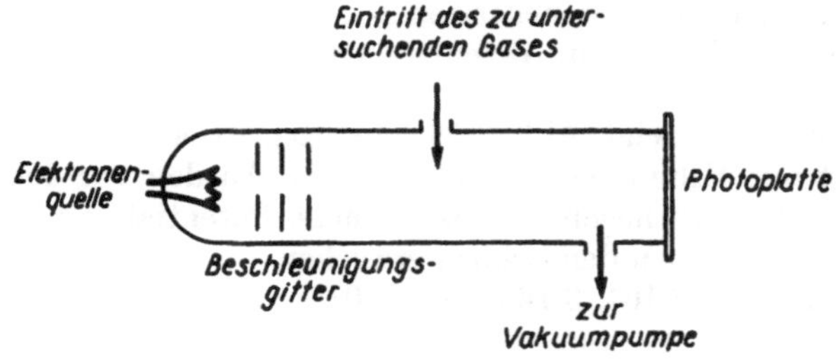

Abb. 3.56. Apparatur zur Elektronenbeugung von Gasen

Für Elektronenbeugungsuntersuchungen sind Laue-Anordnungen für dünne Schichten und Debye-Scherrer-Anordnungen für Kristallpulver, Rauchpartikel und Gase gebräuchlich. Die Präzision der Bestimmung beträgt für Bindungslängen 10^{-3} nm, für Valenzwinkel 1° (17,45 mrad).

Neben den klassischen haben zwei weitere Methoden der Elektronenbeugung Bedeutung erlangt: die *Reflexionsbeugung langsamer Elektronen*, *LEED* (*L*ow *E*nergy *E*lectron *D*iffraction), und die *Reflexionsbeugung schneller Elektronen*, *RHEED*) bzw. *HEED* (*R*eflection *H*igh *E*nergy *E*lectron *D*iffraction).

RHEED-Untersuchungen gestatten Strukturanalysen von Festkörperoberflächen bei Verwendung von Elektronen der Energie von 20 ... 100 keV, die streifend auf die Probe treffen. Während es bei völlig ebenen Oberflächen zu reiner Reflexion kommt, tritt bei rauhen Oberflächen auch Transmissionsbeugung auf (Quasi-Laue-Fall [3.165]; ↗ Abb. 3.57). Besondere Bedeutung haben Kombinationsgeräte erlangt, mit denen neben RHEED gleichzeitig noch andere Oberflächenuntersuchungen, wie z. B. Elektronenmikroskopie oder Auger-Elektronenspektroskopie, durchgeführt werden können.

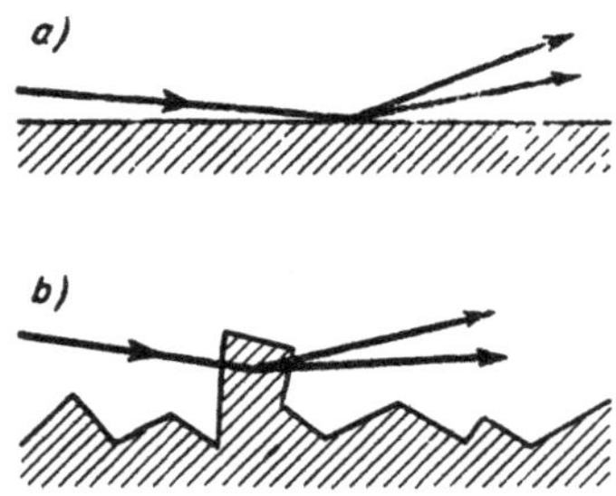

Abb. 3.57. RHEED bei atomar ebenen (a) und bei rauhen Oberflächen (b)

Für LEED-Untersuchungen werden Elektronenenergien von 0 ... 200 eV angewandt. Die Elektronen dringen kaum in das Gitter ein und werden hauptsächlich an der obersten Atomschicht gebeugt. Es entstehen zweidimensionale Abbildungen der Probenoberfläche. Voraussetzung dafür ist die Anwendung eines Ultrahochvakuums von 10^{-6} ... 10^{-8} Pa. Bei Drücken $p > 10^{-5}$ Pa überzieht sich die Oberfläche mit einer Adsorbatschicht, deren Struktur so untersucht werden kann. Bei Elektronenenergien $E > 150$ eV stammen die Reflexe auch aus tieferen Atomlagen, und es entstehen dreidimensionale Beugungsbilder.

Eine LEED-Apparatur zeigt Abb. 3.58; die Registrierung der gebeugten Elektronen erfolgt mit Hilfe eines Leuchtschirmes. An den vor dem Leuchtschirm befindlichen Gittern liegen unterschiedliche Potentiale an, so daß nur elastisch gestreute Elektronen den Schirm erreichen.

Vertiefende Literatur: [3.164. 3.166 bis 3.170].

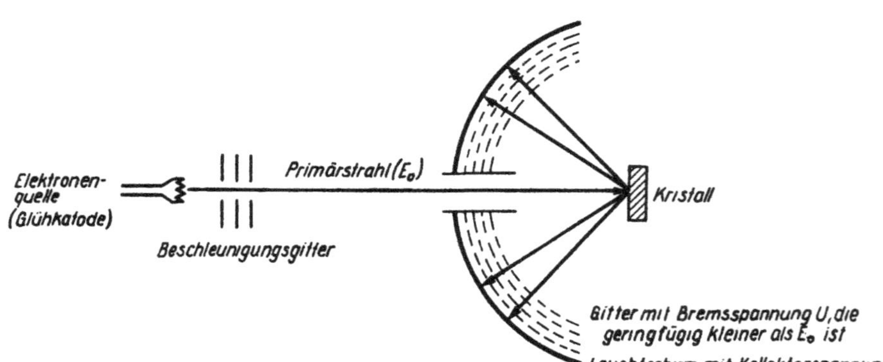

Abb. 3.58. Schematische Darstellung einer LEED-Apparatur

3.4.2.2.3. Neutronenbeugung

Neutronen werden an Atomkernen gestreut, wobei das Streuvermögen für alle Kerne von der gleichen Größenordnung ist. Die Wechselwirkung des magnetischen Momentes des Neutrons mit Kern- oder Elektronenmomenten (↗ 3.4.3.4.) bewirkt darüber hinaus eine Streuung 2. Art.

Neutronenstrahlen genügender Intensität lassen sich nur mittels Kernreaktoren gewinnen. Sie werden zunächst durch Moderatoren auf die thermische Geschwindigkeit abgebremst, so daß ihre De-Broglie-Wellenlänge 0,1 ... 0,2 nm beträgt. Durch Reflexion an Filterkristallen (Be, Pb, Cu u. a.) werden die Neutronen weitgehend monochromatisiert. Zur Registrierung dienen mit BF_3 gefüllte Neutronenzählrohre, da Neutronen photographische Schichten nicht beeinflussen.

Aus den spezifischen Eigenschaften der Neutronen ergeben sich für Strukturbestimmungen die Möglichkeiten der direkten Lokalisierung leichter Elemente, der exakten Unterscheidbarkeit zwischen Atomen ähnlicher Ordnungszahl sowie der genauen Bestimmung der Parameter der Wärmebewegung von Atomen in Gittern. Darüber hinaus ist es möglich, die Nahordnung in Flüssigkeiten zu untersuchen und magnetische Strukturen von Festkörpern zu ermitteln.

Die Neutronenbeugung liefert im allgemeinen weitergehende und auch genauere Informationen als die Röntgen- und auch die Elektronenbeugung, sie ist jedoch apparativ und auch in der Auswertung sehr viel aufwendiger als jene. Deshalb werden in der Regel vorher mögliche Strukturinformationen durch Röntgenbeugung ermittelt.

Vertiefende Literatur: [3.171 bis 3.177].

3.4.2.2.4. Ionenbeugung

Auch durch Wechselwirkungen mit Ionenstrahlen lassen sich Beugungsbilder erhalten. Zur Erreichung der notwendigen Geschwindigkeiten sind Teilchenbeschleuniger, meist Van-de-Graaff-Generatoren (E_k = 0,2 ... 10 MeV), geeignet. Für den Beugungsvorgang sind, wie bei den anderen diffraktometrischen Prinzipien, sowohl Durchstrahlungs- als auch Rückstrahlungsanordnungen möglich.

Im Gegensatz zur Röntgen-, Elektronen- und Neutronenbeugung bietet die Ionenbeugung die Möglichkeit, über die üblichen kristallographischen Daten hinaus auch detaillierte Informationen über die Realstruktur zu erhalten. Der Effekt der Kanalisierung (Channeling) ermöglicht sowohl das Erkennen von Versetzungen als auch von Zwischengitterbesetzungen, Gitterlücken und die Lokalisierung von Fremdionen.

Die Energieanalyse von quasielastisch gestreuten Ionen (*Ionenspektroskopie* ↗ 3.4.5.) liefert außerdem Informationen über Art und Menge der Gitterbausteine im bestrahlten Festkörperbereich.

In ähnlicher Weise wie bei der Ionenstreuung treten auch bei Streuvorgängen anderer Teilchen oder von elektromagnetischer Strahlung unelastische Wechselwirkungsanteile auf, die in unterschiedlichem Maße analytisch genutzt werden. Einen Überblick über diese Effekte gibt Tab. 3.13.

Tabelle 3.13. Zusammenstellung unelastischer Vorgänge, die bei elastischen Wechselwirkungen als (teilweise störende) Begleiteffekte auftreten können, die andererseits aber auch als Grundlage weiterer Analysenprinzipien (Spalte 3) dienen können

Verwendete Strahlung	Angeregte Formen der inneren Energie	Analysenprinzip	Literatur bzw. Verweis
Ionen	unelastische Stöße, Sekundärionenemission	Ionenreflexions-spektroskopie	↗ 3.4.5.1.
	Sekundärionenemission	Sekundärionen-massenspektroskopie	↗ 3.4.5.5.
Neutronen	Molekülschwingungen und -rotationen	Neutronenspektroskopie	[3.176]
Elektronen	Molekülschwingungen und -rotationen, Elektronenübergänge, Plasmonen	Elektronenenergie-verlustspektroskopie	↗ 3.4.4.1.4.
	Ionisation und Elektronenübergänge	Photoelektronen-spektroskopie	↗ 3.4.4.1.2.
		Auger-Elektronen-spektroskopie	↗ 3.4.4.1.3.
		Röntgenemissions-spektroskopie	↗ 3.4.4.1.1.
	Ionisation	Massenspektroskopie	↗ 3.4.5.5.
Röntgenstrahlung	Elektronenanregung	Compton-Effekt	[3.178]
Optische Strahlung (UV, VIS, IR)	Elektronenanregung	Remissionsspektroskopie	↗ 3.4.3.2.1.
	Molekülschwingungen und -rotationen	Raman-Spektroskopie	↗ 3.4.3.1.3.
		Innere Reflexions-spektroskopie	↗ 3.4.3.1.2.

3.4.2.3. Refraktometrische Analysenprinzipien

Refraktometrischen Analysenprinzipien liegt die Erscheinung zugrunde, daß die Ausbreitungsgeschwindigkeit des Lichtes in Materie geringer ist als im Vakuum. Infolgedessen tritt beim Auftreffen eines Lichtstrahls auf Grenzflächen Brechung ein. Als Maß dafür wird die *Brechzahl n* (*Brechungsindex*, Brechungswert) verwendet, die das Verhältnis der Vakuumlichtgeschwindigkeit c zur Lichtgeschwindigkeit im Stoff A angibt

$$n_A = \frac{c}{c_A}. \tag{3.99}$$

In der Praxis werden *relative Brechzahlen*, bezogen auf Luft (n_{589}^{20} = 1,0002724)[1]), verwendet.

[1]) n_{589}^{20} oder n_D^{20}: Brechzahl bei 20 °C bei Verwendung der Na-D-Linie (589 nm).

3.4.2.3.1. Refraktometrie

Als Refraktometrie bezeichnet man die Messung von Brechzahlen zur Ermittlung der Art und Menge von Probenbestandteilen. Sie beruht auf dem Snelliusschen Brechungsgesetz (↗ Abb. 3.59)

$$n_A = n_B \cdot \frac{\sin \alpha_B}{\sin \alpha_A}. \tag{3.100}$$

Die Messung von Brechzahlen erfolgt für feste Proben bevorzugt nach der Prismenmethode, für flüssige Proben durch Bestimmung des Grenzwinkels der Totalreflexion. Bei Gasen findet hauptsächlich das Prinzip der *interferometrischen Refraktometrie* Anwendung, das auf Interferenzunterschieden für verschiedene Brechzahlen beruht (Abb. 3.60).

$$m \frac{\lambda}{2} = k(n_A - n_B). \tag{3.101}$$

$m = \pm 0, 2, 4, \ldots$ Interferenzmaxima (helle Streifen)
$m = \pm 1, 3, 5, \ldots$ Interferenzminima (dunkle Streifen)
k von der Meßanordnung abhängige Konstante
n_B Brechzahl der Vergleichssubstanz

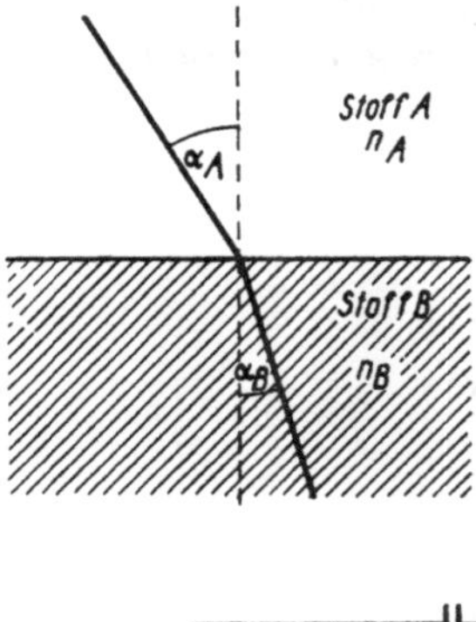

Abb. 3.59. Brechung eines Lichtstrahles beim Übergang zwischen zwei Medien A und B, $n_B > n_A$

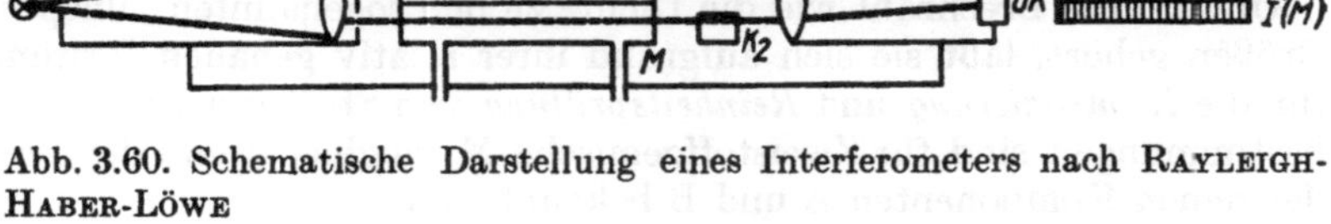

Abb. 3.60. Schematische Darstellung eines Interferometers nach Rayleigh-Haber-Löwe

B Doppelblende; *I*(*M*) Interferenzstreifensystem der Meßsubstanz; *I*(*V*) Interferenzstreifensystem der Vergleichssubstanz; K_1 bewegliche Kompensatorplatte; K_2 feste Kompensatorplatte; *L* Lichtquelle (beleuchteter Spalt); *M* Meßkammer; *Ok* Okular; *T* Meßtrommel; *V* Vergleichskammer

Brechzahlen sind stark temperaturabhängig, die von Gasen außerdem stark druckabhängig.

Die Abhängigkeit der Brechzahl von der Wellenlänge wird als *Dispersion* bezeichnet. Abb. 3.61 zeigt neben dem normalen Verlauf der Dispersionskurve auch die durch den engen Zusammenhang mit der Lichtabsorption (↗ 3.4.3.2.1., UV-VIS-Spektroskopie) hervorgerufene *anomale Dispersion*.

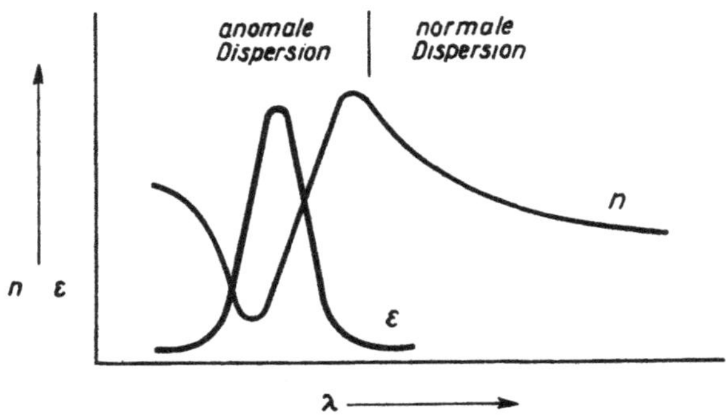

Abb. 3.61. Verlauf der Dispersionskurve im Gebiet anomaler und normaler Dispersion

ε Extinktionskoeffizient

Die Temperaturabhängigkeit läßt sich weitgehend eliminieren durch die Anwendung von Funktionen von n, wie die *spezifische Refraktion*

$$r = \frac{n^2 - 1}{(n^2 + 2)\,\varrho} \tag{3.102}$$

oder die *Molrefraktion*

$$R = M \cdot r = \frac{(n^2 - 1)\,M}{(n^2 + 2)\,\varrho} = \frac{4}{3}\pi N_A \alpha, \tag{3.103}$$

ϱ Dichte
M molare Masse
α Polarisierbarkeit

die in engem Zusammenhang mit der Molpolarisation (↗ 3.2.2.3.) steht.

Obwohl die Brechzahl wie die Dichte zu den sogenannten „unspezifischen" Größen gehört, läßt sie sich aufgrund ihrer relativ genauen Bestimmbarkeit für die *Identifizierung* und *Reinheitsprüfung* von Stoffen verwenden. Mengenbestimmungen sind für Zweistoffgemische M möglich, wenn die Brechzahlen der reinen Komponenten A und B bekannt sind:

$$\boxed{m_A = m_M \frac{r_M - r_B}{r_A - r_B}}\,. \tag{3.104}$$

Bei Systemen mit mehr als zwei Komponenten werden weitere Bestimmungsgrößen benötigt (z. B. Dichte, Schmelz- und Siedetemperatur). Zur Charakterisierung flüssiger organischer Gemische bedient man sich häufig der „*n-d-m*-Methode", der Bestimmung von *Brechzahl*, *Dichte* und *molare Masse*.

Als Durchflußgeräte konstruierte Differenz-Refraktometer werden häufig in der *Prozeßkontrolle* eingesetzt.

Aus den Werten der Molrefraktion lassen sich empirische Informationen über die *Konstitution* des betreffenden Moleküls gewinnen, da sie sich additiv aus *Atomrefraktions*- und *Bindungsrefraktions*-Anteilen zusammensetzen. Mitunter sind darüber hinaus auch *Konfigurationsunterschiede* aus charakteristischen Abweichungen der Molrefraktion festzustellen.

Vertiefende Literatur: [3.179 bis 3.182].

3.4.2.3.2. Polarimetrie

Unter Polarimetrie versteht man die Messung der Drehung der Polarisationsebene des Lichtes zur Konzentrationsbestimmung optisch aktiver Substanzen.

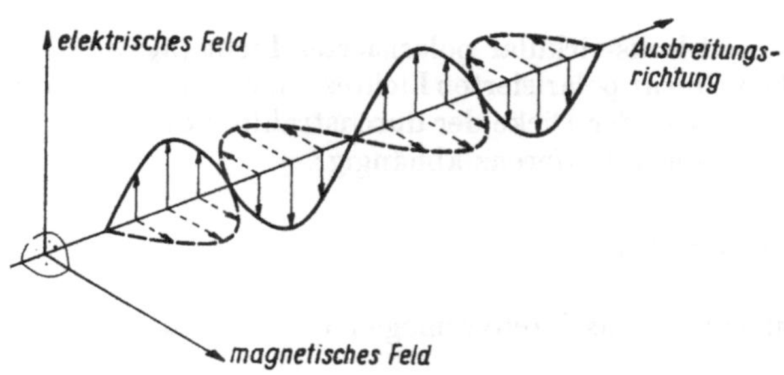

Abb. 3.62. Lichtwelle mit elektrischem und magnetischem Feldvektor (monochromatisch, linear polarisiert)

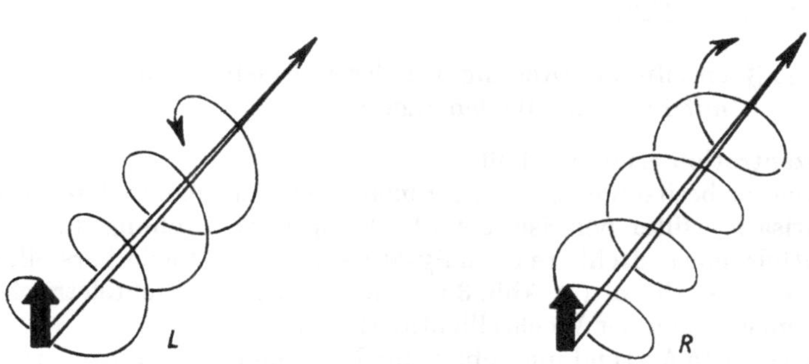

Abb. 3.63. Bewegungsrichtung des elektrischen bzw. magnetischen Feldvektors von links- (*L*) bzw. rechts- (*R*) zirkular polarisiertem Licht

Linear polarisiertes Licht (Abb. 3.62) läßt sich auffassen als Resultierende der Überlagerung von *rechts-* und *links-zirkular polarisiertem* Licht gleicher Amplitude, Phase und Winkelgeschwindigkeit (Abb. 3.63). Sogenannte *optisch aktive* Substanzen, das sind Stoffe, deren Moleküle bzw. Elementarzellen dissymmetrisch oder asymmetrisch aufgebaut sind, besitzen unterschiedliche Brechungs-

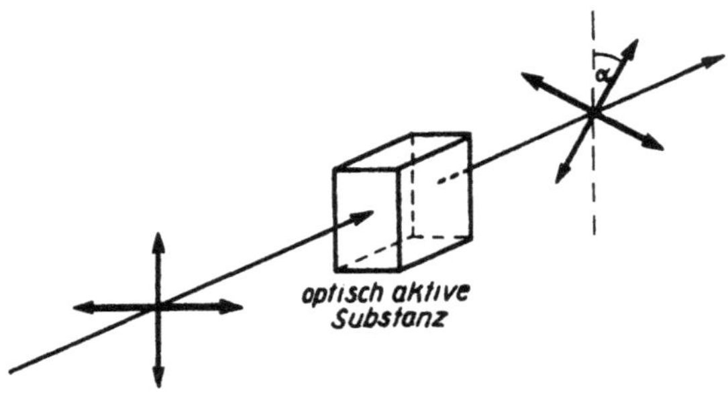

Abb. 3.64. Drehung der Ebene linear polarisierten Lichtes beim Durchgang durch optisch aktive Substanzen

indizes für rechts- und links-zirkular polarisiertes Licht ($n_R \neq n_L$) und drehen demzufolge die Ebene linear polarisierten Lichtes um einen bestimmten Winkel α (Abb. 3.64). Dieser ist von der Dicke der durchstrahlten Schicht d, der Wellenlänge und von der Brechzahldifferenz abhängig:

$$\alpha = \frac{2\pi}{\lambda} d(n_R - n_L). \tag{3.105}$$

Analytisch bedeutsam ist das Drehvermögen α von Lösungen, aus dem sich nach

$$\boxed{c = \frac{\alpha}{d \cdot [\alpha]_\lambda^\vartheta}} \tag{3.106}$$

$[\alpha]_\lambda^\vartheta$ spezifische Drehung bei der Celsiustemperatur ϑ und Messung mit Licht der Wellenlänge λ

die Konzentration ermitteln läßt.

Polarimeter besitzen eine monochromatische Lichtquelle, deren Licht durch ein Polarisationsfilter polarisiert wird. Die optische Drehung durch die Probe wird mittels eines drehbaren Analysators bis zur Wiederherstellung gleich heller Gesichtshälften (↗ Abb. 3.65) kompensiert. Lichteletrische Geräte arbeiten meist nach der Wechsellichtmethode.

Das wichtigste Anwendungsgebiet der Polarimetrie ist die Konzentrationsbestimmung von Lösungen optisch aktiver Stoffe, besonders in der Lebensmittelindustrie (Zucker) und Pharmazie. Die Bestimmung von Mehrkomponentensystemen erfordert dabei Messungen bei verschiedenen Wellenlängen. Dazu werden in der Regel *Spektralpolarimeter* verwendet, deren prinzipieller Aufbau dem eines Spektralphotometers mit Polarisator-Analysator-Einrichtung entspricht.

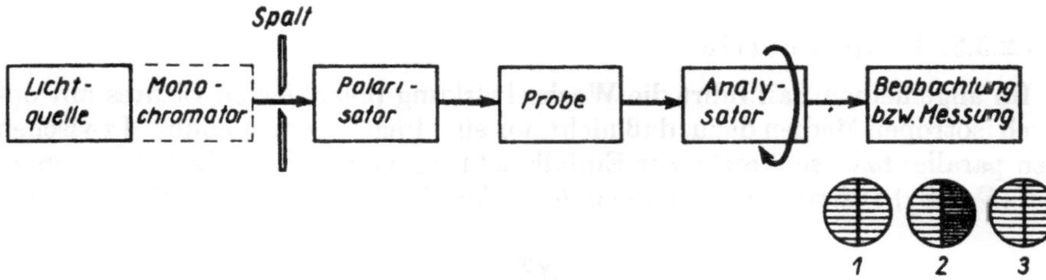

Abb. 3.65. Schematische Darstellung des polarimetrischen Meßprinzips
1 Gesichtsfeld des Okulars vor dem Einsetzen der Probe; *2* nach der optischen Drehung durch die Probe; *3* nach der Kompensation mittels Analysators

Die Abhängigkeit der optischen Aktivität von der Wellenlänge $d\alpha/d\lambda$ wird als *optische Rotationsdispersion* (ORD) bezeichnet. Nach Gl. (3.105) tritt in Analogie zur Dispersion neben der normalen auch anomale Rotationsdispersion („*Cotton-Effekt*") im Bereich der Absorptionsbanden auf (Abb. 3.66). In engem Zusammenhang damit steht die Erscheinung des *Circulardichroismus* (CD), der unterschiedlichen Absorption links- bzw. rechts-zirkular polarisierten Lichtes durch dissymmetrische Moleküle bzw. doppelbrechende Kristalle.

Optisch inaktive Stoffe zeigen in Magnetfeldern ebenfalls eine Drehung der Polarisationsebene [Faraday-Effekt; *Magnetooptische Rotationsdispersion* (MORD), *Magneto-Circulardichroismus* (MCD)].

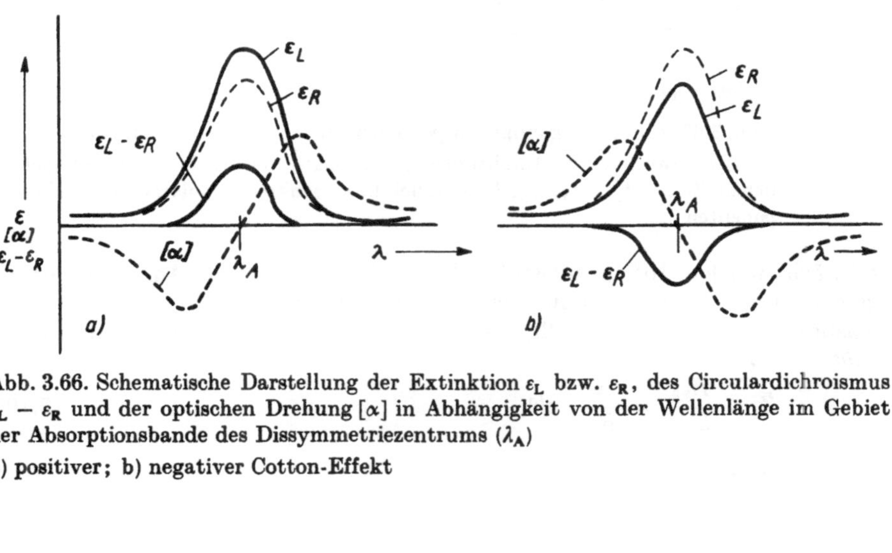

Abb. 3.66. Schematische Darstellung der Extinktion ε_L bzw. ε_R, des Circulardichroismus $\varepsilon_L - \varepsilon_R$ und der optischen Drehung $[\alpha]$ in Abhängigkeit von der Wellenlänge im Gebiet der Absorptionsbande des Dissymmetriezentrums (λ_A)
a) positiver; b) negativer Cotton-Effekt

Spektralpolarimetrisch lassen sich grundsätzlich für optisch aktive Stoffe die gleichen Informationen über die *Konstitution* gewinnen wie mit Hilfe der UV-VIS-Spektroskopie (↗ 3.4.3.2.1.) sowie darüber hinaus zusätzliche Konfigurationsaussagen in bezug auf Dissymmetriezentren.

Vertiefende Literatur: [3.184 bis 3.187].

3.4.2.3.3. Ellipsometrie

Im allgemeinen Fall führt die Wechselwirkung polarisierten Lichtes mit optisch isotropen Medien dazu, daß nicht nur eine Phasenverschiebung Δ zwischen den parallel bzw. senkrecht zur Einfallsrichtung polarisierten Lichtkomponenten ($E_{\parallel}$; $E_{\perp}$) auftritt, sondern auch deren Amplituden unterschiedlich stark ge-

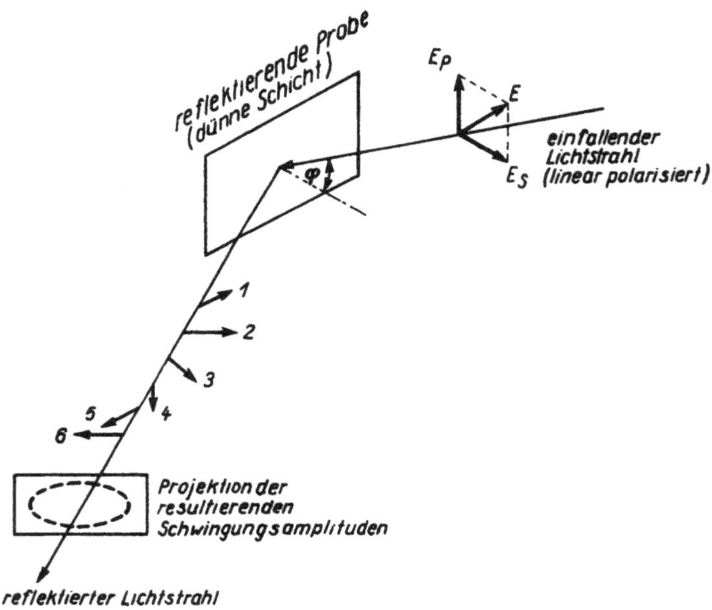

Abb. 3.67. Entstehung elliptisch polarisierten Lichtes durch Reflexion

1 bis *6* resultierende Amplituden des reflektierten Lichtes zu unterschiedlichen Zeiten $t_1 \dots t_6$; E_p, E_s parallel bzw. senkrecht polarisierte Lichtkomponenten

schwächt werden. Infolgedessen beschreibt die resultierende Amplitude im allgemeinen eine Schraubenlinie, deren Projektion auf eine Ebene senkrecht zur Ausbreitungsrichtung eine Ellipse darstellt (Abb. 3.67). Die sogenannte *Ellipsizität*

$$\bar{Z} = \frac{E_{R\parallel}}{E_{R\perp}} = \frac{R_{\parallel}}{R_{\perp}} \cdot e^{i\Delta}, \qquad (3.107)$$

$$i = \sqrt{-1}$$

gestattet insbesondere bei Reflexionsmessungen an dünnen Schichten eine Ermittlung der Dicke in den weiten Grenzen von $d = 0{,}01 \ldots 1000$ nm sowie unter Umständen Aussagen über deren chemische Zusammensetzung, da die Reflexionskoeffizienten R der Gl. (3.107) außer von d und dem Einfallswinkel auch von der Brechzahl abhängen. Zu den entsprechenden Gleichungen sowie den Auswertungen ellipsometrischer Messungen wird auf Spezialliteratur verwiesen.

Vertiefende Literatur: [3.188 bis 3.190].

3.4.3. Molekülspektroskopische Analysenprinzipien

Für die Wechselwirkungen von Molekülen mit elektromagnetischer Strahlung existieren mehrere Möglichkeiten der Erhöhung ihrer inneren Energie.

In erster Linie handelt es sich um solche Energieübergänge, bei denen sich Betrag oder Richtung des *elektrischen Dipolmomentes* des betreffenden Moleküls ändert. Hierfür kommen *Rotationen*, *Schwingungen* und *Elektronenanregungen* in Frage, deren Untersuchung Gegenstand der *Molekülspektroskopie* im engeren Sinne ist. Mit Übergängen, die mit einer Änderung *magnetischer Momente* von Elektronen oder Kernen verbunden sind, beschäftigt sich die *magnetische Resonanzspektroskopie* (↗ 3.4.3.4.). Schließlich kann bei entsprechend hohen Anregungsenergien *Ionisation* und *Dissoziation* auftreten; die Untersuchung der *Translation* ionisierter Teilchen bzw. ihrer Bruchstücke ist Gegenstand der *Massenspektroskopie* (↗ 3.4.5.5.).

Unter dem Oberbegriff *Optische Molekülspektroskopie* werden häufig die Elektronen- und Schwingungsspektroskopie zusammengefaßt, die im UV-VIS- bzw. IR-Bereich vorwiegend mit absorptionsspektroskopischen Methoden durchgeführt werden.

Bei der Wechselwirkung von Strahlung mit Proben können mehrere Teilvorgänge nebeneinander ablaufen, die in Abhängigkeit von der Probenbeschaffenheit und der Energie der Strahlung in unterschiedlichem Maße wirksam werden. Für die wellenlängenabhängigen Lichtströme $\Phi(\lambda)$ der Strahlungsanteile (↗ Abb. 3.68) gilt:

$$\Phi_0(\lambda) = \Phi_{Rf}(\lambda) + \Phi_{Rm}(\lambda) + \Phi_A(\lambda) + \Phi_{ES}(\lambda) + \Phi_{US}(\lambda) + \Phi_T(\lambda). \quad (3.108)$$

Für die Aufhebung der bei der Absorption angeregten Zustände (Relaxationsprozesse) durch Emission (Lumineszenz) als Sekundärstrahlung und durch strahlungslose Übergänge (Erhöhung der Wärmebewegung) ergibt sich für die Lichtströme:

$$\Phi_A(\lambda) = \Phi_{Sl}(\lambda) + \Phi_F(\lambda) + \Phi_P(\lambda), \quad (3.108a)$$

Der Anteil der absorbierten Strahlung läßt sich nach Eliminierung der jeweils nichtrelevanten Anteile aus der Transmission oder der Remission nach

$$\Phi_A(\lambda) + \Phi_T(\lambda) = \Phi_0(\lambda) - [\Phi_{Rf}(\lambda) + \Phi_{Rm}(\lambda) + \Phi_{ES}(\lambda) + \Phi_{US}(\lambda)] = \Phi_0'(\lambda), \quad (3.108b)$$

$$\Phi_A(\lambda) + \Phi_{Rm}(\lambda) = \Phi_0(\lambda) - [\Phi_{Rf}(\lambda) + \Phi_T(\lambda) + \Phi_{ES}(\lambda) + \Phi_{US}(\lambda)] = \Phi_0''(\lambda), \quad (3.108c)$$

ermitteln, wobei $\Phi_0'(\lambda)$ bzw. $\Phi_0''(\lambda)$ durch Vergleichsmessungen erhalten werden.

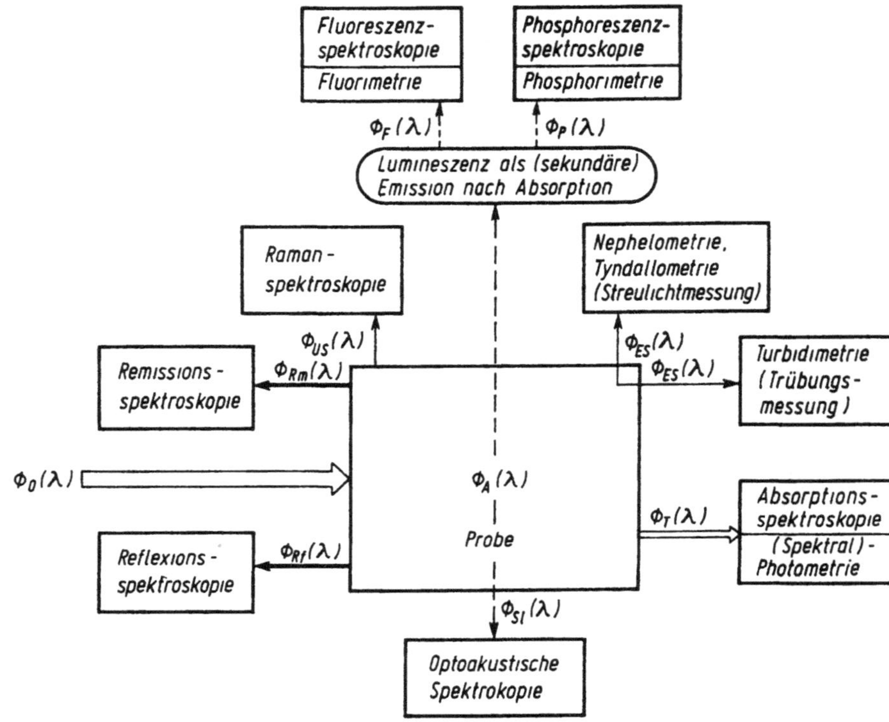

Abb. 3.68. Wechselwirkungen einer Probe mit einem auftreffenden Lichtstrahl und daraus ableitbare analytische Untersuchungsmethoden

$\Phi_0(\lambda)$ auftreffende (anregende) Strahlung (Primärstrahlung); $\Phi_{Rf}(\lambda)$ spiegelnd (regulär) zurückgeworfene (reflektierte) Strahlung; $\Phi_{Rm}(\lambda)$ diffus reflektierte (remittierte) Strahlung; $\Phi_{US}(\lambda)$ unelastisch gestreute Strahlung (Raman-Streuung); $\Phi_{ES}(\lambda)$ elastisch gestreute Strahlung (Rayleigh- bzw. Tyndall-Streuung); $\Phi_T(\lambda)$ hindurchgehende (transmittierte) Strahlung; $\Phi_A(\lambda)$ absorbierte Strahlung; $\Phi_F(\lambda)$ nach Absorption spontan emittierte Strahlung (Fluoreszenzstrahlung); $\Phi_P(\lambda)$ nach Absorption verzögert emittierte Strahlung (Phosphoreszenzstrahlung); $\Phi_{Sl}(\lambda)$ nach Absorption auftretende strahlungslose Übergänge

3.4.3.1. Rotations- und Schwingungsspektroskopie

Von den elektrischen Dipolwechselwirkungen sind nur Rotationen isoliert anregbar, Schwingungsübergänge sind dagegen stets von Rotationen und Elektronenübergänge von Schwingungen und Rotationen begleitet (Abb. 3.69). Bei normalen Temperaturen liegt die thermische Energie von Molekülen unter $5\,kJ \cdot mol^{-1}$, so daß sie sich in ihren niedrigsten Elektronen- und Schwingungszuständen befinden und lediglich Rotationen in größerem Maße angeregt sind.

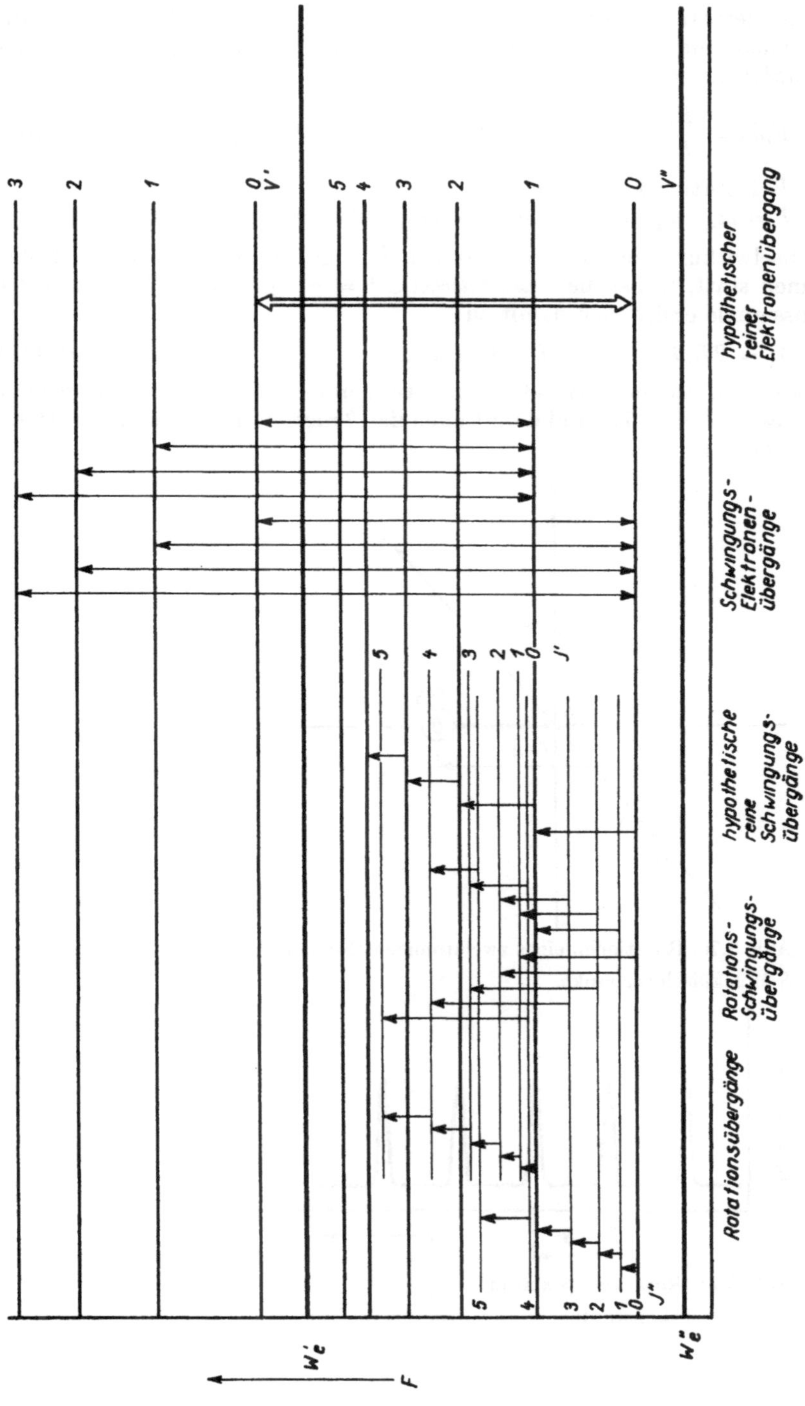

Abb. 3.69. Termschema mit Energieübergängen in Molekülen (schematisch)

W_e', W_e'' Elektronenzustände; v', v'' Schwingungszustände; J', J'' Rotationszustände

Die Energiezustände der Rotation können nur bestimmte diskrete Werte annehmen. Quantenmechanisch ergeben sich mit der Einführung der *Rotationsquantenzahl J* die *Rotationsterme*

$$F(J) = \frac{E(J)}{h \cdot c} = \frac{h}{8\pi^2 cI} J(J + 1) = B \cdot J(J + 1). \tag{3.109}$$

B Rotationskonstante
$I = m_A \cdot m_B \cdot r_{AB}^2/(m_A + m_B)$ Trägheitsmoment (↗ Abb. 3.70)

Bei Wechselwirkung mit Strahlung finden Übergänge zwischen diesen Rotationstermen statt, wobei die *Auswahlregel* $\Delta J = \pm 1$ gilt. Die Wellenzahl der Rotationssignale ergibt sich damit zu

$$\tilde{\nu}_R = 2B(J + 1) \qquad J = 0, 1, 2, \dots \tag{3.110}$$

Damit läßt sich aus dem Rotationsspektrum unmittelbar die Rotationskonstante ablesen (Abb. 3.71) und damit auch das *Trägheitsmoment* und der *Atomabstand* ermitteln.

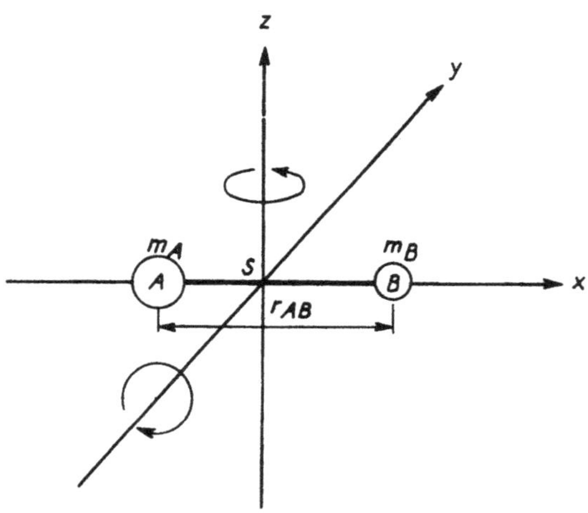

Abb. 3.70. Rotationen eines zweiatomigen Moleküls AB
S Molekülschwerpunkt

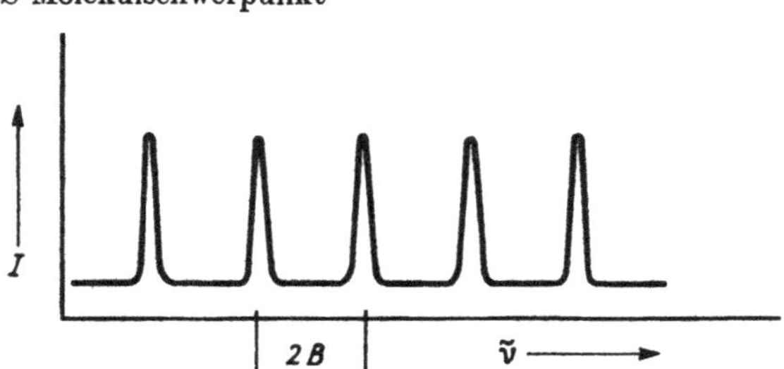

Abb. 3.71. Rotationsspektrum
B Rotationskonstante

Die Frequenz von Oszillatorsystemen wird klassisch durch die Massen der schwingenden Teilchen und die Bindungsstärke zwischen ihnen bestimmt:

$$\nu = \frac{1}{2\pi}\sqrt{\frac{f}{\mu}}. \tag{3.111}$$

f Kraftkonstante
μ reduzierte Masse $\mu = m_A \cdot m_B/(m_A + m_B)$

Auf quantenmechanischem Wege ergeben sich für das Modell eines *harmonischen* Oszillators folgende diskreten Energiezustände (↗ Abb. 3.72a):

$$E(v) = h \cdot \nu \cdot \left(v + \frac{1}{2}\right) = \frac{h}{2\pi}\sqrt{\frac{f}{\mu}}\left(v + \frac{1}{2}\right). \tag{3.112}$$

$v = 0, 1, 2, \ldots$ Schwingungsquantenzahl
Auswahlregel $\Delta v = \pm 1$

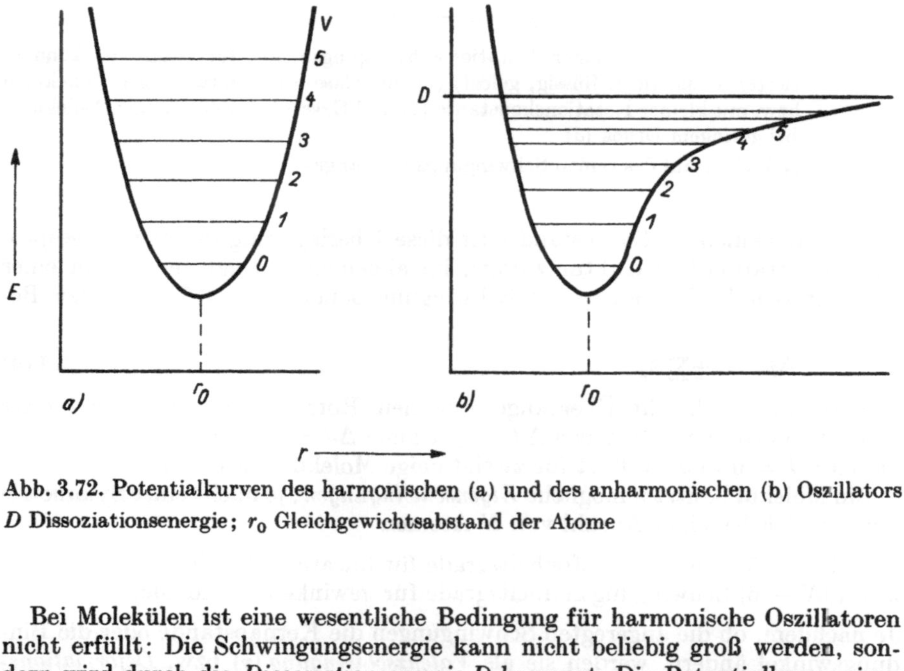

Abb. 3.72. Potentialkurven des harmonischen (a) und des anharmonischen (b) Oszillators
D Dissoziationsenergie; r_0 Gleichgewichtsabstand der Atome

Bei Molekülen ist eine wesentliche Bedingung für harmonische Oszillatoren nicht erfüllt: Die Schwingungsenergie kann nicht beliebig groß werden, sondern wird durch die *Dissoziationsenergie D* begrenzt. Die Potentialkurve eines *anharmonischen* Oszillators wird durch die Morse-Funktion $E = D(1 - \exp[-k(r - r_0)])^2$ angenähert (↗ Abb. 3.72b). Damit ergibt sich für die Energie der diskreten Schwingungsniveaus

$$E(v) = h \cdot \nu\left(v + \frac{1}{2}\right) - \frac{h^2\nu^2}{4D}\left(v + \frac{1}{2}\right)^2. \tag{3.113}$$

Die Anharmonizität führt zu einer Lockerung der Auswahlregel, so daß neben den *Grundschwingungen* ($\Delta v = \pm 1$) auch *Oberschwingungen* ($\Delta v = \pm 2, \pm 3, \ldots$) möglich werden.

Da Schwingungsübergänge stets von Rotationsanregungen begleitet sind, beobachtet man *Rotations-Schwingungs-Spektren* (↗ Abb. 3.69). Nur bei ein-

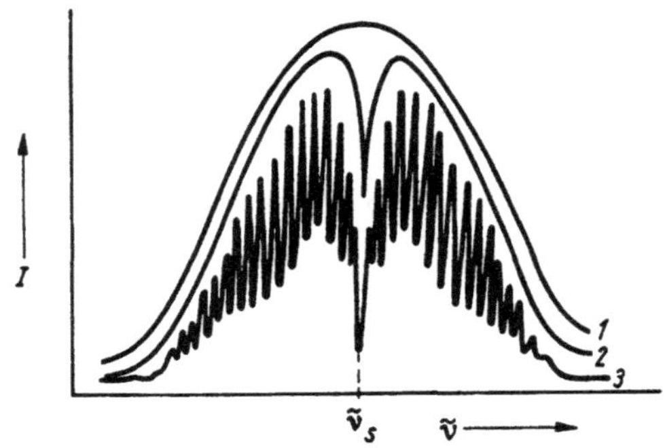

Abb. 3.73. Gestalt einer Rotationsschwingungsbande für Stoffe in kondensierter Phase (fest, flüssig, gelöst) (*1*), für Gase aus mehratomigen Molekülen bzw. mit kleiner Rotationskonstante (*2*) und Gase aus zweiatomigen Molekülen bei geringem Druck (*3*)

$\tilde{\nu}_S$ Wellenzahl des reinen Schwingungsüberganges

fachen Molekülen im Gaszustand tritt diese Überlagerung in einer ausgesprochenen Rotationsfeinstruktur zutage, im allgemeinen zeigt sie sich in einer strukturlosen Verbreiterung der Schwingungsbande (Abb. 3.73) um den Betrag

$$\Delta\tilde{\nu}_S = \pm \sum \tilde{\nu}_R . \qquad (3.114)$$

Die Auswahlregeln für Übergänge zwischen Rotationsniveaus *verschiedener* Schwingungsterme läßt neben $\Delta J = \pm 1$ auch $\Delta J = 0, \pm 2, \pm 3, \ldots$ zu (Ausnahme: $J = 0 \leftrightarrow J' = 0$ ist für zweiatomige Moleküle verboten).

Ein Molekül besitzt n mögliche *Eigenschwingungen*; je nach seiner Symmetrie ergeben sich bei einer Anzahl von N Atomen

$n = (3N - 5)$ Schwingungsfreiheitsgrade für lineare Moleküle und
$n = (3N - 6)$ Schwingungsfreiheitsgrade für gewinkelte Moleküle.

Je nachdem, ob die angeregten Schwingungen die Kernabstände oder die Bindungswinkel ändern, werden sie als *Valenzschwingung* (ν) bzw. *Deformationsschwingung* (δ) bezeichnet (Abb. 3.74).

Infolge der Abhängigkeit von den Massen der beteiligten Teilchen sowie deren Bindungsabständen und -stärken (Kraftkonstanten) sind Rotations- und Schwingungssignale charakteristisch für bestimmte Molekülgruppen.

Rotations- und Schwingungsspektren werden in der Regel als Absorptionsspektren aufgezeichnet. Die dafür verwendeten Geräte sind nach dem in

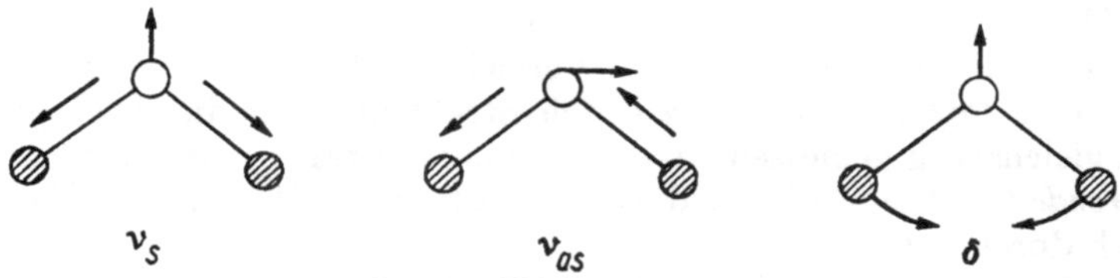

Abb. 3.74. Eigenschwingungen eines dreiatomigen gewinkelten Moleküls
ν_s symmetrische; ν_{as} antisymmetrische Valenzschwingung; δ Deformationsschwingung

Abb. 3.75 dargestellten Schema aufgebaut, wobei sich der Monochromator prinzipiell auch vor der Meß- bzw. Vergleichszelle befinden kann. Einen Überblick über die im jeweiligen Spektralbereich verwendbaren Strahlungsquellen, -empfänger und Monochromatoren gibt Abb. 3.76.

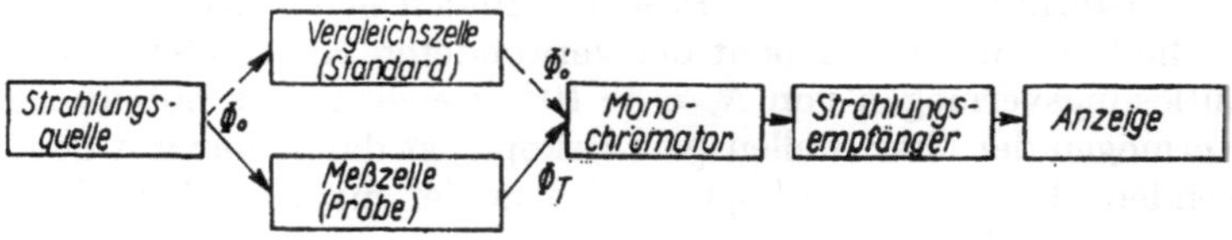

Abb. 3.75. Schematische Meßanordnung für Absorptionsmessungen
Φ_0 auf die Probe auftreffender Lichtstrom; Φ_0' von der Vergleichsprobe („Blindprobe") durchgelassener Lichtstrom; Φ_T von der Probe durchgelassener Lichtstrom

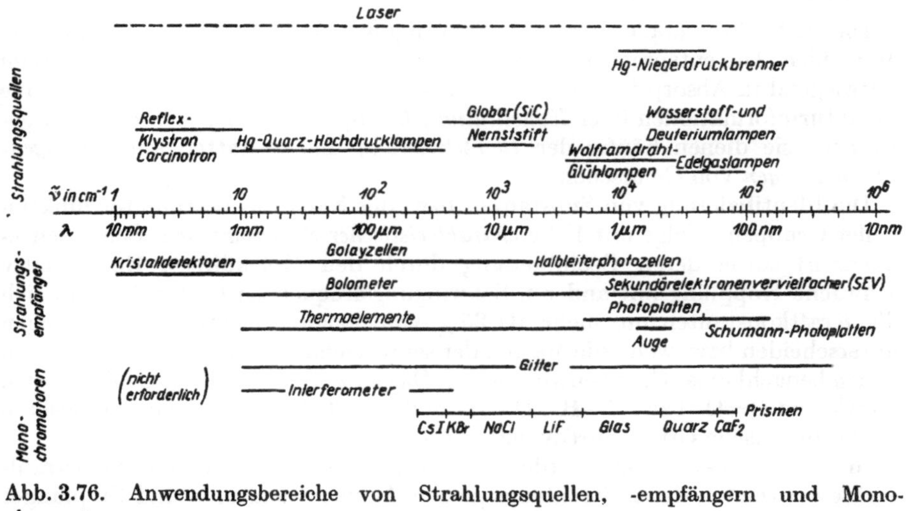

Abb. 3.76. Anwendungsbereiche von Strahlungsquellen, -empfängern und Monochromatoren

Die Messung von Φ_0' und Φ_T kann räumlich oder zeitlich getrennt erfolgen. In *Einstrahlgeräten* werden Meß- und Vergleichszelle nacheinander durchstrahlt, während in *Doppelstrahlgeräten* durch Strahlenteilung die Absorption beider Zellen gleichzeitig gemessen werden kann. Zweistrahlgeräte sind häufig als *registrierende Geräte* ausgeführt, die einen bestimmten Wellenlängenbereich automatisch durchlaufen.

Vertiefende Literatur: [3.191 bis 3.196; 3.228].

3.4.3.1.1. Mikrowellenspektroskopie

Die Mikrowellenspektroskopie registriert Absorptionssignale, die der Anregung von Molekülrotationen entsprechen. Aus Mikrowellenspektren lassen sich *qualitative* und *quantitative Strukturinformationen* sowie Aussagen über die Art und Menge von Probenbestandteilen gewinnen.

Als Geräte kommen *Video-* (Fernsehbild-) *Spektrographen* oder *Stark-Modulations-Spektrometer* in Frage. Aufgrund der genauen Frequenzabstimmbarkeit der Senderöhren wird kein dispergierendes Element benötigt. Die bei 10 ... 10^{-6} Pa gasförmig vorliegenden Proben befinden sich in Hohlraumresonatoren. Durch die hohe Meßgenauigkeit der verwendeten Kristalldetektoren läßt sich ein Auflösungsvermögen von $N \approx 5 \cdot 10^7$ erreichen. Das potentielle Informationsvermögen der Mikrowellenspektroskopie ist damit nur mit dem der hochauflösenden Massenspektroskopie und dem der magnetischen Resonanzspektroskopie zu vergleichen.

Aufgrund dessen sind aus Rotationsspektren sehr präzise Angaben über Bindungsabstände und -winkel aus den Trägheitsmomenten erhältlich und auch Isotopenverhältnisse (bis $1:10^5$) bestimmbar.

Vertiefende Literatur: [3.197 bis 3.201].

3.4.3.1.2. Infrarotspektroskopie

Die IR-Spektroskopie untersucht Schwingungs- und Rotationsübergänge von Molekülen. Die entsprechenden Signale treten im IR-Bereich auf und werden vorwiegend in Absorption registriert. Aus den Spektren lassen sich qualitative Strukturinformationen über *Konstitution*, *Konfiguration* und *Konformation* gewinnen; sie dienen häufig der *Identifizierung* und gestatten auch *Mengenbestimmungen* von Gemischen.

Die Identifizierung von Substanzen bzw. der Nachweis bestimmter funktioneller Gruppen erfolgt mit Hilfe *charakteristischer Schwingungen* (Schlüsselfrequenzen) sowie deren Beeinflussung durch den Molekülrest. Eine relativ schwache Kopplung mit anderen Schwingungsfrequenzen tritt auf, wenn sich die Kraftkonstanten um mehr als 25% von denen benachbarter Bindungen unterscheiden bzw. wenn die Massen der schwingenden Atome beträchtlich von denen benachbarter Gruppen abweichen. Das ist z. B. der Fall für C—C-, C=C-, C≡C- und C=O- bzw. C—H-, O—H- und C—Cl-Gruppierungen, die deshalb charakteristische Gruppenfrequenzen ergeben.

In der IR-Spektroskopie werden heute vorwiegend registrierende Zweistrahlgeräte verwendet, deren Strahlungsquellen, Monochromatoren und Empfänger aus Abb. 3.76 ersichtlich sind. Die Spektren werden in der Regel durch Transmissionsmessungen erhalten, wobei die Proben in gasförmigem, flüssigem, gelöstem oder suspendiertem Zustand in speziellen IR-durchlässigen Küvetten bzw. in fester Form als KBr-Preßlinge oder Folien vorliegen müssen.

Darüber hinaus sind mit entsprechenden Zusatzausrüstungen Reflexionsmessungen möglich, wobei in jüngerer Zeit besonders die *Innere Reflexionsspektroskopie* (IRS; [3.216, 3.217]) Bedeutung erlangt hat. Sie beruht auf dem Effekt der *abgeschwächten Totalreflexion* (ATR) beim Auftreffen von Strahlung auf die Grenzfläche zwischen einem ATR-Kristall hoher Brechzahl und der Probe unter einem bestimmten Winkel. Die Spektren entsprechen in Aussehen, Bandenstärke und -kontrast den in Transmission aufgenommenen. Mit dieser Methode lassen sich vorteilhaft Dünnschichten, Grenzflächenerscheinungen, aber auch Flüssigkeiten untersuchen.

Eine wesentliche Verringerung der Signalhalbwertsbreite $\Delta\nu$ und damit eine entsprechende Erhöhung des Auflösungsvermögens (um den Faktor $10^4 .. 10^6$) bringt die *hochauflösende IR-Spektroskopie* mit abstimmbaren Lasern als Strahlungsquellen mit sich.

Der mit herkömmlichen Spektrometern kaum zugängliche Bereich des fernen IR ($\tilde{\nu} = 10 \ldots 400\ \text{cm}^{-1}$) ist in jüngster Zeit durch die *Fourier-Spektroskopie* [3.215, 3.218, 3.219] erschlossen worden. Fourier-Spektrometer arbeiten ohne spektrale Zerlegung. Nach dem Michelsonschen Interferometerprinzip (Abb. 3.77) gelangt die Strahlung auf einen Strahlteiler. Nach Reflexion am feststehenden bzw. beweglichen Spiegel interferieren beide Teilstrahlen und es wird die Intensität in Abhängigkeit vom Spiegelvorschub (Wegunterschied) s

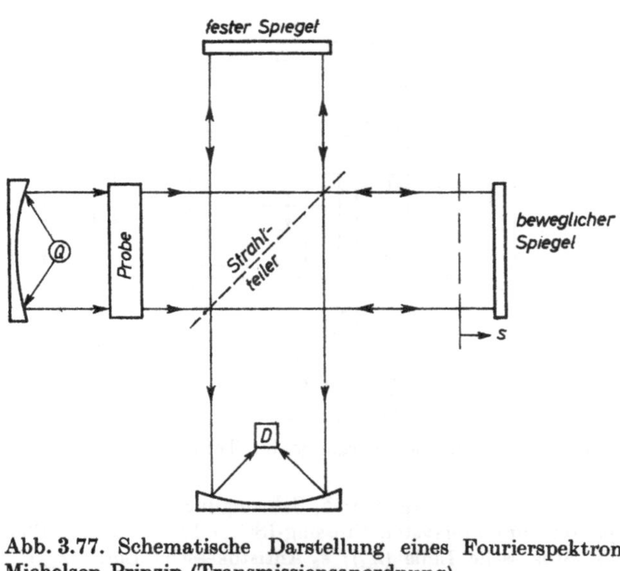

Abb. 3.77. Schematische Darstellung eines Fourierspektrometers nach dem Michelson-Prinzip (Transmissionsanordnung)

Q Strahlungsquelle; D Detektor

gemessen. Die Wechselwirkung mit der Probe kann dabei in Transmission oder Reflexion erfolgen.

Die erhaltenen Interferogramme enthalten die gesamte Strahlungsabsorption der Probe nach Wellenlänge und Intensität; sie stellen die Fourier-Summe aller Spektrallinien dar:

$$I(s) = \int_{-\infty}^{+\infty} I(\tilde{\nu})\,[1 + \cos(2\pi\tilde{\nu}s)]\,\mathrm{d}\tilde{\nu}. \qquad (3.115)$$

$I(s)$ Interferogrammintensität beim Wegunterschied s

Aus diesen Integralen ist das eigentliche Spektrum $I(\tilde{\nu})$ durch eine Fourier-Transformation nach

$$I(\tilde{\nu}) = \int_{-\infty}^{+\infty} \bar{I}(s)\cos(2\pi\tilde{\nu}s)\,\mathrm{d}s \qquad (3.116)$$

zu berechnen; diese Aufgabe erfordert den Einsatz von Computern. Der besondere Vorteil der Fourier-Spektroskopie liegt im verbesserten Auflösungsvermögen und im höheren Energiefluß, der kaum durch Spalte verringert wird. Deshalb sind auf diesem Wege *IR-Emissionsspektren* ohne weiteres zugänglich.

Vertiefende Literatur: [3.202 bis 3.217].

3.4.3.1.3. Raman-Spektroskopie

Die Raman-Spektroskopie beruht auf dem Effekt, daß das Streuspektrum von Molekülen neben der Frequenz der Erregerlinie ν_0 noch Linien der Frequenz $\nu_{Ra} = \nu_0 \pm \nu_S$ enthält. Dabei entspricht die Differenz zwischen Erreger-

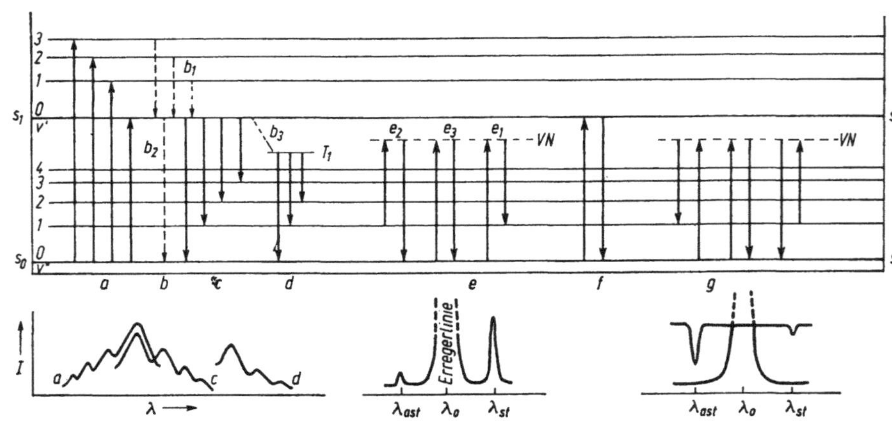

Abb. 3.78. Absorption und Relaxationsvorgänge im Termschema mit den zugehörigen Spektren (schematisch)

a Absorption; *b* Strahlungslose Übergänge; b_1 Schwingungsrelaxation; b_2 Internal Conversion (IC); b_3 Spinumkehr (Intersystem Crossing-ISC); *c* Fluoreszenz; *d* Phosphoreszenz; *e* Raman-Effekt; e_1 Stokessche Linie (λ_{st}); e_2 Antistokessche Linie (λ_{ast}); e_3 Rayleigh-Streuung (λ_0); *f* Resonanz-Raman-Effekt; *g* Inverser Raman-Effekt; S_0, S_1 Singulett-Zustände; T_1 Triplett-Zustand; *VN* Virtuelles Niveau (entspricht λ_0)

und Raman-Linie gerade Übergängen zwischen Schwingungstermen ν_s des Moleküls (Abb. 3.78e bis g, Abb. 3.79d bis f). Der Raman-Effekt beruht auf einer Kopplung der durch die Lichtstreuung angeregten Elektronenschwingungen mit Kernschwingungen (und -rotationen).

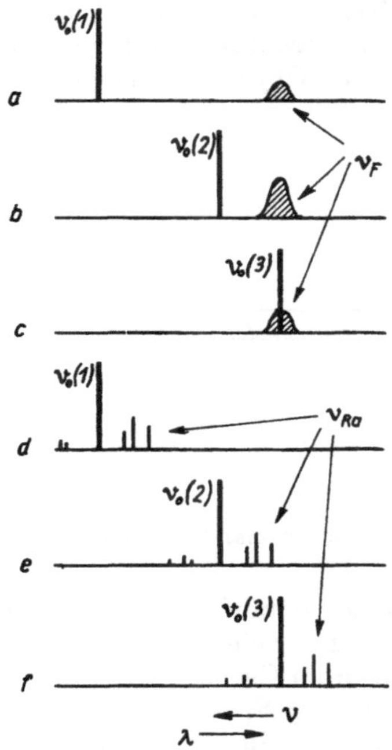

Abb. 3.79. Fluoreszenz (a bis c) und Raman-Effekt (d bis f) bei Erregung mit Primärstrahlung unterschiedlicher Frequenz ν_0

ν_F Frequenzen der Fluoreszenzstrahlung
ν_{Ra} Frequenzen der Raman-Linien

Während im IR-Spektrum nur die Schwingungsübergänge zu beobachten sind, die mit einer Änderung des Dipolmomentes des betreffenden Moleküls verbunden sind, treten im Raman-Spektrum nur solche Linien auf, die Schwingungen unter Änderung der *Polarisierbarkeit* des Moleküls (Induktion eines Dipolmoments) entsprechen. Aus diesem Grunde können IR-inaktive Termübergänge raman-erlaubt sein und umgekehrt. Beide Prinzipien ergänzen einander durch zusätzliche Strukturinformationen. Ihre Kombination macht sich insbesondere für die Untersuchung von Molekülen mit einem Symmetriezentrum erforderlich, für die nach dem Alternativverbot Schwingungen entweder IR- oder raman-aktiv sind.

Für die Raman-Spektroskopie werden lichtstarke UV-VIS-Spektrographen (↗ 3.4.4.2.1.) oder spezielle registrierende Raman-Spektrometer verwendet (Abb. 3.80). Als Lichtquellen dienen heute in zunehmendem Maße Laser, vor allem Edelgas-Ionen-Laser (He/Ne: 632,2 nm; Ar: 514,5 bzw. 488,0 nm; Kr: 752,6; 676,4 bzw. 647,1 nm) und abstimmbare Farbstofflaser (z. B. Rhodamin B: 590 ... 690 nm). Ihre Vorteile gegenüber klassischen Quecksilber-Niederdruckbrennern liegen in der wesentlich höheren Strahlungsdichte sowie in der geringeren Linienbreite der Laserstrahlung, die ein größeres Auflösungsvermögen bedingt. Damit werden einerseits geringere Aufnahme- bzw. Registrierzeiten sowie andererseits die Fokussierbarkeit der Strahlung auf Mikroprobenbereiche möglich. Die erforderlichen Probenmengen liegen im Mikro- bzw. Milligrammbereich, es läßt sich eine räumliche Auflösung von 1 μm^3 erreichen. Auf diesem Prinzip beruhen *Raman-Mikrosonden* (MOLE – *M*olecular *O*ptical *L*aser *E*xaminer) bzw. *Raman-Mikroskope*, die molekülstrukturanalytische Untersuchungen, kombiniert mit bildhafter Erfassung des Objektes, ermöglichen.

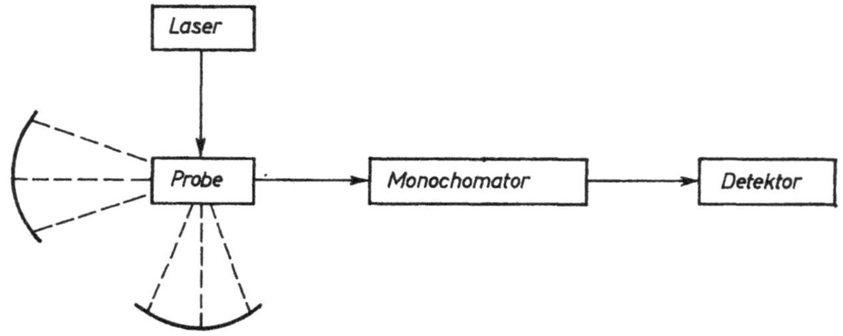

Abb. 3.80. Prinzipieller Aufbau eines Laser-Raman-Spektrometers

Neuere methodische Entwicklungen zielen darauf ab, die Intensität der an sich schwachen Raman-Signale wesentlich zu erhöhen. Dies gelingt vor allem durch den *Resonanz-Raman-Effekt*, bei dem im Gegensatz zur herkömmlichen Raman-Streuung eine Anregungsfrequenz $\nu_0 \geqq S_1 - S_0$ gewählt wird (in der Regel mit Hilfe abstimmbarer Laser), die einem Elektronenübergang im Molekül entspricht (Abb. 3.78f.). Dadurch kann die Raman-Intensität um mehrere Größenordnungen erhöht werden, womit z. B. Lösungen bis zu 10^{-4} mol · l^{-1} untersuchbar werden.

Große Bedeutung haben im letzten Jahrzehnt auch *nichtlineare kohärente Raman-Effekte* erlangt. Sie basieren auf der Wechselwirkung von zwei oder mehreren Laserwellen mit Molekülen, wobei Raman-Signale gleicher Intensität auch auf der anti-Stokes-Seite auftreten können. Die *Kohärente Anti-Stokessche-Raman-Spektroskopie* (CARS) hat sich insbesondere für die Untersuchung fluoreszierender Proben als wichtiges Verfahren erwiesen.

Intensitätsverstärkungen bis zum Faktor 10^6 lassen sich bei der Untersuchung von auf speziellen Metalloberflächen aufgebrachten Molekülen erreichen. Die *Oberflächenverstärkte Raman-Spektroskopie* (SERS – *S*urface *E*nhanced *R*aman *S*pectroscopy) ist jedoch bisher nur auf ausgewählte Stoffsysteme anwendbar, die in geringsten Konzentrationen bis zu 10^{-12} mol · l^{-1} untersucht werden können.

Während die konventionellen und nichtlinearen Raman-Streuphänomene Emissionsprozesse darstellen, beruht der *inverse Raman-Effekt*, dessen Nutzung, vor allem für die hochauflösende Raman-Spektroskopie, ebenfalls durch den

Einsatz von abstimmbaren Farbstofflasern möglich wird, auf einem Absorptionsvorgang (Abb. 3.78g). Die monochromatisch angeregte Strahlungsemission der Frequenz ν_0 bewirkt die gleichzeitige Absorption von Frequenzen $\nu_0 \pm \nu_S$ aus dem Kontinuum des Durchstimmbereiches des Farbstofflasers.

Sowohl das klassische als auch die modernen nichtlinearen Verfahren der Raman-Spektroskopie stellen eine wertvolle Ergänzung IR-spektroskopischer Methoden zur Strukturaufklärung dar. Die große Zeitauflösung der Laser-Raman-Spektroskopie macht diese zu einer leistungsfähigen Methode der *Ultrakurzzeitspektroskopie* ($\Delta t = 10^{-7} \ldots 10^{-12}$ s).

Vertiefende Literatur: [3.222 bis 3.229].

3.4.3.2. Elektronenspektroskopie

Die (Molekül-)Elektronenspektroskopie untersucht Übergänge zwischen Elektronenniveaus, von denen die wichtigsten in Tab. 3.14 zusammengestellt sind.

Tabelle 3.14. Symbolisierung von Molekül-Elektronenübergängen

Übergangsmöglichkeiten zwischen folgenden Elektronenzuständen	Symbol
Bindende und antibindende σ-Orbitale	$\sigma \rightarrow \sigma^*$
Bindende und antibindende π-Orbitale	$\pi \rightarrow \pi^*$
Bindende π- und antibindende σ-Orbitale	$\pi \rightarrow \sigma^*$
Nichtbindende und antibindende π-Orbitale	$n \rightarrow \pi^*$
Nichtbindende und antibindende σ-Orbitale	$n \rightarrow \sigma^*$
Grundzustand und höhere Molekülorbitale (Rydberg-Zustände) im Bereich der Ionisierungsenergie	$N \rightarrow R$

Für die Wahrscheinlichkeit der Übergänge und damit auch die Intensität der Signale gelten Auswahlregeln, nach denen

1. Übergänge zwischen Niveaus unterschiedlicher Multiplizität (z. B. $S_0 \rightarrow T_1$) nicht erlaubt sind (*Spinverbot*), sowie
2. Übergänge nur zwischen Elektronenzuständen bestimmter Symmetrie möglich sind (*Symmetrieverbot*).

Durch Mitanregung von Schwingungen kann die Symmetrie von Molekülen beeinflußt und das Symmetrieverbot teilweise aufgehoben werden. Das findet seinen Ausdruck in den beobachtbaren Bandenintensitäten ε_{max}, die für spinverbotene Übergänge etwa 10^{-2} und für symmetrieverbotene $10 \ldots 10^3$ l · mol^{-1} · cm^{-1} betragen. Für erlaubte Übergänge werden maximale Intensitäten von $10^5 \ldots 10^6$ l · mol^{-1} · cm^{-1} beobachtet.

Die Wahrscheinlichkeit mitangeregter Schwingungszustände (↗ Abb. 3.69) beschreibt das Franck-Condon-Prinzip. Da Kernschwingungen relativ langsam (10^{-12} s) gegenüber Elektronenübergängen (10^{-16} s) erfolgen, finden bevorzugt Übergänge in solche Schwingungsniveaus statt, bei denen der Abstand der Atomkerne erhalten bleibt (sogenannte „vertikale" Übergänge). Im Falle einer

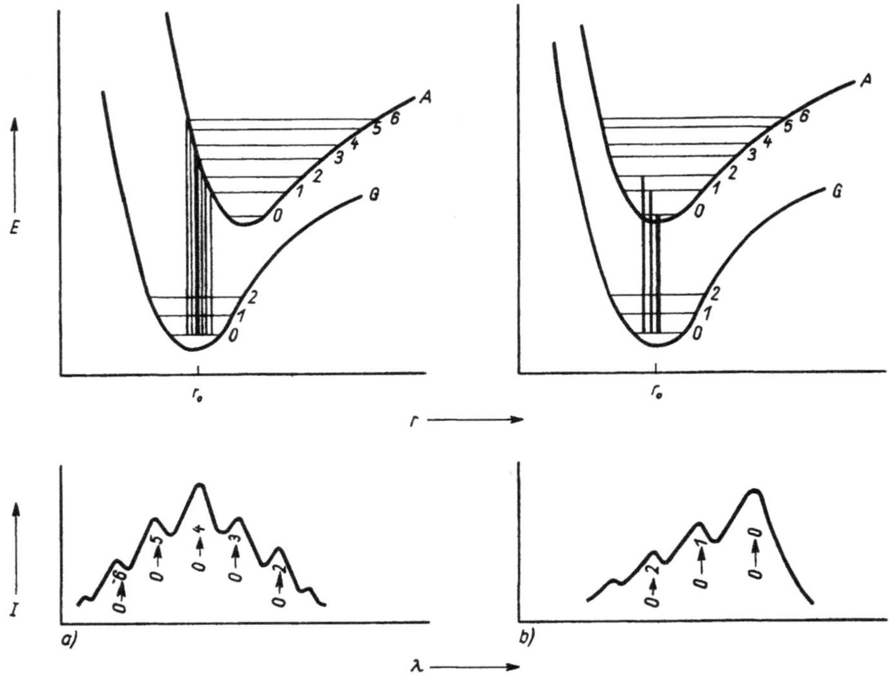

Abb. 3.81. Elektronenübergänge mit Schwingungsanregung nach dem Franck-Condon-Prinzip und zugehöriges Spektrenbild

a) bei Bindungslockerung; b) bei unveränderter Bindung

A angeregter Zustand; *G* Grundzustand

Bindungslockerung bei der Elektronenanregung (Abb. 3.81 a) erfolgt deshalb ein Übergang in höhere Schwingungszustände, bei gleichbleibender Bindungsstärke bevorzugt in den Schwingungsgrundzustand (Abb. 3.81 b).

Die Rotationsfeinstruktur von Elektronenbanden läßt sich meist nicht beobachten und auch die Schwingungsstruktur ist nicht immer zu erkennen, sondern äußert sich mitunter nur in einer Verbreiterung der Banden gemäß Gl. (3.94). Mit einer Feinstrukturverbreiterung nach

$$\Delta\tilde{\nu}_E = \pm \sum (\tilde{\nu}_S \pm \Delta\tilde{\nu}_S) \qquad (3.117)$$

können Elektronenbanden bis zu 10000 cm^{-1} breit sein.

Aufgrund dessen ist für ein Elektronenspektrum ein geringeres analytisches Auflösungsvermögen und damit auch eine kleinere Informationsmenge zu erwarten als z. B. für ein Schwingungsspektrum. Dazu kommt, daß die Lage der Elektronenbanden zwar charakteristisch ist für bestimmte *Elektronenanordnungen*, jedoch nicht unbedingt für bestimmte Moleküle. Insbesondere sind große, ähnlich gebaute Moleküle im Gegensatz zur Rotations-Schwingungsspektroskopie ohne Zusatzinformationen nicht eindeutig charakterisierbar.

3.4.3.2.1. UV-VIS-Spektroskopie

Die UV-VIS-Spektroskopie registriert Elektronenspektren von Verbindungen, die chromophore Gruppen oder Metallionen mit unvollständig besetzten d- bzw. f-Orbitalen enthalten, in Form typischer Absorptionskurven. Im leicht zugänglichen Bereich von 200 ... 1000 nm absorbieren vor allem konjugierte Verbindungen (Polyene, Aromaten, Heterocyclen, Polymethine).

Für die Untersuchung flüssiger oder gelöster Proben besitzen Transmissionsmessungen die größte Bedeutung, wobei meist registrierende Doppelstrahlgeräte verwendet werden (↗ Abb. 3.75). Je nach Darstellungsart unterscheidet man:

$$\begin{aligned} &\textit{Transmissionsspektren} && D = f(\tilde{\nu}), \\ &\textit{Absorptionsspektren} && A = f(\tilde{\nu}) \\ &\textit{Extinktionsspektren} && E = f(\tilde{\nu}). \end{aligned} \tag{3.118}$$

Dabei ist (↗ Abb. 3.68)

$$D = \frac{\Phi_T}{\Phi_0} \quad \textit{Durchlässigkeit}; \tag{3.119}$$

$$A = \frac{\Phi_A}{\Phi_0} = 1 - D \quad \textit{Absorption}; \tag{3.120}$$

$$E = \lg \frac{1}{D} = \lg \frac{\Phi_0}{\Phi_T} \quad \textit{Extinktion}\ \text{(Absorbanz)}. \tag{3.121}$$

Nach dem Lambert-Beerschen Gesetz ist die Extinktion der Konzentration c und der durchstrahlten Schichtdicke d_K (z. B. Küvettenlänge) proportional; ε ist der substanzspezifische *molare* (*dekadische*) *Extinktionskoeffizient*:

$$E = \varepsilon \cdot c \cdot d_K. \tag{3.122}$$

Die graphische Darstellung von $\lg \varepsilon = f(\tilde{\nu})$ stellt das charakteristische *Absorptionsspektrum* eines Stoffes dar. Im Falle farbiger Substanzen und im Zusammenhang mit photometrischen Untersuchungen wird dieses auch als *typische Farbkurve* bezeichnet.

Bei festen Stoffen erreicht der Anteil der reflektierten Strahlung relativ hohe, analytisch relevante Werte. Für die Gewinnung analytischer Informationen ist nur die *diffuse Reflexion* geeignet, die praktisch auf simultan ablaufende Absorptions- und Streuvorgänge zurückführbar ist. Nach der Kubelka-Munk-Funktion

$$F(R) = \frac{(1 - R)^2}{2R} = \frac{\varepsilon_\lambda \cdot c}{k_S} \tag{3.123}$$

$R = \Phi_{Rm}/\Phi_0$ relatives diffuses Reflexionsvermögen
k_S Streukoeffizient

lassen sich in Analogie zu den Transmissionsspektren gelöster Proben *Remissionsspektren* [3.241, 3.242] von Pulvern aufnehmen bzw. Konzentrationsbestimmungen durchführen.

Vertiefende Literatur: [3.230 bis 3.235].

3.4.3.2.2. Photometrie

Unter Photometrie versteht man die Messung von Extinktionen bei feststehenden Wellenlängen zur Konzentrationsbestimmung von Lösungen. Sie stellt damit die eindimensionale Auswertung von Transmissionsspektren auf der Grundlage des Lambert-Beerschen Gesetzes [Gl. (3.122)] dar:

$$E_\lambda = \varepsilon_\lambda \cdot c \cdot d_K . \qquad (3.122\,a)$$

Dieses gilt nur für verdünnte Lösungen. In der Praxis wird Φ_T nicht auf Φ_0, sondern auf Φ'_0 bezogen [↗ Gl. (3.108b) und Abb. 3.75]. Die Auswertung erfolgt bei der *Photometrie* nach der Analysenfunktion

$$\boxed{c = \frac{1}{\varepsilon_\lambda \cdot d_K} \cdot E_\lambda} \qquad (3.122\,b)$$

meist auf graphischem Wege.

Bei Mehrkomponentensystemen setzt sich die Extinktion additiv aus den Einzelextinktionen zusammen:

$$E = d_K \sum_{i=1}^{n} \varepsilon_i \cdot c_i . \qquad (3.124)$$

Bei der *Kolorimetrie* erfolgt die Konzentrationsbestimmung durch Vergleich mit Lösungen abgestufter Gehalte c_V oder veränderlicher Küvettenschichtdicken $d_{K,V}$ [3.237, 3.238]. Bei gleicher Extinktion von Meß- und Vergleichslösung, die visuell oder photoelektrisch festgestellt wird, gilt:

$$\boxed{c = \frac{d_{K,V}}{d_K} c_V} . \qquad (3.125)$$

Die hauptsächlich angewandte Photometrie im UV-VIS-Spektralbereich zeichnet sich durch ein hohes Nachweisvermögen aus; die Präzision liegt bei $s_r = 0{,}01 \ldots 0{,}05$. Ihre Anwendung erstreckt sich sowohl auf die Analyse organischer Gemische als auch auf anorganische Substanzen, vor allem die Bestimmung von Metallionen. Obwohl auch Hauptbestandteile bestimmbar sind, ist das hauptsächliche Anwendungsgebiet der Photometrie der Spurenbereich. In Kombination mit Anreicherungsverfahren lassen sich noch Konzentrationen von $c < 10^{-5}$ mol · l^{-1} erfassen.

Mit Hilfe moderner, speziell ausgerüsteter Geräte lassen sich qualitative Strukturanalysen bzw. Mengenbestimmungen mit hoher *Flächenauflösung* oder auch großer *Zeitauflösung* durchführen (*Mikroskop-Spektralphotometrie* [3.243, 3.244] bzw. *zeitaufgelöste* oder *Ultrakurzzeit-UV-VIS-Spektroskopie* [3.245, 3.246]). Deren Anwendungsbereich erstreckt sich teilweise bis in extreme Bereiche der Verteilungs- und Prozeßanalytik, so z. B. bis zur Analyse biologischer Zellen [3.247] einerseits und zur Messung extrem schneller chemischer Reaktionen [3.248] andererseits. Ähnliches gilt auch für die Methoden der Fluoreszenzspektroskopie.

Vertiefende Literatur: [3.236 bis 3.240].

3.4.3.2.3. Fluoreszenzspektroskopie

Die Fluoreszenzspektroskopie beschäftigt sich mit optisch angeregten Emissions-Elektronenspektren von Molekülen (↗ 3.4.1.). Durch die Frequenz der Primärstrahlung ν_0 wird nicht die Lage des Fluoreszenzsignales ν_F, wohl aber dessen Intensität beeinflußt (↗ Abb. 3.79), wobei als Regel gilt:

$\nu_0 > \nu_F$, $\nu_0 \approx \nu_A$	maximale Fluoreszenzintensität,
$\nu_0 < \nu_F$	kein Fluoreszenzsignal
$\nu_0 \gg \nu_F$	abnehmende Fluoreszenz, zunehmend photochemische Desaktivierung.

Im Gegensatz dazu ändert sich die absolute Lage der Raman-Signale, bei ihnen ist die Differenz zur Erregerstrahlung konstant.

Aus Abb. 3.79 geht hervor, daß Fluoreszenzbanden bei höheren Wellenlängen liegen als die zugehörigen Absorptionsbanden und diesen spiegelbildlich ähneln. Während Absorptionsspektren die Schwingungsstruktur des angeregten Zustandes wiedergeben, lassen Fluoreszenz- und Phosphoreszenzspektren die des Grundzustandes erkennen.

Fluoreszenzspektrometer sind heute in der Regel als Zweistrahlgeräte ausgebildet. Sie ähneln Absorptionsspektrometern, allerdings wird das Fluoreszenzlicht in einem Winkel von $\leqq 90°$ $\left(\frac{\pi}{2}\,\mathrm{rad}\right)$ zur Probe analysiert.

Mit Hilfe der Fluoreszenzspektroskopie lassen sich qualitative Informationen über die Elektronenstruktur von Molekülen gewinnen. Besondere Bedeutung besitzen spezielle Methoden der *Phosphoreszenzspektroskopie* zur Erforschung metastabiler Triplettzustände in Molekülen.

Nach analogen Prinzipien wie die Absorptionsphotometrie ist die Fluoreszenzphotometrie bzw. -kolorimetrie (*Fluorimetrie*) zur Konzentrationsbestimmung geeignet, wobei das Nachweisvermögen um den Faktor $10^3 \dots 10^5$ besser sein kann als bei der Photometrie. Als Indikationsmethode maßanalytischer Bestimmungen dient die Fluoreszenzintensität I_F bei *fluorimetrischen Titrationen*. Verbreitet ist die Anwendung der Fluoreszenzspektralphotometrie zur Identifizierung, Mengenbestimmung und Konstitutionsaufklärung dünnschicht- oder papierchromatographisch getrennter Substanzen.

Vertiefende Literatur: [3.249 bis 3.251].

3.4.3.2.4. Nephelometrie und Turbidimetrie

Die Nephelometrie (*Tyndallometrie*) beruht auf der Messung des Streulichtes getrübter Lösungen oder von Suspensionen.

Während die Intensität des Streulichtes Φ_{ES} bei klaren Flüssigkeiten etwa $10^{-3}\Phi_0$ beträgt, erreicht sie mit zunehmenden Teilchenvolumina v_T Werte nahe Φ_0. Der Nephelometrie liegt die folgende Beziehung von Rayleigh zugrunde

$$\boxed{\Phi_{ES} = \Phi_0 \cdot k \cdot v_T^2 \cdot c}\,. \qquad (3.126)$$

k stoffspezifische, geräte- und wellenlängenabhängige Konstante

Danach läßt sich entweder die Konzentration oder die Teilchengröße bestimmen. Aus der graphischen Extrapolation auf die Streulichtintensität bei unendlicher Verdünnung $\Phi_{ES,\infty}$ läßt sich außerdem die molare Masse bestimmen

$$\boxed{M = \frac{\Phi_{ES,\infty}}{k_1 \cdot \Phi_{ES,\infty} + k_2 \cdot c}}\,. \qquad (3.127)$$

k_1, k_2 Stoffkonstanten

Nephelometrische Bestimmungen erfordern eine sorgfältige Einhaltung der Versuchsbedingungen, besonders hinsichtlich der Teilchengrößen. Sie werden mit visuellen oder photoelektrischen Photometern durchgeführt [3.233], wobei neben der eigentlichen Nephelometrie auch eine Trübungsmessung, d. h. Messung der scheinbaren Extinktion $E_{s,\lambda}$ durchgeführt werden kann (*Turbidimetrie*).

Die Nephelometrie wird vor allem auf kolloide Lösungen von hochmolekularen Substanzen angewandt. Sie ist in klinischen und biochemischen Laboratorien für Eiweiß- und andere Naturstoffanalysen weit verbreitet. Die *turbidimetrische Titration* nutzt die Trübungsmessung zur Endpunktsanzeige bei Fällungsreaktionen, die *nephelometrische* (*tyndallometrische*) *Titration* die Streulichtmessung.

Vertiefende Literatur: [3.252, 3.253].

3.4.3.3. Optoakustische Spektroskopie

Mit Hilfe der optoakustischen (photoakustischen) Spektroskopie werden auf optischem Wege durch IR- bzw. UV-VIS-Strahlung Übergänge von Molekülen in angeregte Schwingungs- bzw. Elektronenzustände bewirkt und die folgenden *strahlungslosen Übergänge* in die jeweiligen Grundzustände gemessen.

Das Meßprinzip wird durch Abb. 3.82 verdeutlicht. Die Probe, die sich in einer Detektorzelle mit strahlungsdurchlässigem Fenster und Wänden aus Mikrophonmembranen befindet, wird mit periodisch unterbrochenem monochromatischem Licht bestrahlt. Die Energie der absorbierten Strahlung wird in thermi-

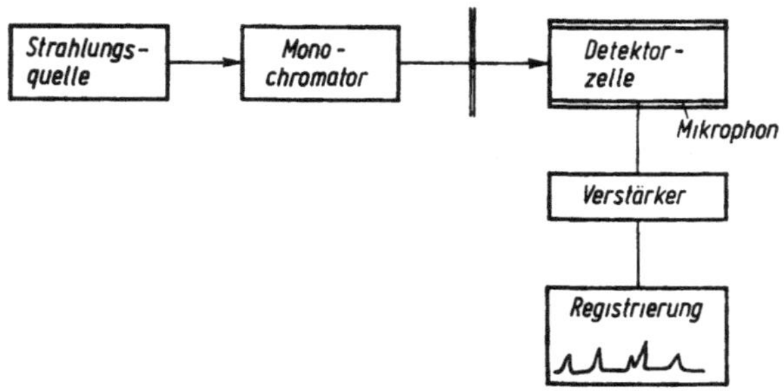

Abb. 3.82. Schematische Darstellung der Meßanordnung bei der optoakustischen Spektroskopie

sche Energie umgewandelt und infolgedessen die Gasfüllung des Detektors erwärmt. Die ständige Unterbrechung des Lichtstrahles bewirkt Druckschwankungen und damit periodische Schwingungen der Gassäule in der Detektorzelle. Es entsteht eine Schallwelle, deren Frequenz durch den Chopper bestimmt wird. Die Intensität des akustischen Signals ist dem Absorptionsvorgang in der Untersuchungssubstanz proportional. Die Registrierung der Mikrophon-Signalstärke als Funktion der Wellenlänge des durchstrahlenden Lichtes stellt ein optoakustisches Spektrum dar.

Neuere Geräte arbeiten vorzugsweise im UV-VIS-Bereich und sind als Zweistrahlgeräte ausgebildet.

Der entscheidende Vorteil gegenüber der optischen Spektroskopie besteht darin, daß nicht nur flüssige und gasförmige, sondern auch feste Proben, und zwar in nahezu beliebiger Form, untersucht werden können. Es lassen sich sowohl anorganische als auch organische Proben, z. B. in Form von Einkristallen, Pulvern oder Dünnschichten sowie pflanzliche bzw. tierische Materialien wie Gewebe oder Bakterien ohne Präparation untersuchen.

Der Einsatz durchstimmbarer Laser als Lichtquellen ermöglicht Spurenanalysen in Gasen und Lösungen bis zu Gehalten unterhalb des ppb-Bereiches, was bisher vor allem für umweltanalytische Untersuchungen genutzt wurde.

Vertiefende Literatur: [3.254 bis 3.256].

3.4.3.4. Magnetische Resonanzspektroskopie

Mit Hilfe der magnetischen Resonanzspektroskopie werden magnetische Dipolübergänge zwischen Niveaus, deren ursprüngliche Entartung durch ein äußeres Magnetfeld aufgehoben wird, untersucht. Diesen Übergängen entspricht eine Resonanzabsorption von Strahlung eines magnetischen Wechselfeldes.

Sowohl Elektronen als auch Nukleonen besitzen mechanische Eigendrehimpulse (Spins), mit denen ein *magnetisches Moment* $\boldsymbol{\mu}$ verbunden ist

$$\boldsymbol{\mu} = g \cdot \mu \cdot \boldsymbol{I}. \tag{3.128}$$

g Landé-Faktor (spektroskopischer Aufspaltungsfaktor)
$\mu = e \cdot h/(4\pi m)$ Magneton (μ_B Bohrsches Magneton, μ_N Kernmagneton, ↗ Anhang A.1.)
$\boldsymbol{I} = I \cdot \boldsymbol{e}_I$ Spinvektor
I Spinquantenzahl
$\boldsymbol{e}_I$ Einheitsvektor in Spinrichtung

Unter der Einwirkung eines statischen Magnetfeldes $\boldsymbol{H}_0$ wird die Entartung energiegleicher Zeeman-Niveaus aufgehoben, die Elementarmagnete orientieren sich in $n = 2I + 1$ Raumrichtungen. Für diese Niveaus ergibt sich aus der Quantenmechanik

$$E_n = -\boldsymbol{\mu}_n \cdot \boldsymbol{H}_0 = -g \cdot \mu \cdot m_I \cdot H_0. \tag{3.129}$$

$m_I = I, I-1, \ldots -I+1, -I$ magnetische Quantenzahl

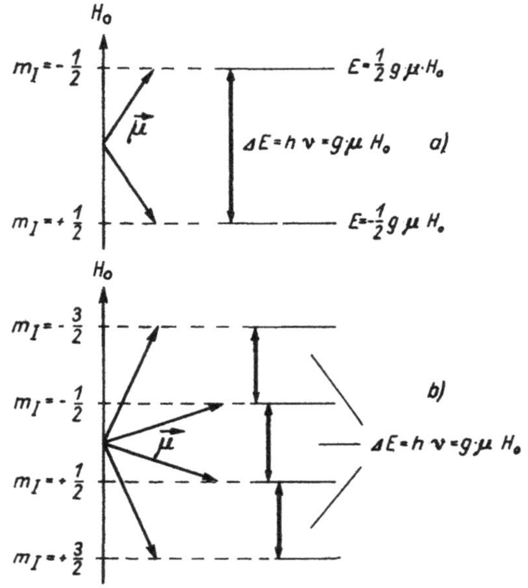

Abb. 3.83. Zeeman-Niveaus eines Elektrons bzw. eines Kernes mit dem Kernspin $I = 1/2$ (a) und eines Kernes mit $I = 3/2$ (b)

Zwischen diesen Niveaus (↗ Abb. 3.83) können durch Anlegen eines magnetischen Wechselfeldes $\boldsymbol{H}_1$ senkrecht zu $\boldsymbol{H}_0$ Übergänge induziert werden, wenn die Resonanzbedingung

$$h \cdot \nu(H_1) = \Delta E = g \cdot \mu \cdot H_0 \tag{3.130}$$

erfüllt ist. Im Falle der Kernresonanz wird häufig das *gyromagnetische Verhältnis* $\gamma = 2\pi \cdot |\boldsymbol{\mu}_N|/(|\boldsymbol{I}| \cdot h) = 2\pi g \mu_N / h$ zur Formulierung der Resonanzbedingung verwendet: $\omega(H_1) = 2\pi \cdot \nu(H_1) = \gamma \cdot H_0$.

Unabhängig von der Anzahl der Energieniveaus ergibt sich für ein Teilchen immer nur ein Resonanzsignal, da die Übergänge wegen der Auswahlregel $\Delta m_I = \pm 1$ entartet sind (↗ Abb. 3.83b).

Nach Gl. (3.130) ist die Frequenz des Resonanzsignals keine stoffspezifische Größe, sondern vom äußeren Magnetfeld abhängig.

Resonanzabsorption tritt auf, wenn sich die Besetzungszahlen der Niveaus unterscheiden (↗ 3.4.1.), d. h. wenn die absorbierte Energie nicht zur Gleichverteilung („Sättigung“) führt, sondern über *Relaxationsprozesse* an die Umgebung abgeführt wird, so daß ständig neue Übergänge möglich werden.

Die wichtigsten Relaxationsmechanismen sind:

1. Wechselwirkungen mit der thermischen Energie der diamagnetischen Umgebung (dem „Gitter“): *Spin-Gitter-Relaxation*,
2. Wechselwirkungen innerhalb des Gesamtspinsystems: *Spin-Spin-Relaxation*.

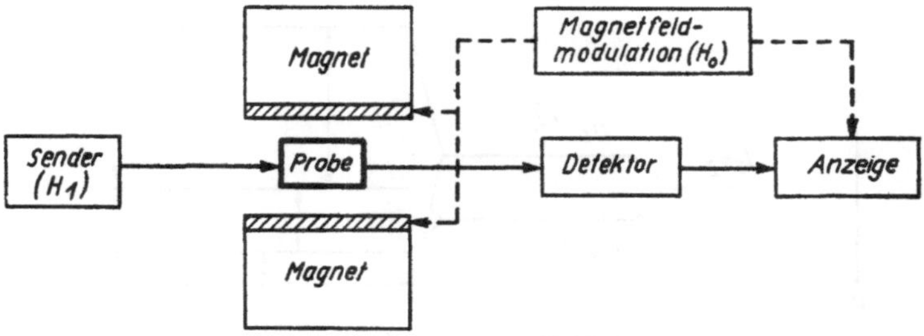

Abb. 3.84. Schematische Meßanordnung für die Magnetische Resonanzspektroskopie

Als Maß für diese Wechselwirkungen dienen die Relaxationszeiten T_1 und T_2, die die Linienbreite und -aufspaltung der Resonanzsignale bestimmen.

Magnetische Resonanzspektrometer sind nach dem in Abb. 3.84 dargestellten Prinzip aufgebaut. Da sich die Frequenz des Wechselfeldes H_1 besser stabilisieren läßt als das stationäre Magnetfeld, wird vorwiegend mit veränderlicher Feldstärke H_0 gearbeitet. Der Frequenzbereich für die Resonanzabsorption ist damit prinzipiell beliebig festlegbar, praktisch aber durch die erzielbaren Feldstärken begrenzt.

Für die Beobachtung der Elektronenresonanz ist in der Regel der *Mikrowellenbereich* am besten geeignet (↗ 3.4.1.). Dagegen müssen Kernresonanzmessungen wegen des um den Faktor 10^3 kleineren g-Wertes im HF-Bereich durchgeführt werden.

Vertiefende Literatur: [3.257 bis 3.260].

3.4.3.4.1. Elektronenspinresonanzspektroskopie

Die Elektronenspinresonanz- (ESR-, EPR-) Spektroskopie untersucht Übergänge ungepaarter Elektronen zwischen Spinniveaus. Dabei ist nach Gl. (3.130) der *g-Faktor* für ein bestimmtes Verhältnis $\nu(H_1)/H_0$ eine substanzspezifische Größe. Er beträgt für das freie Elektron $g_0 = 2{,}00232$, bei ungepaarten Elektronen in Molekülen, Radikalen, Atomen, Ionen weicht er um den Betrag δg vom theoretischen Wert ab

$$g = g_0 + \delta g. \tag{3.131}$$

Größe und Vorzeichen von δg sind abhängig vom Bindungszustand und von der Molekül- bzw. Kristallsymmetrie.

Durch Kristallfelder von Ionen oder Biradikalen mit $I_S > \frac{1}{2}$ kommt es zu Feinstrukturen infolge Nullfeldaufspaltung (↗ Abb. 3.85).

Darüber hinaus kann eine *Hyperfeinstruktur* der Resonanzsignale auftreten, wenn das paramagnetische System Atomkerne mit $I > 0$ enthält. Es tritt dann eine Aufspaltung jedes Elektronen-Zeeman-Niveaus in k Unterniveaus auf, wobei für die Wechselwirkung mit einem Kern $k = 2I + 1$, mit n Kernen $k = (2I_1 + 1)(2I_2 + 1) \ldots (2I_n + 1)$ gilt. Bei Übergängen gelten die Auswahlregeln $\Delta m_S = \pm 1$ und $\Delta m_I = 0$ (Abb. 3.86). Der Abstand zwischen den jeweils

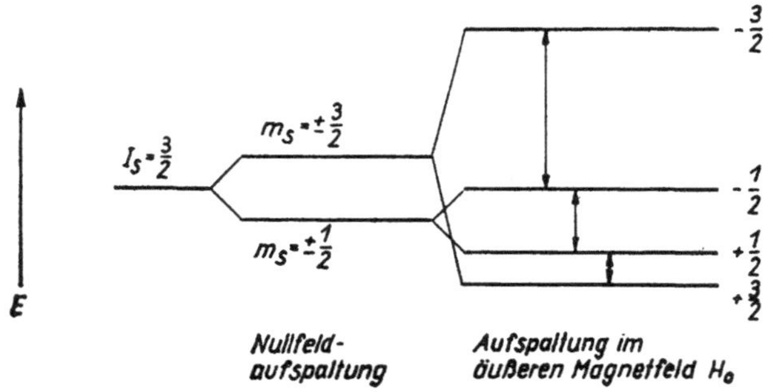

Abb. 3.85. Nullfeldaufspaltung und Entstehung der Feinstruktur für ein Ion oder Radikal mit $I_S = 3/2$ (z. B. Cr^{3+}-Ion)

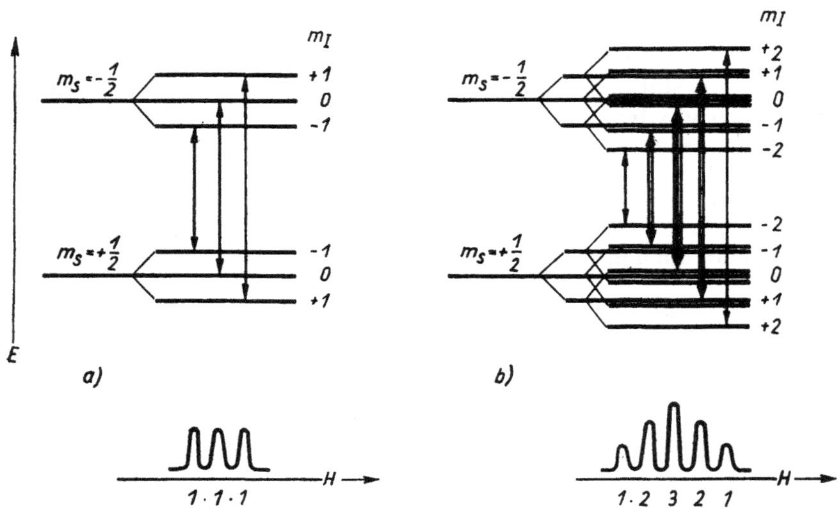

Abb. 3.86. Wechselwirkung eines Elektrons
a) mit einem Kern $I = 1$; b) mit zwei Kernen $I_1 = I_2 = 1$;
Termschemata und Spektren mit Intensitätsverhältnis und Hyperfeinstruktur

äquidistanten Hyperfeinstrukturlinien wird als Kopplungskonstante *a* der Elektron-Kern-Wechselwirkung bezeichnet.

Substanzen ohne paramagnetische Zentren werden ESR-Untersuchungen zugänglich, wenn eine künstliche Radikalbildung möglich ist.

Die mit Hilfe der ESR-Spektroskopie erhältlichen Informationen sind in Abb. 3.88 zusammengestellt. Sie ermöglicht darüber hinaus auch die Aufklärung von Reaktionsmechanismen und kinetische Aussagen bei rasch ablaufenden chemischen Reaktionen, bei denen radikalische Zwischenprodukte auftreten.

Vertiefende Literatur: [3.261 bis 3.268].

3.4.3.4.2. Kernresonanzspektroskopie

Die Kernresonanzspektroskopie (*NMR-Spektroskopie*) untersucht magnetische Übergänge von Kernen mit Spinquantenzahlen $I > 0$. Wie bei der Elektronenspinresonanz ist bei vorgegebenem $\nu(H_1)/H_0$ der *Kern-g-Faktor* bzw. das *gyromagnetische Verhältnis* γ charakteristisch für das Isotop sowie das betrachtete Kernniveau und wird somit zur stoffspezifischen Größe.

Die Resonanzbedingung Gl. (3.130) gilt für einen isolierten Kern. Im Realfall wirkt am Kernort das effektive Magnetfeld H_{eff}

$$H_{eff} = (1 - \sigma) H_0. \tag{3.132}$$

Die Kernabschirmungskonstante σ wird durch alle Parameter beeinflußt, die die Elektronendichte um einen bestimmten Kern bestimmen, vor allem durch die Art und Bindung von Nachbarkernen. Aufgrund dessen ergeben sich für gleiche Kerne in unterschiedlicher Umgebung verschiedene Resonanzfrequenzen. Diese *chemische Verschiebung* δ_A wird gegen die Lage des Resonanzsignals einer Standardverbindung (meist Tetramethylsilan, TMS) gemessen und ist charakteristisch für bestimmte Strukturgruppen

$$\delta_A = \left(\frac{H_A - H_S}{H_S}\right)_{\nu_0} = \left(\frac{\nu_A - \nu_S}{\nu_S}\right)_{H_0} = \left(\frac{\Delta\nu}{\nu_S}\right)_{H_0}. \tag{3.133}$$

Da $\Delta\nu/\nu_S$ sehr klein ist, gibt man δ_A in ppm an.

Den Sachverhalt verdeutlicht Abb. 3.87. Die Intensitäten (integrierte Signalflächen) sind der Anzahl der Resonanzkerne in der betreffenden Strukturgruppe proportional. Bei ausreichender Auflösung werden die Signale in Feinstrukturkomponenten aufgetrennt, die durch Kopplung benachbarter Spins durch Vermittlung der Bindungselektronen entstehen. Diese indirekte Spin-Spin-Kopplung wird durch die Kopplungskonstante J quantitativ beschrieben. Aus den

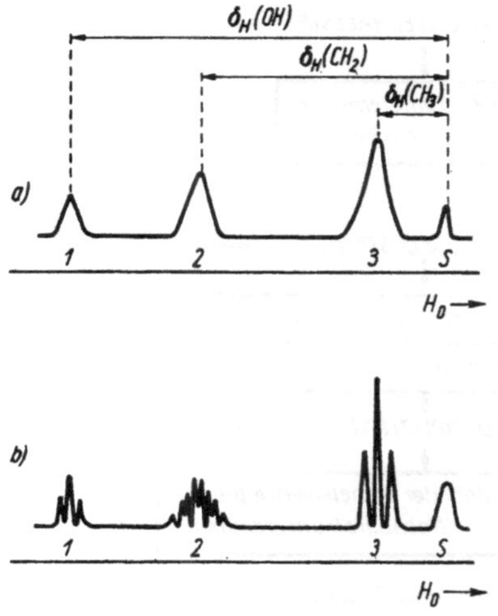

Abb. 3.87. Protonenresonanzspektrum von Ethylalkohol

a) bei geringer; b) bei hoher Auflösung

1 Protonensignale der OH-Gruppe; *2* der CH_2-Gruppe; *3* der CH_3-Gruppe; *S* der Standardprobe

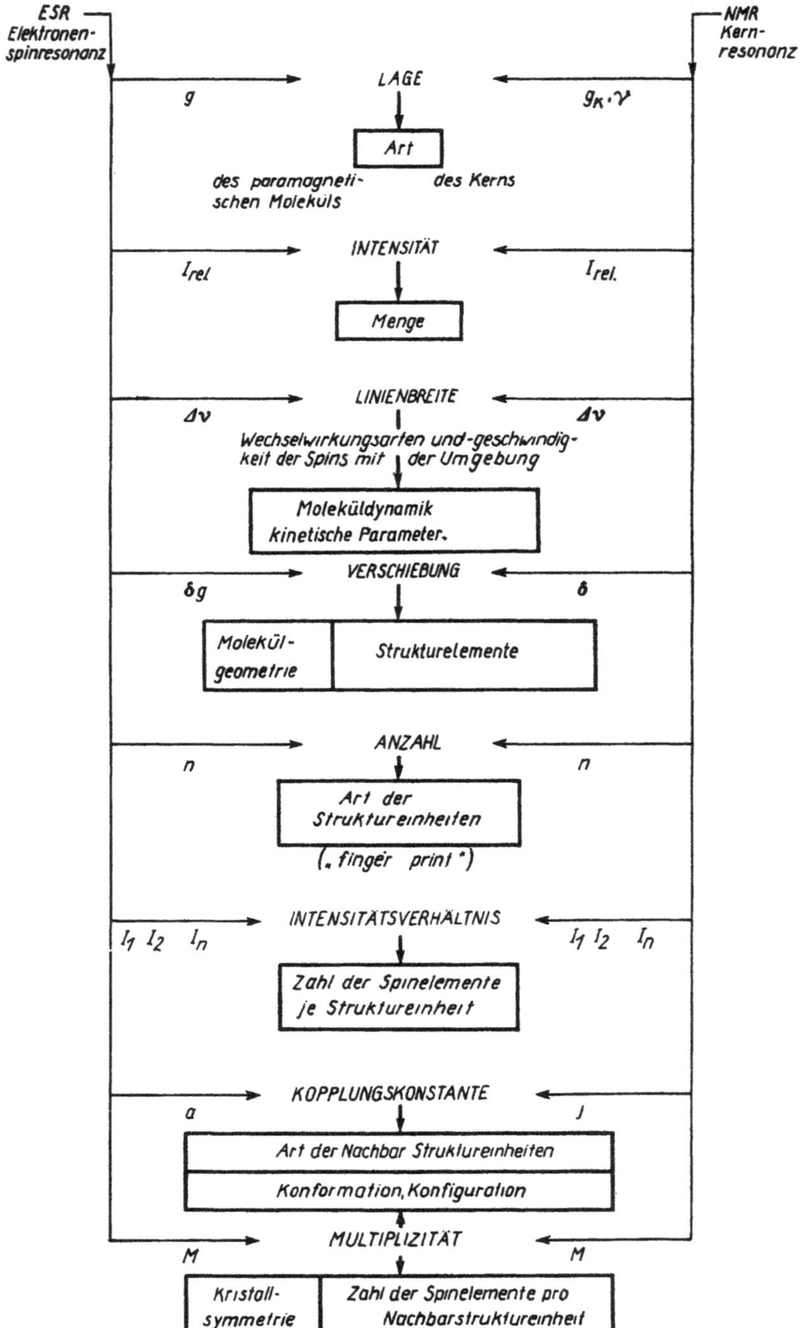

Abb. 3.88. Analytische Informationen von Resonanzsignalen

möglichen Orientierungen der Nachbarspins ergeben sich für $n_1, n_2, \ldots$ gleichartige Kerne

$$M = (2n_1I_1 + 1) \cdot (2n_2I_2 + 1) \cdots \quad (3.134)$$

Aufspaltungen (↗ Abb. 3.87b). Deren Intensitätsverhältnisse entsprechen jeweils den Binominalkoeffizienten von $(a + b)^{M-1}$, falls Spektren 1. Ordnung vorliegen, d. h. wenn die chemische Verschiebung δ groß ist gegenüber der Kopplungskonstanten J.

Die Auswertung von NMR-Spektren wird mitunter durch den Zusatz paramagnetischer Verschiebungsreagenzien erleichtert [3.269], die ein deutlicheres Hervortreten von chemischen Verschiebungen gegenüber Kopplungsaufspaltungen bewirken.

Kernresonanzspektrometer sind nach dem in Abb. 3.84 angegebenen Prinzip aufgebaut. Als Sender und Detektor dienen HF-Spulen in Resonanzkreisen. Diese klassische Meßtechnik gestattet aber im wesentlichen nur die Analyse flüssiger Proben niedriger Viskosität mit einer hinreichenden Konzentration an Resonanzkernen (z. B. Protonenresonanz).

Beim Übergang zu Kernen mit einem geringeren Isotopenanteil und geringeren Empfindlichkeiten ergeben sich beträchtliche Schwierigkeiten bezüglich der Meßzeiten und der Magnetfeldstabilität (das Verhältnis der resultierenden Empfindlichkeiten und damit der Signalintensitäten für die ^{13}C- und ^{1}H-Kernresonanz beträgt 1:6000). Für solche Fälle wird heute die Puls-Fourier-NMR-Spektroskopie erfolgreich eingesetzt. Dabei werden bei konstantem Magnetfeld µs-Impulse entsprechender Frequenz eingestrahlt, wobei für die untersuchte Kernart alle Resonanzstellen im gesamten Absorptionsbereich gleichzeitig angeregt werden. Ebenso erfolgt die Abstrahlung der charakteristischen Resonanzfrequenzen aller angeregten Kerne gleichzeitig. Für alle überlagerten Resonanzsignale wird die zeitliche Änderung der Intensitäten als Interferogramm registriert, aus dem durch Fouriertransformation das eigentliche Spektrum errechnet wird (↗ 3.4.3.1.2.). Mehrmalige Impulsfolgen ermöglichen eine Verbesserung des Signal-Rausch-Verhältnisses durch Akkumulation (↗ 4.5.3.1.) auch in kurzen Zeiten. Eine Erhöhung der Signalintensität kann auch durch die kernmagnetische Doppelresonanz erreicht werden, bei der zwei magnetische Wechselfelder H_1 und H_2 gleichzeitig zwei Kernsorten (z. B. ^{13}C und ^{1}H) zur Resonanzabsorption anregen. Die Einstrahlung einer zweiten Frequenz (häufig im Protonenresonanzgebiet) kann zur selektiven Rauschentkopplung dienen, wodurch Spektren wesentlich übersichtlicher und oft überhaupt erst auswertbar werden.

Die Untersuchung hochviskoser bzw. fester Proben mit Hilfe der klassischen Technik führte zu Breitbandspektren. Ursache der begrenzten spektralen Auflösung sind spezifische Wechselwirkungseffekte, die durch die fixierte Anordnung der Resonanzatome im Festkörpergitter auftreten. Dafür sind insbesondere zwei Erscheinungen verantwortlich:

- die magnetische Dipol-Dipol-Wechselwirkung der fest im Gitter angeordneten Atome mit einem Kernspin $I \neq 0$;

- die Anisotropie der chemischen Verschiebung des untersuchten Resonanzkerns.

Die teilweise Eliminierung bzw. Verminderung dieser Einflüsse führte zur Entwicklung der hochauflösenden NMR-Spektroskopie und damit zu einer breiten Nutzung der Festkörper-Resonanzspektroskopie. Um die Dipolwechselwirkungen zu reduzieren bzw. unwirksam zu machen, gibt es hauptsächlich drei Möglichkeiten:

- Probenrotation um den sogenannten magischen Winkel (*M*agic *A*ngle *S*pinning: MAS-Technik);
- Einstrahlung kurzer intensiver Hochfrequenzimpulse;
- Verringerung der Konzentration der interessierenden Spinsorte.

Gegenwärtig besitzen die Protonenresonanz- und in Verbindung mit Puls-Fourier-Techniken die ^{13}C-NMR-Spektroskopie die größte Bedeutung.

Unter Berücksichtigung einzelner oder kombinierter Möglichkeiten zur Unterdrückung magnetischer Dipol-Dipol-Wechselwirkungen werden neben organischen Substanzen zunehmend anorganische Stoffe, vor allem Silicate, die den größten Umfang der NMR-Untersuchungen ausmachen, Aluminate und Phosphate mit den Kernen ^{29}Si, ^{27}Al, und ^{31}P analysiert. Für koordinationschemische Untersuchungen finden außerdem neben ^{1}H als wichtige Liganden ^{19}F, ^{14}N (in Doppelresonanz) bzw. ^{15}N sowie als Zentralatome bzw. Kationen ^{7}Li, ^{23}Na und ^{113}Cd Interesse. Neben Untersuchungen an reinen Substanzen und Stoffgemischen sind Aussagen über Koordinationszahlen, den Kondensationsgrad, zur Symmetrie von Baugruppen sowie über Bindungslängen und Bindungswinkel möglich. Im Vergleich zu diffraktometrischen Verfahren (↗ 3.4.2.2.) können diese Aussagen auch von amorphen Substanzen erhalten werden.

Vertiefende Literatur: [3.270 bis 3.284].

3.4.3.4.3. Kernquadrupolresonanzspektroskopie

Atomkerne mit einem Kernspin $I > \frac{1}{2}$ besitzen eine nichtkugelsymmetrische Ladungsverteilung und damit ein *Quadrupolmoment Q*. Dieses spaltet in inhomogenen elektrischen Feldern (Kristall- oder Molekülfeldern) in verschiedene Kernquadrupolniveaus auf, zwischen denen bei Einwirkung hochfrequenter Wechselfelder Übergänge stattfinden. Mit deren Untersuchung beschäftigt sich die *Kernquadrupolresonanz-* (*NQR-*) *Spektroskopie*. Mit ihrer Hilfe lassen sich Informationen über Bindungszustände sowie über Kristallstrukturen gewinnen, wobei sie die der NMR-Spektroskopie ergänzen bzw. übertreffen können.

Quadrupolmomente sind indirekt über Feinstruktur- bzw. Hyperfeinstrukturaufspaltungen der Mößbauer-Spektroskopie (↗ 3.4.6.1.), der Elektronen- und Kernresonanzspektroskopie (↗ 3.4.3.4.), der Mikrowellenspektroskopie (↗ 3.4.3.1.1.) und auch der optischen Atomemissionsspektroskopie (↗ 3.4.4.2.1.) nachzuweisen bzw. zu bestimmen.

Vertiefende Literatur: [3.285, 3.286, 3.158/S. 259].

3.4.4. Atomspektroskopische Analysenprinzipien

Die Wechselwirkung von Atomen mit elektromagnetischer Strahlung (Photonen) oder Teilchen (Elektronen, Ionen) führt zur Änderung der inneren Energie des atomaren Systems. Dabei ist es teilweise unerheblich, ob das Untersuchungsmaterial als Festkörper oder in gelöster Form vorliegt. Im Falle der Anwendung gerichteter Strahlen (Sonden) sind in der Regel feste Proben erforderlich. Bei der infolge der Wechselwirkung auftretenden Energieübertragung spielen Übergänge von Elektronen des Probenmaterials zwischen zwei oder mehreren diskreten Energieniveaus oder einem diskreten Energieniveau und dem Kontinuum (Ionisation) eine besondere Rolle.

Die klassischen Verfahren der Atomspektroskopie nutzen im wesentlichen Energieniveaus im Valenzbereich. Dies setzt freie, nicht in das Gitter von Festkörpern eingebaute Atome voraus. Die Erzeugung und Anregung dieser Atome erfordert in der Regel Plasmen von Flammen bzw. elektrische Entladungen.

Die Anregung kernnaher Elektronenniveaus gestattet die Untersuchung fester Proben, da die Bindungsenergie dieser Elektronen infolge chemischer Wechselwirkung nur geringfügig verändert wird. Abb. 3.90 zeigt, daß je nach wechselwirkender Strahlung (Röntgen- oder Elektronenstrahlung) verschiedene Spektren erhalten werden können. Bei der Verwendung von Ionenstrahlen sind die Verhältnisse teilweise noch komplizierter, wie die Verfahren der Ionen- (↗ 3.4.5.) und Kernspektroskopie (↗ 3.4.6.) ausweisen.

Die austauschbaren Energiebeträge können mit Hilfe der Quantentheorie berechnet werden, wobei die in Tab. 3.15 zusammengestellten Quantenzahlen den energetischen Zustand der Elektronen bzw. Atome beschreiben (Abb. 3.89). Terme atomarer Systeme sind eindeutig charakterisiert, wenn anstelle von $L = 0, 1, 2, 3$ ... die vollständigen Termsymbole $L = S, P, D, F$, ... verwendet werden. Wechselwirkungen von Atomen mit elektromagnetischer oder Teilchenstrahlung sind in den die Analytik interessierenden Energiebereichen (Abb. 3.47) stets mit der Änderung mindestens einer Quantenzahl verbunden.

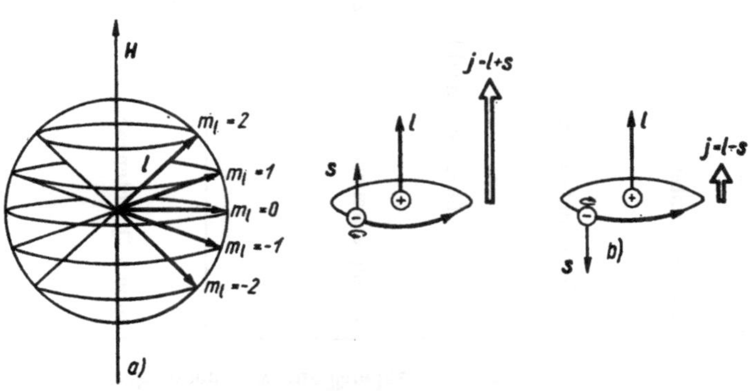

Abb. 3.89. Einstellmöglichkeiten des Bahndrehimpulses in einem Magnetfeld *H* (a) und vektorielle Addition von Bahn- und Eigendrehimpuls zum Gesamtdrehimpuls eines Elektrons (b)

Tabelle 3.15. Systematik der atomaren Quantenzahlen

		Quantenzahl		Beschriebener Zustand	Beziehung	Wertevorrat
Elementare Quantenzahlen	für Elektronen bzw. für Einelektronenatome	Hauptquantenzahl	n	Terme (Energieniveaus) der Elektronen im Atom	$n^2 = -\frac{R \cdot h \cdot c}{E} Z^{*2}$	1, 2, 3, ...
		Nebenquantenzahl	l	Größe des Bahndrehimpulses eines Elektrons	$l = \frac{\lvert \boldsymbol{l} \rvert}{\hbar}$	0, 1, 2, ... $n - 1$
		magnetische Quantenzahl	m	Orientierung des Bahndrehimpulses im Raum (↗ Abb. 3.89a)	$m_l = l \cdot \cos \alpha$	$-l$ ... 0 ... $+l$
		Spinquantenzahl	m_s	Eigendrehimpuls eines Elektrons	$m_s = \pm s$ $s = \frac{\lvert \boldsymbol{s} \rvert}{\hbar}$	$\pm \frac{1}{2}$
Resultierende Quantenzahlen		innere Quantenzahl	j	aus der Spin-Bahn-Wechselwirkung resultierender Gesamtdrehimpuls eines Elektrons (↗ Abb. 3.89b)	$j = \frac{\lvert \boldsymbol{j} \rvert}{\hbar}$ $\boldsymbol{j} = \boldsymbol{l} + \boldsymbol{s}$	$\frac{1}{2}, \frac{3}{2}, \frac{5}{2}, \ldots$
		magnetische Quantenzahl des Gesamtdrehimpulses	m	Orientierung des Gesamtdrehimpulses eines Elektrons im Raum	$m = j \cdot \cos \alpha$ $m = m_l + m_s$	$-j$ ... $+j$

Resultierende Quantenzahlen	für Mehrelektronenatome	resultierende Bahndrehimpulsquantenzahl	L	resultierender Bahndrehimpuls eines Atoms (Vektorsumme aller Einzelimpulse)	$L = \frac{\lvert\boldsymbol{L}\rvert}{\hbar}$ $\boldsymbol{L} = \sum \boldsymbol{l}_i$	$0, 1, 2, \ldots$
		resultierende magnetische Quantenzahl des Bahndrehimpulses	M_L	Orientierung des resultierenden Bahndrehimpulses eines Atoms im Raum	$M_L = L \cdot \cos\alpha$ $M_L = \sum m_l$	$-L \ldots +L$
		resultierende Eigendrehimpulsquantenzahl	M_S	resultierender Eigendrehimpuls eines Atoms (Vektorsumme aller Eigendrehimpulse; Spinmultiplizität)	$S = \frac{\lvert\boldsymbol{S}\rvert}{\hbar}$ $\boldsymbol{S} = \sum \boldsymbol{s}_i$ $M_S = \pm S$	$0, \frac{1}{2}, 1, \frac{3}{2}, 2, \ldots$
		resultierende innere Quantenzahl	J	resultierender Gesamtdrehimpuls eines Atoms; Spin-Bahn-Wechselwirkung als Russel-Saunders-Kopplung (vorwiegend bei leichten Atomen), als jj-Kopplung (vorwiegend bei schweren Atomen)	$J = \frac{\lvert\boldsymbol{J}\rvert}{\hbar}$ $\boldsymbol{J} = \boldsymbol{L} + \boldsymbol{S}$ $\boldsymbol{J} = \sum \boldsymbol{j}_i$	$0, \frac{1}{2}, 1, \frac{3}{2}, 2, \ldots$
		resultierende magnetische Quantenzahl des Gesamtdrehimpulses	M	Orientierung des Gesamtdrehimpulses eines Atoms im Raum	$M = M_L + M_S$ $M = J \cdot \cos\alpha$	$-J \ldots +J$

$R = R_\infty/(1 + m_e/M_K)$ Rydberg-Konstante; (R_∞ ↗ Anhang A.1.); $\hbar = h/2\pi$; Z^* effektive Kernladungszahl

Es gelten die Auswahlregeln:

$$\begin{aligned} \Delta n &= \pm 0, 1, 2, 3, \ldots \\ \Delta L &= \pm 1 \\ \Delta J &= \pm 0, 1 \quad (\text{Ausnahme: } J = 0 \rightarrow J' = 0) \end{aligned} \tag{3.135}$$

Übergänge $\Delta n \neq 0$ zwischen kernnahen Niveaus führen in der Regel zu Signalen im Röntgenbereich. Bei $\Delta n = 0$ liegen die entsprechenden Linien im UV- oder sichtbaren (optischen) Spektralgebiet, ebenso wie bei Übergängen im Valenzelektronenbereich. Bei leichten Elementen, bei denen die inneren Elektronen identisch mit den Valenzelektronen sind, liegen die „Röntgenübergänge" ebenfalls im optischen Gebiet (z. B. Lyman- und Balmer-Serie des Wasserstoffs).

Aufgrund der mit wachsender Hauptquantenzahl zunehmenden Anzahl von Drehimpuls-Quantenzuständen sind die optischen Spektren linienreicher als die Röntgenspektren.

Die Anregung von Atomen zur Strahlungsemission erfolgt durch Teilchenstoß; daneben ist auch bei Atomen Fluoreszenz als Folgeprozeß von Strahlungsabsorption möglich.

Vertiefende Literatur: [3.138 bis 3.141].

3.4.4.1. Röntgen- und Elektronenspektroskopie

Die Äquivalenz von elektromagnetischer und korpuskularer Strahlung zeigt sich bei Röntgenquanten und Elektronen gleicher Energie besonders deutlich. Beide Strahlungsarten regen nicht nur die gleichen Primärprozesse an, sondern sie treten auch beide als Sekundärstrahlung der sich anschließenden Folgeprozesse auf (Abb. 3.90). Deutlich unterscheiden sie sich allerdings in ihren Wirkungsquerschnitten, worauf sich auch die Eignung der Elektronenspektroskopie zur Analytik von Ober- und Grenzflächen gründet.

Der Primärvorgang umfaßt die Absorption der Röntgenquanten oder der Elektronen. Führt die Absorption der Röntgenquanten zur Emission von Elektronen, so spricht man von Photoionisation des betreffenden Atoms

$$h\nu + \mathrm{A} \rightarrow \mathrm{A}^{+*} + \mathrm{e}^-_{\mathrm{Ph}}.$$

Die Absorption der Photonenenergie, die einem Exponentialgesetz folgt

$$I = I_0 \exp\left(-\mu_\mathrm{m} \cdot d\right), \tag{3.136}$$

$d = \varrho \cdot x$ Flächendichte bzw. Massendicke
μ_m Massenabsorptionskoeffizient

zeigt demzufolge bei bestimmten Wellenlängen Unstetigkeiten, die sogenannten Absorptionskanten (Abb. 3.90d), die auf spezifische Absorption infolge Ionisation zurückzuführen sind. Die kinetische Energie der emittierten Photo-

Abb. 3.90. Elementarprozesse bei der Röntgen- und Elektronenspektroskopie (a bis c) und schematische Darstellung der zugehörigen Spektren (d bis g) ● Elektron; ○ Elektronenloch

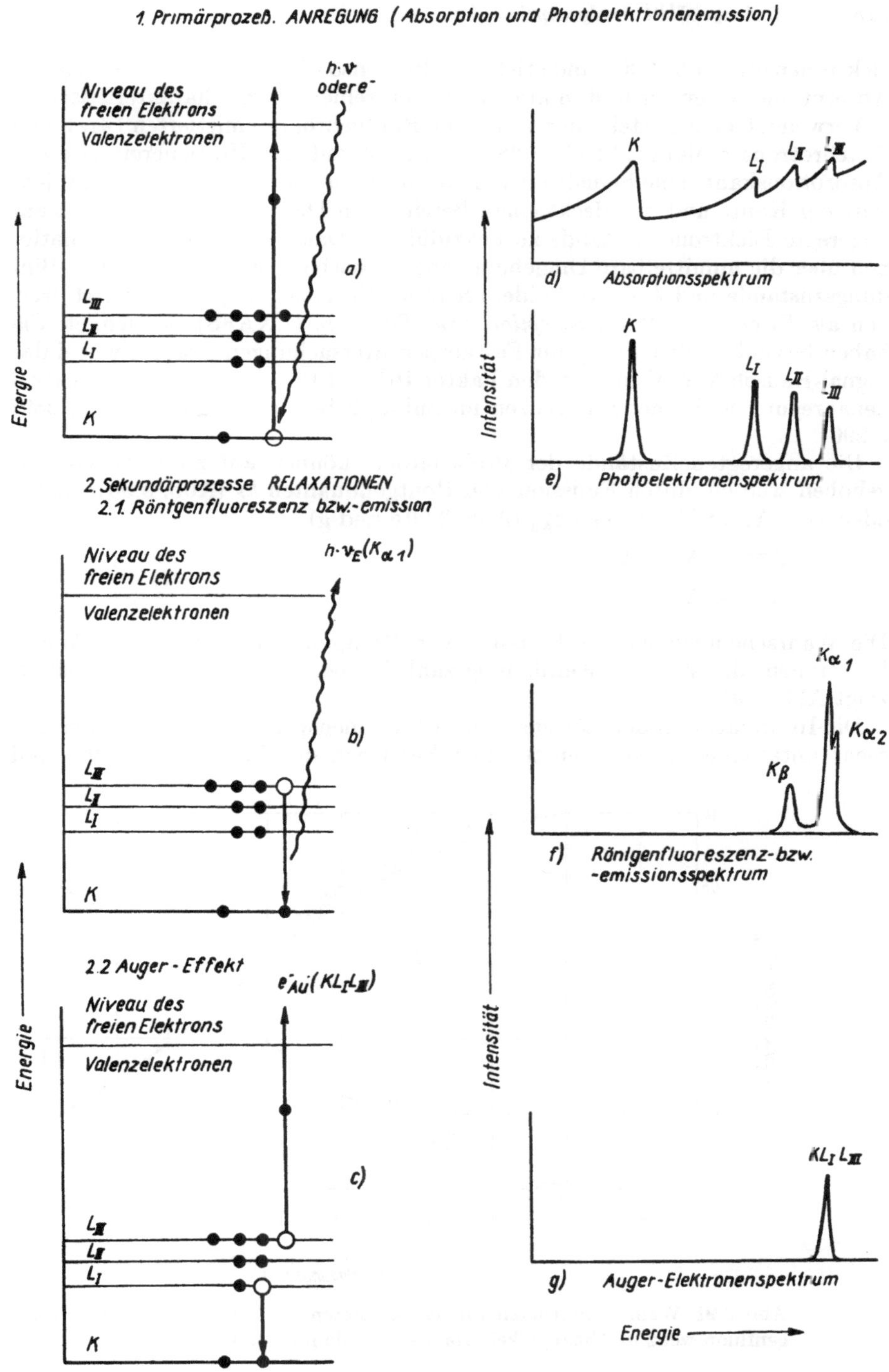
1. Primärprozeß. ANREGUNG (Absorption und Photoelektronenemission)
h·ν oder e⁻
Niveau des freien Elektrons
Valenzelektronen
a)
Energie
K
d) Absorptionsspektrum
e) Photoelektronenspektrum
Intensität
2. Sekundärprozesse RELAXATIONEN
2.1. Röntgenfluoreszenz bzw.-emission
h·ν_E(Kα1)
Niveau des freien Elektrons
Valenzelektronen
b)
Kα1
Kα2
Kβ
f) Rönlgenfluoreszenz-bzw. -emissionsspektrum
2.2 Auger-Effekt
e⁻Au(KLILIII)
Niveau des freien Elektrons
Valenzelektronen
c)
KLI LIII
g) Auger-Elektronenspektrum
Energie

elektronen e^-_{Ph} (Abb. 3.90 a und e) ist deshalb ebenso wie die energetische Lage der Absorptionskanten für bestimmte Niveaus einzelner Atome charakteristisch.

Verwendet man anstelle der von einer Röntgenröhre emittierten Strahlung Synchrotronstrahlung [3.287; 3.288], dann ist auf der Hochenergieseite der Absorptionskante eine Feinstruktur zu beobachten. Sie beginnt etwa 30 eV jenseits der Kante und überdeckt einen Bereich von 1000 ... 1500 eV und ist auf angeregte Elektronenzustände zurückzuführen. Damit kann man Informationen über die unmittelbare Umgebung eines Absorberatoms, speziell über Bindungszustände und Atomabstände, erhalten. Untersuchungen dieser Art werden als *Extended X-Ray Absorption Fine Structure* (EXAFS) bezeichnet. Sie haben besondere Bedeutung für Festkörperuntersuchungen erlangt, wobei das Signal-Rausch-Verhältnis um den Faktor 10^3 ... 10^4 besser ist als bei Elektronenanregung und Nachweisgrenzen im Sub-ppb-Bereich möglich sind [3.289; 3.290].

Die angeregten Zustände der Probenatome können auf zwei Wegen aufgehoben werden, durch Emission von Röntgenquanten $h\nu$ (Abb. 3.90 b und f) oder von Auger-Elektronen e^-_{Au} (Abb. 3.90 c und g)

$$A^{+*} \rightarrow A^{+} + h\nu$$

$$A^{+*} \rightarrow A^{2+} + e^-_{Au}.$$

Die Wahrscheinlichkeit der Emission von Röntgenquanten bzw. von Auger-Elektronen, die von der Kernladungszahl des betreffenden Atoms abhängt, zeigt Abb. 3.91.

Die Informationen der Röntgen- und Elektronenspektroskopie stammen aus recht unterschiedlichen geometrischen Bereichen der Probe (Abb. 3.92) und

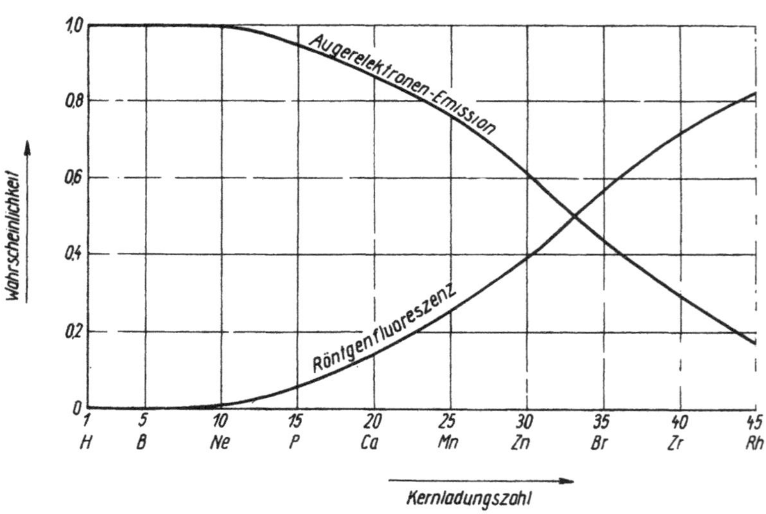

Abb. 3.91. Wahrscheinlichkeit für das Auftreten von Auger-Effekt bzw. Röntgenfluoreszenz in Abhängigkeit von der Kernladungszahl

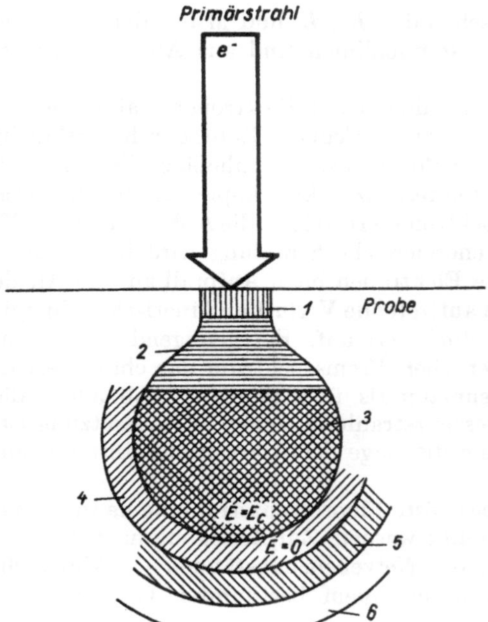

Abb. 3.92. Angeregte Probenbereiche bei Verwendung von Elektronenstrahlen
1 Bereich der Emission von Sekundärelektronen (Photo- und Auger-Elektronen): 2 ... 10 nm; *2* Bereich analytisch verwertbarer rückgestreuter Elektronen; *3* Bereich der charakteristischen Röntgenstrahlung ($E \geqq E_c$) (Eindringbereich der Primärelektronen): 1000 ... 2000 nm; *4* Bereich der Röntgenbremsstrahlung; *5* Bereich der Sekundärfluoreszenz; *6* Bereich der reflektierten Röntgenstrahlen (Kossel-Interferenzen); E_c Anregungsenergie für die charakteristische Röntgenstrahlung

sind deshalb selten direkt vergleichbar. Sie sind in einem erheblichen Maße von der Oberflächenbeschaffenheit der Proben (Topographie- und Kontaminationseffekt) abhängig. Röntgen- sowie Photoelektronen- und Auger-Elektronenspektroskopie sind im makroskopischen Sinne zerstörungsfreie Analysenprinzipien.

Vertiefende Literatur: [3.291 bis 3.298].

3.4.4.1.1. Röntgenemissions- und -fluoreszenzspektroskopie

Die Röntgenspektroskopie gestattet die Bestimmung der Art und Menge von Probenbestandteilen aus den charakteristischen Spektren, die durch Anregung mittels energiereicher Röntgenstrahlung (*Röntgenfluoreszenzspektroskopie*) oder mit Elektronenstrahlen (*Röntgenemissionsspektroskopie*) entstehen. Röntgenfluoreszenz ist darüber hinaus auch mit γ- oder β-Strahlung aus radioaktiven Quellen anregbar.

Für die Wellenzahlen der Röntgensignale gilt die Moseleysche Gleichung

$$\boxed{\tilde{\nu} = R_\infty (Z - \sigma)^2 \left(\frac{1}{n^2} - \frac{1}{n'^2} \right)}. \tag{3.137}$$

R_∞ Rydberg-Konstante (↗ Anhang A. 1.)
Z Kernladungszahl
σ Abschirmkonstante
n, n' Hauptquantenzahlen ($n' > n$)

Die möglichen Termübergänge zwischen den K-, L- und M-Schalen sowie die Bezeichnungen der entsprechenden Röntgenlinien sind aus Abb. 3.93 zu ersehen.

Da bei der Anregung von Röntgenemission mit Elektronenstrahlen der zu untersuchende Stoff als Antikatode in eine zerlegbare Röntgenröhre gebracht werden muß, wird in der analytischen Praxis fast ausschließlich die technisch einfacher zu realisierende Röntgenfluoreszenzspektroskopie angewandt. Den prinzipiellen Aufbau von Röntgenspektrometern zeigen die Abb. 3.94 und 3.97.

Die zur Anregung erforderliche energiereiche Strahlung wird in Röntgenröhren erzeugt, indem beschleunigte Elektronen beim Aufprall auf die Anode stark abgebremst werden. Der dabei auftretende Verlust an kinetischer Energie tritt als Röntgenstrahlung (*Bremsstrahlung*) auf. Bei genügend hoher Anregungsspannung ist dem kontinuierlichen Bremsspektrum das charakteristische Röntgenspektrum des Anodenmaterials überlagert (↗ Abb. 3.95), die sich beide zur Anregung von Fluoreszenzstrahlung eignen. Voraussetzung ist, daß die Energie der Primärstrahlung die Lage der Absorptionskante des anzuregenden Elementes übersteigt.

Die durch die Primärstrahlung ausgelöste Fluoreszenzstrahlung kann *wellenlängen-* oder *energiedispersiv* aufgetrennt werden. Zur Zerlegung nach Wellenlängen finden Kristalle mit geeigneten Netzebenenabständen (↗ Abb. 3.96) Verwendung, die Röntgenstrahlen unter einem bestimmten Glanzwinkel ϑ

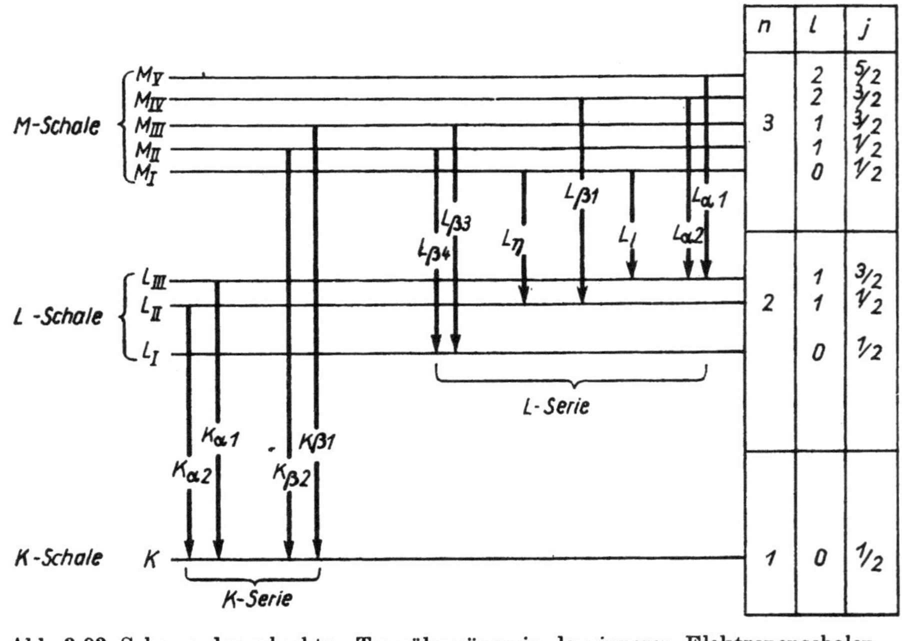

Abb. 3.93. Schema der erlaubten Termübergänge in den inneren Elektronenschalen.

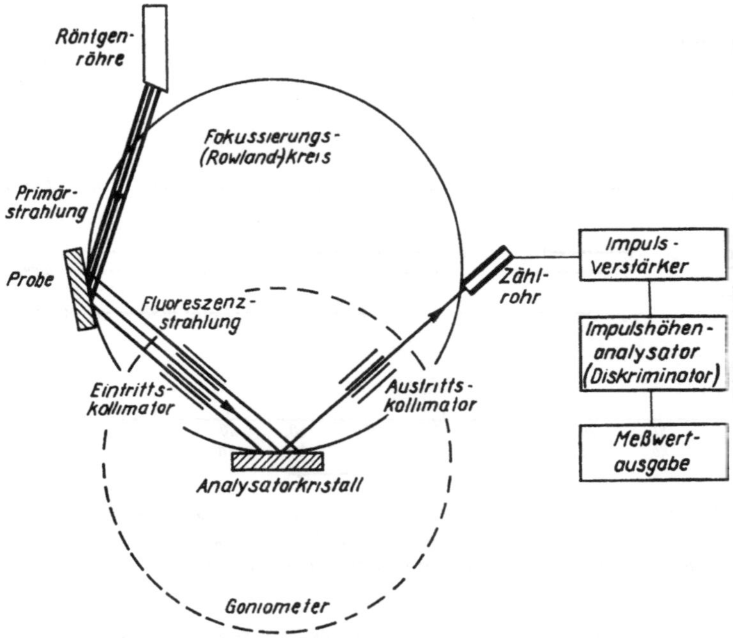

Abb. 3.94. Schematischer Aufbau eines wellenlängendispersiven Röntgenspektrometers (Anordnung für Röntgenfluoreszenzspektroskopie)

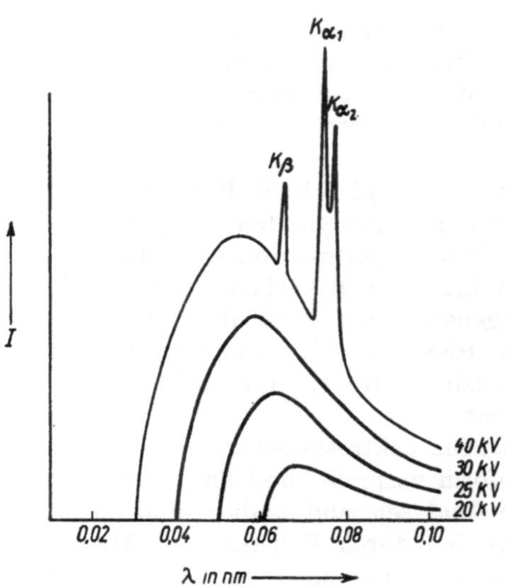

Abb. 3.95. Intensitätsverteilung der Bremsstrahlung bei verschiedenen Röhrenspannungen ($h\nu_{max} = hc/\lambda_{min} = eU_A$). Für eine Anregungsspannung von $U_A = 40$ kV ist zusätzlich das Auftreten der charakteristischen Röntgenstrahlung (schematisch) wiedergegeben

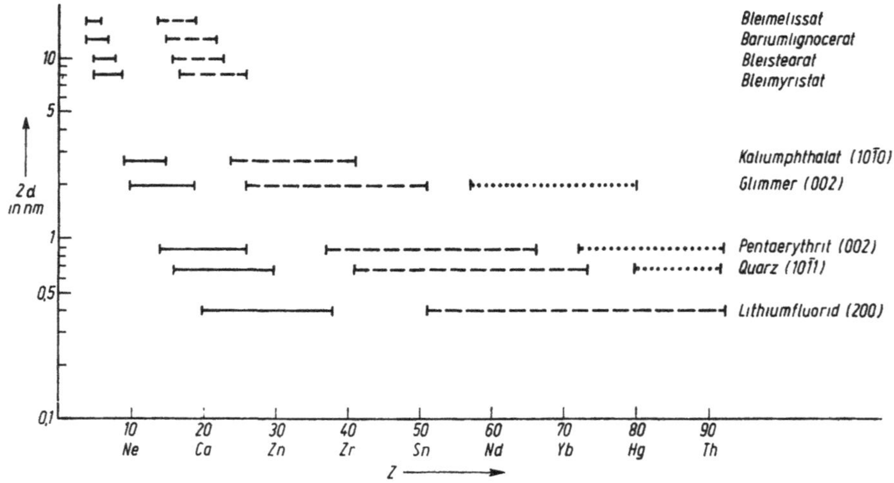

Abb. 3.96. Einsatzbereiche verschiedener Analysatorkristalle für K-Spektren (——), für L-Spektren (– – –) und M-Spektren (· · · · ·). (Die angegebenen Grenzen sind abhängig vom aktuell erfaßten Braggwinkelbereich des Spektrometers.)

„reflektieren", wenn das Braggsche Gesetz (↗ 3.4.2.2.) erfüllt ist:

$$\lambda = \frac{2d}{n} \sin \vartheta . \tag{3.138}$$

Damit kann die Röntgenspektroskopie als Umkehrung der Röntgendiffraktometrie betrachtet werden.

Neben nichtfokussierenden ebenen Kristallen werden, vorrangig zur Untersuchung von Mikroprobenbereichen, auch gebogene Kristalle mit fokussierender Wirkung eingesetzt. Der Wellenlängenbereich wird durch gleichzeitige Drehung von Analysatorkristall und Detektor mittels einer Goniometereinrichtung durchfahren.

Als Strahlungsempfänger finden hauptsächlich Proportional- und Szintillationszähler Anwendung, die die Röntgenquanten in Spannungsimpulse umwandeln. Die *energiedispersive Röntgenspektroskopie* verwendet Halbleiterdetektoren [3.299; 3.300], vor allem Si(Li), die in Verbindung mit Vielkanal-Impulshöhenanalysatoren die Röntgenstrahlung nach ihrer Energie zerlegen (↗ Abb. 3.97). Auf diese Weise werden weder Goniometereinrichtung noch Analysatorkristall benötigt; energiedispersive Röntgenspektrometer sind deshalb besonders leicht automatisierbar.

Mit Hilfe der Röntgenfluoreszenzspektroskopie können Flüssigkeiten, Pulver (homogen, meist in Tablettenform verpreßt) und kompakte Feststoffe untersucht werden. Für fehlerfreie Analysen sind saubere und ebene Probenoberflächen Voraussetzung; sie werden durch Polieren und Ätzen erhalten. Die Untersuchung von Dünnschichten ist besonders günstig, da Matrixeffekte nur in unbedeutendem Maße auftreten. Auch *Schichtdicken* sind mit Hilfe der Röntgenfluoreszenz bzw. -absorption vorteilhaft bestimmbar.

Bei kompakten Materialien beeinflussen die Begleitelemente die Intensität der Fluoreszenzstrahlung vor allem durch Absorption von Primär- und Fluoreszenzstrahlung. Daneben kann aber auch durch die Fluoreszenzstrahlung der Matrix zusätzliche (Sekundär-) Fluoreszenz angeregt werden. Diese Störfaktoren können teilweise rechnerisch korrigiert werden.

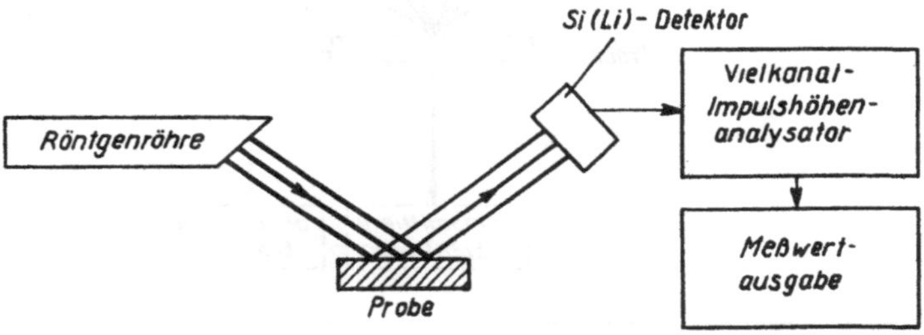

Abb. 3.97. Prinzip eines energiedispersiven Röntgenspektrometers (Anordnung für Röntgenfluoreszenzspektroskopie)

Eine spezielle Methode, die weite Verbreitung gefunden hat, stellt die *Elektronenstrahl-Mikroanalyse* (ESMA) dar [3.301 bis 3.304]. Bei ihr ist die Arbeitstechnik der Röntgenspektrometrie kombiniert mit der Rasterelektronenmikroskopie (↗ 3.4.2.1.).

Die bei einer Elektronenstrahl-Mikrosonde auftretenden analytisch relevanten Wechselwirkungen zeigt Abb. 3.98. Für die Elementanalyse wird allein die emittierte Röntgenstrahlung herangezogen. Infolge der Fokussierbarkeit des primären Elektronenstrahls auf Probenbereiche von etwa 1 μm^2 lassen sich so *Lokalanalysen* (Punktanalysen) bzw. ein- oder zweidimensionale *Verteilungsanalysen* (Linien- und Flächenanalysen) durchführen. Dabei wird der Elektronenstrahl mittels elektromagnetischer Felder zeilenförmig über die Probe gelenkt. In Tab. 3.16 ist der jeweilige Informationsgehalt für verschiedene ESMA-Untersuchungsmöglichkeiten zusammengestellt. Dabei ist zu erkennen, wie sich entsprechend einer analytischen Unbestimmtheitsbeziehung (↗ 1.4.2.; [1.46]) mit wachsendem geometrischem Auflösungsvermögen sowohl die erzielbare Präzision als auch die Anzahl der bestimmbaren Elemente verringert.

Die kleinsten nachweisbaren Substanzmengen liegen für Elemente mittlerer Ordnungszahl bei etwa 10^{-14} g; das entspricht bei Probenvolumina von 1 ... 20 μm^3 Gehalte von 1 ... 10^{-2} %.

Zur Bilderzeugung werden bevorzugt die Sekundärelektronen verwendet, wobei die Abbildung je nach der Art der Registrierung Topographie- oder Potentialkontrast aufweist. Gegenüber elektronenmikroskopischen Bildern zeichnen sie sich durch eine hohe Tiefenschärfe aus.

Die Röntgenspektroskopie dient hauptsächlich zur Elementanalyse. Einflüsse der chemischen Bindung spielen bei den Röntgenspektren im allgemeinen

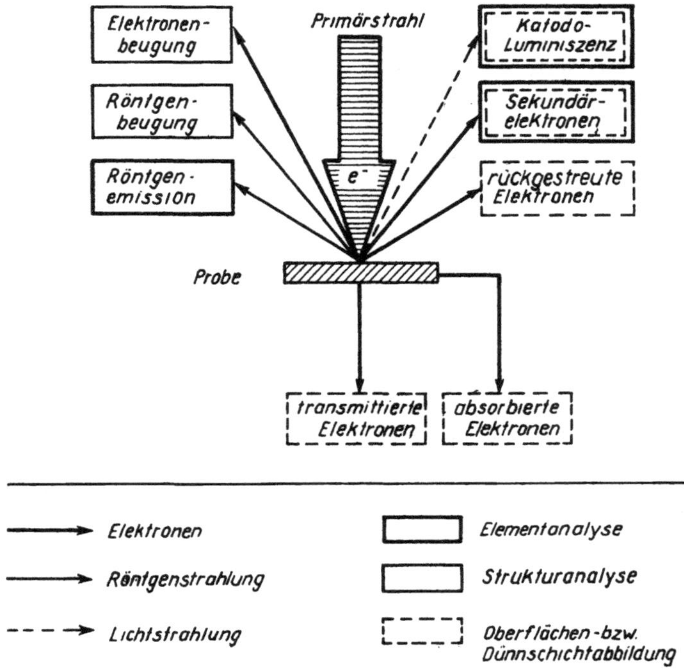

Abb. 3.98. Wechselwirkungen, die die Elektronenstrahl-Mikrosonde zur Gewinnung analytischer Informationen nutzt

Tabelle 3.16. Mit einer Elektronenstrahl-Mikrosonde (ausgerüstet mit zwei Spektrometern) erhältliche analytische Informationen

Verteilungs-analytische Technik	Analytische Informationen	A[1])	n	lb m	M_p in bit
Punktanalyse (nulldimensional)	Art aller Elemente $Z \geqq 4$	1	88	1	88
	Menge zweier Elemente (quantitativ)	1	2	8	16
Linienanalyse (eindimensional)	Verteilung zweier Elemente entlang einer Geraden (Konzentrationsprofil - halbquantitativ)	30	2	4	240
Flächenanalyse (zweidimensional)	Verteilung eines Elementes über mikroskopische Flächenbereiche	1000	1	1	1000

[1]) A geometrisches Auflösungsvermögen (bezogen auf $L = 100\,\mu m$ bzw. $F = 10^4\,\mu m^2$); n Anzahl der bestimmbaren Elemente; M_p potentielle Informationsmenge (↗ 1.4.2.)

eine untergeordnete Rolle bzw. erfordern spezielle Auswerteverfahren, die besonders bei leichten Elementen (Valenzbandspektren) anwendbar sind [3.305, 3.306].

Eine weitere Variante der Röntgenemissionsspektroskopie, die *Appearance Potential Spectroscopy* (APS), mißt die gesamte Röntgenemissionsintensität (ohne Dispersion) als Funktion der Primärelektronenenergie. Man kann jeweils dann, wenn die Schwellenenergie für die Anregung von einem core-Elektron erreicht ist, einen Sprung des stetig steigenden Bremsstrahlungsuntergrundes beobachten. Dieser Sprung wird durch Emission charakteristischer Röntgenstrahlung (Soft-*X*-Ray-APS; SXAPS) bzw. bei der Registrierung der gesamten Auger-Elektronenausbeute durch einen speziellen Auger-Übergang (*A*uger-*E*lektronen-APS; AEAPS) verursacht.

Die APS wird neben der Oberflächenanalyse fester Proben für die experimentelle Untersuchung der Bandstruktur von Metallen sowie Legierungen eingesetzt und liefert Informationen über Struktur und Dichte unbesetzter Zustände oberhalb des Ferminiveaus. Der Einfluß chemischer Effekte kann aus der chemischen Verschiebung (↗ 3.4.4.1.2.) abgeleitet werden. Besonders nachweisstark ist die APS für 3*d*-Elemente (10^{-2} ... 10^{-3} Monolagen).

Die *Isochromatenspektroskopie*, ebenfalls eine Variante der soft-X-Ray-Emissionsspektroskopie, stellt praktisch die Umkehrung des Photoeffektes (↗ 3.4.4.1.2.) dar. Während dort durch Absorption von Photonen $h\nu$ ein Elektron mit der Energie $E_k = h\nu - E_B^F - \Phi$ [↗ Gl. (3.139)] emittiert wird, gelangen hier Elektronen, die mit variabler Energie E_k die Probenoberfläche treffen, genau dann in das Niveau E_B^F, wenn sie durch Abbremsung die Energie $h\nu = E_k + E_B^F + \Phi$ in Form von Strahlung abgeben. Die Wahrscheinlichkeit dafür entspricht der Zustandsdichte unbesetzter Energiezustände. Diese lassen sich in ihrer Gesamtheit durch Variation der Einfallsenergie zwischen $E_k = (h\nu - \Phi)$ und $h\nu$ abtasten [3.307].

Vertiefende Literatur: [3.291, 3.294, 3.308].

3.4.4.1.2. Photoelektronenspektroskopie

Unter Photoelektronenspektroskopie versteht man die Messung der kinetischen Energie E_k von Elektronen, die ein Stoff infolge des Photoeffektes bei der Einwirkung von Röntgen- (*X-Ray Photoelectron-Spectroscopy*, XPS) oder UV-Strahlung (*UV-Photoelectron-Spectroscopy*, UPS) emittiert. Dazu sind prinzipiell auch Elektronen geeignet. Dadurch ist es möglich, die Bindungsenergie E_B der Elektronen atomarer Energieniveaus direkt zu messen. Von SIEGBAHN, dem Begründer dieser Methode, wurde der Begriff *Elektronenspektroskopie für chemische Analyse* (ESCA) eingeführt.

Um vergleichbare Meßwerte zu erhalten, bezieht man die Bindungsenergie von Elektronen auf das Ferminiveau E_B^F [3.309]. Zur Ermittlung der absoluten Bindungsenergie (Ionisierungsenergie) $E_B^V = E_B^F + \Phi_{Pr}$ benötigt man die Austrittsarbeit (work function) der Probe Φ_{Pr}, die prinzipiell verschieden ist, von der des Spektrometers Φ_{Sp}. Da Φ_{Pr} vom Oberflächenzustand der Probe abhängt, ist E_B^V nicht konstant. Unter Berücksichtigung der Austrittsarbeit des

Spektrometers ergibt sich als allgemeine Gleichung der Photoelektronenspektroskopie für die Bestimmung der Bindungsenergie

$$\boxed{E_B^F = h\nu - E_k - \Phi_{Sp}}\,. \tag{3.139}$$

Die Freisetzung von Elektronen aus bestimmten Niveaus ist an eine Mindestenergie gebunden. Neben den häufig angewandten Röntgenübergängen AlK_α (1487 eV) und MgK_α (1254 eV) sind weitere Möglichkeiten in Abb. 3.99 zusammengestellt. Eine Anregung mit beliebiger Energie bietet die *Synchrotronstrahlung* [3.311]. Steht diese nicht zur Verfügung, wird zur Erhöhung der Oberflächenempfindlichkeit häufig mit ZrM_ζ-Strahlung (151 eV) gearbeitet [3.312].

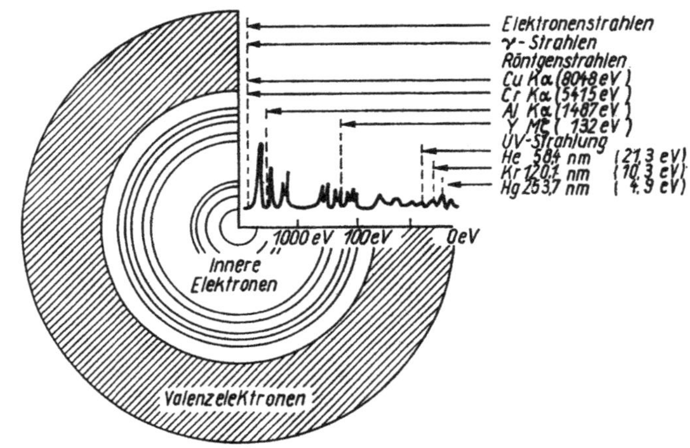

Abb. 3.99. Anregungsmöglichkeiten eines Photoelektronenspektrums (nach [3.310])

Die Charakterisierung der einzelnen Elektronenpeaks erfolgt durch Angabe der Hauptquantenzahl (1, 2, 3, ...) und der Nebenquantenzahl (s, p, d, f), denen als Index die innere Quantenzahl (Spin-Bahn-Kopplung) beigefügt wird, z. B. $1s_{1/2}$, $2s_{1/2}$, $2p_{1/2}$, $2p_{3/2}$ ...

Da die innere Quantenzahl für die p,d und f-Elektronen stets zwei Werte annimmt, treten die Photoelektronenlinien dieser Energieniveaus in Form von Dubletts auf: s-Linien sind dagegen immer Einzellinien.

Zur Messung der kinetischen Energie werden verschiedene Typen von Elektronenspektrometern verwendet. Die hauptsächlichen Möglichkeiten sind in Abb. 3.100 zusammengestellt. Mit Hilfe der Photoelektronenspektroskopie können Festkörperoberflächen sowie an ihnen adsorbierte flüssige oder gasförmige Stoffe zerstörungsfrei analysiert werden. Die Austrittstiefe der Photoelektronen wird mit Hilfe ihrer mittleren freien Weglänge l charakterisiert. Deren Wert ist für niedrige Energien sehr hoch und erreicht ein Minimum zwischen $0{,}1 \leqq l \leqq 0{,}8$ nm für $30 \leqq E_k \leqq 100$ eV [3.313]. Aus diesem Grunde ist die Methode oberflächenspezifisch (insbesondere im Bereich $E_k \approx 100$ eV).

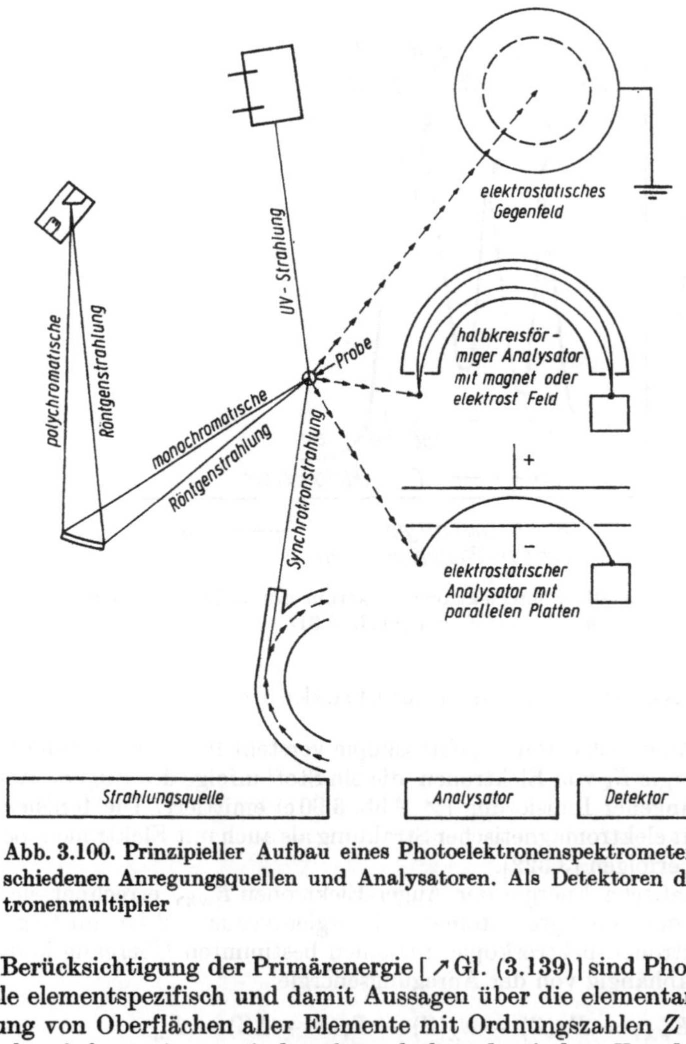

Abb. 3.100. Prinzipieller Aufbau eines Photoelektronenspektrometers mit verschiedenen Anregungsquellen und Analysatoren. Als Detektoren dienen Elektronenmultiplier

Unter Berücksichtigung der Primärenergie [↗ Gl. (3.139)] sind Photoelektronensignale elementspezifisch und damit Aussagen über die elementare Zusammensetzung von Oberflächen aller Elemente mit Ordnungszahlen $Z > 2$ möglich. Strukturinformationen sind aufgrund der *chemischen Verschiebung* erhältlich, die besonders deutlich bei leichten Elementen in Erscheinung tritt (↗ Abb. 3.101). Neben den Photoelektronenlinien treten in den Spektren häufig röntgenangeregte Auger-Linien und charakteristische Verlustlinien auf, die neben dem Valenzband zusätzliche Strukturinformationen enthalten. Die Erfassungsgrenze beträgt etwa 10^{-10} g oder 5 % einer Monoschicht. Bei untersuchten Flächen von etwa 0,5 cm² entspricht dies Gehalten von 1 ... 0,1 %. Die Empfindlichkeit für die einzelnen Elemente variiert etwa um den Faktor 100.

Vertiefende Literatur: [3.314 bis 3.321].

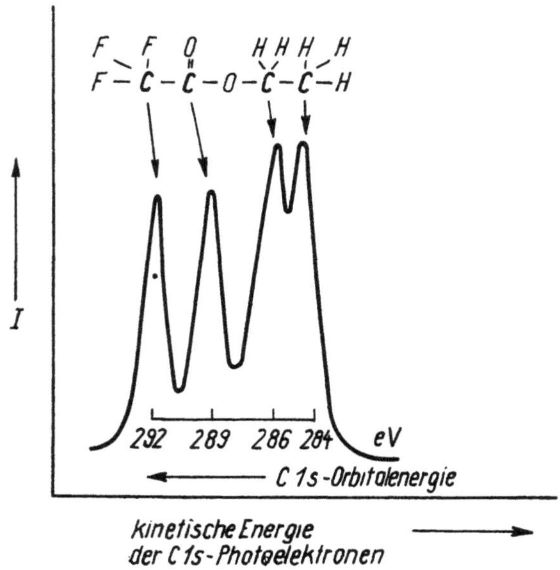

Abb. 3.101. Photoelektronenspektrum der 1s-Elektronen des Kohlenstoffs in Trifluoressigsäureethylester (nach [3.314])

3.4.4.1.3. Auger-Elektronenspektroskopie

Unter Auger-Elektronenspektroskopie versteht man die Messung der kinetischen Energie E_k von Elektronen, die ein Stoff infolge des Auger-Effektes nach vorangegangener Ionisierung (↗ Abb. 3.90c) emittiert. Die Ionisierung kann sowohl mit elektromagnetischer Strahlung als auch mit Elektronen- oder Ionenstrahlung erfolgen [3.322].

Die kinetische Energie der Auger-Elektronen E_{WXY} errechnet sich aus der Differenz der beteiligten atomaren Energieniveaus und ist, im Gegensatz zur Photoelektronenspektroskopie, für einen bestimmten Übergang konstant und damit unabhängig von der Anregungsenergie

$$E_{WXY} = E_W(Z) - E_X(Z) - E_Y(Z + \Delta Z) - \Phi_{Sp}. \tag{3.140}$$

E_W, E_X, E_Y bezeichnen die Energieniveaus des Atoms Z

ΔZ beinhaltet den Relaxationsbeitrag infolge der Änderung der effektiven Kernladungszahl

Die Kennzeichnung der entsprechenden Auger-Elektronen erfolgt durch das Elementsymbol und die Aneinanderreihung der am Übergang beteiligten Elektronenniveaus, z. B. Cu $KL_{2,3}L_{2,3}$ bzw. unter Einbeziehung von Valenzelektronen Si $L_{2,3}VV$.

Als Anregungsquelle (Elektronenquelle) dient in der Regel eine Glühkatode. Durch Verwendung von LaB_6-Katoden oder Feldemissionskatoden kann die geometrische Auflösung durch Fokussierung des anregenden Elektronenstrahls bis auf etwa 20 nm verbessert werden. Die Messung der emittierten Elektronen erfolgt in der Regel durch Modulation der angelegten Gegenspannung im Elektronen-Energieanalysator und Elektronendetektor (Registrierung $\mathrm{d}I(E)/\mathrm{d}E$).

Die Auger-Elektronenspektroskopie erfordert wie die Photoelektronenspektroskopie Ultrahochvakuumbedingungen (↗ 4.3.5.). Mit Hilfe der elementspezifischen Auger-Elektronen ist eine qualitative und quantitative Elementanalyse aller Elemente mit $Z \geq 3$ möglich. Für die Elementanalyse ergeben sich Erfassungsgrenzen von etwa 0,01 ... 0,1 Monolagen oder etwa 1 m-% im Volumen.

Auger-Mikrosonden (SAM, *S*canning *A*uger *M*icroprobe) arbeiten mit fokussierten Elektronenstrahlen im Rasterbetrieb und gestatten zusätzlich eine elementspezifische Oberflächenabbildung.

Über die Größen E_W, E_X, E_Y ergibt sich eine chemische Verschiebung der Auger-Linien und damit die Möglichkeit für Strukturaussagen. Wegen des komplizierten Anregungsmechanismus (Existenz zweier Elektronenleerstellen) sind die Relaxationseinflüsse schwerer zu verstehen als im Falle der Photoelektronenspektroskopie und deshalb sind die Aussagen weniger eindeutig. Der Einfluß der chemischen Verschiebung kann sich aber auch in einer unterschiedlichen Linienform ausprägen. Dies trifft insbesondere für die Einbeziehung von Valenzelektronenniveaus der Form E_{XYV} und E_{XVV} zu.

Die Auger-Elektronenspektroskopie ist eine zerstörungsfreie Untersuchungsmethode, die in Verbindung mit einer Sputtereinrichtung (Gerätekombination SIMA-Auger-Elektronenspektrometer) für dreidimensionale Verteilungsanalysen, zur Bestimmung von Diffusionsprofilen eingesetzt werden kann.

Vertiefende Literatur: [3.323 bis 3.328].

3.4.4.1.4. Elektronenenergieverlustspektroskopie

Werden elektrisch leitende Festkörperoberflächen mit langsamen Elektronen beschossen, so sind neben elastisch gestreuten Elektronen, die die Grundlage für LEED-Untersuchungen (↗ 3.4.2.2.2.) darstellen, und Auger-Elektronen (↗ 3.4.4.1.3.), auch Elektronen mit einem charakteristischen Energieverlust E_i zu beobachten. Diese Verlustpeaks entstehen durch unelastische Streuung von Primärelektronen der einheitlichen Energie E_p und erscheinen im Spektrum bei $E_p - E_i$.

Elektronen mit einem hinreichend großen Energieverlust können von den anderen Elektronen dadurch unterschieden werden, indem ihre Primärenergie E_p als Referenzniveau genutzt wird. Infolge der konstanten Energiedifferenz $E_p - E_i$ bewirkt eine Änderung der Primärenergie um den Betrag ΔE eine Verschiebung aller Verlustpeaks um den gleichen Betrag, während Auger-Elektronen und Sekundärelektronen ihre energetische Lage im Spektrum nicht ändern.

Der *Elektronenenergieverlustspektroskopie* (EELS, *E*lectron *E*nergy *L*oss *S*pectroscopy) liegen folgende Wechselwirkungsmechanismen zugrunde:

- Anregung und Ionisation innerer Niveaus, auch als *Ionisationsspektroskopie* (IS) bezeichnet. Die Größe der Energieverluste wird durch die Bindungsenergie der core-Elektronen bestimmt (↗ 3.4.4.1.2.).
- Anregung von Interband- und Intrabandübergängen. Dazu sind Energiebeträge von 3 ... 20 eV erforderlich.
- Kollektive Anregung von Valenzelektronen. Die aufzuwendenden Energiebeträge liegen im Bereich von 5 ... 60 eV. Die angeregten Schwingungen werden als Plasmonen, unterteilt in Bulk- und Oberflächenplasmonen, bezeichnet.
- Anregung aus oder in Oberflächen- und Chemisorptionszuständen. Die im Bereich der Oberflächenzustände aufgenommenen Energiebeträge sind kleiner als 1 eV und nur mit hochauflösenden Energieverlustmessungen zugänglich. Dagegen können Chemisorptionszustände Energiebeträge von einigen 10 eV erreichen.

Die Energieverlustspektren ermöglichen Aussagen zur Materialanalyse, zur chemischen Bindung und zur elektronischen Struktur. Während die Anregung innerer Niveaus den Röntgenabsorptionskanten (↗ 3.4.4.1.5.) entspricht und für die Elementanalyse genutzt werden kann, ist der Nachweis von Plasmonen, insbesondere von Oberflächenplasmonen, sehr von der Sauberkeit der Proben abhängig und die Aussagen sind, obwohl materialabhängig, in der Mehrzahl der Fälle wenig spezifisch.

Aussagen zur chemischen Bindung hängen von der Anregung innerer Niveaus ab und werden durch eine chemische Verschiebung ähnlich den Spektren der Photoelektronenspektroskopie (↗ 3.4.4.1.2.) dokumentiert. Die elektronische Struktur gibt sich durch mögliche Aussagen zur Zustandsdichte von Valenzbändern bzw. Chemisorptionsniveaus zu erkennen.

Durch Verwendung eines Elektronenmikroskopes für Energieverlustmessungen erhält man eine Ortsauflösung des untersuchten Probengebietes von etwa 10 nm. Erzeugt man elektronenmikroskopische Aufnahmen mit Elektronen, die in der Probe einen bestimmten Energieverlust erlitten haben, so lassen sich daraus Rückschlüsse auf die Homogenität der Probe ziehen.

Vertiefende Literatur: [3.329].

3.4.4.1.5. Röntgenabsorptionsspektroskopie

Röntgenabsorptionsspektren enthalten prinzipiell die gleichen Informationen wie Photoelektronenspektren (↗ Abb. 3.90d und e), allerdings sind die Absorptionslinien bzw. -kanten unschärfer als Photoelektronensignale. Damit ist auch der aus den chemischen Verschiebungen resultierende Informationsgehalt geringer als bei der Photoelektronenspektroskopie.

Die Lage der Absorptionskanten ist elementcharakteristisch; quantitative Aussagen sind auf der Grundlage des Absorptionsgesetzes nach Gl. (3.136) möglich.

Das unterschiedliche Absorptionsverhalten inhomogener Stoffe liefert Informationen über den strukturellen Aufbau bis hin zu Aussagen über makroskopische Fehler (*Defektoskopie*).

Eine umfassende Bedeutung besitzt die Röntgenabsorption in der *medizinischen Röntgendiagnostik*.

Vertiefende Literatur: [3.330 bis 3.333].

3.4.4.2. Atomspektroskopie im UV-VIS-Bereich

Die optische Atomspektroskopie beruht auf der charakteristischen Linienstrahlung freier Atome bzw. Ionen bei Stoßanregung in thermisch oder elektrisch erzeugten Plasmen oder mittels Anregung durch elektromagnetische Strahlung. In Abb. 3.102 sind die Teilschritte, die mit dem Anregungsprozeß im Zusammenhang stehen, dargestellt.

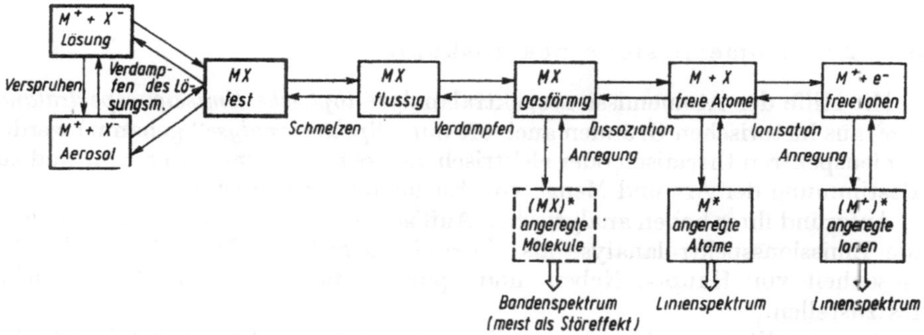

Abb. 3.102. Übersicht über die bei der Verdampfung und Anregung in der optischen Atomspektroskopie auftretenden Vorgänge

Wie die Anwendung des Massenwirkungsgesetzes auf das Ionisationsgleichgewicht

$$\frac{p_{Me^+} \cdot p_{e^-}}{p_{Me}} = K, \tag{3.141}$$

das neben dem Anregungsgleichgewicht selbst maßgeblich die Strahlungsintensität bestimmt, zeigt, können Partnerelemente durch Erhöhung des Elektronendrucks p_{e^-} die Intensität von Spektrallinien stark beeinflussen (*Matrixeffekt*).

Im ungestörten thermischen Gleichgewicht ist die Linienintensität dem Verhältnis der Besetzungsdichten N_1/N_0 [↗ Gl. (3.90)] proportional, sie ergibt sich zu

$$I = A \cdot N_0 \cdot \exp\left(-\frac{\Delta E}{kT}\right). \tag{3.142}$$

A Übergangskoeffizient

Danach wird die Intensität maßgeblich durch die Anregungstemperatur bestimmt, die für die gebräuchlichsten Anregungsquellen in Tab. 3.17 angegeben ist.

Tabelle 3.17. Temperaturen verschiedener spektroskopischer Anregungsquellen

Anregungsquelle	T in K	Bemerkungen
Flamme	2000 ... 3500	vorrangig Anregung der Resonanzlinien der Atome
Bogen	4000 ... 6000	Überwiegen der Atomlinien im Spektrum
Funken	10000 ... 20000	Überwiegen von Ionenlinien
Laser	7000 ... 8000	ungesteuerter Laser mit Hilfsfunken
Hohlkatodenlampen	300 ... T_{Schm}	T_{Schm} Schmelztemperatur des Katodenmaterials; Edelgasatmosphäre von $p = 250 \dots 700$ Pa

3.4.4.2.1. Atomemissionsspektroskopie

Mit Hilfe der Atomemissionsspektralanalyse (*optische Emissionsspektralanalyse*, aus historischen Gründen auch oft nur „*Spektralanalyse*" genannt) werden Linienspektren thermisch oder elektrisch angeregter Atome untersucht und zur Bestimmung der Art und Menge von Elementen ausgewertet.

Aufgrund ihres hohen analytischen Auflösungsvermögens (↗ Tab. 1.8) bietet die Emissionsspektralanalyse als *Übersichtsmethode* die Möglichkeit, die Anwesenheit von Haupt-, Neben- und Spurenbestandteilen schnell und sicher festzustellen.

Der quantitativen Auswertung liegt nach Scheibe-Lomakin folgende Abhängigkeit der Linienintensität von der Konzentration zugrunde

$$I = \beta \cdot c^{\alpha}. \tag{3.143}$$

Da die empirischen Faktoren α und β nicht nur vom jeweiligen Analysenelement und der Matrix abhängen, sondern auch von den gegebenen Anregungsbedingungen, bezieht man die Intensität der Linien eines Analysenelementes A auf die eines Bezugselementes B, so daß sich mit $\lg I \equiv Y$ als Meßgleichung ergibt

$$\boxed{\Delta Y = Y_{\text{A}} - Y_{\text{B}} = a \cdot \lg \frac{c_{\text{A}}}{c_{\text{B}}} + b}\,. \tag{3.144}$$

Den grundsätzlichen Aufbau eines Spektralapparates zeigt Abb. 3.103. Als dispergierende Elemente finden hauptsächlich Prismen, Reflexionsgitter und Interferometer Verwendung. Nach der Registrierung der Spektren mittels *Photoplatte* oder lichtelektrischen Detektoren (meist *SEV*) unterscheidet man zwischen *Spektrographen* und *Spektrometern* (Quantometern). Letztere können für jedes zu bestimmende Element gesonderte Empfänger (Mehrkanalspektrometer) bzw. einen beweglichen SEV besitzen (Einkanal-Sequenzspektrometer). Während bei der spektrometrischen Registrierung der Photostrom der Lichtintensität direkt proportional ist, werden die Intensitäten bei der Auswertung

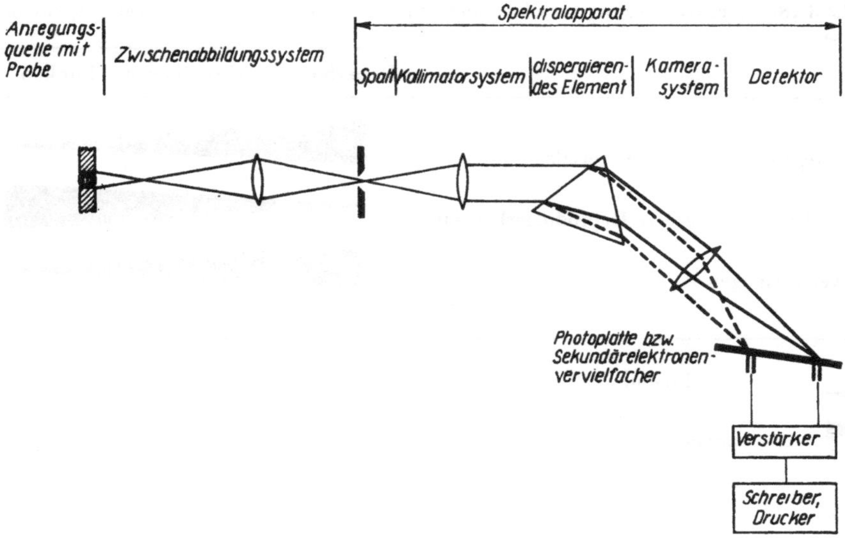

Abb. 3.103. Aufbau eines Prismenspektrographen bzw. -spektrometers

über die Photoplatte aus den Linienschwärzungen S nach $Y = S/\gamma$ (γ Gradation der photographischen Emulsion) erhalten.

Emissionsspektroskopische Methoden werden hauptsächlich nach den Anregungsprozessen unterschieden.

Die *Flammenphotometrie* ist wegen der relativ niedrigen Plasmatemperaturen vorrangig auf die leicht anregbaren Alkali- und Erdalkalimetalle anwendbar. Aufgrund der Linienarmut dieser Elemente genügen Filter (Metallinterferenzfilter) als Monochromatoren. Als Empfänger dienen Photozellen oder SEV.

Moderne Anregungsgeräte gestatten es, sowohl *Bogen-* als auch *Funkenspektralanalyse* einschließlich aller Übergangsformen zu betreiben. Wie aus Tab. 3.18 hervorgeht, hat jede Anregungsart ihre speziellen Vor- und Nachteile, die ihre Eignung in bezug auf bestimmte Problemstellungen und Untersuchungsmaterialien bedingt. Demzufolge wird die Bogenanregung einmal bevorzugt für die Analyse hochschmelzender Metalle oder nichtleitender Substanzen mit Hilfe von Kohleelektroden eingesetzt, zum anderen für qualitative und halbquantitative Untersuchungen, besonders zum *Spurennachweis* [3.340]. Aufgrund der höheren Stabilität wird der Funken vor allem für quantitative Bestimmungen von Neben- oder Millispurenbestandteilen in Metallegierungen eingesetzt.

In Verbindung mit photoelektrischer Registrierung läßt sich die Funken- und Bogenspektralanalyse leicht automatisieren; besonders in der metallurgischen Industrie sind vollautomatische Spektrometer weit verbreitet.

Neben Matrixeffekten sind Probeninhomogenitäten häufige Störquellen der Emissionsspektralanalyse; andererseits ermöglicht dies Informationen über Elementanreicherungen in bestimmten Probenbezirken.

Tabelle 3.18. Charakterisierung verschiedener Anregungsmethoden der Emisssionsspektralanalyse

	Dauerbogen	Abreißbogen	Funken
Erhitzung des Elektrodenmaterials			
Stabilität und demzufolge Reproduzierbarkeit			
Nachweisvermögen			

abnehmend

zunehmend

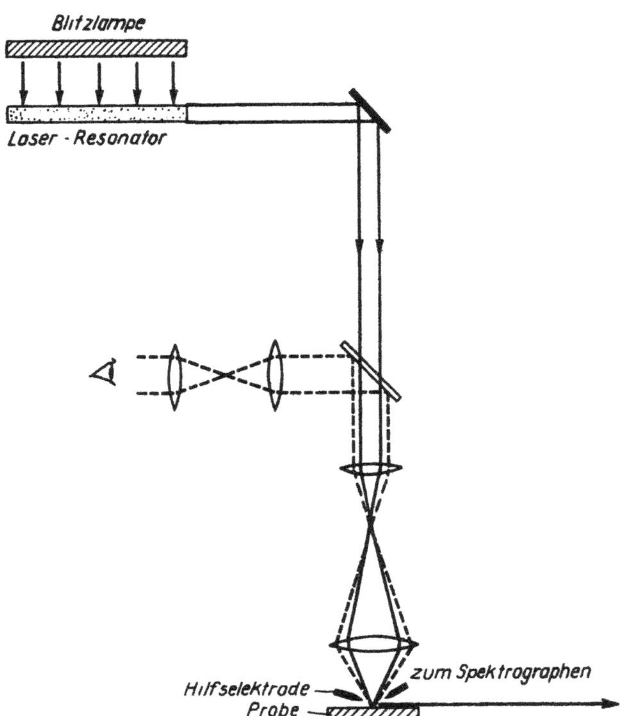

Abb. 3.104. Prinzipieller Aufbau einer Laseranregungsquelle mit Mikroskop

Echte *Lokal-* und *Verteilungsanalysen* sind mit der Methode der *Laser-Mikrospektralanalyse* möglich. Die Geräte bestehen aus einem Festkörperlaser nebst Anregungsteil, einem Mikroskop zur Beobachtung der Probenoberfläche und Fokussierung des Laserstrahls sowie einem lichtstarken Spektrographen (↗ Abb. 3.104). Der Laserstrahl dient sowohl der Materialverdampfung als auch der Anregung, die allerdings häufig durch eine Hilfsfunkenentladung unterstützt wird.

Durch das Auftreffen des Laserstrahls werden je nach Material und Anregungsparametern Krater von 10 ... 200 μm Durchmesser und 10 ... 100 μm Tiefe erzeugt; das entspricht einer verdampften Materialmenge von 10^{-6} ... 10^{-9} g. Die absoluten Nachweisgrenzen liegen zwischen 10^{-8} ... 10^{-10} g. Die Laser-Mikrospektralanalyse wird aufgrund dessen zur Bestimmung der qualitativen oder halbquantitativen Elementverteilung von Haupt- und Nebenbestandteilen angewandt. In günstigen Fällen lassen sich auch Millispuren nachweisen.

Quantitative Analysen werden mit gesteuerten (gütegeschalteten) Lasern möglich (*Q-switch-Technik*), die auch eine gezielte Variation der Kraterdimensionen gestatten.

In zunehmendem Maße werden als Anregungsquellen auch *Plasmabrenner* eingesetzt. Man unterscheidet dabei zwischen stromführenden Gleichstromplasmen (gas- und scheibenstabilisierten Bögen), bei Atmosphärendruck betriebenen Mikrowellenplasmen mit kapazitiver Leistungsübertragung (CMP), bei Atmosphärendruck oder erniedrigtem Druck betriebene Mikrowellenplasmen mit induktiver Leistungsübertragung (MIP) und hochfrequenzerhitzte Plasmen bei Atmosphärendruck mit induktiver Leistungsübertragung (ICP).

Während sich die Gleichstromplasmen nicht durchsetzen konnten, haben Hochfrequenz- und Mikrowellenplasmen breite Anwendung gefunden. Die *induktiv gekoppelten Hochfrequenzplasmen* dienen hauptsächlich zur Multielementanalyse von Lösungen, indem der Analyt durch geeignete Zerstäuber in Form feiner Nebeltröpfchen mit Hilfe eines Argonstromes in das Plasma eingetragen wird. Die Funktionsweise zeigt Abb. 3.105. Im letzten Jahrzehnt haben ICP-Spektrometer weltweit große Bedeutung und Verbreitung erlangt. Für Lösungsanalysen gehört diese Methode mit Nachweisgrenzen im ppb-Bereich sowie ihrer guten Reproduzierbarkeit zu den leistungsstärksten spurenanalytischen Multielementverfahren, zumal Matrixeffekte geringer als bei klassischen Anregungsarten sind.

Mit dem kapazitiv gekoppelten Mikrowellenplasma gelangen ebenfalls Lösungen zur Untersuchung. Die zerstäubte Probe wird über ein Metallrohr, das an einen Mikrowellengenerator angeschlossen ist, dem an seinem Ende brennenden Plasma zugeführt. Die Leistungsparameter der für analytische Zwecke angewandten Plasmen sind in Tab. 3.19 zusammengestellt.

Induktiv gekoppelte Mikrowellenplasmen eignen sich bevorzugt zur Analyse gasförmiger Substanzen, die in einer Quarzampulle durch den Hohlraumresonator eines Mikrowellengenerators geführt oder in das Plasma gespült werden.

Neben den Plasmabrennern hat auch die *Glimmentladung* (GDOS – *G*low *D*ischarge *O*ptical *S*pectroscopy), insbesondere in Form der *Grimmschen Lampe*

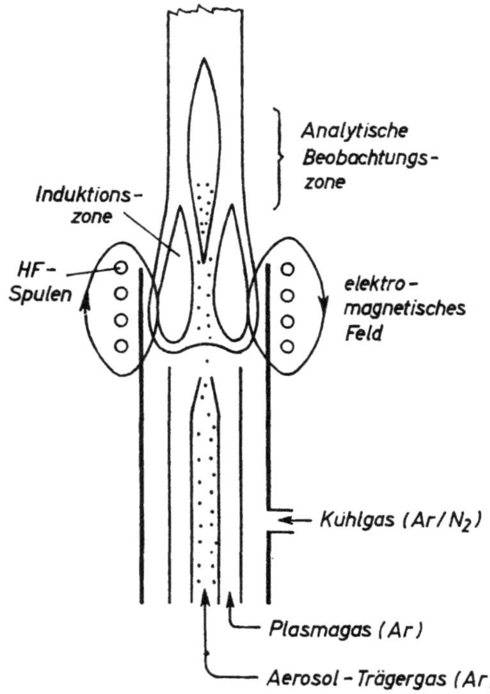

Abb. 3.105. Prinzip eines ICP-Brenners (nach [3.348])

Tabelle 3.19. Leistungsparameter analytisch genutzter Plasmen (nach [3.344])

Art des Plasmas (Abkürzung)	Anregung	Leistungs-parameter	Temperatur
Gleichstromplasma (DCP)	Gleichstrom		
stromführend		etwa 3 ... 100 A	6000 ... 15000 K
stromlos	Gleichstrom	90 ... 220 V	6000 ... 12000 K
Hochfrequenzplasma (ICP) induktiv gekoppelt	5 ... 70 MHz (meist 25 bis 35 MHz)	2 ... 6 kW	etwa 8000 K
Mikrowellenplasma	meist		
induktiv gekoppelt (MIP)	2,45 GHz	50 ... 200 W	5000 ... 6000 K
kapazitiv gekoppelt (CMP)		0,5 ... 3 kW	4900 ... 8100 K

DCP *D*irect *C*urrent *P*lasma
ICP *I*nductively *C*oupled *P*lasma
MIP *M*icrowave *I*nduced *P*lasma
CMP *C*apacitively *C*oupled *M*icrowave *P*lasma

(Abb. 3.106), Eingang in die Atomemissionsspektroskopie gefunden. Diese Lichtquelle, die auf dem Prinzip der Katodenzerstäubung (sputtering) beruht und breite Anwendung in Form von Hohlkatodenlampen in der Atomabsorptionsspektroskopie (↗ 3.4.4.2.2.) gefunden hat, gestattet im wesentlichen feste

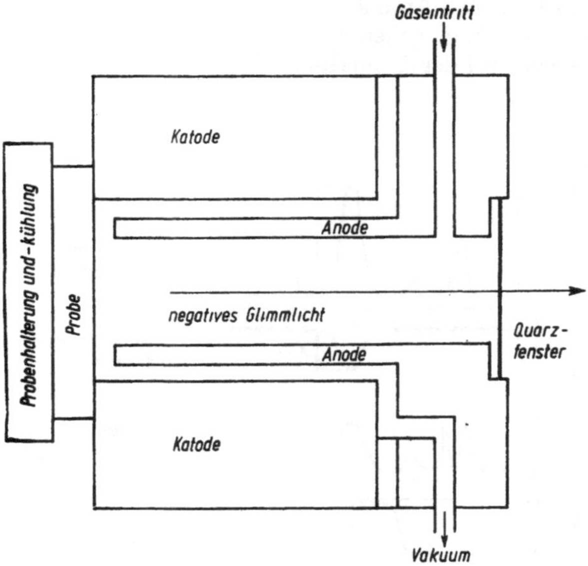

Abb. 3.106. Prinzip einer Grimmschen Lampe

Proben zu analysieren. Die in der Entladung gebildeten Ionen zerstäuben das als Katode geschaltete Probenmaterial und ermöglichen auf diese Weise auch die Anregung von Übergängen hoher Energie und damit den problemlosen Nachweis von Nichtmetallen. Mit Hilfe der Grimmschen Lampe sind neben Tiefenprofilanalysen auch Mikrobereichsanalysen möglich.

Vertiefende Literatur: [3.334 bis 3.347].

3.4.4.2.2. Atomabsorptionsspektroskopie

Bei der Atomabsorptionsspektralanalyse (AAS) wird die Resonanzabsorption von Strahlung bestimmter Wellenlänge gemessen. Grundlage dafür ist das Kirchhoffsche Strahlungsgesetz, nach dem ein Element Strahlung der gleichen Wellenlänge absorbiert, die es im angeregten Zustand selbst emittiert. Der absorbierte Strahlungsanteil ist der jeweiligen Elementkonzentration proportional. Die Analysenfunktion

$$\boxed{c = \frac{E_A}{\varepsilon_A \cdot l}} \qquad (3.145)$$

E_A atomare Extinktion
ε_A atomarer Extinktionskoeffizient
l Länge der absorbierenden Schicht

wird z. B. über Eichkurven ausgewertet.

Der prinzipielle Aufbau eines Atomabsorptionsspektrometers und die grundsätzlichen Absorptionsvorgänge gehen aus Abb. 3.107 hervor. Strahlungs- und Atomisierungsquelle sind bei der Atomabsorptionsspektroskopie räumlich voneinander getrennt.

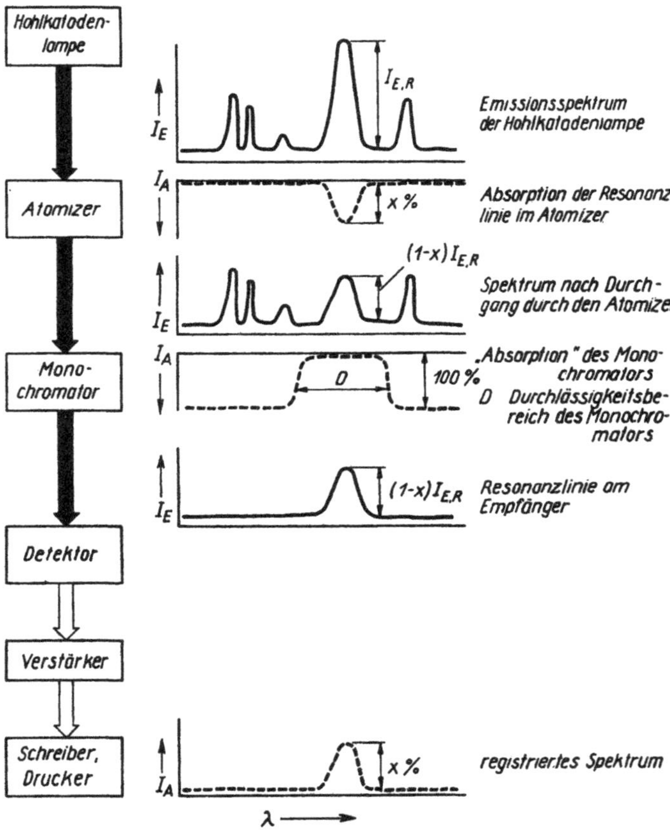

Abb. 3.107. Schematische Darstellung des Aufbaus und der Wirkungsweise eines Atomabsorptionsspektrometers

$I_{E,R}$ Emissionsintensität der Resonanzlinie

Zur Erzeugung freier Atome stehen Flammen und flammenlose Verfahren zur Verfügung. Bei den Flammenverfahren hat sich die Kombination zwischen Vorkammerzerstäuber und Laminarbrenner durchgesetzt. Als Brenngase werden Ethin, Wasserstoff, Propan oder Dicyan, als Oxydationsgase Luft, Sauerstoff oder Distickstoffmonoxid verwendet.

Die flammenlosen Verfahren nutzen im wesentlichen elektrothermische Methoden. Diese Atomisatoren bestehen aus einem elektrisch leitenden und thermisch stabilen Probenträger, der durch Widerstandsheizung auf Temperaturen bis etwa 3000 K aufgeheizt werden kann. Die in drei Schritten (Trocknung, Veraschung, Verdampfung und Atomisierung) ablaufende Erzeugung freier Atome kann in geschlossenen und offenen Systemen erfolgen. In der Praxis haben sich vor allem *Graphitrohrküvetten* (z. B. Massmann-Küvette) bzw. an offenen Systemen Stäbe, Drähte und Bleche, z. B. Kohlefadenatomisator oder Schiffchen aus Tantal bzw. Wolfram durchgesetzt.

In begrenztem Umfang werden auch Laser und die Sputtertechnik zur Feststoffverdampfung eingesetzt. Für ausgewählte Elemente (z. B. Se, Te, As, Sb u. a.) wurde die *Hydridtechnik* und für Quecksilber die *Kaltdampftechnik* zur Abtrennung dieser Elemente von der Matrix entwickelt. Während das mit Quecksilber angereicherte Gas direkt der Strahlung einer Hohlkatodenlampe ausgesetzt werden kann, müssen die gebildeten Hydride einem Atomisator, in der Regel Flammen, zugeführt werden.

Die geeignetsten Lichtquellen sind *Hohlkatodenlampen*, die das zu bestimmende Element als Katodenmaterial enthalten. Aufgrund dessen wird für jedes Analysenelement eine gesonderte Hohlkatodenlampe benötigt, so daß der Einsatz der AAS für Routineaufgaben rentabel ist. Die Anwendung von Mehrelement-Hohlkatodenlampen ist ebenfalls möglich, wobei den Elementkombinationen allerdings gewisse Grenzen gesetzt sind. Eine entscheidende Frage für die Gewinnung unverfälschter Meßwerte ist die Beherrschung spektraler Störungen. Dazu zählen insbesondere die spezifische (thermische Atomfluoreszenz) und die wesentlich umfangreichere unspezifische Emission der verschiedenen Plasmen (thermische Emission glühender kondensierter Teilchen sowie die von Molekülen und weiteren Atomen). Neben der Modulation der eingesetzten Lichtquellen in Verbindung mit phasen- bzw. frequenzempfindlichen Wechselspannungsverstärkern die es gestatten, den größten Teil der spektralen Störungen zu eliminieren, ist häufig noch eine zusätzliche Korrektur des unspezifischen Untergrundes erforderlich. Für diese Untergrundkompensation werden drei Prinzipien genutzt

- Zweilinienmethode;
- Kontinuumlichtquellen (Deuteriumuntergrundkompensation);
- Zeeman-Effekt.

Bei der Zweilinienmethode und der Anwendung von Kontinuumlichtquellen wird der Untergrund getrennt gemessen und elektronisch von dem Nutzsignal subtrahiert. Die mit Hilfe des Zeeman-Effektes mögliche Aufspaltung der Niveaus freier Atome gestattet in Verbindung mit Polarisatoren eine Trennung von Untergrundemission und Nutzsignal.

Die Atomabsorptionsspektroskopie zeichnet sich durch große Selektivität und hohes Nachweisvermögen aus. Sie wird demzufolge bevorzugt zur Spurenanalyse verwendet, wobei die Anwendung auf anorganische Stoffe überwiegt. Weite Verbreitung hat die Atomabsorptionsspektrometrie daneben in der klinischen, forensischen, Lebensmittel- und Umweltanalytik gefunden.

Vertiefende Literatur: [3.349 bis 3.353].

3.4.4.2.3. Atomfluoreszenzspektroskopie

Als Atomfluoreszenz wird die unter Strahlungsemission verlaufende Desaktivierung von durch Strahlungsabsorption angeregten Atomzuständen bezeichnet. Sie stellt damit den Umkehrprozeß zur Atomabsorption dar.

Atomfluoreszenzspektrometer entsprechen in ihrem grundsätzlichen Aufbau Atomabsorptionsgeräten, jedoch sind Monochromator und Detektor in einem Winkel von meist 90° zur Primärstrahlungsrichtung der Erregerlichtquelle angeordnet. Als Lichtquellen finden Linienstrahler Anwendung, die eine genügend intensive, gegenüber der Resonanzlinie des zu bestimmenden Elementes kurzwelligere Linie emittieren, darüber hinaus Kontinuumsstrahler, elektrodenlose HF-Entladungslampen sowie neuerdings auch Laser [3.356].

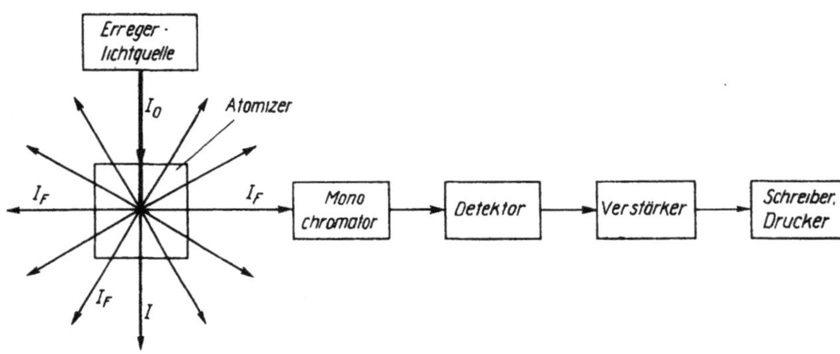

Abb. 3.108. Schema eines Atomfluoreszenzspektrometers

Die Auswertung erfolgt nach einer Gl. (3.145) analogen Beziehung unter Berücksichtigung der Fluoreszenzausbeute.

Das Anwendungsgebiet der Atomfluoreszenzspektroskopie entspricht im wesentlichen dem der Atomabsorptionsspektroskopie; einem gegenüber dieser erhöhten Geräteaufwand entspricht jedoch bei vielen Elementen ein besseres Nachweisvermögen.

Vertiefende Literatur: [3.353, S. 105ff., 3.354 bis 3.356].

3.4.5. Ionenspektroskopie

Werden Proben mit Ionen beschossen, so treten in Abhängigkeit von ihrer kinetischen Energie zahlreiche Wechselwirkungsprozesse auf, wie Abb. 3.109 für feste Proben zeigt. Die auf diesen komplexen Erscheinungen beruhenden analytischen Methoden (Tab. 3.20) kann man unter Zugrundelegung der ausgewerteten Effekte im wesentlichen in drei Gruppen unterteilen:

- Reflexion bzw. infolge von Wechselwirkungsprozessen auftretende Emissionsprozesse niederenergetischer Ionen (*Low Energy Ion Spectrometry* – LEIS);

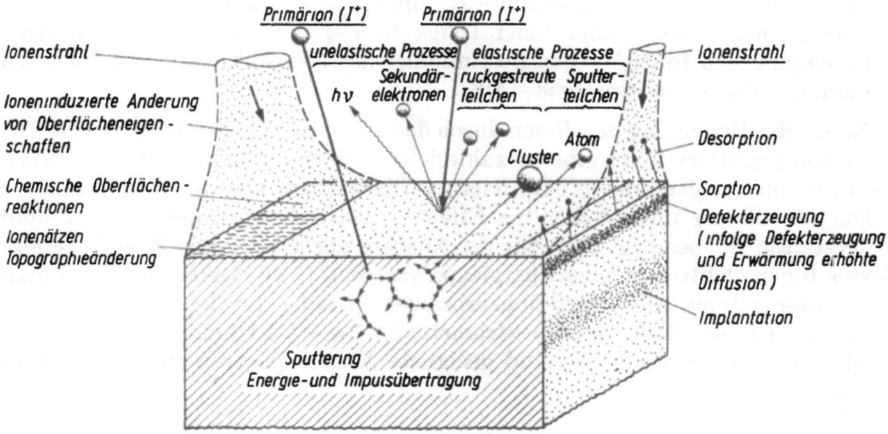

Abb. 3.109. Wechselwirkung von Ionen mit Festkörpern (schematisch) (nach [3.357])

Tabelle 3.20. Ionenspektroskopische Analysenmethoden (nach [3.358])

Anregungs-bedingungen	Bestimmte Spezies	Analysator	Methode	Abkürzung
1 ... 5 keV, He^+, Ne^+	Energie reflektierter Ionen	Ionenenergie-analysator	Ion Scattering Spectroscopy	ISS
2 ... 3 MeV, H^+, He^+			Rutherford Back-scattering Spectroscopy	RBS
1 ... 10 keV, Ar^+, O_2^+, O^--Gasentladung	sichtbares oder UV-Licht	optisches Spektrometer	Bombardment Induced Light Emission	BLE
			Glow Discharge Optical Spectroscopy (↗3.4.4.2.1.)	GDOS
1 ... 4 MeV, H^+	Röntgen-strahlung	Röntgen-spektrometer	Proton Induced X-Ray Emission	PIXE
2 .. 20 MeV, H^+, D^+, $^3He^+$, $^4He^+$ ... $^{19}F^+$	Reaktions-produkte	abhängig von Reaktions-produkten	Nuclear Reaction Analysis (↗3.4.6.2.)	NRA
< 10 eV, H^+, He^+ ≈500 keV	Elektronen	Elektronen-spektrometer	Ionenneutralisations-spektroskopie	INS
			Ioneninduzierte Auger-Elektronen-spektroskopie	IAES

- Reflexion bzw. infolge von Wechselwirkungsprozessen auftretende Emissionsprozesse hochenergetischer Ionen (*High Energy Ion Spectrometry* – HEIS);
- Erzeugung von Ionen zwecks Bestimmung ihres Verhältnisses von Masse zu Ladung (*Massenspektroskopie* – MS).

Neben der Erzeugung von Ionen durch den Beschuß von Festkörpern mit Primärionen (Sputtereffekt) gibt es zahlreiche andere Methoden (↗ Tab. 3.21), um insbesondere gasförmige bzw. leicht verdampfbare Proben zu ionisieren.

Die für die zu untersuchenden Effekte erforderlichen Spektrometer sind vielgestaltig. So benötigt man für die Analyse der kinetischen Energie reflektierter Ionen elektrostatische Energieanalysatoren (Abb. 3.110), wogegen man zur Untersuchung der Emissionsprozesse optische (↗ 3.4.4.2.), Röntgen- (↗ 3.4.4.1.1.) oder Elektronenspektrometer (↗ 3.4.4.1.2.1.) einsetzen muß. Zur Analyse der erzeugten Ionen sind geeignete Massenspektrometer (↗ 3.4.5.5.) erforderlich [↗ 3.358, 3.359].

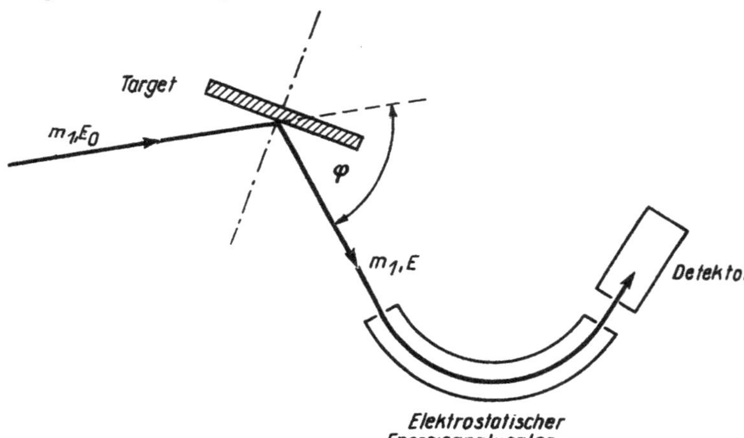

Abb. 3.110. Schematische Darstellung einer Ionen(rück)streuapparatur

3.4.5.1. Ionenrückstreuspektroskopie

Bei der Ionenrückstreuspektroskopie (*I*on *S*cattering *S*pectroscopy, ISS) werden die von einer Festkörperoberfläche gestreuten Edelgasionen nach ihrem Verhältnis Energie E_k zu Ladung q analysiert.

Man benötigt dazu einen gut kollimierten, einfach geladenen, monoenergetischen Ionenstrahl. Nach der Wechselwirkung mit der Festkörperoberfläche wird das Energiespektrum der gestreuten Ionen unter einem bestimmten Winkel, dem Streuwinkel φ, aufgenommen (Abb. 3.111).

Bei elastischen Stößen zwischen Ionen und Targetkernen bleibt nach den Stoßgesetzen die Summe der kinetischen Energien der Stoßpartner konstant, die Energie der gestreuten Ionen ändert sich jedoch.

$$\boxed{E = E_0 - E'_T} \,. \tag{3.146}$$

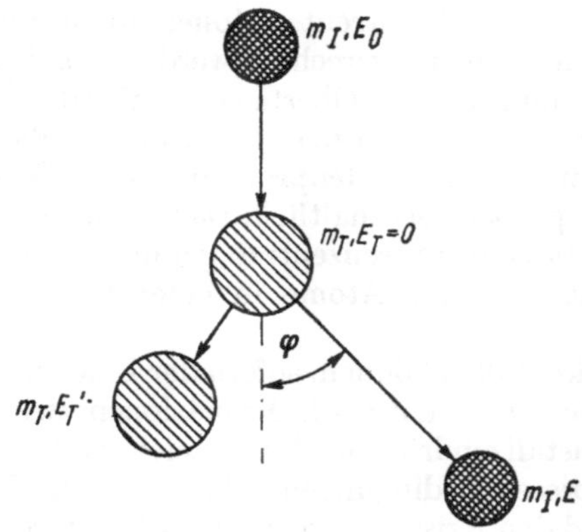

Abb. 3.111. Schematische Darstellung des elastischen Stoßes zwischen einem schweren Ion und einem Targetkern

E, E'_T kinetische Energien nach dem Stoß; E_0, E_T kinetische Energien der Stoßpartner vor dem Stoß; m_I, m_T Massen von Ion und Targetkern; φ Streuwinkel

Aufgrund dieses Zusammenhanges, der eine Funktion des Massenverhältnisses der Stoßpartner (m_T/m_I) und des Streuwinkels ist, kann das gemessene Energiespektrum in ein Massenspektrum umgerechnet werden. Die erzielbare Massenauflösung ist vom Massenverhältnis der Streupartner abhängig. Die besten Werte werden erreicht, wenn die Targetmasse m_T nicht wesentlich größer als die Ionenmasse m_I ist. Durch unelastische Stöße und Mehrfachstreuung wird die Massenauflösung verschlechtert.

Die in der Regel verwendeten Ionenenergien liegen zwischen 0,5 und 2 keV bei Strahldurchmessern von 1 ... 2 mm Halbwertsbreite an der Targetoberfläche. Aufgrund der niedrigen kinetischen Energie der Primärionen und der großen Streuquerschnitte von Ionen beträgt die Informationstiefe etwa eine Monolage, was die ISS als echte Oberflächenmethode ausweist.

Die Ionenausbeute und damit die Quantifizierbarkeit der Streuspektren wird vom Streuquerschnitt und der Neutralisierungswahrscheinlichkeit der auftreffenden Ionen (Auger-Neutralisation, Resonanzneutralisation ↗ 3.4.5.3.) entscheidend beeinflußt. Beide Größen sind aber noch ungenügend bekannt. Strukturelle Informationen über die Anordnung von Oberflächenatomen bei einkristallinen Proben können aus „Abschattungseffekten" sowie der Mehrfachstreuung erhalten werden. Beide Effekte führen zu einer Erhöhung der Anzahl der Peaks bzw. zu einer charakteristischen Änderung der Peakform.

Vertiefende Literatur: [3.360 bis 3.362].

3.4.5.2. Rutherford-Rückstreuung

Die Rutherford-Rückstreuung (*R*utherford *B*ackscattering *S*pectroscopy, RBS) beruht auf der Wechselwirkung energiereicher Ionen mit Festkörperatomen. Aufgrund der größeren Energie der Primärionen (im Vergleich zur ISS, ↗ Tab. 3.20) erfolgt die Reflexion der Ionen nicht ausschließlich an der Probenoberfläche. Die in den Festkörper eindringenden Ionen erleiden neben dem „elastischen Energieverlust" (↗ 3.4.5.1.) noch einen unelastischen, der von der Streutiefe abhängig ist. Daraus kann bei genauer Kenntnis des unelastischen

Verlustes das Energiespektrum der rückgestreuten Ionen nicht nur in eine Massen-, sondern auch in eine Tiefenskala umgerechnet werden. Somit ist durch Kombination der zufälligen Streuung an der Oberfläche („Random-Effekt") und der Tiefenstreuung neben der Flächendichte der Streuzentren (Oberflächenzusammensetzung) auch das dazugehörige Tiefenprofil in einem Bereich von 1 ... 10^3 nm zerstörungs- und eichprobenfrei erhältlich. Das Nachweisvermögen des Verfahrens wächst mit der Masse der Streuzentren, so daß diese Methode bevorzugt für die Untersuchung schwerer Atome in einer leichten Matrix (z. B. Si) eingesetzt wird.

Bei der Untersuchung von Einkristallen können, sofern der Ionenstrahl unter einem bestimmten Winkel auf die Probe trifft, die Primärionen zwischen den einzelnen Gitterebenen in den Kristall eindringen. Man bezeichnet diesen Effekt als Kanalisierungseffekt. Unter diesen Bedingungen nähern sich die Ionen nur bis auf einen bestimmten Abstand den Kristallatomen, so daß weitere Wechselwirkungen ausgeschlossen sind. Befinden sich Fremdatome auf Zwischengitterplätzen („Verstopfung" des Kanals), dann kommt es zur Reflexion der eingeschossenen Ionen, woraus Aussagen über Art und Anzahl der Besetzung von Zwischengitterplätzen abgeleitet werden können.

Vertiefende Literatur: [3.363, 3.364].

3.4.5.3. Ioneninduzierte Elektronenspektroskopie

Bei der ioneninduzierten Elektronenspektroskopie unterscheidet man zwischen *Ionenneutralisationsspektroskopie* (INS) und *ioneninduzierter Auger-Elektronenspektroskopie* (IAES).

Die der INS zugrunde liegende Elektronenemission ist von der kinetischen Energie der mit einer Festkörperoberfläche wechselwirkenden Ionen unabhängig. Die „potentielle Emission" wird ausschließlich durch die bei der Neutralisation von Ionen, die sich in unmittelbarer Nähe der Festkörperoberfläche befinden, freigesetzte Energie realisiert.

Beschränkt man sich auf einfach positiv geladene Ionen, so kann man beim Elektronenübergang (Tunnelung) zwei Prozesse unterscheiden, die Auger-Neutralisation (Einstufenprozeß) und die Resonanzneutralisation (Zweistufenprozeß). Während bei dem Zweistufenprozeß das neutralisierte Ion in einem angeregten Zustand vorliegt und sein Übergang in den Grundzustand zur Emission eines Elektrons führt, erfolgen beim Einstufenprozeß Neutralisation und Emission in einem Schritt.

Die Ionenneutralisationsspektroskopie gestattet Aussagen über die äußerste Atomlage von Festkörpern (vergleichbar mit ISS ↗ 3.4.5.1.). Die INS wird neben der Untersuchung reiner Oberflächen von Einkristallen verschiedener Orientierung hauptsächlich zur Charakterisierung von Adsorbatschichten an den gleichen Objekten eingesetzt.

Die ioneninduzierte Auger-Elektronenspektroskopie nutzt die kinetische Energie der auf eine Festkörperoberfläche auftreffenden Ionen. Während große Energiebeträge (≈ 500 keV) zur Wechselwirkung zwischen dem Projektil und den Targetatomen führen, macht sich mit sinkender Energie die Wechselwirkung zwischen dem Atomkern des auftreffenden Ions und dem Substratmaterial immer stärker bemerkbar. Sind anfangs noch die Polarisation der kernnahen Orbitale und die Bindungsenergie der Elektronen in ihnen die bestimmenden Größen, so führt ein weiteres Absenken der kinetischen Energie der Primärionen zur Bildung von Quasimolekülen während des Stoßvorganges und damit zu einer Veränderung der gesamten Elektronenstruktur des getroffenen Targetatoms.

Analytische Anwendungen der IAES beschränken sich deshalb auf Ionenenergien um 500 keV. Der Nachweis der infolge von Auger-Prozessen ausgelösten Elektronen erfolgt mit Hilfe von Elektronenspektrometern. Materialanalysen mit hochenergetischen Ionen erweisen sich der elektronenangeregten Auger-Elektronenspektroskopie (↗ 3.4.4.1.3.) durch einen niedrigeren Untergrund, höhere Wirkungsquerschnitte und eine selektive Anregung infolge Projektil- und Energieauswahl teilweise überlegen.

IAES ist besonders vorteilhaft in Verbindung mit RBS (↗ 3.4.5.2.), PIXE (↗ 3.4.5.4.) und Kernumwandlungen (↗ 3.4.6.2.1.) einsetzbar. Es können alle Elemente mit der Ordnungszahl $Z > 2$ und davon besonders leichte Elemente bei guten Quantifizierungsmöglichkeiten (wenig Sekundäreffekte) bestimmt werden.

Vertiefende Literatur: [3.365 bis 3.367].

3.4.5.4. Induzierte Röntgenemission

Die teilcheninduzierte Röntgenemission verwendet in der Regel Protonen, seltener α-Teilchen aus radioaktiven Quellen (z. B. ^{241}Am), die unter einem bestimmten Winkel auf die im Vakuum befindliche Probe treffen. Zur Protonenbeschleunigung wird ein van-de-Graaff-Generator benötigt, der technische Aufwand ist also wesentlich höher als im Falle der RFA (↗ 3.4.4.1.1.) oder der ESMA (↗ 3.4.4.1.1.).

Gegenüber den letzteren beiden Methoden besteht der Vorteil einer *protonenangeregten Röntgenemission* (PIXE) in einer geringen Untergrundstrahlung, die außerdem nur wenig von der Primärenergie ($1 \leq E_p \leq 4$ MeV) abhängig ist. Dies hat seine Ursache in dem stoßkinetisch bedingten kleinen Energieübertrag zwischen einem Proton (große Masse) und einem Elektron (kleine Masse). Eine weitere Verbesserung des Signal-Rausch-Verhältnisses ergibt sich durch nicht vorhandene streufähige Primärquanten. In Verbindung mit großen Ionisierungsquerschnitten für leichte Elemente erweist sich die PIXE gegenüber der RFA und der ESMA für diese Elemente als die Methode der Wahl. Die angewandten Strahldurchmesser liegen im Bereich von $1\ \mu m \leq \Delta x \leq 10$ mm und gestatten somit auch bedingt verteilungsanalytische Aussagen.

Es hat sich ferner als zweckmäßig erwiesen, ein und dieselbe Probenkammer sowohl mit einem Röntgendetektor für PIXE als auch einem Teilchendetektor für RBS (↗ 3.4.5.2.) auszustatten. Damit können sich beide Methoden nicht nur im Elementnachweis, sondern auch bei Tiefenprofilbestimmungen vorteilhaft ergänzen.

Vertiefende Literatur: [3.368 bis 3.371].

3.4.5.5. Massenspektroskopie

Die Massenspektroskopie charakterisiert gasförmige Ionen oder ionisierte Moleküle bzw. Bruchstücke von Molekülen in bezug auf ihr Masse-Ladungs-Verhältnis aus der Ablenkung in magnetischen und elektrischen Feldern oder aufgrund ihrer Translationsenergie. Den prinzipiellen Aufbau eines Massenspektrometers, bestehend aus den Hauptbaugruppen Ionenerzeugung, Ionentrennung und Ionennachweis, zeigt Abb. 3.112. Die zu untersuchenden Substanzen können gas- bzw. dampfförmig oder als Festkörper in die Ionenquelle eingebracht werden. Bei dem aus einem Molekül (z. B. organisches Material) mit der molaren Masse M gebildeten Ionen kann es sich um

- Molekülionen: Ionenmasse $= M$; z. B. (M^+ oder M^-)
- Fragmentionen: Ionenmasse $< M$;
- Anlagerungsionen: Ionenmasse $> M$; z. B. $(M + H)^+$ oder $(M + Cl)^-$

handeln.

Die Ionisierung anorganischer Festkörper führt meist zu Atomionen. Komplexe Molekülionen entstehen in der Regel nur durch nachträgliche Assoziation (Clusterbildung) im Gasraum. In Tab. 3.21 sind die wichtigsten Ionisierungsmethoden aufgeführt, wobei *1* bis *6* häufig unter dem Oberbegriff *organische Massenspektroskopie* und *7* bis *11* unter dem Oberbegriff *Festkörpermassenspektroskopie* zusammengefaßt werden.

Die in der Ionenquelle erzeugten Ionen der Masse m und der Geschwindigkeit v (bevorzugt werden positive Ionen) erhalten durch eine Beschleunigungsspannung (Absaugspannung) U die Energie

$$E = e \cdot U = \frac{m}{2} \cdot v^2. \tag{3.147}$$

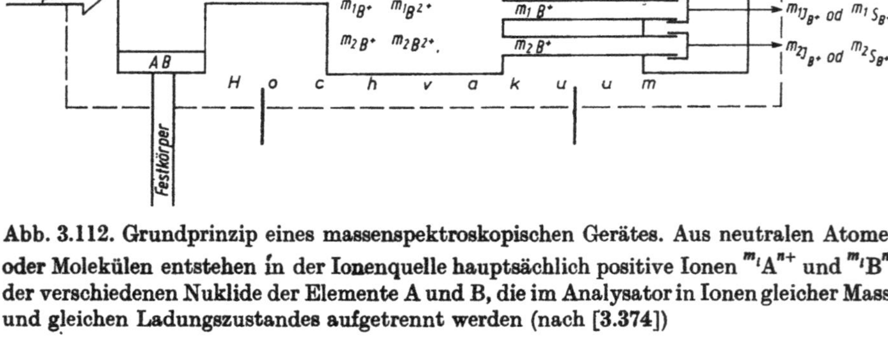

Abb. 3.112. Grundprinzip eines massenspektroskopischen Gerätes. Aus neutralen Atomen oder Molekülen entstehen in der Ionenquelle hauptsächlich positive Ionen $^{m_i}A^{n+}$ und $^{m_i}B^{n+}$ der verschiedenen Nuklide der Elemente A und B, die im Analysator in Ionen gleicher Masse und gleichen Ladungszustandes aufgetrennt werden (nach [3.374])

Gelangt ein geladenes Teilchen in ein homogenes magnetisches Sektorfeld, das Bestandteil aller statischen Ionentrennsysteme ist, so beschreibt es, wie Abb. 3.113 zeigt, eine Kreisbahn mit dem Radius

$$r = \frac{1}{B} \sqrt{2U \cdot \frac{m}{e}} . \tag{3.148}$$

B magnetische Flußdichte

Tabelle 3.21. Anregungsmethoden bei der Massenspektroskopie

Ionisation in der Quelle durch	Technische Daten	Charakterisierung der Anregung	Untersuchbare Materialien
1. Elektronenstoß	thermische Elektronen, nachbeschleunigt auf $E_k = 50 \ldots 100$ eV, klassischer Standardwert 70 eV, niederenergetische Elektronen $E_k = 10 \ldots 20$ eV	starke Dissoziation, Radikalionen M^+, hauptsächlich Fragmentpeaks geringe Fragmentbildung, intensive Molekülpeaks	organische Substanzen gasförmig, flüssig oder fest mit einem Dampfdruck $p \leqq 10^{-4}$ Pa
2. Elektronenanlagerung	thermische Elektronen, Resonanzeinfang $E_k \leqq 2$ eV	kaum Fragmentbildung, intensive Molekülpeaks	
3. Feldionisation	elektrische Felder $E = 10^6 \ldots 10^8$ V · cm^{-1}	wenig Fragmente, intensive Molekülpeaks, schlechte Ionenausbeuten, schlechte Reproduzierbarkeit	
4. Felddesorption	Feldionisation in der Gasphase nach Desorption oder Feldionisation in der kondensierten Phase und danach Desorption des Ions von an Emittern adsorbierten Proben	wie bei Feldionisation polare Verbindungen können quasi-Ionen durch Kationisierung bilden	
5. Chemische Ionisation	Ionisation durch Elektronenstrahl ($E_k = 50 \ldots 100$ eV) in Verbindung mit Hilfsgas durch Ladungsaustausch oder Ionen-Molekülreaktion in der Gasphase	linienarm, Molekülpeaks, quasi-Molekülpeaks	

Tabelle 3.21. (Fortsetzung)

Ionisation in der Quelle durch	Technische Daten	Charakterisierung der Anregung	Untersuchbare Materialien
6. Photoionisation	$\lambda \leqq 200$ nm $M + h\nu \rightarrow M^+ + e^-$	linienarm, intensive Molekülpeaks	
7. Hochfrequenz-funken	Proben gleichzeitig Elektroden (elektrisch leitend) $I = 10^{-3} \ldots 1$ A $U = 10 \ldots 100$ V	Kraterdurchmesser 10 ... 100 μm, Kratertiefe 1 ... 10 μm, Scanning möglich, Entladungsverhältnisse nicht konstant	feste anorganische Materialien
8. Abreißbogen	$I = 1 \ldots 100$ A $U = 4 \ldots 12$ V	bessere Reproduzierbarkeit der Entladung als bei 7	
9. Hochspannungs-gezündeter Niedervoltbogen	Zündspannung 40 kV Gleichstrombogen	vereinigt Vorteile von 7 und 8	
10. Laserstrahl	Q-switch-Technik $E_h = 2 \ldots 30$ mJ Energiedichte $10^5 \ldots 10^{11}$ W · cm^{-2}	↗ 3.4.4.2.1.	
11. Ionenbeschuß	Primärionen Ar^+ oder O^- $E_k = 1 \ldots 10$ keV	Tiefenauflösung 5 ... 10 nm, gesteuert durch Primärionenenergie	

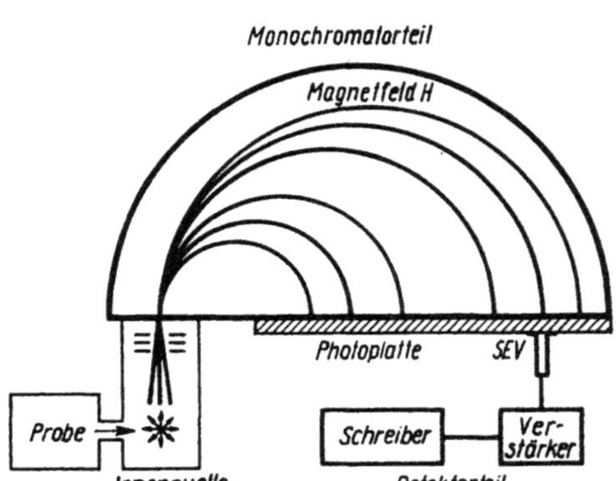

Abb. 3.113. Schematische Darstellung zur Massenspektroskopie; mit Photoplatte als Massenspektrographie, mit Sekundärelektronenvervielfacher (SEV) als Massenspektrometrie

Eine ähnliche Ablenkung (Flugbahn) erfährt ein Ionenstrahl in einem elektrischen Sektorfeld. Geräte, in denen beide Sektorfelder vorhanden sind, werden als doppelfokussierend bezeichnet und erreichen damit ein Auflösungsvermögen von $M/\Delta M = 20000 \ldots 200000$. Demgegenüber liegt die Massenauflösung einfacher Geräte bei 200 ... 2000.

Dynamische Ionentrennsysteme beruhen auf verschiedenen physikalischen Prinzipien. Von der Vielzahl der vorgeschlagenen Möglichkeiten [3.372] haben die *Flugzeit-* und *Quadrupolmassenspektrometer* besondere Bedeutung erlangt. Flugzeitmassenspektrometer trennen Ionen verschiedener Masse aufgrund ihrer unterschiedlichen Flugzeit t längs einer vorgegebenen Wegstrecke (Abb. 3.114):

$$t = l \sqrt{\frac{1}{2U} \cdot \frac{m}{e}}. \tag{3.149}$$

Sie werden u. a. mit höchstempfindlichen Detektoren in *Atomsonden* vielver-

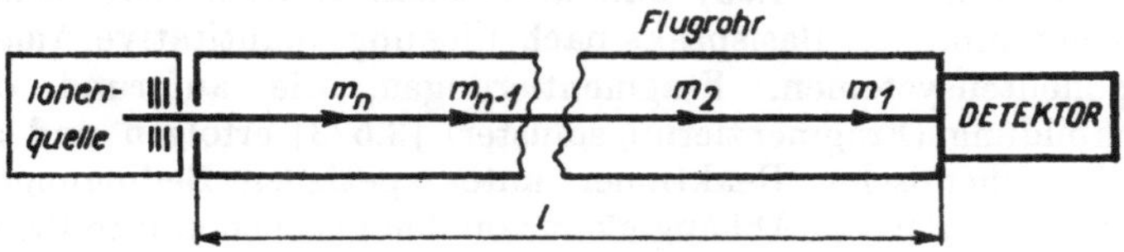

Abb. 3.114. Prinzip eines Flugzeit-Massenspektrometers
($m_1 < m_2 < \ldots m_{n-1} < m_n$)

sprechend eingesetzt. In Quadrupolmassenspektrometern erfolgt die Massentrennung durch Schwingungen der Ionen in einem hochfrequenten elektrischen Quadrupolfeld (Abb. 3.115), wobei die Ionen bestimmten Stabilitätsbedingungen genügen müssen. Diese Geräte eignen sich wegen ihrer kleinen und kompakten Bauweise als Prozeßkontrollgeräte für die Vakuumtechnik und werden deshalb häufig in Kombination mit Auger-Spektrometern (↗ 3.4.4.1.3.) oder LEED-Geräten (↗ 3.4.2.2.2.) eingesetzt.

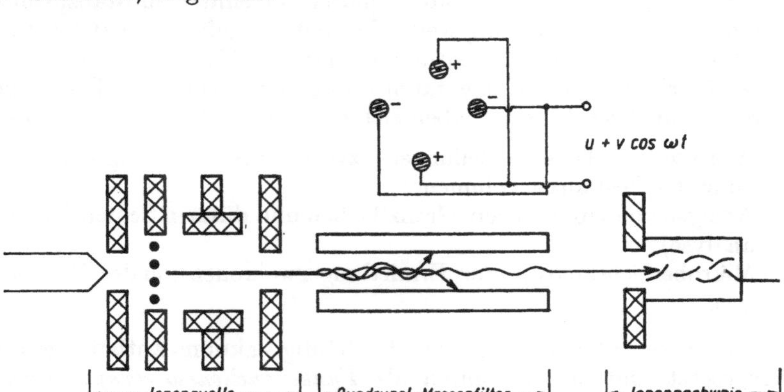

Abb. 3.115. Prinzip eines Quadrupol-Massenfilters (nach [3.374])

Die am Ausgang eines Ionentrennsystems auftretenden Ionenströme liegen in der Größenordnung von $10^{-8} \ldots 10^{-18}$ A. Zum elektrischen Ionennachweis dienen in der Regel Auffängermethoden (Faraday-Käfig) oder offene Sekundärelektronenvervielfacher. Die unterschiedlichen Ionenbündel werden nacheinander registriert. Bei Verwendung von Photoplatten erfolgt die Registrierung aller Ionenstrahlen gleichzeitig.

Das historisch älteste Anwendungsgebiet der Massenspektroskopie ist die *Isotopenanalyse*, die heute vor allem zur Untersuchung von Reaktionsmechanismen, Diffusionsvorgängen, Phasengleichgewichten sowie zur Kontrolle der Isotopensubstitution markierter Verbindungen dient.

Das Hauptanwendungsgebiet der organischen Massenspektroskopie liegt auf dem Gebiet der Identifizierung und Strukturaufklärung organischer Verbindungen. Aus dem Molekülpeak ergibt sich die molare Masse, aus Intensitätsverhältnissen benachbarter Isotopenpeaks läßt sich auf die Summenformel der betreffenden Verbindung (Abb. 4.23) und anwesende Heteroatome schließen. In Stoffgemischen erlauben Basispeaks nach Eichung quantitative Analysen von Mehrkomponentensystemen. Fragmentierungen, die aufgrund definierter Bruchstückbildung (Fragmentierungsmuster) [3.573] erfolgen und als Reaktionsprodukte chemischer Reaktionen unter speziellen Bedingungen zu betrachten sind, gestatten in Abhängigkeit von den gegebenen Randbedingungen Aussagen über die Konstitution der untersuchten Verbindungen, da sowohl Molekülspaltungen (Alkyl-, Olefin-, Allyl-, Tropylium-, Oniumspaltung) als auch H-Wanderungen (McLafferty-Umlagerung, Alkoholwanderung) und Molekülumlagerungen nach bestimmten Mechanismen und damit Fragmentierungsregeln erfolgen. Für die Interpretation von Massenspektren können auch metastabile Peaks (breite Peaks, die auf Zerfallsreaktionen von Ionen zwischen Ionenquelle und Trennsystem zurückzuführen sind) wertvolle Informationen liefern. Diese Strukturuntersuchungen haben sich zu einem Hauptanwendungsgebiet der organischen Massenspektroskopie entwickelt. Aufgrund des geringen Substanzbedarfs von wenigen µg eignet sich die Massenspektroskopie zur Identifizierung gaschromatographisch getrennter Substanzgemische, wobei die direkte Gerätekopplung weite Verbreitung gefunden hat (↗ 2.2.3.2.2.).

Ständig wachsende Bedeutung besitzt die Massenspektroskopie auch zur Charakterisierung der elementaren Zusammensetzung von Festkörpern [3.374, 3.375]. Für ihren Einsatz haben sich drei Anwendungsgebiete herausgebildet:

- Analyse von Tiefenverteilungen bzw. Charakterisierung der Zusammensetzung des Festkörpervolumens;
- Analyse von Oberflächen, Grenzflächen und dünnen Schichten (Oberflächenanalyse);
- Mikrobereichsanalyse zur Ermittlung zweidimensionaler Elementverteilungen.

Für diese Untersuchungen werden häufig Vakuum-Entladungs-Ionenquellen eingesetzt und das Verfahren als *Funkenquellenmassenspektroskopie* (SSMS *S*park *S*ource *M*ass *S*pectrometry; Tab. 3.21, 7 bis 9; [3.376]) bezeichnet. Da die relativen Empfindlichkeitsfaktoren aller Elemente von der gleichen

Größenordnung sind, gestattet die Funkenquellenmassenspektroskopie neben Aussagen über die Art von Elementen auch halbquantitative Angaben über deren Menge ohne Eichung. Ähnlich vorteilhaft werden Laser (↗ Tab. 3.2.1.) zur Atomisierung von Festkörpern angewandt, die auch bei elektrisch nichtleitenden Proben einsetzbar sind [3.377].

Im Falle der Erzeugung von Ionen durch Ionenbeschuß (Sekundärionen) spricht man in Anlehnung an die Elektronenstrahlmikroanalyse (↗ 3.4.4.1.1.) von *Sekundärionen-Mikroanalyse* (SIMA) bzw. von *Sekundärionenmassenspektroskopie* (SIMS) [3.378]. Bei dieser Art von Massenspektroskopie werden mehrere Methodengruppen unterschieden:

1. *Dynamische Sekundärionen-Massenspektroskopie* (DSIMS)
(Sputterrate etwa 1 μm · h^{-1}; besonders geeignet für Tiefenverteilung oder Volumenanalyse)

1.1. Sekundärionen-Mikroproben-Massenspektrometer (SIMMS), auch als IMMA (*I*on-*M*icroprobe *M*ass*A*nalyse) bezeichnet (↗ Abb. 3.116) (Mikrobereichsanalyse infolge Fokussierung der Primärionen)

1.2. Sekundärionen-Mikroskop (SIIMS, *S*econdary *I*on-*I*maging *M*ass *S*pectroscopy)

2. *Statische Sekundärionen-Massenspektroskopie* (SSIMS)
(Sputterrate etwa 0,1 nm · h^{-1}; besonders geeignet für die Oberflächenanalyse, quasi zerstörungsfrei)

3. *Sputtered Neutral Mass Spectrometry* (SNMS) oder *Glow Discharge Mass Spectrometry* (GDMS)
(Durch eine Niederdruckentladung werden die durch den Sputterprozeß zu einem hohen Anteil erzeugten Neutralteilchen vor dem Eintritt in das Ionentrennsystem nachionisiert.)

Weiterführende Literatur: [3.380 bis 3.387].

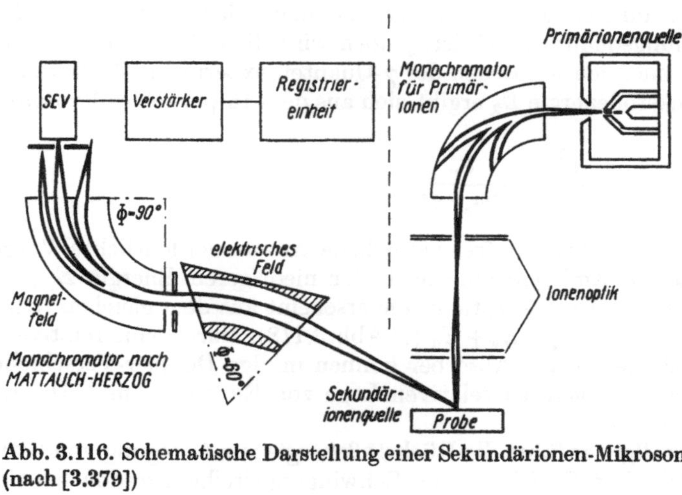

Abb. 3.116. Schematische Darstellung einer Sekundärionen-Mikrosonde (nach [3.379])

3.4.6. Kernspektroskopische Analysenprinzipien

Für die Wechselwirkungen von Atomkernen mit elektromagnetischer oder korpuskularer Strahlung kommen energiereiche γ-Quanten bzw. Teilchen vergleichbarer kinetischer Energie (α-Teilchen und andere Ionen, Neutronen, β-Strahlen) in Frage, die in der Regel aus radioaktiven Quellen stammen.

Grundsätzlich werden Wechselwirkungen mit Atomkernen in folgender Weise dargestellt:

$$\mathrm{A\ (a,\ b)\ B}.$$

Dabei symbolisieren A den Kern vor, B den Kern nach der Wechselwirkung und a das absorbierte, b das emittierte Teilchen bzw. Photon.

3.4.6.1. Mößbauer-Spektroskopie

Die Mößbauer-Spektroskopie untersucht Übergänge zwischen Kernniveaus, die durch praktisch rückstoßfreie Resonanzabsorption von γ-Strahlung zustande kommen (γ-Resonanzspektroskopie).

Im Vergleich mit der optischen Resonanzabsorption treten bei der Kernresonanzabsorption aufgrund der größeren energetischen Abstände der Kernniveaus und damit der absorbierten und re-emittierten Energiebeträge insbesondere zwei charakteristische Unterschiede auf:

1. Die experimentelle Linienbreite [↗ Gl. (3.94)] wird infolge der Wärmebewegung der Atome wesentlich durch die Doppler-Verbreiterung bestimmt;
2. Zwischen Emissions- und Absorptionslinie treten Rückstoßverschiebungen auf, die die Wahrscheinlichkeit für das Auftreten von Resonanzabsorption verringern.

Zwar ist jede Strahlungsemission mit der Übertragung eines Rückstoßimpulses auf das emittierende System verbunden, der dem Betrage nach dem Impuls des Strahlungsquants gleich ist, jedoch wird diese Tatsache erst bei so hohen Strahlungsenergien wie denen der γ-Quanten experimentell relevant.

Die Rückstoßenergie E_R ergibt sich aus dem Impuls eines Photons $p_\gamma = m_\gamma \cdot c = E_\gamma / c$ zu

$$E_R = \frac{1}{2} \frac{p_\gamma^2}{m_\gamma} = \frac{E_\gamma^2}{2 m_\gamma \cdot c^2}. \qquad (3.150)$$

Dieser in Abb. 3.117 für frei bewegliche Atome verdeutlichte Vorgang führt dazu, daß die Emissionslinie nach der niedrigeren Energie $E_{\gamma,e} = E_\gamma - E_R$ verschoben ist. Die Absorptionslinie erscheint aus dem gleichen Grund bei der höheren Energie $E_{\gamma,a} = E_\gamma + E_R$ (↗ Abb. 3.118). Durch eine relative Bewegung der γ-Quelle gegen den Absorber können infolge Doppler-Verschiebungen gezielte Veränderungen der relativen Lage von Emissions- und Absorptionslinie erreicht werden.

Im Kristallgitter führt die Rückstoßenergie zur Anregung von Gitterschwingungen. Mit dem Einfrieren von Schwingungsfreiheitsgraden bei tiefen Temperaturen kann, wie MÖSSBAUER zeigte, die γ-Resonanzabsorption praktisch rückstoßfrei erfolgen.

Abb. 3.119 zeigt den prinzipiellen Aufbau eines Mößbauer-Spektrometers. Die angeregten Kerne entstehen im allgemeinen in der Quelle durch radioaktiven Zerfall eines Ausgangsnuklids; z. B. $^{57}_{26}Fe$ aus $^{57}_{27}Co$ durch K-Einfang. Die Probe als Absorber kann sowohl in Durchstrahlungs- als auch in Reflexionsgeo-

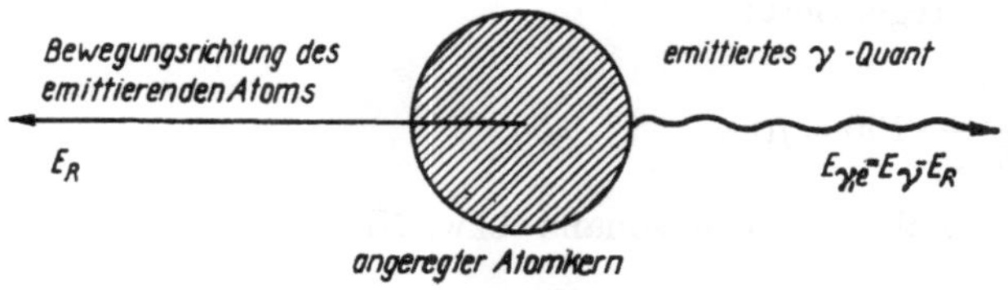

Abb. 3.117. Nichtrückstoßfreie Emission von γ-Quanten

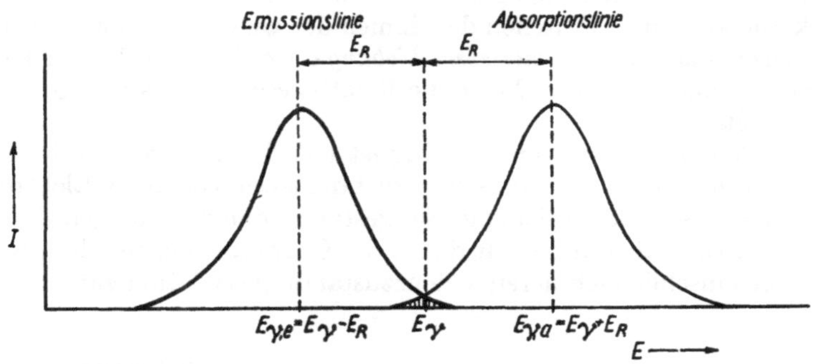

Abb. 3.118. Rückstoßverschiebungen bei der γ-Emission bzw. -absorption

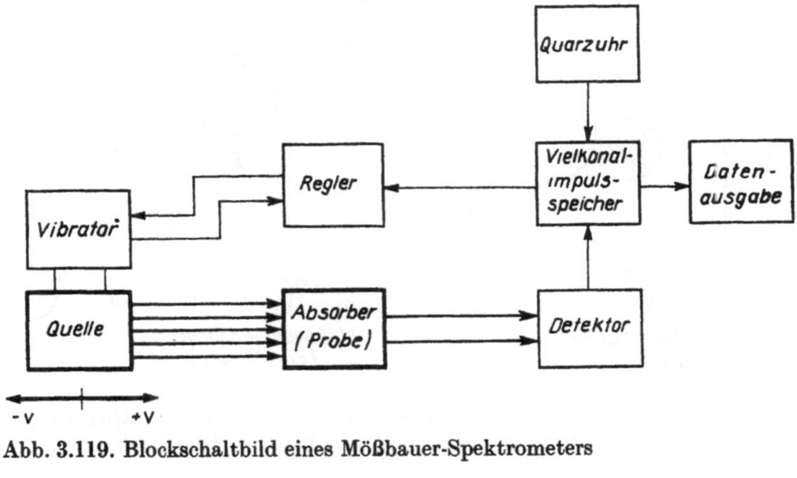

Abb. 3.119. Blockschaltbild eines Mößbauer-Spektrometers

metrie angeordnet sein. Bei der *Absorptions-Mößbauer-Spektrometrie* tritt bei Resonanz von Quelle Q und Absorber A ein starker Abfall der Zählrate am Detektor ein. Daneben ist eine der optischen Fluoreszenzspektroskopie (↗ z. B. Abb. 3.108) analoge Anordnung von Emitter, Absorber und Detektor möglich (*Emissions-Mößbauer-Spektrometrie*). Die γ-Emission ist oft mit einer Konversion in der Elektronenhülle verbunden (↗ Abb. 3.120).

Als Mößbauer-Spektrum wird die Transmission T als Funktion der Doppler-Geschwindigkeit v registriert:

$$T \equiv \frac{Z_v}{Z_{v,\infty}} \cdot 100 = f(v). \tag{3.151}$$

Z_v, $Z_{v,\infty}$ Zählrate im Resonanz- bzw. Nichtresonanzbereich

Die Anzahl und Lage der Resonanzlinien im Spektrum werden durch Wechselwirkungen der Atomkerne mit elektrischen bzw. magnetischen Feldern am Kernort bestimmt. In Abhängigkeit von der chemischen Umgebung der Absorberkerne kommt es zwischen den Linien der Quelle (Standardsubstanz) und des Absorbers zu einer *Isomerieverschiebung* δ (↗ Abb. 3.121); für das Eintreten von Resonanz muß die Quelle die Relativgeschwindigkeit v gegen den Absorber erhalten.

Die Größe der Isomerieverschiebung ist von den Differenzen der effektiven Kernradien im Grund- und Anregungszustand sowie von den s-Elektronendichten der Absorberatome abhängig. Sie gestattet damit Aussagen über die Besetzung von Orbitalen und dient damit der Charakterisierung der absorbierenden Atome einschließlich deren Valenzzustände (Oxydationszahlen).

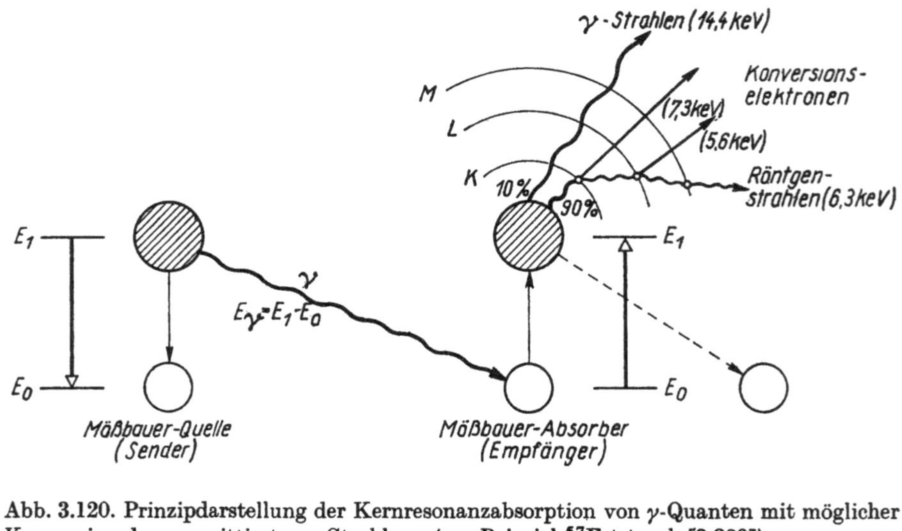

Abb. 3.120. Prinzipdarstellung der Kernresonanzabsorption von γ-Quanten mit möglicher Konversion der re-emittierten γ-Strahlung (am Beispiel $^{57}_{26}Fe$) (nach [3.389])

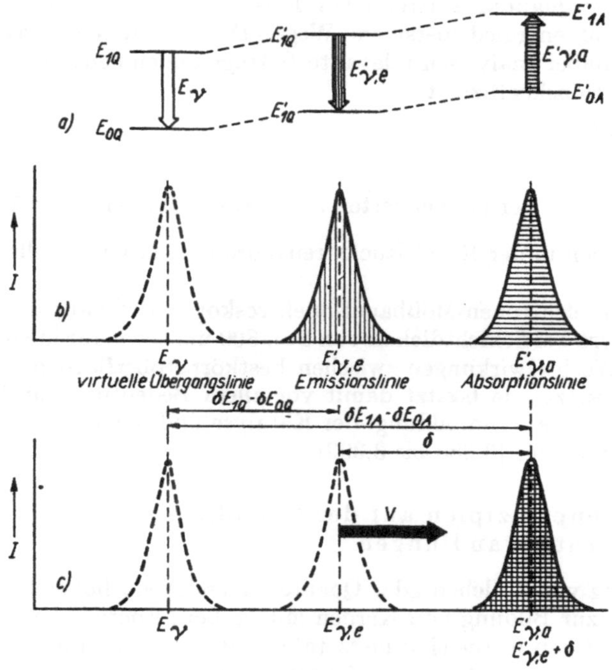

Abb. 3.121. Schematische Darstellung der Isomerieverschiebung unter rückstoßfreien Bedingungen (nach [3.389])

a) Lage der Kernniveaus im idealen (unbeeinflußten) Emitterkern sowie im realen Emitter- und Absorberkern; b) Lage der Emissions- und Absorptionslinie; c) Resonanz durch Verschiebung der Emissionslinie bei der Geschwindigkeit v

Eine Beeinflussung der Mößbauer-Signale ist weiterhin durch Wechselwirkungen der Kerne mit inhomogenen elektrischen Feldern am Kernort möglich, die sich bei Kernen mit einem Kernspin $I > 1$ in einer *Kernquadrupolaufspaltung* äußert. Kerne mit magnetischen Momenten $I > 0$ zeigen eine *magnetische Aufspaltung* (*Kernresonanz-* und *Kernquadrupolresonanzspektroskopie* ↗ 3.4.3.4.2. und 3.4.3.4.3.).

Aus diesen Feinstrukturen der Resonanzlinien lassen sich qualitative Strukturinformationen über die Molekülsymmetrie, die Elektronegativität von Liganden in Komplexverbindungen, über das magnetische Verhalten und den Ordnungszustand gewinnen. Aussagen über Inhomogenitäten und dynamische Prozesse (z. B. Diffusionsvorgänge) sind über Linienverbreiterungen möglich.

Die Beobachtbarkeit der geringen Energiedifferenzen von etwa 10^{-7} eV am Kern bei Energien der γ-Quelle von $10^3 \ldots 10^4$ eV erfordert ein außerordentlich hohes analytisches Auflösungsvermögen, das bei der Mößbauer-Spektroskopie mit $10^{13} \ldots 10^{14}$ realisierbar ist.

Die *Konversionselektronen-Mößbauer-Spektroskopie* registriert die bei der

Konversion von γ-Quanten auftretenden Elektronen bzw. Röntgenquanten (↗ Abb. 3.120) auf energiedispersivem Wege. Der Anteil der konvertierten Übergänge muß dabei analytisch relevante Beträge annehmen; als Maß dafür dient der Konversionskoeffizient

$$\alpha = \frac{\alpha'}{1 - \alpha'}.$$

α' Verhältnis der konvertierten zur Gesamtzahl der Übergänge

Zur Messung werden in der Regel Rückstreuanordnungen von Quelle und Absorber verwendet.

Die Konversionselektronen-Mößbauer-Spektroskopie wird hauptsächlich zur Oberflächenanalyse bei Schichtdicken von 5 ... 300 nm sowie für in-situ-Untersuchungen von Wechselwirkungen zwischen Festkörperoberflächen und flüssigen Phasen eingesetzt; sie besitzt damit vor allem Bedeutung für Probleme der Korrosion, der Passivfilmbildung, der Katalyse und der Phasenbildung.

Vertiefende Literatur: [3.388 bis 3.393].

3.4.6.2. Analysenprinzipien auf der Grundlage von Kernumwandlungen

Die Einwirkung von Teilchen oder Quanten ausreichend hoher Energie auf Atomkerne kann zur Bildung von Kernen mit großem Energieüberschuß führen. Diese radioaktiven Kerne sind metastabil und zerfallen unter Aussendung von Teilchen bzw. Quanten in andere Kerne niedrigerer Energie. Einen Überblick über die möglichen Zerfallsarten gibt Abb. 3.122.

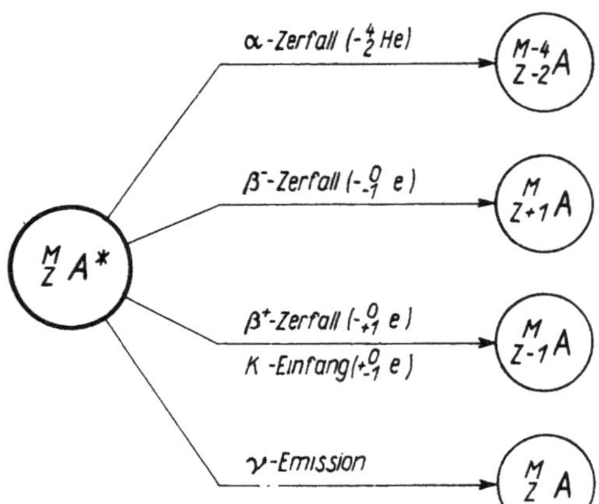

Abb. 3.122. Arten des radioaktiven Zerfalls
M Massenzahl (Nukleonenzahl)
Z Kernladungszahl

In der Regel können die Kernreaktionen selbst nicht für analytische Informationen genutzt werden, sondern nur die von den aktiven Kernen emittierte Strahlung. Dabei lassen sich folgende drei Realisierungsmöglichkeiten unterscheiden (↗ Abb. 3.123):

1. Die aktiven Kerne werden in der Probe erzeugt (*Aktivierungsanalyse* und *Autoradiographie*).
2. Es erfolgt eine Zugabe radioaktiver Reagenzien zur Probe (*Traceranalyse* bzw. *radiochemische Analyse*).
3. Es treten Wechselwirkungen der Probe mit radioaktiver Strahlung (*Radiometrie*) auf.

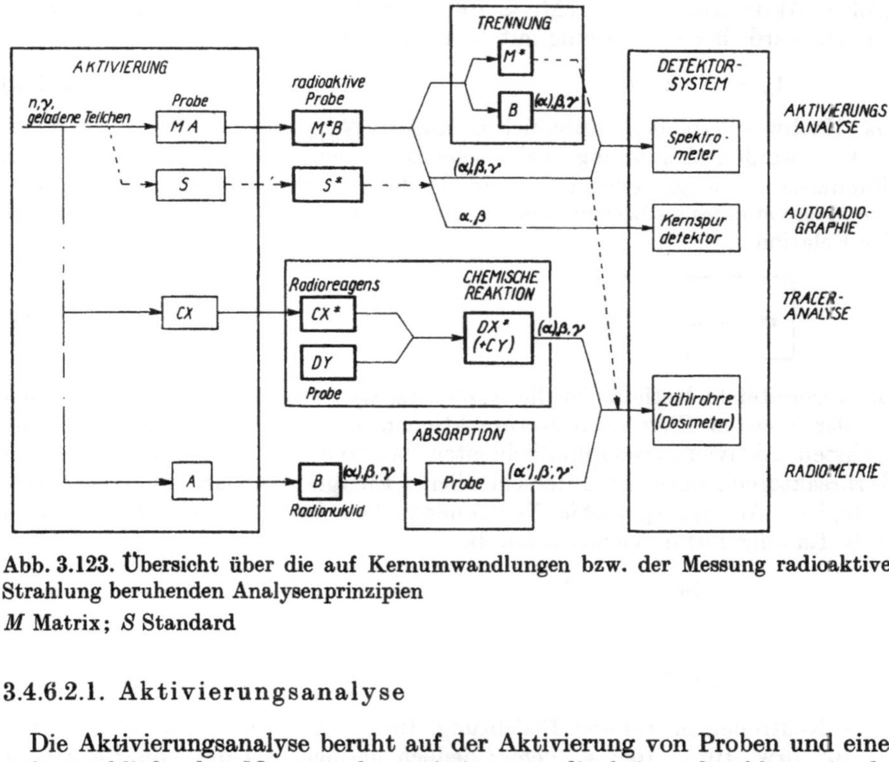

Abb. 3.123. Übersicht über die auf Kernumwandlungen bzw. der Messung radioaktiver Strahlung beruhenden Analysenprinzipien
M Matrix; *S* Standard

3.4.6.2.1. Aktivierungsanalyse

Die Aktivierungsanalyse beruht auf der Aktivierung von Proben und einer sich anschließenden Messung der emittierten radioaktiven Strahlung, in der Regel der γ-Strahlung. Für die Messung dieser Strahlung werden energiedispersive Spektrometer (*Gammaspektroskopie*) verwendet, die in Aufbau und Wirkungsweise dem in Abb. 3.97 wiedergegebenen energiedispersiven Röntgenspektrometer entsprechen, wobei die Röntgenröhre durch eine Neutronenquelle ersetzt werden muß. Wird in der Probe nur der Analyt aktiviert, ist auch eine einfache Aktivitätsmessung mittels Zählrohren möglich.

Aus der allgemeinen Aktivierungsgleichung

$$A = N \cdot \sigma \cdot \Phi \cdot [\exp(-\lambda \cdot \Delta t_M)]\,[1 - \exp(-\lambda \cdot \Delta t_A)] \tag{3.152}$$

A Aktivität
N Anzahl der aktiven Kerne in der Probe
σ Wirkungsquerschnitt

Φ Teilchenfluß
$\lambda = 0{,}693/t_{1/2}$ Zerfallskonstante ($t_{1/2}$ Halbwertszeit)
Δt_M Zeitdifferenz zwischen Bestrahlungsende und Messung
Δt_A Bestrahlungsdauer

lassen sich bei genauer Kenntnis der Zerfallsmechanismen und -parameter die Mengen der aktiven Kerne bestimmen. Gl. (3.152) vereinfacht sich bei sehr großen Aktivierungszeiten ($\Delta t_A \approx 10 t_{1/2}$), wobei die Sättigungsaktivität A_∞ erreicht wird. Bei Aktivierung mit Neutronen gilt

$$A_\infty = N \cdot \sigma \cdot \Phi. \tag{3.153}$$

Das Nachweisvermögen ergibt sich hieraus zu $N_{\min} = A_\infty/\sigma \cdot \Phi$.

Meist werden aktivierungsanalytische Bestimmungen jedoch mit Hilfe von Standards S, die gemeinsam mit der Probe bestrahlt werden, durchgeführt. Die Masse m eines zu bestimmenden Probenbestandteils A ergibt sich dann aus der Relation

$$\boxed{m_A = m_S \frac{A_A}{A_S}}. \tag{3.154}$$

Die verbreitetste Methode ist die *Neutronenaktivierungsanalyse*, da Neutronen bei den meisten Elementen Kernreaktionen auslösen können und auch die höchsten Aktivierungsempfindlichkeiten besitzen. Darüber hinaus sind in Kernreaktoren Neutronen unterschiedlicher Energie auf relativ günstige Weise verfügbar. Als transportable Neutronenquellen besitzen radioaktive Stoffe (z. B. Ra oder Pu) im Gemisch mit Be

$$\mathrm{Ra} \begin{cases} \xrightarrow{\alpha} {}^{9}_{4}\mathrm{Be}(\alpha, n)\,{}^{12}_{6}\mathrm{C} \\ \xrightarrow{\gamma} {}^{9}_{4}\mathrm{Be}(\gamma, n)\,{}^{8}_{4}\mathrm{Be} \end{cases}$$

sowie Neutronengeneratoren Bedeutung. Ihr Neutronenfluß ist mit $\Phi = 10^5$ bis 10^6 bzw. $10^6 \ldots 10^{10}\ \mathrm{s^{-1} \cdot cm^{-2}}$ jedoch geringer als der von Reaktoren ($10^{10} \ldots 10^{15}$).

Bei der Wechselwirkung mit langsamen (thermischen) Neutronen ($E_k < 0{,}025$ eV) und epithermischen Neutronen ($E_k = 0{,}025 \ldots 10^6$ eV) finden (n, γ)-Kernreaktionen, mit schnellen Neutronen ($E_k > 1$ MeV) finden (n, p)-, (n, α)- und (n, 2n)-Kernreaktionen statt.

Durch den gleichzeitigen Ablauf mehrerer Reaktionen kann das zu messende radioaktive Nuklid auf verschiedenen Wegen aus unterschiedlichen Ausgangskernen entstehen [z. B. Phosphorbestimmung in Silicium: $^{31}\mathrm{P}(n, \gamma)\,^{32}\mathrm{P}$ sowie als Störreaktion $^{30}\mathrm{Si}(n, \gamma)\,^{31}\mathrm{Si}^* \xrightarrow{\beta^-} {}^{31}\mathrm{P}(n, \gamma)\,^{32}\mathrm{P}$]. Demzufolge wird ein zu hoher Gehalt des zu bestimmenden Elementes vorgetäuscht.

Bei Verwendung von energiedispersiven Spektrometern (↗ 3.4.4.1.1.) (*Instrumentelle Neutronenaktivierungsanalyse* INAA) können die Proben zerstörungsfrei untersucht werden. Demgegenüber erfordern Zählrohrdetektoren aufwendige chemische Trennungen in Strahlenlabors und sind nur für die Bestimmung von zwei bis drei Elementen geeignet.

Die *Aktivierungsanalyse mit geladenen Teilchen* (CPAA *C*harged *P*article *A*ctivation *A*nalysis) setzt Teilchenbeschleuniger voraus und wird nur für die Fälle angewandt, bei denen ein zu geringer Wirkungsquerschnitt für Neutronen zu verzeichnen ist bzw. große Störmöglichkeiten auftreten. Das trifft insbesondere auf die Bestimmung von leichten Elementen (Li, B, C, N, O, F) in bestimmten Matrixelementen (Si, Na, Mg, Al, P, S, Cl, K) zu. Da an schweren Kernen Streuung eintritt, ergänzen sich Aktivierung und Streuung von geladenen Teilchen insbesondere bei analytischen Untersuchungen von Oberflächen.

Als Beschleuniger für Ionen (p, d, α, ^{3}He) dienen hauptsächlich Van-de-Graff-Generatoren und Zyklotrone. Die entstehende Aktivität ist in der Regel sehr komplex und erfordert dann eine chemische Aufbereitung des aktivierten Materials.

Die *Photonenaktivierungsanalyse* (PAA) beruht auf dem Kernphotoeffekt. Mittels energiereicher γ-Quanten als Bremsstrahlung hochenergetischer Elektronen aus Betatronquellen können Kernumwandlungen des Typs (γ, n), (γ, p), gelegentlich auch (γ, α), (γ, p + n) oder (γ, 2n) ausgelöst werden. Besonders die (γ, n)-Reaktion zeigt im Bereich von 14 ... 20 MeV einen ausgeprägten Resonanzverlauf, so daß durch Variation der γ-Energie selektive Aktivierung erfolgt.

Mit diesen drei Methoden der Aktivierungsanalyse sind alle Elemente bestimmbar. In bezug auf das Nachweisvermögen wird die Aktivierungsanalyse von kaum einem anderen Analysenprinzip übertroffen (↗ Abb. 4.2).

Eine Besonderheit der Aktivierungsanalyse mit Neutronen besteht noch darin, daß gerade seltener vorkommende Elemente oft einen großen Wirkungsquerschnitt besitzen, so daß sie leicht aktiviert werden können. Damit ist das Nachweisvermögen der NAA der natürlichen Häufigkeit der Elemente angepaßt und damit zur Bestimmung seltener Elemente besonders geeignet.

Zwar kann für extreme Spurenanalysen auf den Kernreaktor als Neutronenquelle noch nicht verzichtet werden, jedoch sind mit Neutronengeneratoren und Gammaspektrometern ausgerüstete ortsunabhängige Routinegeräte für die Aktivierungsanalyse entstanden, die anderen spektrometrischen Ausrüstungen im Preis entsprechen und in Verbindung mit Computern leicht automatisierbar sind.

Vertiefende Literatur: [3.395 bis 3.405].

3.4.6.2.2. Autoradiographie

Unter Autoradiographie versteht man die Selbstabbildung radioaktiver Substanzen auf strahlungsempfindlichen Schichten (*Kernspurdetektoren*).

Von der Aktivierungsanalyse, mit der die Autoradiographie häufig den Aktivierungsvorgang gemeinsam hat, unterscheidet sie sich vor allem dadurch, daß die γ-Strahlung kaum Bedeutung besitzt; für die Wechselwirkungen mit den Kernspurdetektoren kommen vor allem α- und β-Teilchen in Frage. Als Kernspurdetektoren werden hauptsächlich photographische Emulsionen oder Plastfolien verwendet, die in unmittelbaren Kontakt mit der Oberfläche des Untersuchungsmaterials gebracht werden. Die photochemischen Reaktionsprodukte bzw. Strahlenschäden werden für die makroskopische Auswertung einem Entwicklungsprozeß unterzogen. Nach der Art der Auswertung werden die in Tab. 3.22 zusammengestellten drei Methoden der Autoradiographie unterschieden. Ihre Anwendung wird durch die Art der strahlenden Nuklide bestimmt, deren Energie und damit Reichweite das Auflösungsvermögen in entscheidendem Maße bestimmt (↗ Abb. 3.124).

Die Autoradiographie ist eine der leistungsstärksten Methoden der Verteilungsanalyse, ungeachtet dessen, daß mit ihrer Hilfe in der Regel nur qualitative und halbquantitative Informationen gewonnen werden können. Sie wird häufig

Tabelle 3.22. Kennzeichnung autoradiographischer Methoden (nach [3.406])

Methode:	Makro-Autoradiographie	Mikro-Autoradiographie (lichtmikroskopische Autoradiographie)	Hochauflösende Autoradiographie (elektronenmikroskopische Autoradiographie)
Auswertung	Schwärzungsmessung	Kornauszählung	
Dicke der Kernspurdetektoren	> 10 μm	1 ... 5 μm	≦0,15 μm
Auflösungsgrenze δ	10 ... 30 μm	1 ... 5 μm	0,1 ... 0,5 μm
Empfindlichkeit	hoch	mäßig	gering

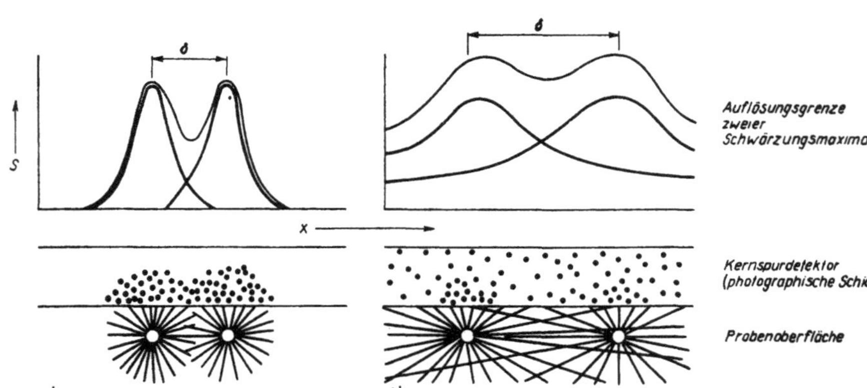

Abb. 3.124. Autoradiographische Wirkung zweier β-strahlender Nuklide geringer Energie (a) und großer Reichweite (b) (nach [3.406])

für Homogenitätsuntersuchungen in der Metallurgie und zur Ermittlung von Spurenelementverteilungen in Halbleitermaterialien eingesetzt.

Hauptanwendungsgebiete der Autoradiographie sind jedoch die Biochemie und die Medizin. Hier lassen sich Informationen über die Verteilung wichtiger Elemente in pflanzlichen oder tierischen Geweben bzw. Organen gewinnen. Für Untersuchungen an biologischen Materialien muß häufig auf eine Aktivierung der Probe verzichtet werden; man setzt statt dessen mit radioaktiven Nukliden markierte Verbindungen ein (↗ *Traceranalyse*).

Vertiefende Literatur: [3.406 bis 3.409].

3.4.6.2.3. Traceranalyse

Als Traceranalyse (*radiochemische Analyse*) bezeichnet man die Anwendung von radioaktiven Nukliden als hochempfindliche Indikatoren bzw. Leitsubstanzen bei chemischen Reaktionen, mechanischen Vorgängen oder biologischen Prozessen. Sie ergibt sich aus der Möglichkeit, fast alle Substanzen radioaktiv markieren zu können, und aus dem unübertroffen hohen Nachweisvermögen für radioaktive Nuklide.

Die meisten der bekannten Verfahren lassen sich auf die folgenden zwei Methoden zurückführen:

1. Die *Indikatormethode* beruht auf der radioaktiven Markierung der zu untersuchenden Substanz und der Identifizierung bzw. Bestimmung der chemischen, biologischen oder mechanischen Folgeprodukte durch Strahlungsmessung. Bekannte Anwendungsbeispiele sind die Verfolgung der Stoffwechselvorgänge bei Pflanzen oder im menschlichen Organismus, von Materialströmen, -verlusten oder Verschleißvorgängen bei technischen Prozessen, von Diffusions- und Selbstdiffusionsvorgängen in Festkörpern. Besondere Bedeutung besitzen *Radioreagenzverfahren* in der Gravimetrie (↗ 3.1.2.) sowie *radiometrische Titrationen* (↗ 3.1.3.), wobei die Mengen- bzw. Äquivalenzpunktbestimmung jeweils durch Aktivitätsmessung (Zählrate z in Impulse je Zeiteinheit) erfolgt.
2. Die *Isotopenverdünnungsanalyse* beruht auf der analytischen Auswertung der Veränderungen von Isotopenkonzentrationen, wobei auf eine quantitative Abtrennung des zu bestimmenden Stoffes verzichtet werden kann. Die radioaktiv markierte Verbindung wird der inaktiven gleicher Zusammensetzung beigegeben; aus der Verringerung der spezifischen Aktivität können selbst unwägbare Substanzmengen bestimmt werden.

Eine spezielle Methode der Isotopenverdünnungsanalyse ist die *radioaktive Altersbestimmung*, die auf der Messung der spezifischen Aktivität natürlicher Radionuklide beruht, die zu einem bestimmten Zeitpunkt von einem radioaktiven Zerfalls-Bildungs-Gleichgewicht isoliert worden sind. Für die Altersbestimmung von Pflanzen und Lebewesen wird das Kohlenstoff-14-Verfahren ($t_{1/2} = 5570\,a$), für Gewässer und Lösungen das Tritiumverfahren (^3H, $t_{1/2} = 12{,}3\,a$), für Mineralien das Blei-, Helium- oder Kalium-40-Verfahren ($t_{1/2} = 10^9\,a$) herangezogen.

Durch Isotopenaustausch lassen sich häufig bei Strukturuntersuchungsmethoden, wie der IR-, NMR- oder Massenspektroskopie, zusätzliche Informationen gewinnen. Häufig genügt für diese Zwecke die Markierung mit inaktiven Nukliden, die sich durch ihre Massen von den natürlich vorkommenden unterscheiden [3.416].

Vertiefende Literatur: [3.410 bis 3.418].

3.4.6.2.4. Radiometrie

Unter Radiometrie versteht man die Messung der Schwächung radioaktiver Strahlung aufgrund unelastischer, weitgehend unspezifischer Wechselwirkungen mit dem Probenmaterial. Besonders β- und γ-Strahlung sowie Neutronen besitzen dabei analytische Bedeutung. In Analogie zur Röntgenstrahlung folgt deren Absorption einem Exponentialgesetz

$$I = I_0 \cdot \exp(-\mu \cdot x). \tag{3.155}$$

μ linearer Absorptionskoeffizient
x Absorberdicke

Die der Absorption und Streuung zugrunde liegenden Vorgänge sind im wesentlichen ebenfalls die gleichen wie bei Röntgenstrahlung: Anregung der Elektronenhülle (Photoeffekt und Röntgenemission), Compton-Effekt sowie bei γ-Quanten mit Energien $E > 1{,}02$ MeV Elektron-Positron-Paarbildung. Die Summe dieser Prozesse äußert sich in unspezifischen Wechselwirkungen, die als Grundlage radiometrischer Analysenmethoden die Bestimmung makroskopischer Stoffeigenschaften, vor allem von Schichtdicken, Materialdichten oder -fehlern, gestatten.

Radiometrische Messungen werden sowohl nach Durchstrahlungs- als auch nach Reflexions- bzw. Rückstreuverfahren durchgeführt (↗ Abb. 3.125).

Elementspezifische Aussagen sind nur in einigen Fällen möglich, sie erfordern außerdem Zusatzinformationen wie die Dichte des Materials oder die Massenbelegungen. Da die Schwächung von β-Strahlen dem Verhältnis von Kernladungszahl und Atommasse Z/A proportional ist, kann auf diese Weise insbesondere der Wasserstoffgehalt in Kohlenwasserstoffen ermittelt werden.

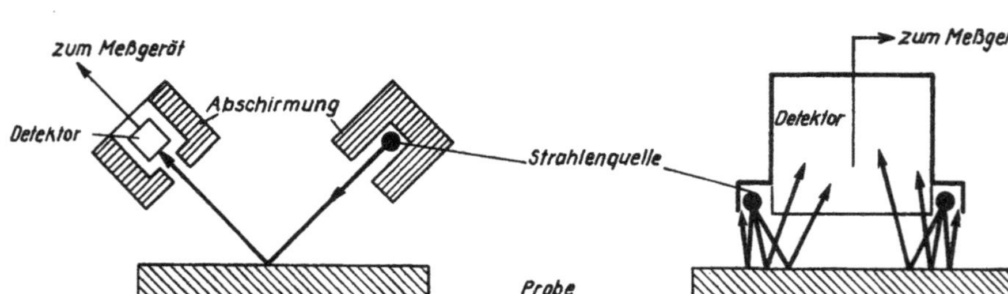

Abb. 3.125. Zwei Meßanordnungen für die β- bzw. γ-Rückstreuung (nach [3.421])

Auch γ- und Neutronenstrahlen sind unter bestimmten Voraussetzungen für Wasserstoffbestimmungen geeignet. Darüber hinaus sind Analysen von Zweistoffsystemen in besonders günstigen Fällen möglich.

Das Hauptanwendungsgebiet der Radiometrie ist die zerstörungsfreie Werkstoffprüfung (*Gammadefektoskopie*, *Betarückstreuung*). Darüber hinaus besitzt sie auch in nichtanalytischen Bereichen für Füllstandsmessungen, Strahlenschranken usw. Bedeutung.

Vertiefende Literatur: [3.330, 3.331, 3.419, 3.420].

4. Aufgabenbereiche und Einsatzkriterien der Analytik

4.1. Analytische Grundprobleme

Analytische Untersuchungen dienen meist unmittelbar der Lösung aktueller technischer oder wissenschaftlicher Aufgabenstellungen, die sich aus der Notwendigkeit von Entscheidungsfindungen ergeben. Diese können technologischen Charakter besitzen und Fragen des Stoffeinsatzes, der Führung von Prozessen oder der Gebrauchswerteigenschaften von Produkten betreffen oder sich auf Probleme der wissenschaftlichen Grundlagenforschung beziehen. Viele Beispiele zeigen, wie Ergebnisse analytischer Untersuchungen den wissenschaftlichen Erkenntnisstand unmittelbar befruchten können (↗ z. B. [1.1, 4.1]).

Die Hauptrichtungen analytischer Forschungen sind die *problemorientierte* und die *methodenorientierte Analytik*.

Im Rahmen der problemorientierten Analytik besitzt die *analytische Probencharakterisierung* die größte Bedeutung. Da die Gebrauchseigenschaften von Stoffen primär von deren Zusammensetzung und Struktur bestimmt werden, ist die Charakterisierung von Materialien durch analytische Kenngrößen eine der wesentlichsten Aufgaben der vergleichenden Qualitätskontrolle und -überwachung in der industriellen und landwirtschaftlichen Produktion sowie beim Umweltschutz. Die Ausarbeitung geeigneter Analysenverfahren als zielgerichtete Auswahl von Analysenprinzip und -methode, von Analysentechnik und Probenvorbereitungsart sowie deren Anpassung an ein gegebenes analytisches Problem und an bestimmte Probeneigenschaften spielt in diesem Zusammenhang eine bedeutende Rolle.

Problemorientierte analytische Teilgebiete sind z. B. die *Mikroanalytik*, die *Verteilungsanalytik*, die *Grenzflächenanalytik*, die *Spurenanalytik* und die *Prozeßanalytik*. Bei ihnen werden die Eigenschaften des Probenmaterials lediglich auf einer relativ hohen Abstraktionsstufe berücksichtigt. Weitere Teilgebiete unter Orientierung auf bestimmte Probenklassen sind die *biochemische Analytik*, die *forensische Analytik*, die *Lebensmittelanalytik* u. a.

Die methodenorientierte Analytik hat die Entwicklung und Verbesserung von Analysenprinzipien sowie besonderer Analysenmethoden und Analysentechniken zum Gegenstand. Sie beschäftigt sich in diesem Zusammenhang auch mit speziellen Eich- und Auswerteverfahren unter Einbeziehung der Rechentechnik. Darüber hinaus erforscht sie die mit bestimmten Methoden lösbaren Problemstellungen, wobei auch die Anforderungen an die Probeneigenschaften festgelegt werden. In diesem Rahmen gehört die Untersuchung der verschiedenen Möglichkeiten der Probenaufbereitung zum Gegenstand der methodenorientierten Analytik sowie die dabei auftretenden möglichen Veränderungen der Probeneigenschaften. Solche Veränderungen werden auch durch einige Analysenprinzipien hervorgerufen. Methodenorientierte analytische Forschung ist eine wesentliche Voraussetzung für eine zielgerichtete Anwendung der Analytik zur Lösung problemorientierter Aufgaben. In diesem Sinne stellen methodenorientierte Untersuchungen bisher den Hauptteil wissenschaftlich analytischer Arbeiten dar.

Aus der in Tab. 4.1 angegebenen Übersicht über analytische Aufgabenstellungen gehen die *analytischen Grundprobleme* hervor, die der weiteren Behandlung zugrunde gelegt werden.

Tabelle 4.1. Prinzipielle analytische Aufgabenstellungen für Probenuntersuchungen (analytische Grundprobleme)

Analytische Aussage über die zu analysierende Probe hinsichtlich	Elementanalytik		Strukturanalytik	
	Art (qualitativ)	Menge (quantitativ)	qualitativ	quantitativ
Integraler Analyse: Durchschnittsanalytik	z	y	S	S
Differentieller Analyse – zeitlich differentiell: Prozeßanalytik	$\left(\frac{\mathrm{d}z}{\mathrm{d}t}\right)_l$	$\left(\frac{\mathrm{d}y}{\mathrm{d}t}\right)_l$	$\left(\frac{\mathrm{d}S}{\mathrm{d}t}\right)_l$	$\left(\frac{\mathrm{dS}}{\mathrm{d}t}\right)_l$
geometrisch differentiell: Verteilungsanalytik	$\left(\frac{\mathrm{d}z}{\mathrm{d}l}\right)_t$	$\left(\frac{\mathrm{d}y}{\mathrm{d}l}\right)_t$	$\left(\frac{\mathrm{d}S}{\mathrm{d}l}\right)_t$	$\left(\frac{\mathrm{dS}}{\mathrm{d}l}\right)_t$
sowohl geometrisch als auch zeitlich differentiell: Kombinierte Verteilungs- und Prozeßanalytik	$\frac{\mathrm{d}^2z}{\mathrm{d}l\,\mathrm{d}t}$	$\frac{d^2y}{dl\,dt}$	$\frac{d^2S}{dl\,dt}$	$\frac{d^2\mathrm{S}}{dl\,dt}$

4.2. Allgemeine Lösungsmöglichkeiten analytischer Grundprobleme

Für die Lösung analytischer Aufgabenstellungen sind eine Reihe von Forderungen zu berücksichtigen, die sich aus den *Eigenschaften des Untersuchungsobjektes* und aus der *übergeordneten Problemstellung* ergeben.

Dabei handelt es sich bei den Probeneigenschaften um *objektive Faktoren*, die wesentlich durch den Aggregatzustand bestimmt werden. Aus Abb. 4.1 geht hervor, daß die räumliche und zeitliche Variabilität von Proben bestimmte analytische Problemlösungen erfordert, andererseits aber auch einschränken kann. So werden für Durchschnittsanalysen homogene, zeitlich unveränderliche Proben benötigt; liegen diese nicht vor, ist für die räumliche Integration *Homogenisierbarkeit* bzw. für die zeitliche Integration *Teilbarkeit* der Probe Voraussetzung. Anderenfalls erhält man durch Messungen an verschiedenen Probenorten bzw. zu verschiedenen Zeiten und anschließende Mittelwertbildung

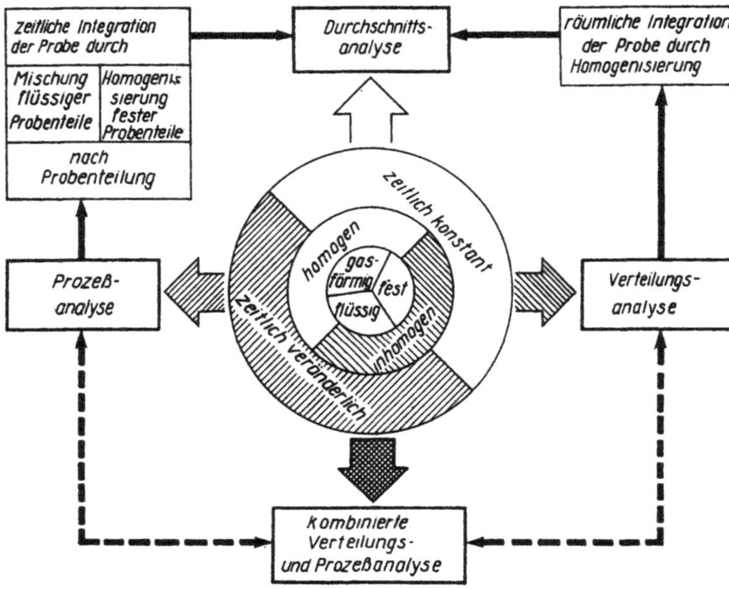

Abb. 4.1. Lösungsmöglichkeiten analytischer Grundprobleme in Abhängigkeit von den physikalischen Probeneigenschaften

bestenfalls quasiräumliche bzw. quasizeitliche Integrationen, die in der Regel den geforderten Informationen nur ungenügend entsprechen.

Weitere objektive Faktoren, die die Lösungswege analytischer Probleme bestimmen, sind die zur Verfügung stehende *Probenmenge*, die Probenzusammensetzung in bezug auf die zu bestimmenden *Gehalte*, die *Matrixelemente* und die *Struktur*.

Aus einer übergeordneten Problemstellung heraus werden bestimmte analytische Informationen benötigt, die durch eine Reihe *subjektiver Faktoren* beschrieben werden. Solche Forderungen sind neben den analytischen Grundproblemen (↗ Tab. 4.1)

1. Die Anzahl der interessierenden Probenbestandteile (Übersichts- bzw. Vollanalyse, Einzelnachweise oder -bestimmungen bestimmter Schlüsselelemente);
2. die interessierenden Probengehalte (Analyse von Haupt- und Nebenbestandteilen, Spurenanalyse);
3. die Möglichkeit der Probenzerstörbarkeit oder der Probenbearbeitung (destruktive bzw. zerstörungsfreie Analyse; Probenvorbereitungstechnik);
4. die Probenanzahl und die Wiederholbarkeit von Analysen (Einzel- und Serienanalysen, automatisierte Analysen);
5. die erforderliche Präzision (halbquantitative Analyse, Präzisionsanalyse);
6. die Zeitvorgabe (Schnellanalysen, wissenschaftliche Untersuchungen, Routineanalysen);

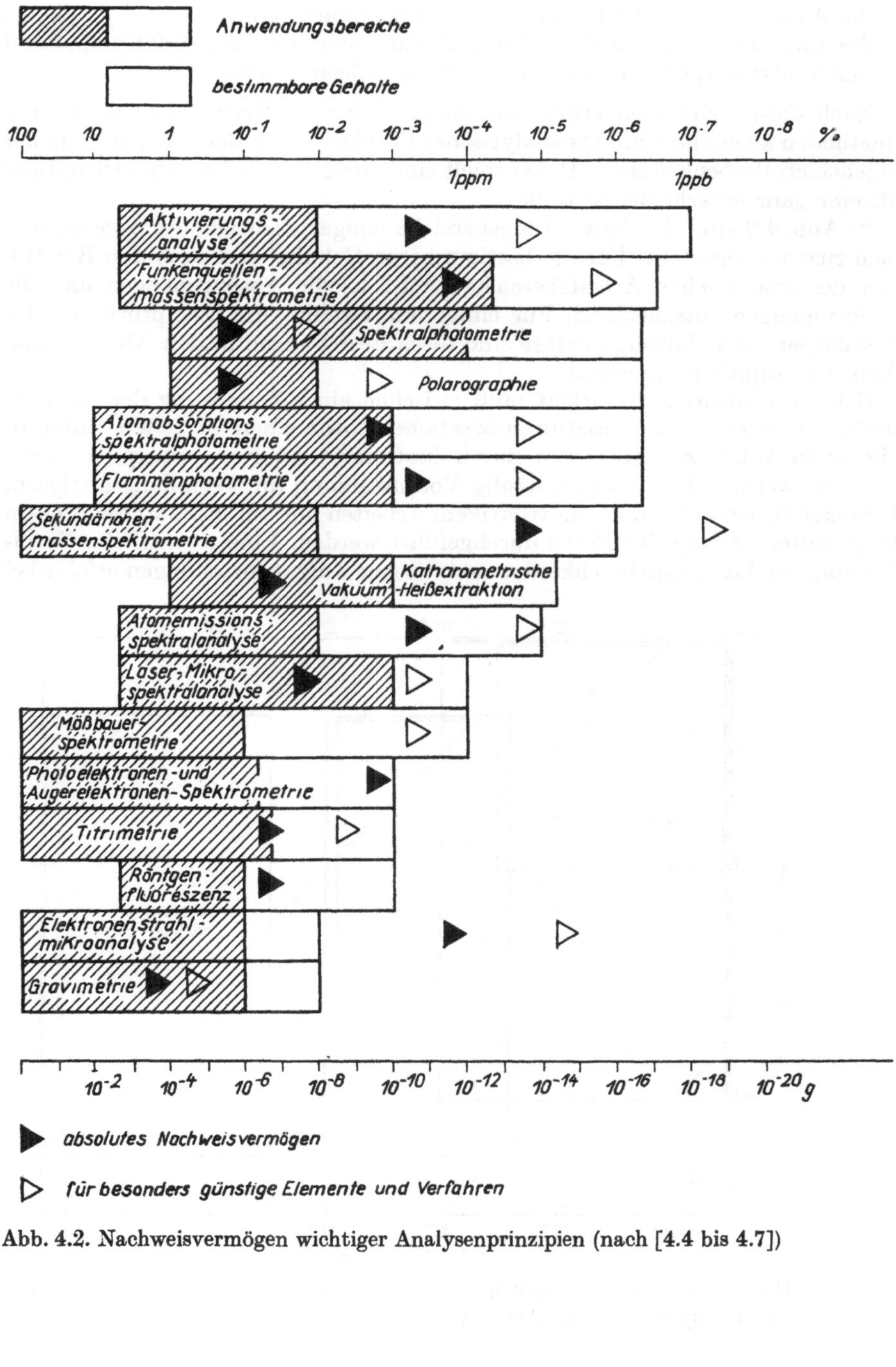

Abb. 4.2. Nachweisvermögen wichtiger Analysenprinzipien (nach [4.4 bis 4.7])

7. die Analysenkosten und in engem Zusammenhang damit
8. die Einrichtung des analytischen Laboratoriums und der Erfahrungsstand der Analytiker, die ein bestimmtes Problem bearbeiten.

Nach diesen Kriterien erfolgt die Anpassung von Analysenprinzipien und -methoden an ein bestimmtes analytisches Problem unter Berücksichtigung der objektiven Probenkriterien. Dabei spielt eine sachgerechte Probenvorbereitung oft eine ganz entscheidende Rolle.

In Abb. 4.2 sind die Anwendungsbereiche einiger wichtiger Analysenprinzipien zusammengestellt. Für die bestimmbaren Gehalte sind nach den Relationen der analytischen Arbeitsbereiche (↗ 1.3.1.) die Absolutmengen und die Probenmengen entscheidend. Für einige ausgewählte Analysenprinzipien der Festkörper- bzw. Lösungsanalyse sind diese Beziehungen in den Abb. 4.3 und Abb. 4.4 graphisch dargestellt.

Bei der Probenzerstörbarkeit muß zwischen einer Zerstörung der Gesamtprobe durch Probenvorbereitungsoperationen sowie einem gezielten Materialabtrag in Mikroprobenbezirken durch bestimmte Analysenprinzipien unterschieden werden. Letzteres ist häufig Voraussetzung für Verteilungsanalysen. Prozeßanalysen können bei destruktivem Arbeiten nur auf diskontinuierlichem Wege unter Teilung der Probe durchgeführt werden. Eine wesentliche Beeinflussung der Lösungsmöglichkeiten analytischer Aufgabenstellungen erfolgt bei

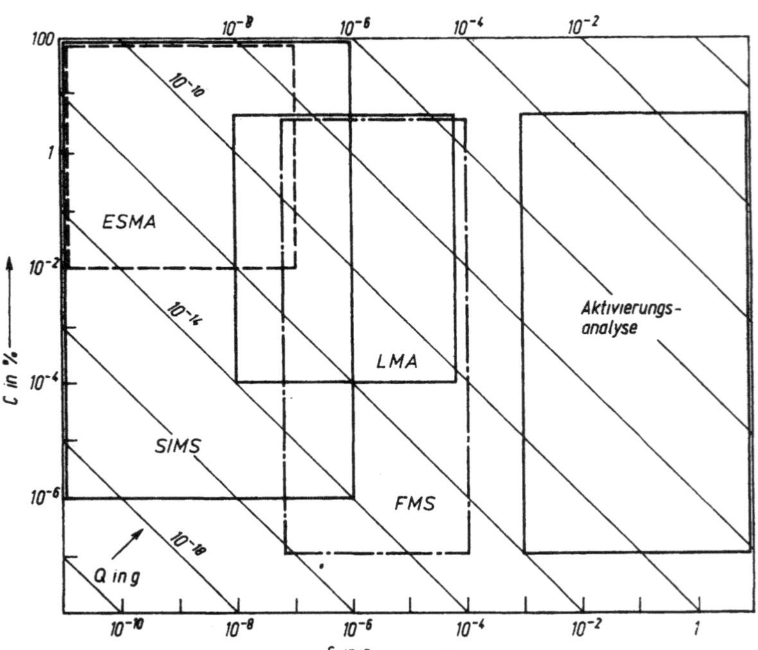

Abb. 4.3. Analytische Arbeitsbereiche einiger Analysenprinzipien für die Festkörperanalyse (↗ 1.3.1.; Abb. 1.12)

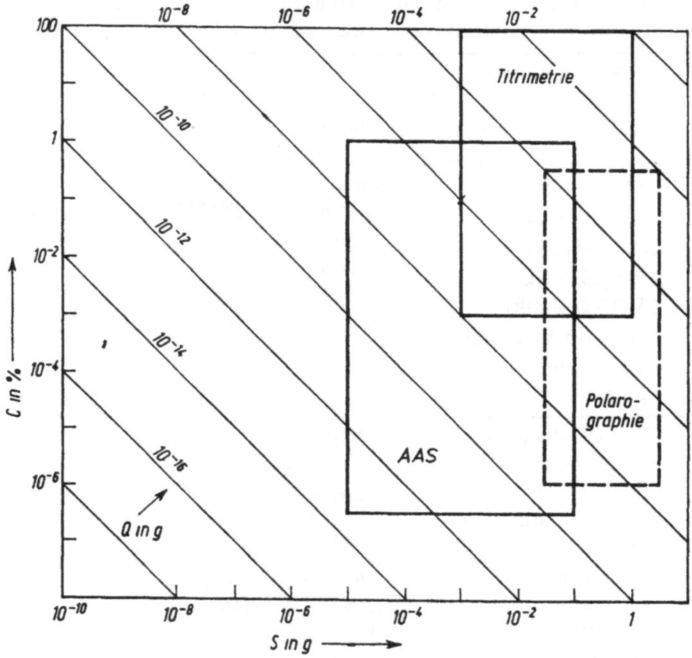

Abb. 4.4. Analytische Arbeitsbereiche einiger Analysenprinzipien für die Lösungsanalyse

der Durchschnittsanalyse aufgrund der Probenzerstörbarkeit (Abb. 4.5). Vor allem bei Strukturanalysen werden die Aussagemöglichkeiten bei Probenzerstörung oft eingeschränkt, teilweise aber auch erst ermöglicht (Schlüsselbruchstücke bei der Massenspektroskopie).

Bei der unmittelbaren Untersuchung an Feststoffen spielen neben Homogenitätsforderungen noch Fragen der Probenpräparationstechnik eine Rolle. Sie betreffen vor allem die *Form* der Probe, deren *Oberflächenbeschaffenheit* (Rauhigkeit, Polierbarkeit, Porosität, Kontamination) und den *Ordnungszustand* der Elementarbausteine (einkristallin, polykristallin, amorph-glasartig bzw. plastisch) und sind hauptsächlich bei Strukturanalysen von Bedeutung.

Verfahren der Festkörperoberflächenanalyse beruhen auf Wechselwirkungen der Festkörperatome mit elektromagnetischer oder Teilchenstrahlung bzw. mit elektrischen Feldern. Die daraus ableitbaren Analysenprinzipien können nach der Art der Anregung und nach der Art der erhaltenen Signale klassifiziert werden. Dabei können bei einer Anregungsart durchaus unterschiedliche Signale gleichzeitig durch den Einsatz geeigneter Detektoren genutzt werden. Aus der Vielzahl der möglichen Analysenprinzipien sind die wichtigsten in Tab. 4.2 in Form einer Matrix zusammengestellt. Dieses Schema enthält neben den elementspezifischen, also auf unelastischen Wechselwirkungen beruhenden Analysenprinzipien auch die Methoden, die nur die Oberfläche abzubilden gestat-

Tabelle 4.2. Matrix energetischer Wechselwirkungen und ihrer Nutzung für Festkörperoberflächenmethoden (elastische Wechselwirkungen in Kursivdruck; ↗ Anhang A.2.)

Nachweis von	Anregung durch		
	Photonen	Elektronen	Neutronen
Photonen	*Lichtmikroskopie* *Ellipsometrie* *Röntgenbeugung* IR-Spektroskopie (ATR-Technik) Ramanspektroskopie Röntgenfluoreszenzspektroskopie	Elektronenstrahlmikroanalyse (ESMA) Appearance Potential Spectroscopy (APS) Isochromatenspektroskopie (BIS, CIS) Katodolumineszenz	Neutronenaktivierungsanalyse
Elektronen	Photoelektronenspektroskopie (XPS, UPS) Photoneninduzierte Auger-Elektronen Extended X-ray absorption fine structure (EXAFS) Exoelektronenspektroskopie	*Elektronenmikroskopie (ELMI, TEM)* *Rasterelektronenmikroskopie (SEM, STEM)* *Elektronenbeugung (LEED, HEED, RHEED)* Auger-Elektronenspektroskopie (AES) Auger-Elektronenmikroskopie (AEM) Elektronenenergieverlustspektroskopie (EELS)	
Neutronen			*Neutronenbeugung* Neutronenspektroskopie
Ionen	Lasermikrospektralanalyse (LMP) Photodesorption von Ionen	Elektronenstimulierte Desorption von Ionen (ESDI)	Induzierte Autoradiographie (NIAR)
Neutralteilchen	Lasermikrospektralanalyse (LMP) Photodesorption von Neutralteilchen	Elektroneninduzierte Desorption (ESDN) Scanning Desorption Molecule Spectroscopy (SDMM)	

Ionen	Neutral-teilchen	Thermische Energie	Elektrische Felder
Ioneninduzierte Röntgenspektroskopie (IIXE) Glow Discharge Optical Spectroscopy (GDOS) Ion Bombardment Induced Light Emission (IBLE)	Neutralteilchen-induzierte Photonen	Optische Atomemissionsspektroskopie IR-Emissionsspektroskopie (FT-IR)	Elektrolumineszenz
Ionenneutralisationsspektroskopie (INS) Ioneninduzierte Auger-Elektronen	Emissionselektronenmikroskopie	Emissionselektronenmikroskopie Glühemission	Feldelektronenmikroskopie (FEM) Feldelektronenenergiespektroskopie (FEES) Inelastic Tunneling Spectroscopy (ITS)
Ionenrückstreuung (ISS, RBS bzw. LEIS, MEIS, HEIS) Sekundärionenmassenspektroskopie (SIMS, IMMA) Glow Discharge Mass Spectroscopy (GDMS)	Neutralteilchen-induzierte Ionendesorption	Thermische Ionendesorption	Feldionenmikroskopie (FIM) FIM-Atomsonde
Ionenstimulierte Desorption (ISD) Scanning Desorption Molecule Spectroscopy (SDMM)	Molecular-Beam Surface Scattering (MBSS)	Thermische Desorptionsspektroskopie (TDS)	Felddesorptionsmikroskopie (FDM)

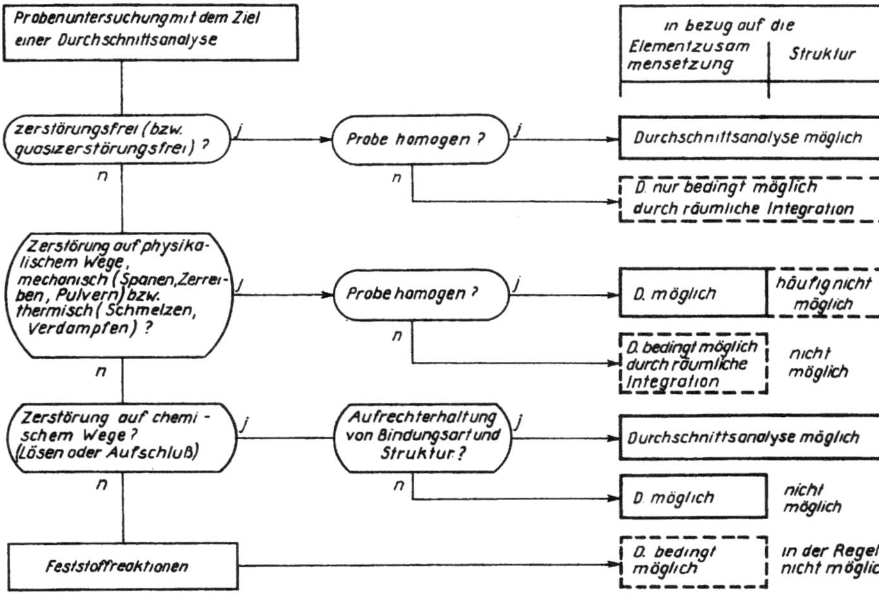

Abb. 4.5. Einfluß der Probenzerstörung auf die Durchführbarkeit integraler Element- und Strukturanalysen
j Bejahung; *n* Verneinung

ten. Für die Bezeichnung moderner analytischer Methoden haben sich eine Vielzahl von Akronymen eingebürgert, die ausführlich in [4.2, 4.3] zusammengestellt sind (↗ Anhang A.2.).

Die geforderte Präzision sollte in sinnvollen Relationen zu der übergeordneten Problemstellung stehen. Häufig ist insbesondere bei Spurenanalysen die halbquantitative Angabe von Analysenresultaten ausreichend; dem steht jedoch noch allzuoft die unbegründete Forderung nach möglichst genauen Analysen gegenüber. Abb. 4.6 zeigt die Präzisionsbereiche einiger Analysenprinzipien und -methoden.

Analysenzeiten und -kosten bestimmen in entscheidendem Maße Leistung und Rentabilität von Analysenverfahren in bezug auf bestimmte Probleme (↗ 1.4.3.). Abb. 4.7 gibt einen Überblick über Zeit- und Kostenaufwand ausgewählter Analysenprinzipien.

4.3. Elementanalytik

Unter Elementanalyse versteht man die analytische Ermittlung der Zusammensetzung einer Analysenprobe nach Art und Menge der Bestandteile ohne Berücksichtigung der vorliegenden Bindungsart und Struktur. Sie kann inte-

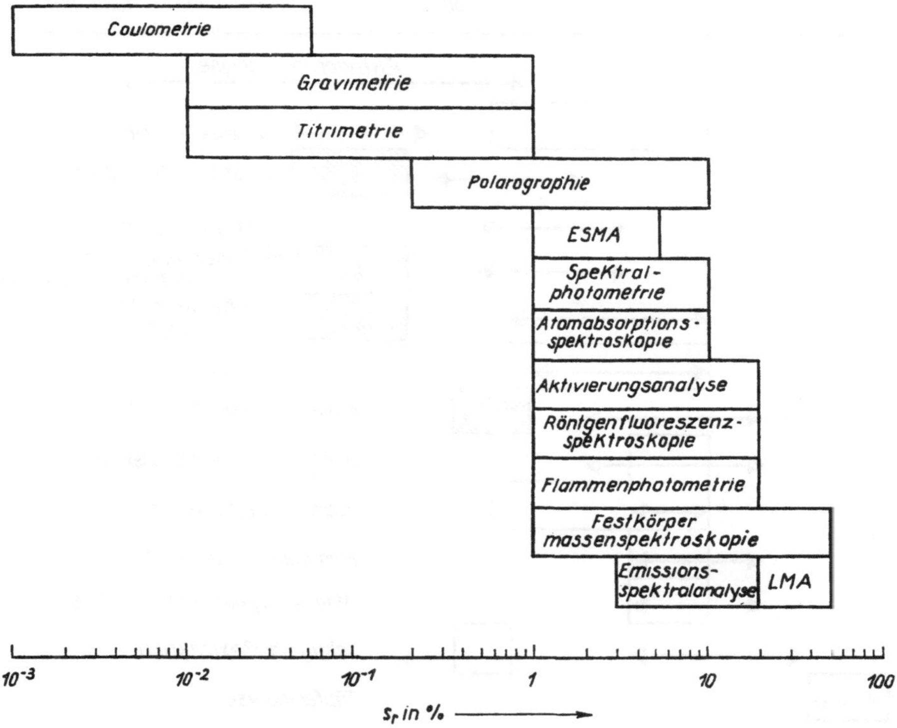

Abb. 4.6. Präzision von Analysenprinzipien, ausgedrückt durch die relative Standardabweichung s_r (nach [4.4, 4.6, 4.8])

gral als Durchschnittsanalyse oder differentiell als Verteilungsanalyse bzw. Prozeßanalyse durchgeführt werden (↗ Tab. 4.1).

Die folgenden Aussagen zur qualitativen und quantitativen Elementanalyse betreffen zwar in erster Linie Durchschnittsanalysen, sie sind aber bis zu einem gewissen Grade auch für Verteilungs- und Prozeßanalysen gültig.

4.3.1. Qualitative und halbquantitative Elementanalytik

Qualitative und quantitative Analysen (Nachweise und Bestimmungen) unterscheiden sich nicht prinzipiell, sondern nur graduell (↗ 1.1.1.). Die Besonderheiten qualitativer Analysen liegen vor allem:

1. im geringeren Informationsgehalt gegenüber quantitativen Analysen,
2. in den theoretisch erreichbaren Nachweisgrenzen und
3. in einigen sich daraus ergebenden speziellen Arbeitstechniken und Methoden.

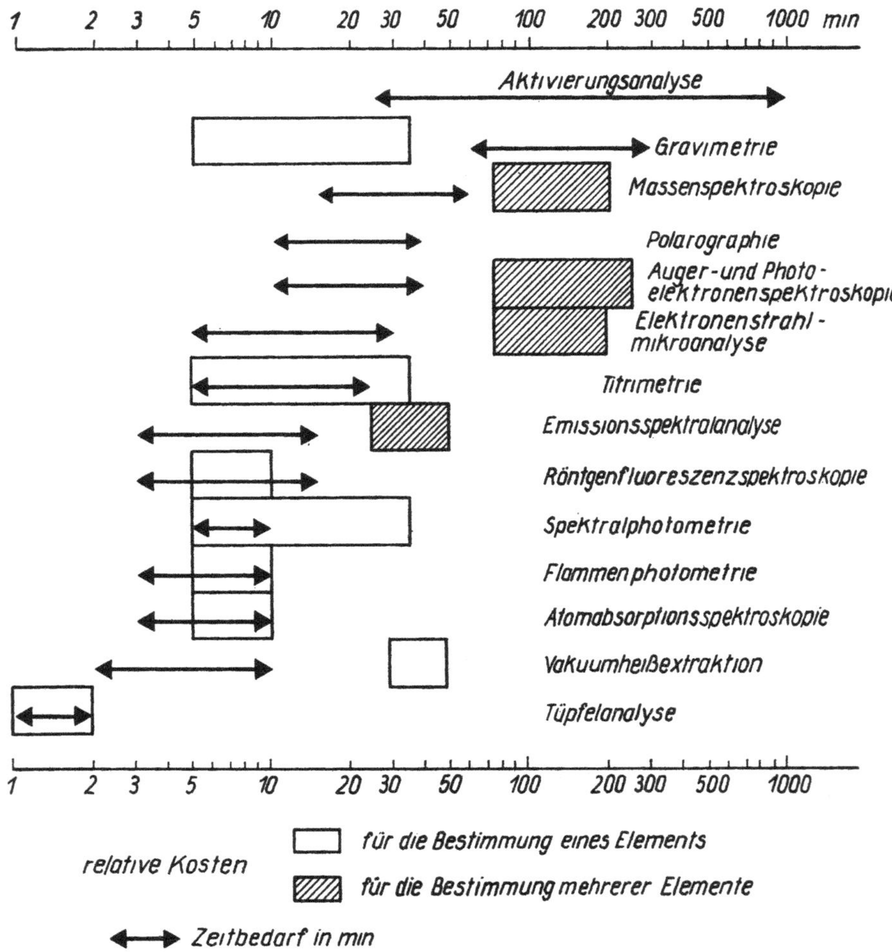

Abb. 4.7. Zeitbedarf und Kosten einiger wichtiger Analysenprinzipien (nach [4.4, 4.6 bis 4.8])

Da bei Nachweisen nur Ja-Nein-Entscheidungen über Analysensignale benötigt und diese demzufolge nur eindimensional ausgewertet werden, erreicht die Informationsmenge M ein Minimum. Das Ziel qualitativer Analysen besteht darin herauszufinden, welche aller denkbaren Kombinationen k von n zu bestimmenden Elementen in der Probe vorliegt. Die Anzahl N dieser Möglichkeiten beträgt [1.41]:

$$N = \sum_{k=0}^{n} C_k^n = \sum_{k=0}^{n} \binom{n}{k} = 2^n. \tag{4.1}$$

Die Informationsmenge ergibt sich daraus in Übereinstimmung mit Gl. (1.58) für $\mathrm{lb}\, m = 1$ zu

$$M = \mathrm{lb}\, N = n. \tag{4.2}$$

Für den sicheren Nachweis aller 90 in der Natur vorkommenden chemischen Elemente ist demzufolge eine Informationsmenge von 90 bit erforderlich, während für die Identifizierung organischer Verbindungen $M = 10^6 \dots 10^8$ bit benötigt werden. Diese hohe Informationsmenge ist auf dem Wege chemischer Reaktionen nicht realisierbar, was neben den bereits angeführten Nachteilen von Molekülreaktionen (↗ 3.1.1.) die Hauptursache für die relativ geringe Bedeutung chemischer Identifizierungen für organische Verbindungen darstellt.

Mengenbestimmungen erfordern in jedem Falle eine Einstellung des thermodynamischen Gleichgewichtes der chemischen Reaktion oder des physikalischen Vorganges, die als Bestimmungsgrundlage dienen. Nach ALIMARIN [4.9] sind dazu mindestens 10^6 Teilchen, die etwa 10^{-18} mol bzw. 10^{-16} g entsprechen, erforderlich. Dagegen beträgt die theoretische untere Grenze für Nachweise bei 90%iger statistischer Sicherheit 10^2 Teilchen, entsprechend 10^{-22} mol oder etwa 10^{-20} g [4.10, 4.11].

Derartige Grenzbereiche sind Identifikationen auf der Grundlage chemischer Reaktionen nicht zugänglich, mit Hilfe physikalischer Prinzipien werden sie jedoch heute bereits annähernd erreicht (↗ Abb. 4.2).

Nachweisreaktionen werden ebenso wie quantitative Analysenverfahren durch die *Erfassungsgrenze* c_E (↗ 1.3.4.3.3.) gekennzeichnet. Daneben findet häufig noch deren negativer dekadischer Logarithmus als *p*D-Wert Anwendung

$$p\mathrm{D} = -\lg c_E. \tag{4.3}$$

Neben einer geringen Erfassungsgrenze sind von Nachweisreaktionen noch *Spezifität* bzw. *Selektivität* (↗ 1.3.4.2.), also Eindeutigkeit, sowie schnelle Ausführbarkeit zu fordern.

In Tab. 4.3 sind einige Verfahren zusammengestellt, die fast ausschließlich auf den Nachweis abzielen und die auf einer Kombination der chemischen Analyse mit anderen Analysenprinzipien (thermische Analyse, Kolorimetrie, Flammenspektroskopie, Mikroskopie u. a.) beruhen. Viele von ihnen dienen als *Vorproben* vor systematischen Trennungen oder quantitativen Analysen. Für den ausschließlichen Zweck des Nachweises besitzt die *Tüpfelanalyse* [4.12] aufgrund der geringen Kosten und der schnellen Durchführbarkeit durchaus noch Bedeutung.

Die Abb. 4.8 und 4.9 stellen den Versuch dar, schematische Lösungswege für die qualitative Durchschnittsanalyse anzugeben. Man sollte aber bedenken, daß die Anwendung solcher Schemata ebenso problematisch ist wie die der klassischen Trennungsgänge von Kationen und Anionen [2.1 bis 2.3]. Sie sollte deshalb nie starr erfolgen, zumal sich die Schemata häufig durch Zusatzinformationen über Herkunft und spezielle Probeneigenschaften wesentlich vereinfachen lassen.

Tabelle 4.3. Übersicht über spezielle chemische Nachweismethoden

Nachweis-verfahren	Ausführungsform	Reagenzien	Analytische Informationen anhand folgender Erscheinungen
Trockene Analyse			
Erhitzen	im Reagenzglas	–	Destillat, Sublimat, Gasentwicklung, gefärbtes Reaktionsprodukt, thermochrome Modifikationsänderung
	in der Flamme	ggf. HCl (Zn)	charakteristische Flammenfärbungen
Oxydierendes bzw. reduzierendes Erhitzen	im offenen Rohr unter Luftzutritt	–	charakteristische Reaktionsprodukte als Sublimat oder Gas
	auf Kohle (*Lötrohrprobe*)	Na_2CO_3 ggf. KI, S	charakteristische Oxidbeschläge (Iodide, Sulfide), Metallkorn
Schmelzen mit Reagenzien	im Reagenzglas	$K_2S_2O_7$ ($KHSO_4$)	flüchtige Reaktionsprodukte
	an Platinösen bzw. Magnesiastäbchen (*Perlenprobe*)	$Na_2B_4O_7 \cdot 10\,H_2O$ $NaNH_4HPO_4 \cdot 4\,H_2O$	charakteristisch gefärbte Glasperlen
	auf Magnesiastäbchen bzw. -rinnen	$Na_2CO_3 + KNO_3$	charakteristisch gefärbte Oxydationsprodukte
Reaktionen im festen Zustand	im Mörser	spezifische feste Reagenzien	charakteristisch gefärbte Reaktionsprodukte durch Ionenreaktionen
Nasse Analyse			
Systematischer Trennungsgang	Mikro- oder Halbmikrogeräte	Reagenzien für Gruppentrennungen (HCl, H_2S usw.) sowie Spezialreagenzien	Auftreten und Aussehen von Gruppenfällungen Färbungen, Gasentwicklungen, Niederschläge
Spezifische Nachweise	im Reagenzglas im Lösungstropfen, auf Tüpfelplatten, Filterpapier, Reagenzpapier (*Tüpfelanalyse*)	Spezialreagenzien	Färbungen, Gasentwicklungen, Niederschläge charakteristischer Farbe bzw. Kristallmorphologie

Die Lösungsschemata sind als Flußdiagramme gestaltet. Sie bestehen aus

1. *rechteckigen Operationskästchen*, die Probleme, Aufgaben, Handlungen usw. symbolisieren; besonders hervorgehoben sind die am linken oder rechten Rand befindlichen Kästchen für bestimmte Analysenprinzipien bzw. -methoden, die in der Regel die Endpunkte der jeweiligen Schemata darstellen;
2. *ovalen Alternativkästchen*; diese stellen Verzweigungsglieder dar, nach denen, je nachdem, ob eine Entscheidung positiv (ja) oder negativ (nein) ausfällt, im Flußdiagramm in der mit *j* bzw. mit *n* gekennzeichneten Richtung weitergegangen wird;
3. *sechseckigen Operationskästchen*, die für Zwischenoperationen, hier in der Regel für bestimmte Probenvorbereitungsschritte, stehen;
4. *fünfeckigen Aussagenkästchen*, bei denen die Flußdiagramme entweder enden oder nach denen sie, unter Verzicht auf bestimmte Voraussetzungen, bedingt weitergeführt werden (gestrichelte Leitlinien);
5. *kreisförmigen Beginnsymbolen* am Kopf des jeweiligen Schemas bzw. *Konnektoren* (Verbindern) im Inneren eines Diagrammes, die das Flußdiagramm unterbrechen und an anderer Stelle fortsetzen;
6. *Leitlinien* zur Verbindung von Operations-, Alternativ- u. a. Kästchen, wobei in der Vorzugsrichtung (von oben nach unten) meist keine Pfeilspitze angegeben wird; das Kreuzen von Leitlinien weist *keine* Verbindung aus, die Zusammenführung wird ausdrücklich durch zusätzliche Pfeilspitzen angegeben.

Die Endpunkte der Flußdiagramme sind jeweils Analysenprinzipien oder Aussagekästchen.

Mit vielen Nachweisverfahren lassen sich ohne großen Aufwand, z. B. durch Vergleich, auch *halbquantitative* Aussagen erhalten. Darunter versteht man Analysenergebnisse, die mit einer relativen Standardabweichung von $s_r > 0{,}20$ behaftet sind. Im ungünstigsten Falle ist eine Einordnung in die Gehaltsbereiche

Hauptbestandteile (C_H),
Nebenbestandteile (C_N),
Spurenbestandteile (C_S)
und unterhalb der Nachweisgrenze (Abwesenheit; C_0)

möglich. Damit ist der Informationsgehalt bzw. die Informationsmenge bei halbquantitativen Analysen mindestens doppelt so groß wie bei qualitativen Aussagen (lb $m \geqq 2$ mit $m \geqq 4$).

Insbesondere Analysenprinzipien mit hohem analytischem Auflösungsvermögen, wie die Atomemissionsspektralanalyse oder die Massenspektroskopie, die den Nachweis vieler Elemente nebeneinander gestatten, liefern *Übersichtsanalysen*, aus denen sich ohne Eichung unmittelbar halbquantitative Aussagen gewinnen lassen [4.13, 4.14]. Wie andere Nachweisverfahren dienen auch Übersichtsanalysen häufig der Orientierung vor späteren präzisen quantitativen Analysen.

Vertiefende Literatur: [2.3, 3.47, 4.15, 4.16].

4.3.2. Quantitative Elementanalytik

Quantitative Analysen werden in der Regel durch relative Standardabweichungen von $s_r = 0{,}01 \ldots 0{,}1$ charakterisiert; bei $s_r \leqq 0{,}01$ spricht man häufig von *Präzisionsanalysen*. Letztere sind fast ausschließlich nur mit Verfahren der

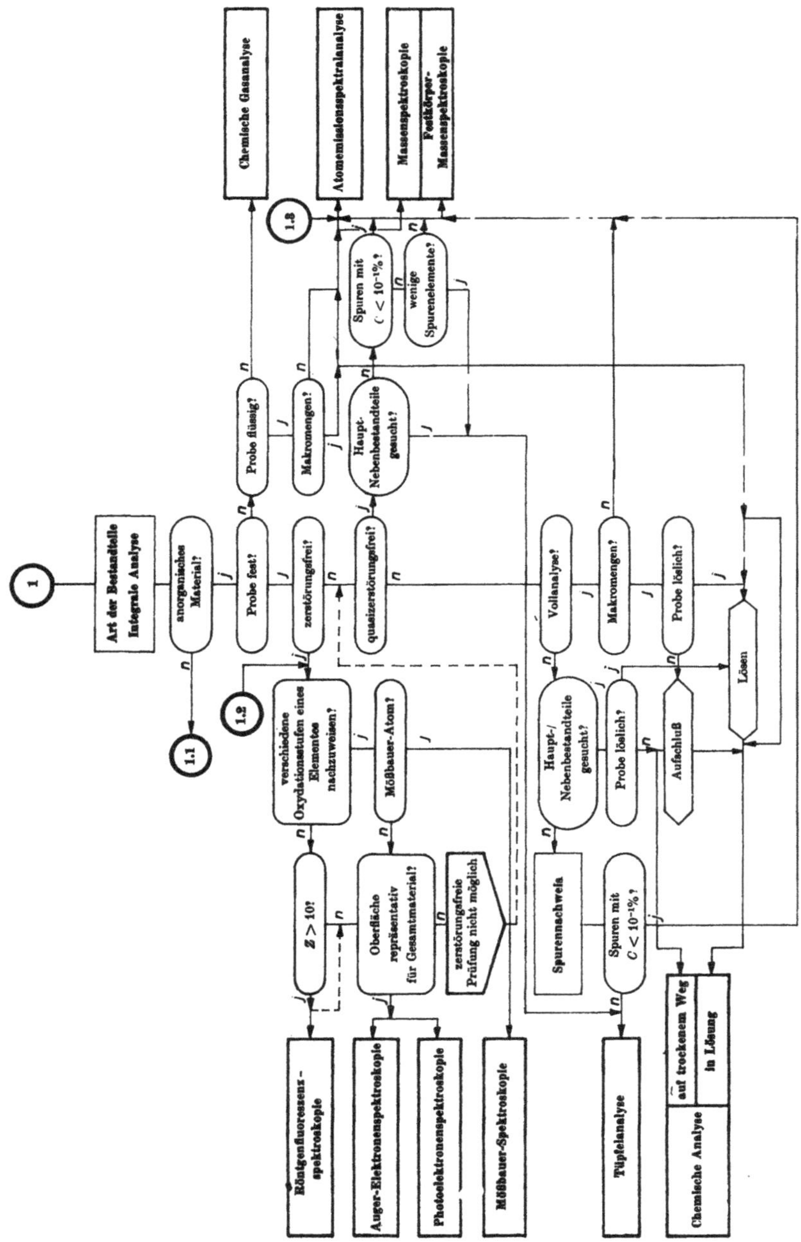

Abb. 4.8. Lösungsschema zur qualitativen Durchschnittsanalyse von anorganischem Material (Punkte 1.1 bis 1.3 ↗ Abb. 4.9)

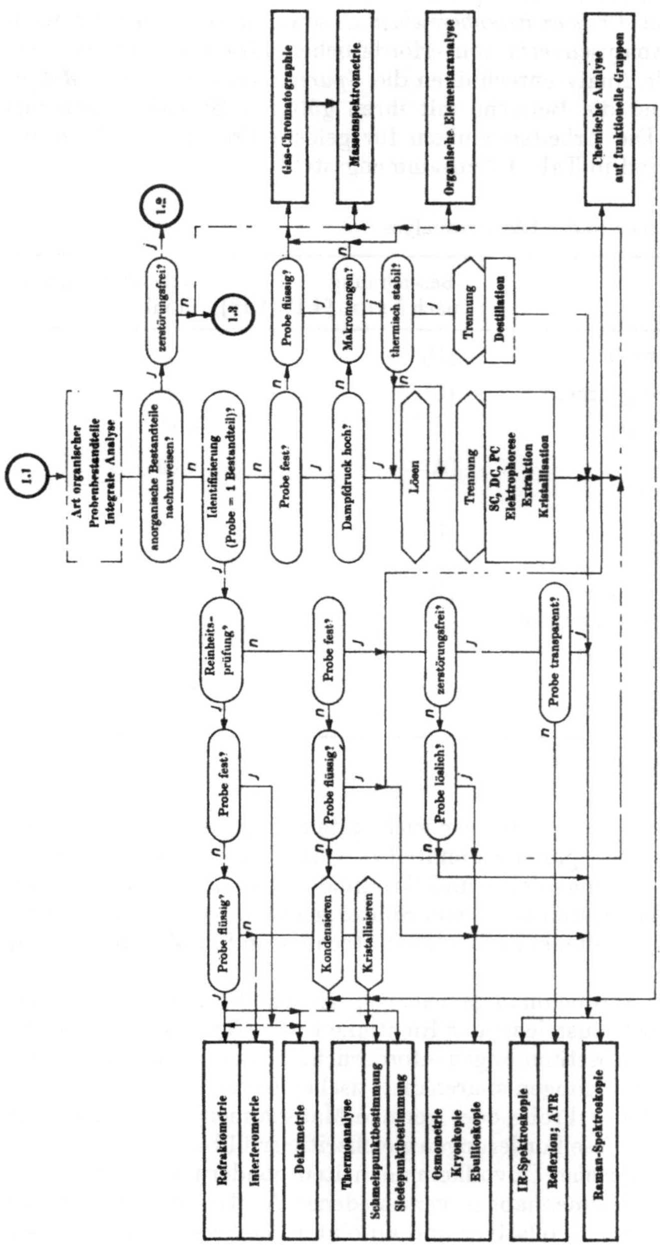

Abb. 4.9. Lösungsschema zur qualitativen Durchschnittsanalyse von organischem Material (Punkte 1.2 und 1.3 ↗ Abb. 4.8)

Lösungsanalyse möglich. Die Forderung nach homogenen Proben, insbesondere für Durchschnittsanalysen, wird beim Arbeiten in Lösung am besten erfüllt.

Nach den durch Gl. (1.5) verknüpften *Gehaltsbereichen* $C' = Q/S$, *Absolutmassenbereichen* Q und *Probenmassenbereichen* S sowie darüber hinaus nach den für bestimmte Analysenverfahren erforderlichen Lösungsvolumina v ergeben sich als spezielle Analysentechniken die *Spurenanalyse* bzw. die *Mikroanalyse*. Für beide sind die Bereiche mit ihren gültigen Bezeichnungen aus Tab. 1.3 zu ersehen. Die Arbeitstechniken für gelöste Proben mit ihren zugehörigen Volumina sind in Tab. 4.4 zusammengestellt.

Tabelle 4.4. Arbeitstechniken in der Lösungsanalyse

Ausführungsart	Bezeichnung nach FEIGL [4.17, 4.18]	Arbeitsvolumen v in ml
Reaktion im Makroreagenzglas	[D]	5[1])
Reaktion im Halbmikroreagenzglas	[C]	1[1])
Reaktion im Mikroreagenzglas		0,1[1])
Reaktion im Tropfen (Tüpfeln auf Tüpfelplatte)	[A]	0,03[1])
Reaktion auf Filterpapier (Tüpfeln auf Filterpapier)	[B]	0,03[1])
Reaktion auf dem Objektträger (Kristallfällung unter dem Mikroskop)	[H]	0,01[1])
Reaktion im Ultramikromaßstab		
– Mikroliteranalyse nach SANZ		0,01
– Mikrokonus nach [4.19]		0,01 ... 10^{-6}

[1]) international festgelegt

Die *Spurenanalyse* ist heute eines der wichtigsten Teilgebiete der Analytik. Die wesentliche Rolle von Spurenbestandteilen wurde bereits frühzeitig in der Medizin, Biochemie, Pharmakologie und Kriminalistik erkannt. Zunehmende Bedeutung erlangte die Bestimmung von Spurengehalten jedoch durch deren Einfluß auf Spezialwerkstoffe, in der Halbleitertechnik und im Zusammenhang mit dem Umweltschutz.

Für Spurenanalysen werden im allgemeinen spezifische Verfahren mit hohem Nachweisvermögen sowie ausreichender Richtigkeit und Genauigkeit benötigt. Häufig sind Multielementbestimmungen erforderlich, die dann sehr selektiv sein sollen. Weitere Randbedingungen spurenanalytischer Untersuchungen können die Zerstörungsfreiheit der Probe oder geringe Materialmengen betreffen. In der Regel sind nicht alle diese Forderungen gleichzeitig erfüllbar, und zwar nicht nur wegen analysentechnischer Unvollkommenheiten, sondern wegen des – teilweise komplexen – Zusammenhanges verschiedener Analysenparameter, wie z. B. zwischen Probenmenge, relativer und absoluter Nachweisgrenze (System der analytischen Arbeitsbereiche, ↗ 1.3.1.) bzw. zwischen dem Zufallsfehler analytischer Messungen und der eingesetzten Probenmenge.

Die erforderliche Mindestprobenmenge $m_{C,\min}$ für die Bestimmung eines Spurenbestandteils A ergibt sich bei N echten Parallelbestimmungen (N-facher Wiederholung der Probenpräparation) zu

$$m_{C,\min} = \frac{N}{C_A} m_{E,A} = \frac{N}{C_A} M_A \cdot c_{E,A} \cdot v \tag{4.4}$$

$m_{E,A}$ bzw. $c_{E,A}$ Erfassungsgrenze (Grenzkonzentration ↗ 1.3.4.3.3.)
v Arbeitsvolumen bei Lösungsanalysen

Mitunter sind aus meßtechnischen oder präparationstechnischen Gründen größere Probenmengen oder Arbeitsvolumina erforderlich, als sie sich nach Gl. (4.4) ergeben.

Die moderne Spurenanalytik wird durch zwei unterschiedliche Strategien geprägt, die stärker physikalisch bzw. vorzugsweise chemisch orientiert sind:

1. die Anwendung *instrumenteller Direktverfahren* sowie
2. die Entwicklung chemisch-analytischer *Verbundverfahren*.

Bei den instrumentellen Direktverfahren wird die Analysenprobe nach der Probennahme und einer eventuellen Probenvorbereitung direkt dem Bestimmungsverfahren zugeführt. Wegen ihres Multielementcharakters besitzen dafür besonders folgende Methoden Bedeutung:

- Neutronenaktivierungsanalyse (NAA),
- Optische Emissionsspektralanalyse (OES),
- Festkörpermassenspektroskopie (FMS),
- Sekundärionenmassenspektroskopie (SIMS) und
- Röntgenfluoreszenzspektroskopie (RFS, RFA).

Aufgrund des komplexen Charakters der physikalischen Wechselwirkungen, die nicht nur mit den Analyten, sondern auch mit der Matrix stattfinden, treten in der Regel keine einfachen Beziehungen zwischen den Meßsignalen und den Gehalten der Analyten auf. Wegen dieser *Matrixeffekte*, die nur in speziellen Fällen (z. B. bei der RFA) rechnerisch berücksichtigt werden können, sind zur Eichung Standards erforderlich, die die gleiche Zusammensetzung wie die Analysenprobe besitzen sollen. Im extremen Spurenbereich stehen solche Eichstandards jedoch in der Regel nicht zur Verfügung. Außerdem ist die Anwendbarkeit von Eichzusatzverfahren bei festen Proben problematisch und nur sehr begrenzt möglich.

Einen Ausweg bieten Verbundverfahren, bei denen der Analyt (oder eine Gruppe von Analyten) nach dem Lösen bzw. Aufschluß von der Matrix abgetrennt sowie erforderlichenfalls noch angereichert wird, um ihn dann in isolierter Form selektiv und nachweisstark zu bestimmen. Die Eichung ist dabei relativ einfach mit wäßrigen Lösungen des zu bestimmenden Elements durchzuführen, da Störungen der Probenanregung durch die Matrix nach deren Abtrennung ausgeschlossen werden können.

Die Kombination von Trenn- bzw. Anreicherungsverfahren mit Bestimmungsverfahren zur Verbesserung des Nachweisvermögens hat zur Einführung relativ eigenständiger, leistungsfähiger Methoden wie der *Extraktions-Photometrie* bzw. der *Extraktions-AAS* geführt.

Aus der schematischen Gegenüberstellung von Direkt- und Verbundverfahren (Abb. 4.10) geht hervor, daß dem Vorteil der leichteren Eichbarkeit beim Verbundverfahren der Nachteil zahlreicherer systematischer Fehlermöglichkeiten infolge einer größeren Anzahl von Arbeitsschritten und Kontakten mit Fremdmaterialien gegenübersteht. Das erfordert eine sehr sorgfältige und aufwendige Optimierung von Verbundverfahren zur Reduzierung systematischer Fehler, die heute ein zentrales Problem der extremen Spurenanalyse darstellen

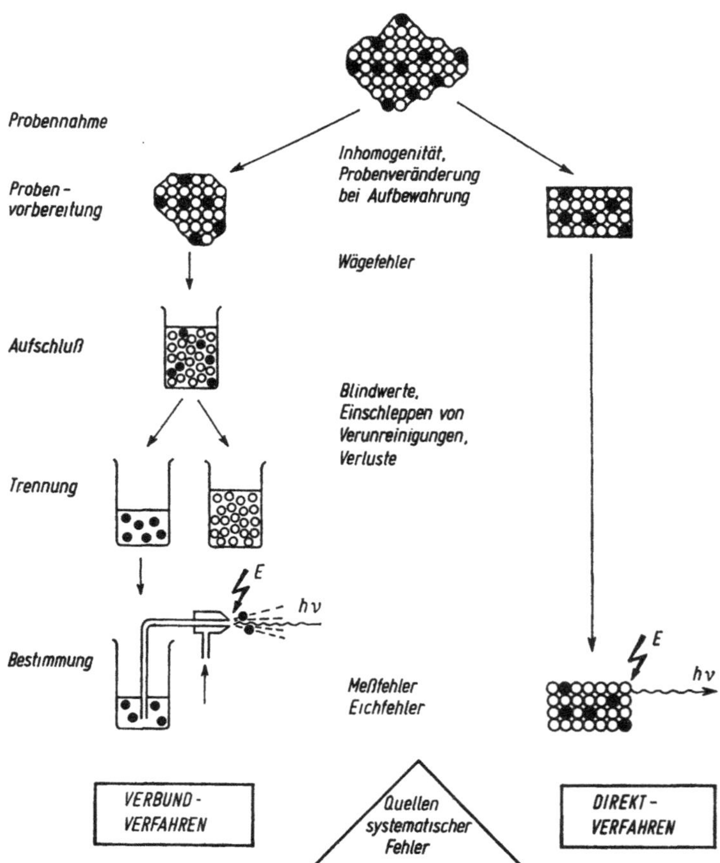

Abb. 4.10. Gegenüberstellung der Verfahrensschritte und der systematischen Fehlermöglichkeiten bei instrumentellen Direktverfahren und bei Verbundverfahren (nach [4.19])

[4.19]. Verbundverfahren werden deshalb häufig in *geschlossenen Systemen* durchgeführt, um eine Verfälschung der Spurengehalte durch die Probenumgebung und durch Probenpräparationsschritte zu verhindern (Abb. 4.11).

Die erforderliche *spurenanalytische Hygiene* betrifft die Proben ebenso wie Standards, Lösungsmittel, Reagenzien, Gefäße, Geräte und die Laboratmosphäre. Bei höchsten Anforderungen spielt auch die Partikelemission des Laborpersonals eine Rolle [4.20]. Man arbeitet deshalb in *reinen Räumen* (*clean rooms*) oder an *reinen Arbeitsplätzen* (*clean boxes*, ,,reine Werkbänke"), die laminar von gefilterter Luft durchströmt werden (Abb. 4.12) [4.21].

Neben Reinststoffen gewinnen definiert zusammengesetzte Mehrkomponentensysteme als Spezialwerkstoffe immer mehr an Bedeutung. Deren Eigenschaf-

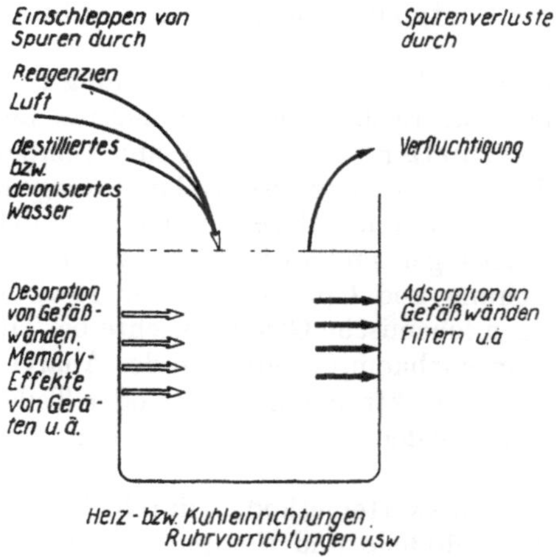

Abb. 4.11. Möglichkeiten zur Verfälschung von Spurengehalten bei Untersuchungen in Lösung

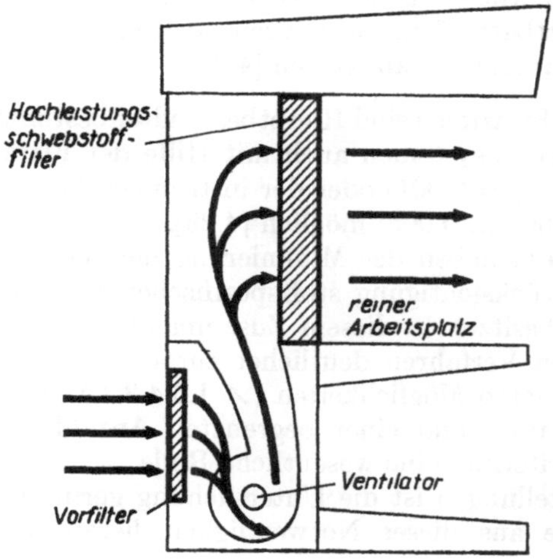

Abb. 4.12. Laminar durchströmter Arbeitsplatz (clean box)

ten hängen in starkem Maße von der Stöchiometrie bzw. vom Gehalt der Hauptbestandteile ab, wobei Zusammensetzungsänderungen, die teilweise geringer sind als $0{,}001x = 0{,}1\%$ eine Rolle spielen [4.26]. Für *Präzisionsanalysen* eignen sich besonders chemische und elektrochemische Analysenprinzipien, vor allem die Coulometrie (↗ 3.2.3.3.), die Gravimetrie (↗ 3.1.2.) und die Titrimetrie (↗ 3.1.3.). Daneben gelingt es jedoch auch für andere Methoden, deren Genauigkeit von vornherein nicht ausreichend ist für präzisionsanalytische Aussagen, durch Verfahrensoptimierung die Präzision entscheidend zu verbessern.

Derartige Optimierungen müssen alle Verfahrensschritte berücksichtigen und betreffen vor allem die folgenden Gesichtspunkte [4.26]:

1. *Probennahme:* Gewährleistung einer repräsentativen homogenen Teilprobe bei präzisen Einwaagen ($s_r < 10^{-4}$) ausreichend großer Substanzmengen ($m_S \geqq 10$ mg).
2. *Probenvorbereitung:* Für Lösungsanalysen sind zur Erreichung der erforderlichen Präzisionsverbesserungen ausreichend große Volumina (Maßkolben $\geqq$100 ml, Pipetten $\geqq$10 ml) einzusetzen, und es muß eine Temperaturkonstanz von $\Delta T < 3$ K gewährleistet sein. Lösungsmittel und Reagenzien müssen, ähnlich wie in der extremen Spurenanalyse, speziell gereinigt werden. Besonders anspruchsvolle Forderungen sind an Eichsubstanzen zu stellen.
3. *Analytische Messung:* Erforschung und Optimierung der Reaktionsbedingungen bei stofflichen Umsätzen (chemische Gleichgewichte bei Titrationen, Fällungen oder der Bildung von Farbkomplexen) bzw. des Analytzustandes und seiner Wechselwirkungen mit elektromagnetischer oder Teilchenstrahlung (bei spektroskopischen Methoden) sowie Minimierung von Matrixeffekten.
4. *Auswertung:* Verbesserung der Auswertemethoden durch Anwendung anspruchsvollerer mathematischer Modelle und Computereinsatz. Bei Titrationsauswertungen lassen sich z. B. durch Modellkurvensimulationen unter Berücksichtigung der wesentlichen gleichgewichtsbestimmenden Parameter visuell nicht mehr auswertbare Titrationskurven noch mit hoher Genauigkeit, die im voraus abschätzbar ist, auswerten [4.27].

Durch Anwendung dieser Prinzipien sind Hauptbestandteilbestimmungen an komplizierten Mehrkomponentensystemen auch mit Hilfe der Flammen-AAS (Präzisionsgrenzen von etwa $s_r = 0{,}001$) oder der instrumentellen Neutronenaktivierungsanalyse ($s_r = 0{,}001 \ldots 0{,}005$) möglich [4.26].

Präzisionsanalysen erfordern neben der Minimierung methodenspezifischer Fehlereinflüsse auch die Berücksichtigung stoffspezifischer Fehlermöglichkeiten. Besondere Bedeutung besitzen in diesem Zusammenhang systematische Fehler, die mit hochpräzisen Verfahren deutlicher zutage treten. Für deren Aufdeckung spielt neben anderen Möglichkeiten (↗ 1.3.4.3.1.) bei bekannten Summenverunreinigungsgehalten und einer begrenzten Anzahl von Hauptkomponenten das 100-%-Kriterium eine wesentliche Rolle.

Für bestimmte Problemstellungen ist die Untersuchung geringster Probenmengen unumgänglich. Die aus dieser Notwendigkeit heraus entstandene

Mikroanalysentechnik ist heute methodisch und technisch so ausgereift, daß sie aufgrund ökonomischer Gesichtspunkte, die vor allem den geringeren materiellen, personellen und zeitlichen Arbeitsaufwand betreffen, auch für makroskopische Proben häufig angewendet wird.

Bei der *Mikroanalyse* unterscheidet man Analysenprinzipien, die selbst den Charakter von Mikromethoden besitzen und nur kleine Probenmengen zur analytischen Untersuchung ausnutzen (Elektronenstrahlmikroanalyse), sowie solche, die durch Anwendung einer speziellen Mikroarbeitstechnik zu Mikromethoden werden (Ultramikrovolumetrie). Mikromethoden stellen zur Ausführung von Durchschnittsanalysen extrem hohe Anforderungen an die Probenhomogenität.

Bei der Bestimmung von Nebenbestandteilen oder Spuren, seltener auch von Hauptbestandteilen in sehr geringen Probenmengen, werden häufig die Gehalte mehrerer Komponenten gleichzeitig durch *Simultanbestimmung* ermittelt. Dabei werden Trennungen mit ihren Folgeerscheinungen vermieden sowie der Arbeitsaufwand verringert. Dem stehen als Nachteile ein erhöhter Aufwand für die Auswertung und ein gewisser Verlust an Präzision gegenüber.

In jüngster Zeit gewinnt in verschiedenen Anwendungsbereichen, vor allem in der Umweltanalytik, neben der Bestimmung der Elementkomponenten die Ermittlung unterschiedlicher Individuen (Oxydationszustände, Ionenarten, und zwar auch komplexer Natur) immer mehr an Bedeutung. Für diese neue Richtung *Individuenanalytik* (*Speciation*) werden neben spektroskopischen Methoden (Röntgen-Valenzband-Spektroskopie, Auger- und Photoelektronenspektroskopie, Mößbauer-Spektroskopie) auch chemische und elektrochemische Verfahren eingesetzt.

In Abb. 4.13 und Abb. 4.14 sind schematische Lösungswege für die quantitative Durchschnittsanalyse dargestellt.

Für immer wiederkehrende Aufgabenstellungen an gleichgearteten Probenmaterialien lassen sich alle Analysenverfahren zu *Routineanalysenverfahren* gestalten. Von eingearbeitetem Personal durchgeführt, liefern diese sehr zuverlässige Analysenergebnisse in kurzen Analysenzeiten. In jüngster Zeit werden Routineverfahren immer stärker automatisiert und computerisiert.

Vertiefende Literatur: [1.32, 1.35, 2.2 bis 2.4, 4.9, 4.21 bis 4.37].

4.3.3. Element-Prozeßanalytik

Prozeßanalysen als zeitlich differentielle Analysen liefern mehrdimensionale analytische Informationen, bei denen die Zeit als unabhängige Variable auftritt. Sie beschreiben sowohl den zeitlichen Verlauf physikalischer Probenveränderungen als auch den chemischer Reaktionen. Damit finden sie auch zur Kontrolle von Materialströmen Anwendung, vor allem, um die Kontinuität der in den Produktionsprozeß eingehenden Ausgangsstoffe zu sichern.

Die analytisch relevante Kenngröße, die die Eignung von Analysenverfahren für die Prozeßanalyse beschreibt, ist das *Zeitauflösungsvermögen* Θ (↗ 1.4.2.). Um diesen Faktor erhöht sich die Informationsmenge bei Prozeßanalysen

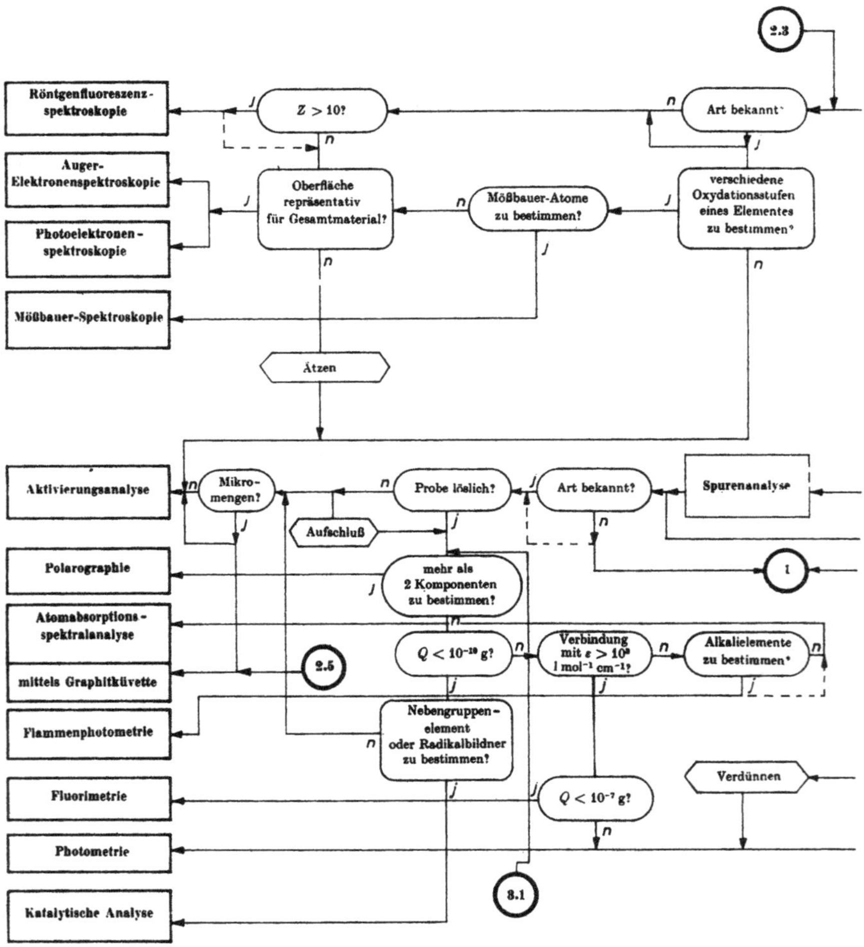

Abb. 4.13. Lösungsschema zur quantitativen Durchschnittsanalyse von anorganischem Material (Punkte 1 ↗ Abb. 4.8; 2.1 bis 2.4 ↗ Abb. 4.14; 3.1 ↗ Abb. 4.19)

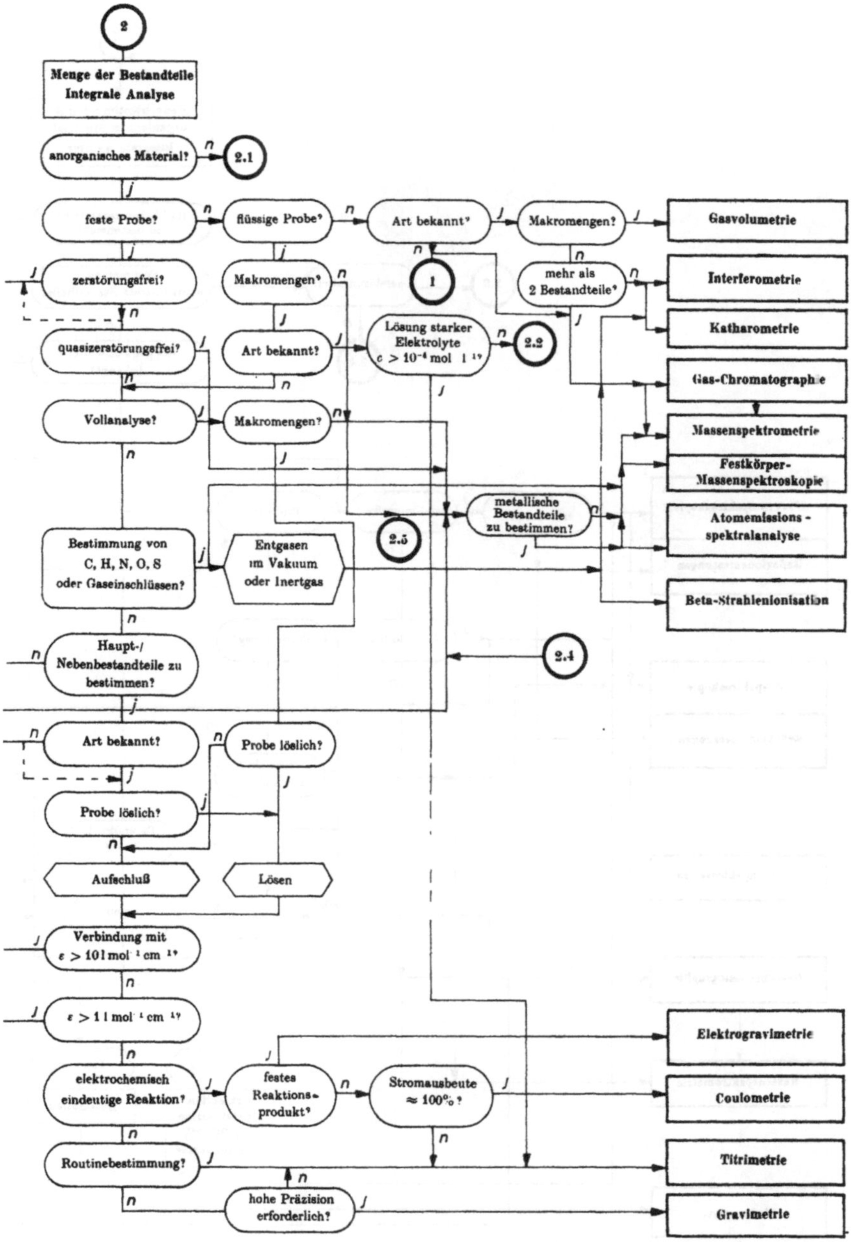
2
Menge der Bestandteile
Integrale Analyse
anorganisches Material?
2.1
feste Probe?
flüssige Probe?
Art bekannt?
Makromengen?
Gasvolumetrie
zerstörungsfrei?
Makromengen?
1
mehr als
2 Bestandteile?
Interferometrie
quasizerstörungsfrei?
Art bekannt?
Lösung starker
Elektrolyte
$c > 10^{-4}$ mol l^{-1}?
2.2
Katharometrie
Gas-Chromatographie
Vollanalyse?
Makromengen?
Massenspektrometrie
Festkörper-
Massenspektroskopie
metallische
Bestandteile
zu bestimmen?
Atomemissions-
spektralanalyse
Bestimmung von
C, H, N, O, S
oder Gaseinschlüssen?
Entgasen
im Vakuum
oder Inertgas
2.5
Beta-Strahlenionisation
Haupt-/
Nebenbestandteile zu
bestimmen?
2.4
Art bekannt?
Probe löslich?
Probe löslich?
Aufschluß
Lösen
Verbindung mit
$\varepsilon > 10$ l mol^{-1} cm^{-1}?
$\varepsilon > 1$ l mol^{-1} cm^{-1}?
Elektrogravimetrie
elektrochemisch
eindeutige Reaktion?
festes
Reaktions-
produkt?
Stromausbeute
≈ 100% ?
Coulometrie
Routinebestimmung?
Titrimetrie
hohe Präzision
erforderlich?
Gravimetrie

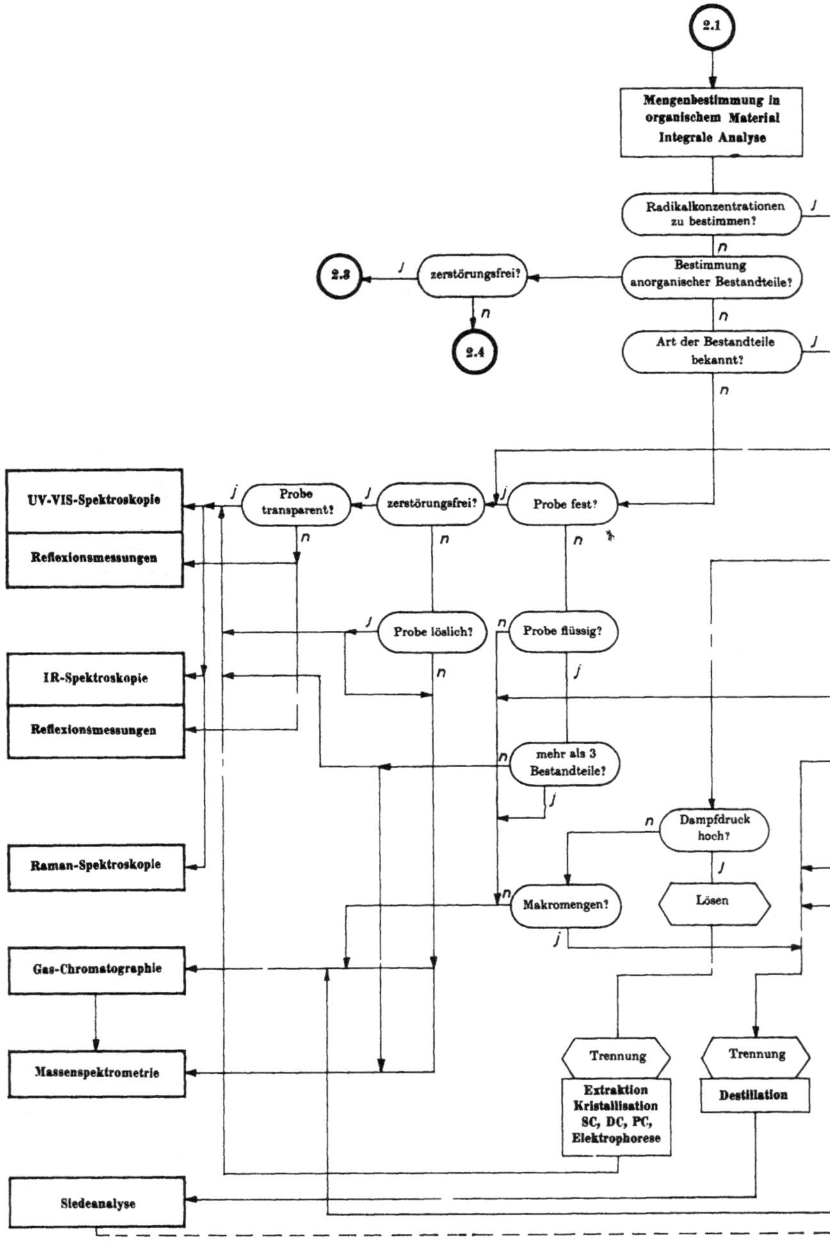

Abb. 4.14. Lösungsschema zur quantitativen Durchschnittsanalyse von organischem Material (Punkte 2.2 bis 2.4 ↗ Abb. 4.13)

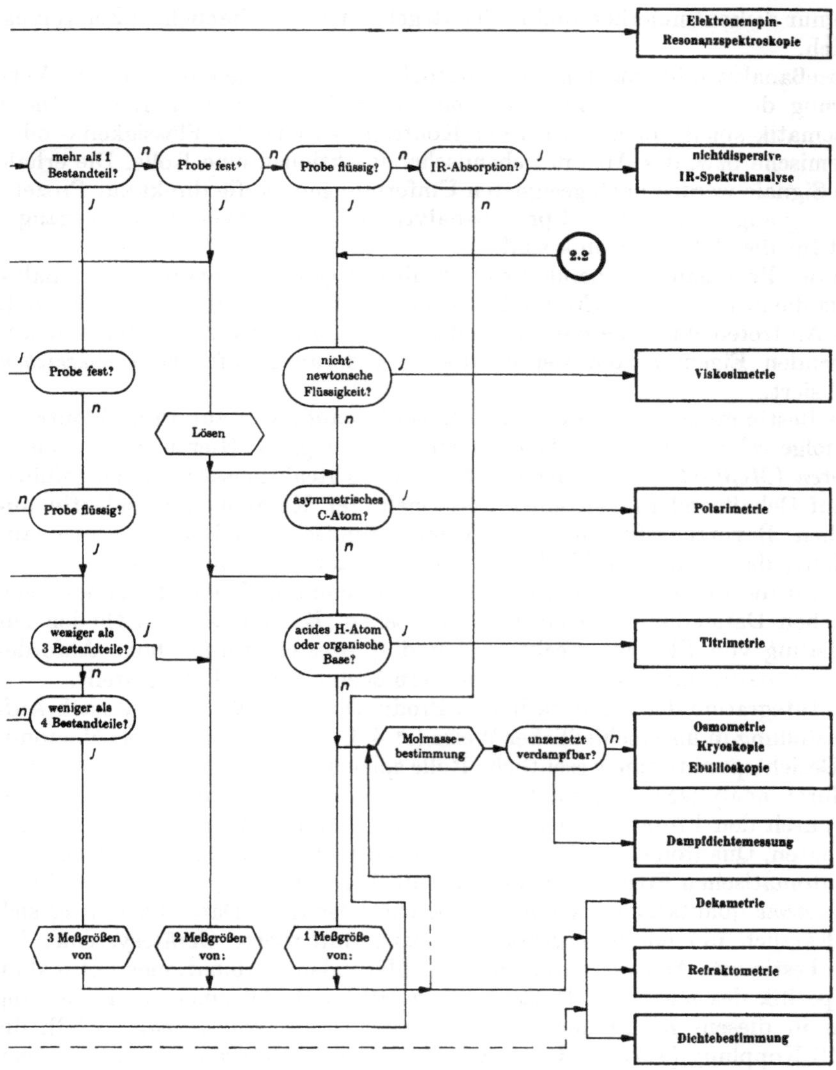
Elektronenspin-Resonanzspektroskopie
mehr als 1 Bestandteil?
Probe fest?
Probe flüssig?
IR-Absorption?
nichtdispersive IR-Spektralanalyse
2.2
Probe fest?
nicht-newtonsche Flüssigkeit?
Viskosimetrie
Lösen
Probe flüssig?
asymmetrisches C-Atom?
Polarimetrie
weniger als 3 Bestandteile?
acides H-Atom oder organische Base?
Titrimetrie
weniger als 4 Bestandteile?
Molmasse-bestimmung
unzersetzt verdampfbar?
Osmometrie
Kryoskopie
Ebullioskopie
Dampfdichtemessung
Dekametrie
3 Meßgrößen von
2 Meßgrößen von:
1 Meßgröße von:
Refraktometrie
Dichtebestimmung

gegenüber der bei Durchschnittsanalysen, wobei allerdings, ähnlich wie im Falle von Verteilungsanalysen, ein Verlust an Präzision zu verzeichnen sein kann.

Im einfachsten Falle ist die Prozeßanalyse *diskontinuierlich* durchführbar, indem nach zweckmäßig vorgewählten Zeiten Proben an geeigneten Orten entnommen und mit geeigneten Analysenverfahren untersucht werden. Damit wird die Problemstellung auf eine Durchschnittsanalyse einer zeitlich und räumlich determinierten Probe zurückgeführt. Prozeßsteuerungen sind auf diesem Wege nur diskontinuierlich und in der Regel erst nach erheblichem Zeitverzug möglich.

Prozeßanalysen im engeren Sinne ermöglichen es dagegen, die zeitliche Veränderung der Probenzusammensetzung *kontinuierlich* zu registrieren. Diese Problematik spielt vor allem bei der Kontrolle strömender Flüssigkeits- oder Gasgemische bzw. des Ablaufes chemischer Reaktionen eine Rolle. Die erhaltenen Signale werden nach geeigneten Umformungen häufig direkt zur Prozeßsteuerung angewandt, so daß prozeßanalytische Analysenverfahren Ausgangspunkt für die BMSR-Technik sind.

Bei der Prozeßanalyse handelt es sich überwiegend um quantitative Analysen, da die in Prozessen auftretenden Komponenten in der Regel bekannt sind. Beim Auftreten unvorhergesehener oder unbekannter Komponenten mit abweichenden Eigenschaften werden die Veränderungen oft als *Alarmzeichen* signalisiert.

Die Bestimmung von Haupt- und Nebenbestandteilen zur Prozeßkontrolle ist infolge relativ großer Probenmengen leicht möglich. Hierzu werden meist *Sensoren* (*Meßfühler*) an geeigneten Stellen des Reaktionssystems eingeführt, die auf Gehaltsänderungen einer oder mehrerer Komponenten selektiv ansprechen. Bevorzugt finden hierfür elektrochemische Analysenprinzipien Anwendung, da sie günstige Möglichkeiten der Meßwertwandlung bieten.

Die für die Prozeßanalyse geeigneten Analysenmethoden sind aus der schematischen Darstellung in Abb. 4.15 zu ersehen. Besonders an Methoden zur Aufklärung von Elementarreaktionen und -prozessen werden hohe Anforderungen in bezug auf das Zeitauflösungsvermögen (↗ Tab. 1.10) gestellt.

Die Integration der Analytik in den Produktionsprozeß erfolgt je nach Aufgabenstellung in unterschiedlicher Weise (↗ 4.5.1., Abb. 4.29), wobei ökonomische Gesichtspunkte eine wesentliche Rolle spielen. Während der Übergang von der durch analytische Informationen bestimmten Prozeßsteuerung zur -regelung durch den Einsatz bedeutend schnellerer Analysenverfahren (Analysenautomaten, Quantometer ↗ 4.5.4.) gekennzeichnet ist, erfordert der Übergang zur automatischen Prozeßüberwachung mit dem Einsatz spezieller *Prozeßanalysensysteme* qualitativ neuartige analytische Lösungen. Dabei handelt es sich grundsätzlich um computergekoppelte bzw. -integrierte Gerätesysteme, bei denen bestimmte Analysenprinzipien oder Methodenkombinationen optimal an die Spezifik des jeweiligen Prozesses angepaßt sind. Allgemeinere Bedeutung haben in diesem Zusammenhang die *Prozeß-Gaschromatographie* [4.38], die GC/MS-Kopplung [4.95, 4.96], Prozeß-Röntgenanalysatoren mit radioaktiven Quellen sowie potentiometrische Verfahren, vor allem unter Nutzung *ionensensitiver Elektroden* oder *Festelektrolytketten* (↗ 3.2.3.1.), erlangt.

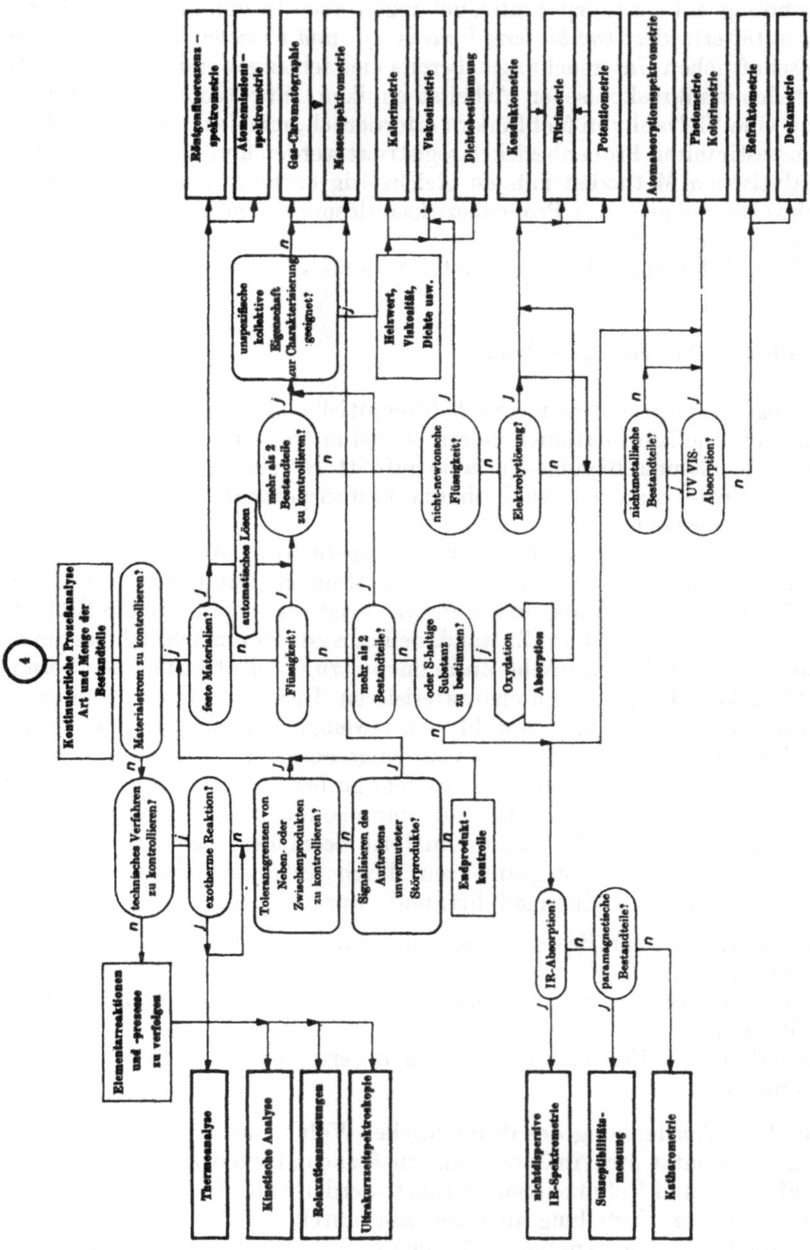

Abb. 4.15. Lösungsschema zur qualitativen und quantitativen kontinuierlichen Prozeßanalyse

Das Haupteinsatzgebiet der Prozeßanalytik ist die Kontrolle homogener Flüssigkeitsströme, von Gasgemischen sowie feindisperser Pulver. Dagegen steht die Anwendung auf Festkörperuntersuchungen noch in den Anfängen. Deren Inhomogenität erfordert *kombinierte Verteilungs- und Prozeßanalysen*, die heute in wissenschaftlichen Untersuchungen bereits vielfach angewendet werden, z. B. mittels teilchenmikroskopischer Arbeitstechniken. Für technische Prozesse wäre dazu eine Vielzahl von Meßfühlern erforderlich, mit denen die Zeitabhängigkeit an bestimmten Probenbezirken registriert werden muß. Solche speziellen mikroanalytischen Methoden müssen gleichzeitig extreme Anforderungen an das Nachweisvermögen, das Probenbezirksauflösungsvermögen und das Zeitauflösungsvermögen erfüllen.

Vertiefende Literatur: [1.17, 1.42, 3.62, 4.39 bis 4.42].

4.3.4. Element-Verteilungsanalytik

Verteilungsanalysen sind geometrisch differentielle Analysen, die mehrdimensionale analytische Informationen liefern, wobei mindestens eine Raumkoordinate der Probe als unabhängige Variable auftritt. Sie sind nur sinnvoll bei inhomogenem Probenmaterial, weshalb die Festkörperanalyse ihr ausschließliches Anwendungsgebiet ist.

Andererseits erfordert die Lösung unterschiedlichster Aufgaben aus Forschung und Technik Informationen über die Homogenität fester Stoffe. Der Homogenitätsbegriff wird dabei in der Praxis meist verwendet, um die Einheitlichkeit oder Gleichartigkeit des Zustandes eines Systems hinsichtlich bestimmter Eigenschaften (z. B. chemische Zusammensetzung, elektrische und thermische Leitfähigkeit, Porosität) zu charakterisieren. Insbesondere ist Homogenität aufgrund der Abhängigkeit sowohl vom jeweiligen Verwendungszweck des zu analysierenden Materials als auch vom eingesetzten Untersuchungsverfahren als eine relative Eigenschaft fester Körper zu betrachten. Die Prüfung auf Vorliegen chemisch homogenen Materials kann somit informationstheoretisch als Spezialfall der Element-Verteilungsanalytik betrachtet werden [4.43].

Praktisch werden Verteilungsanalysen durch aufeinanderfolgende *Lokalanalysen* (Punktanalysen) durchgeführt, und zwar als

Linienanalysen, z. B. zur Bestimmung von Konzentrationsprofilen über eine Probenoberfläche,
Flächenanalysen zur Bestimmung geometrisch zweidimensionaler Konzentrationsprofile oder
Volumenanalysen zur Ermittlung von Elementverteilungen im gesamten Festkörpervolumen.

Während die Ausdehnung des differentiellen Volumenelements, das für die Punktanalyse benutzt wird, in jeweils eine zusätzliche Dimension zur integralen Linien-, Flächen- und Volumenanalyse führt, werden vollständige Linien-, Flächen- und Volumen-Verteilungsanalysen nur durch gerichtetes Aneinanderreihen der punktförmigen Analysenvolumina in den drei Raumdimensionen erhalten. Die Zusammenhänge zwischen Verteilungsanalyse und Durchschnittsanalyse sind schematisch in Abb. 4.16 zusammengestellt.

Die Eignung eines Analysenverfahrens für Verteilungsanalysen wird durch das *Probenbezirks-* bzw. *geometrische Auflösungsvermögen* A (↗ 1.4.2.) beschrieben. Bestimmte Analysenmethoden sind durch ein sehr großes geometrisches Auflösungsvermögen (↗ Tab. 1.9) von vornherein besonders für Verteilungsanalysen geeignet. Aber auch mit allen anderen Methoden können bei genügend großen, teilbaren Proben differentielle Analysen an Teilstücken durchgeführt und Zuordnungen zwischen Probenzusammensetzung und Probenbezirk angegeben werden.

Die Informationsmenge verteilungsanalytischer Verfahren M_V steht mit der von Durchschnittsanalysen M_D in folgendem Zusammenhang

$$M_V = \alpha \cdot A \cdot M_D. \tag{4.5}$$

Dabei ist α ein Maß für die bei verteilungsanalytischen Verfahren häufig auftretende Präzisionsverminderung gegenüber durchschnittsanalytischen Verfahren des gleichen Analysenprinzips. Es gilt

$\alpha \approx 1$: wenn keine wesentliche Einbuße an Präzision zu verzeichnen ist, also für jeden Objektbereich noch quantitative Aussagen möglich sind;

$\alpha \approx 0{,}3 \ldots 0{,}7$: wenn anstelle quantitativer nur noch halbquantitative Aussagen erhältlich sind;

$\alpha \approx 0{,}15$: wenn statt quantitativer nur noch qualitative Informationen in bezug auf die untersuchten Probenbezirke erhalten werden.

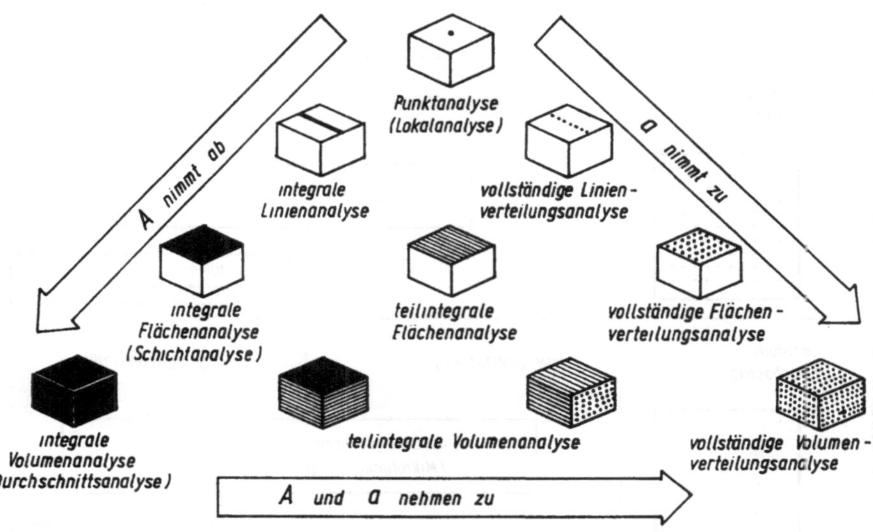

Abb. 4.16. Schematische Darstellung der unterschiedlichen verteilungsanalytischen Aufgabenstellungen. A: geometrisches Auflösungsvermögen (↗ 1.4.2.), a: erforderliche Meßprobenanzahl für die Lösung eines verteilungsanalytischen Problems

Da in der Regel $A > 10$ ist, führen Verteilungsanalysen stets zu einem – teilweise erheblichen – Informationsgewinn gegenüber Durchschnittsanalysen.

Eine grobe Einteilung verteilungsanalytischer Aussagen nach ihrem Informationsgehalt läßt sich vornehmen (Abb. 4.17), indem zwischen qualitativen und quantitativen Verteilungsanalysen, und zwar jeweils hinsichtlich Konzentrationsangaben und Ortsfestlegung, unterschieden wird [4.43]. Die Spalten der Abb. 4.17 beziehen sich auf die Konzentrationsangaben c, die Zeilen auf die Ortszuordnung l. In den Feldern sind außer prinzipiellen Aussagemöglichkeiten einige Methoden angegeben, für die die betreffende Aussage typisch ist. Die Homogenitätsprüfung von Festkörpern stellt sich damit als eine ,,abgerüstete" Variante der Verteilungsanalytik dar.

Analytische Inhomogenitäten von Proben können als erwiesen gelten, wenn zwischen der Probenzusammensetzung verschiedener Probenbezirke statistisch *signifikante Unterschiede* nachgewiesen werden.

In der Praxis erfolgt die Homogenitätsprüfung mit Hilfe räumlich auflösender Analysenmethoden mit definiertem Meßprobenvolumen und einem bestimmten Analysenfehler σ_A (Verfahrensstandardabweichung). Bei der Analyse räumlich getrennter Teilproben erhält man die Gesamtstandardabweichung σ, die sich nach

$$\sigma^2 = \sigma_A^2 + \sigma_I^2 \tag{4.6}$$

additiv aus der Verfahrensstreuung σ_A^2 und der durch die Probeninhomogenitäten verursachte Streuung σ_I^2 ergibt. Mit Hilfe mathematisch-statistischer

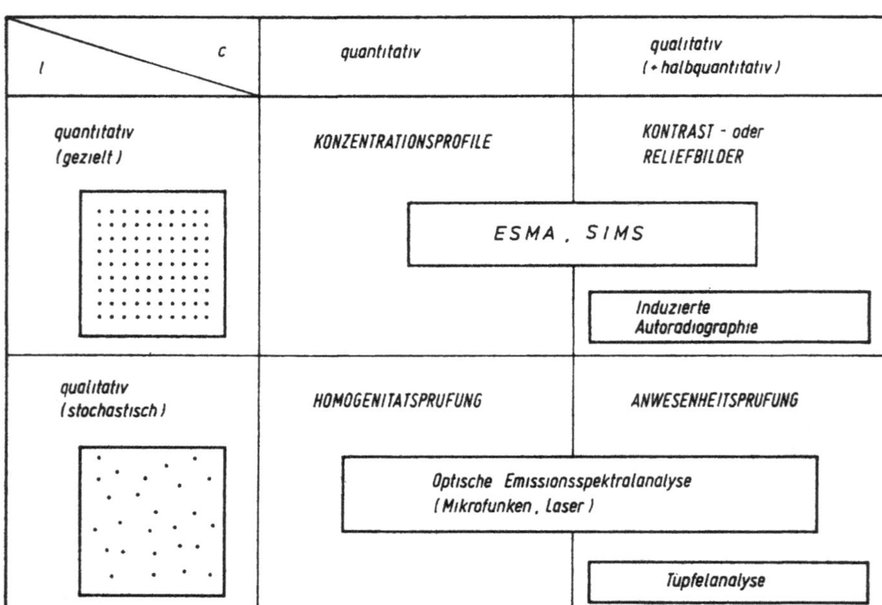

Abb. 4.17. Typische Aussagen der Verteilungsanalytik (nach [4.437])

Modelle [4.44] wird nun geprüft, ob die Gesamtstandardabweichung σ den Analysenfehler σ_A signifikant übersteigt bzw. ob die Inhomogenitätsstreuung σ_I maßgeblich zum Gesamtfehler beiträgt. Stochastische Konzentrationsschwankungen sind mit Verfahren der einfachen Varianzanalyse nachweisbar, während das Vorliegen systematischer Konzentrationsänderungen (Konzentrationsgradienten) die Anwendung der mehrfachen Varianzanalyse bzw. der Regressionsanalyse erfordert [4.45, 4.46]. Unabhängig vom Charakter vorliegender Inhomogenitäten lassen sich Pattern-Recognition-Methoden (z. B. die mehrdimensionale Varianz- und Diskriminanzanalyse oder Clusteranalyse; ↗ 1.5.) zur Homogenitätsprüfung einsetzen [4.47].

Verallgemeinerte Aussagen über die Inhomogenität fester Stoffe, abstrahiert vom Sondendurchmesser des angewandten Verfahrens, können bei Vorliegen periodischer Konzentrationsschwankungen mit Hilfe der Statistik stochastischer Prozesse erhalten werden [4.48].

Für die Verteilungsanalyse sind vorrangig die Analysenprinzipien geeignet, die selbst den Charakter von Mikromethoden besitzen oder auf die mikro- bzw. ultramikroanalytische Arbeitstechniken anwendbar sind. Verteilungsanalysen werden heute noch vorwiegend halbquantitativ, oft auch nur qualitativ durchgeführt; außerdem stehen Bestimmungen von Haupt- und Nebenbestandteilen im Vordergrund, da für Spurenbestandteile die praktischen Erfassungsgrenzen häufig nicht ausreichen.

Abbildende Verfahren, z. B. die Autoradiographie, liefern übersichtliche Bilder von Elementverteilungen und von der analytischen Inhomogenität makroskopisch homogen erscheinender Proben. Die zur zerstörungsfreien Verteilungsanalyse anwendbaren Analysenprinzipien sind fast ausschließlich nur für Ober-

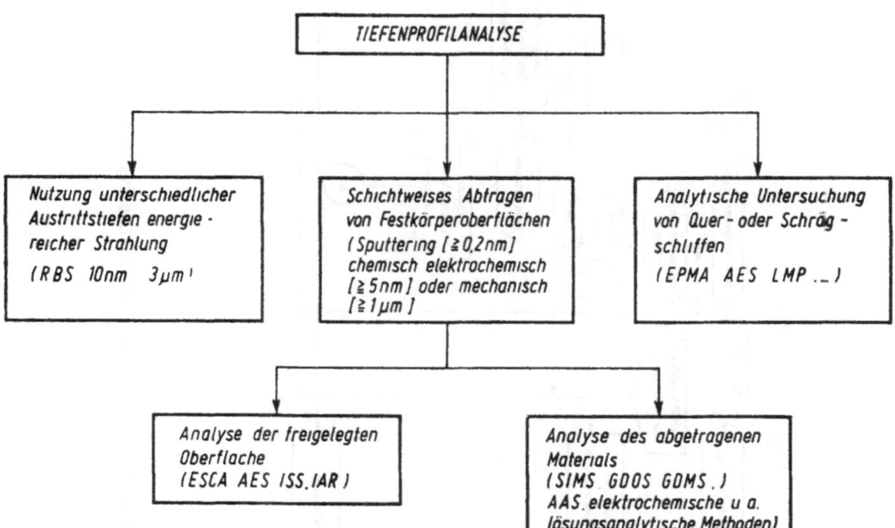

Abb. 4.18. Prinzipielle Möglichkeiten der Tiefenprofilanalyse

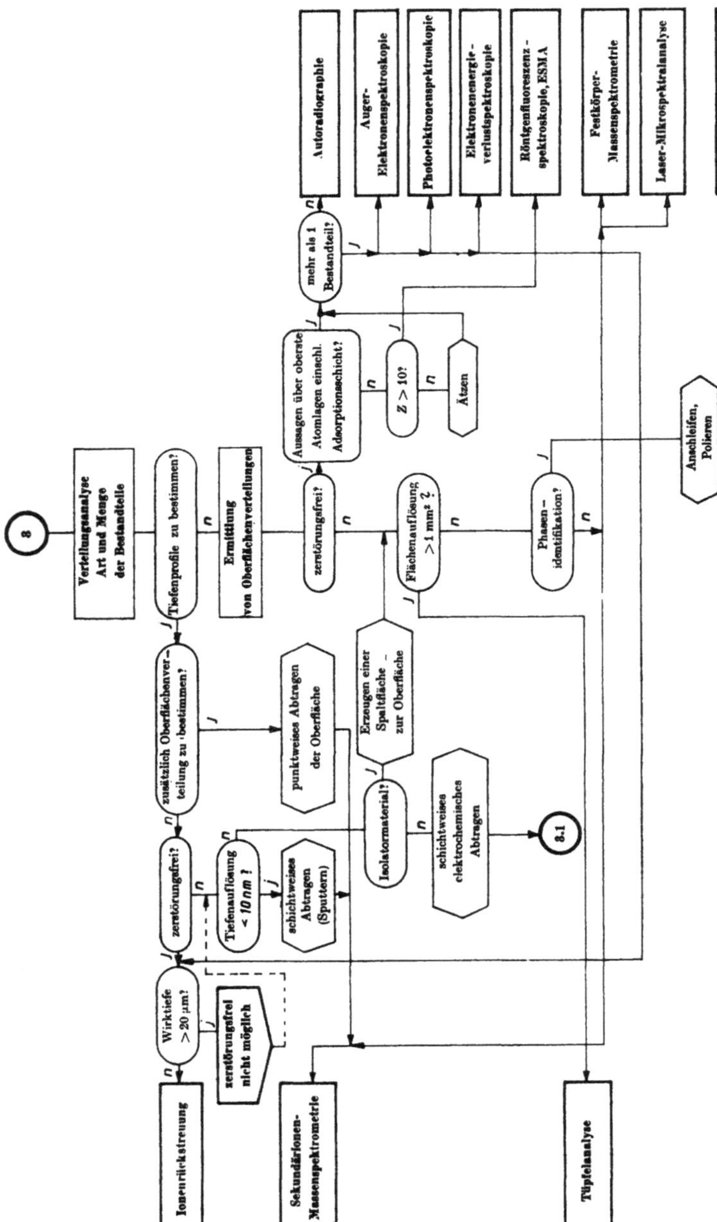

Abb. 4.19. Lösungsschema zur qualitativen und quantitativen Verteilungsanalyse (Punkt 3.1 ↗ Abb. 4.13)

flächenanalysen geeignet und ergeben Aussagen über die obersten Atomlagen einschließlich Adsorptionsschichten.

Die Bestimmung von Tiefenprofilen wird durch zerstörenden Materialabtrag mittels Ionenzerstäubung (Sputtering), durch schichtweises elektrochemisches Abtragen oder durch chemisches Ätzen mit Säuren bzw. Komplexbildnern möglich. Dabei wird teilweise ein beachtliches Tiefenauflösungsvermögen erreicht. Die Analyse erfolgt durch Bestimmung der abgetragenen Materialmenge mit geeigneten Analysenprinzipien bzw. durch zerstörungsfreie Untersuchung der neuen Oberflächenschicht. Die Untersuchung von Schrägschliffen gestattet ebenfalls die Ermittlung von Tiefenprofilen, sofern Analysenverfahren angewandt werden, die nicht nur die obersten Atomlagen des Festkörpers erfassen (Abb. 4.18).

Eine schematische Übersicht über Lösungsmöglichkeiten qualitativer und quantitativer verteilungsanalytischer Probleme zeigt Abb. 4.19.

Besondere Bedeutung besitzt die Verteilungsanalyse bei der Erforschung werkstoffkundlicher und -technischer Probleme. Sie führt zu wichtigen Erkenntnissen über die Elementverteilung an Korngrenzen, über die Zusammensetzung von Segregationen und über Veränderungen an Proben durch Behandlungsverfahren. Weitere wichtige Einsatzgebiete sind die Halbleitertechnik sowie die biologische und medizinische Forschung und Diagnostik.

Vertiefende Literatur: [1.44, 4.49 bis 4.52].

4.3.5. Festkörper-, Oberflächen- und Grenzflächenanalytik

Während bei der Analyse von Gasen und Flüssigkeiten im allgemeinen davon ausgegangen werden kann, daß diese Stoffe homogen vorliegen und das analytische Problem mit Methoden der Durchschnittsanalyse lösbar ist, so kann bei der Analyse von Festkörpern selten ein homogener Aufbau, sowohl in bezug auf die Zusammensetzung als auch auf die Struktur, vorausgesetzt werden. Bedingt durch den oft komplizierten Aufbau von Festkörpern, sind auch die analytischen Fragestellungen entsprechend umfangreich. Ihre Beantwortung besitzt vor allem auf den Gebieten der Mikroelektronik, der Werkstofforschung, -entwicklung und -modifizierung sowie der Korrosions- und Katalysatorforschung erhebliche Bedeutung.

Neben Fragen nach der integralen chemischen Zusammensetzung eines Festkörpers als Ganzem sind die Bestimmung der Zusammensetzung in Mikrobereichen, sowohl in chemischer als auch in struktureller Hinsicht, die Ermittlung des Bindungszustandes nachgewiesener chemischer Elemente, die Änderung der Zusammensetzung mit der Tiefe sowie alle Fragen der Verteilungsanalyse (↗ 1.1.3., 4.3.4., 4.4.3.) bedeutsam. Die Lösung dieser Probleme ist jedoch nur unter Einbeziehung der Oberfläche des Festkörpers, der Grenzfläche zwischen Festkörper und Luft bzw. Vakuum möglich.

Der Begriff der Oberfläche darf dabei nicht zu eng verstanden werden. Es hängt von der jeweiligen Problemstellung ab, ob nur die oberste Atomlage von Bedeutung ist oder ob mehrere Atomlagen für die Lösung einer Aufgabe relevant sind. Die Grenzen zur integralen Volumen- und damit zur Festkörperanalyse sind stets als fließend zu betrachten. Um die Eigenschaften eines Festkörpers an seiner Oberfläche charakterisieren zu können, sind neben der Bestimmung der integralen Zusammensetzung an der Oberfläche und der Art und Verteilung von Fremdatomen und Kristallstrukturdefekten auch Kenntnisse über die Morphologie der Oberfläche erforderlich.

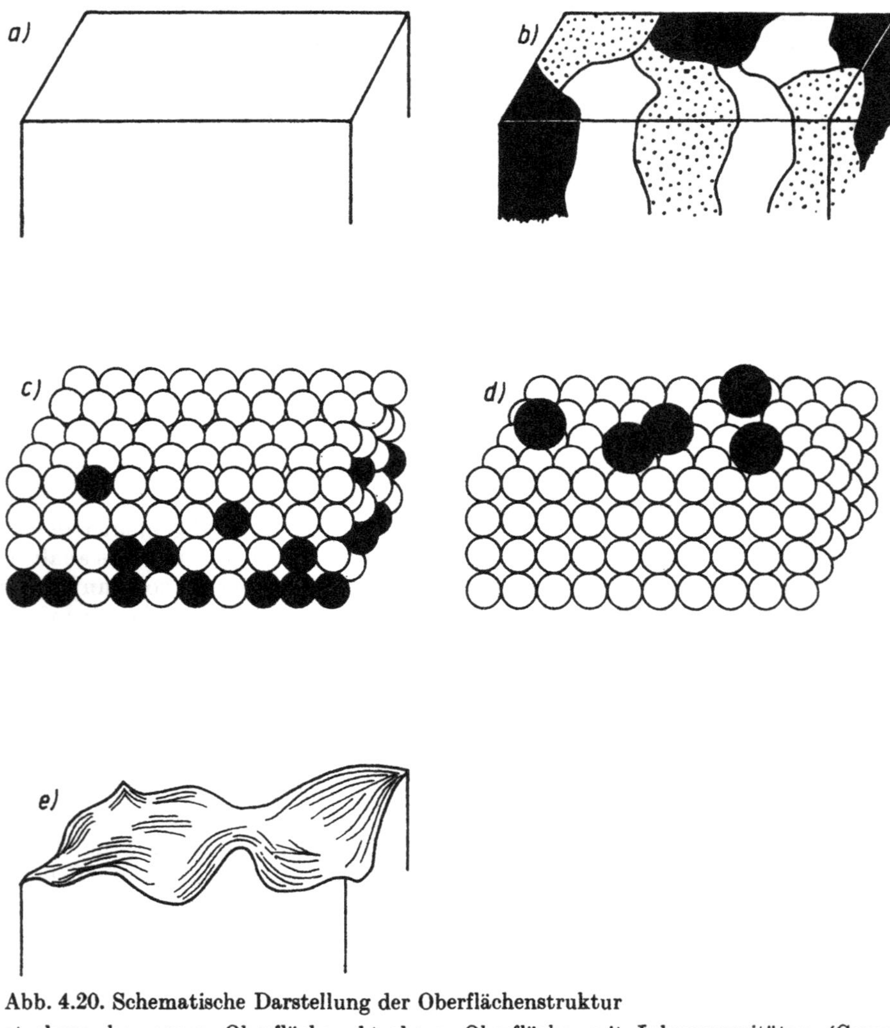

Abb. 4.20. Schematische Darstellung der Oberflächenstruktur

a) ebene homogene Oberfläche; b) ebene Oberfläche mit Inhomogenitäten (Grenzflächen) in der Oberflächenebene; c) ebene Oberfläche (in atomaren Dimensionen) mit Inhomogenitäten senkrecht zur Oberflächenebene (z. B. Diffusionserscheinungen); d) Fremdatome auf einer ebenen homogenen Oberfläche; e) unebene Oberfläche

Die Gestalt idealer und realer Oberflächen ist in Abb. 4.20 schematisch dargestellt. In der Praxis liegen Oberflächen jedoch stets als Kombination der angegebenen Fälle vor. Die in Abb. 4.20b dargestellte Oberflächengestalt ist zudem durch das Auftreten von Grenzflächen zwischen benachbarten Festkörperbereichen (Korngrenzen bei polykristallinen Materialien) gekennzeichnet, weswegen Oberflächen- und Grenzflächenanalytik stets im Zusammenhang betrachtet werden müssen.

Für die reine Oberflächenanalyse (bis zu einigen Monolagen) muß gefordert werden, daß die Festkörperoberfläche sauber (nicht mit Fremdatomen oder -stoffen bedeckt) ist, daß durch den Meßprozeß keine relevante Oberflächenveränderung erfolgt und daß das angewandte Verfahren eine geringe bzw. definierte Informationstiefe besitzt.

Unter Informationstiefe eines Oberflächenanalysenverfahrens wird dabei die Tiefe verstanden, aus der das jeweils nachzuweisende Signal stammt. Grundsätzlich entstammt jedes analytisch relevante Signal einem endlichen Probenvolumen, d. h., es wird mit jedem Oberflächenanalysenverfahren stets eine zwar geringe aber doch endlich dicke Schicht des Festkörpers analysiert und somit eigentlich bereits eine Tiefenanalyse vorgenommen. Von „echten" Oberflächenanalysenverfahren wird somit stets ein hohes Tiefenauflösungsvermögen gefordert. In Abb. 4.21 wird dies an zwei Proben deutlich gemacht, die eine jeweils gleiche Zahl Fremdatome unterschiedlich, einmal als Monoschicht, zum anderen homogen in der Probe verteilt, enthalten. Das Analysenverfahren mit großer Informationstiefe (z_2) liefert für beide Proben ein gleichgroßes Signal, so daß mit diesem Verfahren kein Unterschied zwischen den beiden Proben festgestellt werden kann. Eine Unterscheidung der beiden Proben ist jedoch eindeutig mit einem Verfahren mit geringer Informationstiefe (z_1) möglich.

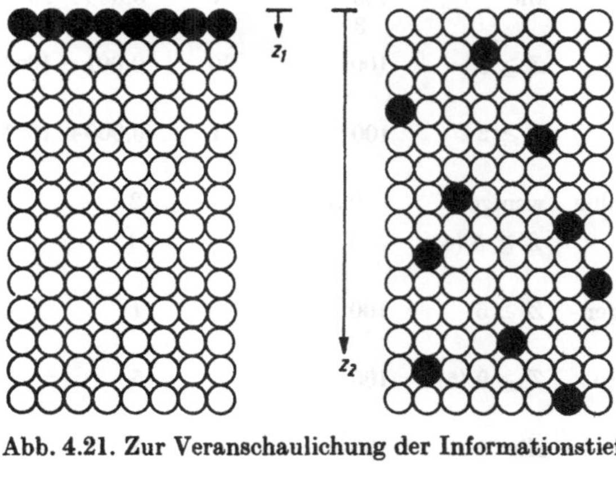

Abb. 4.21. Zur Veranschaulichung der Informationstiefe

Die Analysenverfahren mit einer geringen Informationstiefe ermöglichen ferner, eine Tiefenanalyse mit hoher Auflösung vorzunehmen, wenn die jeweils bereits analysierte Oberflächenschicht schrittweise oder kontinuierlich durch Ionenbeschuß (Sputtering) abgetragen wird. Mit zunehmender Beschußzeit werden dabei immer tiefer liegende Schichten freigelegt und können analysiert werden.

Andererseits kann aber auch das abgetragene Material einer Analyse zugeführt werden (Abb. 4.18). Gleichzeitig muß aber beachtet werden, daß durch den Ionenbeschuß Artefakte erzeugt werden können, deren Nichtbeachtung bei der Analysenauswertung zu Fehlinterpretationen führen kann. Die Aufnahme von Tiefenprofilen zeigt oftmals erst, ob die an der Oberfläche vorliegenden Elementkonzentrationen auch im Probeninneren vorliegen, d. h., ob die Verhältnisse gleichzeitig die Verhältnisse im Festkörper repräsentieren. Analysenmethoden mit geringer Informationstiefe erfordern deshalb zur Vermei-

Tabelle 4.5. Leistungsparameter von Elementanalysenmethoden zur Oberflächenanalyse (nach [4.124])

Methode	Erfaßbare Elemente	Laterale Auflösung in µm	Informationstiefe		Nachweisgrenze	
			Monolagen	in µm	Monolagen	in g
Photoelektronenspektroskopie						
XPS	$Z \geqq 3$	10^4	10	0,005	10^{-2}	10^{-11}
UPS			3	0,002		
Auger-Elektronenspektroskopie	$Z \geqq 3$	1	10	0,005	10^{-3}	10^{-13}
Sekundärionenmassenspektroskopie						
statisch	alle	100	1	0,0005	10^{-6}	10^{-17}
dynamisch		3	3	0,002		
Rutherford-Rückstreuung (RBS, HEIS)	$Z \geqq 3$	100	20	0,001	10^{-4}	10^{-14}
Ionenrückstreuspektroskopie (ISS, LEIS)	$Z \geqq 2$	100	1	0,0004	10^{-4}	10^{-14}
Induzierte Autoradiographie	wenige	0,5		2		10^{-15}
Elektronenstrahlmikroanalyse (ESMA)	$Z \geqq 5$ (4)	1		1		10^{-16}
Protonenangeregte Röntgenspektroskopie (PIXE)	$Z \geqq 5$	100		1		10^{-14}
Röntgenfluoreszenzspektroskopie (RFA)	$Z \geqq 9$ (5)	100		5		10^{-8}
Funkenquellenmassenspektroskopie	alle	30		5		10^{-12}
Laser-Massenspektroskopie	alle	10		10		10^{-12}
Laser-Mikrospektralanalyse	etwa 80	10		10		10^{-12}
Mikrofunkenspektralanalyse	etwa 80	10^3		10		10^{-10}

dung von Fehlinterpretationen der Ergebnisse infolge Kontamination der Oberfläche durch die angrenzenden Medien das Arbeiten im Ultrahochvakuum.

Die generellen Möglichkeiten für die Ermittlung von Tiefenprofilanalysen – auch für Oberflächenbereiche größerer Ausdehnung sowie Schichtsysteme – sind schematisch in Abb. 4.18 dargestellt.

Neben der Frage der Tiefenauflösung ist für die Beurteilung der Anwendbarkeit von Oberflächenanalysenverfahren deren laterale Auflösung von großer Bedeutung (Tab. 4.5). Der Erhöhung der lateralen Auflösung sind jedoch für alle auf unelastischen Wechselwirkungen beruhenden Analysenprinzipien aufgrund der Größe des Wechselwirkungsvolumens oftmals physikalische Grenzen gesetzt. Anders sind die Verhältnisse bei den abbildenden und den Beugungsverfahren. Bei den abbildenden Verfahren, insbesondere solchen mit Elektronen, ist inzwischen ein so hoher Stand der Technik erreicht worden, daß die in der Praxis erzielbaren Auflösungswerte bei Spitzengeräten praktisch der theoretischen Auflösungsgrenze entsprechen. Dabei ist bereits die Grenze der Festkörperanalyse in Mikrobereichen durch den Nachweis einzelner Atome, einschließlich der Beobachtung ihrer Bewegung auf Festkörperoberflächen für Spezialfälle realisiert worden [4.53], wenngleich gesicherte Aussagemöglichkeiten über die Art und die Unterscheidbarkeit solcher Atome hinsichtlich ihrer Ordnungszahl noch ausstehen. Für den Bereich der Beugungsmethoden und damit der Methoden zur Strukturbestimmung in Mikrobereichen sind durch den Einsatz von Strahlungsquellen mit hohem Richtstrahlwert (Feldemissionsstrahlungsquellen) bereits Beugungsdiagramme und somit Strukturbestimmungen von Objektmikrobereichen von weniger als 1 nm möglich geworden [4.54], wobei es mit Hilfe der FIM-Atomsonde auch gelingt, einzelne Oberflächenatome nach ihrer Art zu identifizieren.

Aufgrund der Komplexität festkörperanalytischer Problemstellungen, die die Problematik der Oberflächen- und Grenzflächenanalytik mit einschließen, ist es nicht oder nur in den seltensten Fällen möglich, alle Fragen durch die Anwendung eines einzigen Analysenverfahrens zu beantworten. Bestimmte Problemlösungen erfordern deshalb den kombinierten Einsatz mehrerer Methoden.

Vertiefende Literatur: [4.55 bis 4.58].

4.4. Strukturanalytik

Die chemischen und physikalischen Eigenschaften von Stoffen werden entscheidend durch ihre Struktur bestimmt. Die chemische Strukturtheorie und -forschung haben ihren Ursprung in der Tatsache, daß Stoffe gleicher prozentualer Elementzusammensetzung unterschiedliche chemisch-physikalische Eigenschaften zeigen können. Allgemein bekannte Beispiele dafür sind Ethylalkohol und Dimethylether (beide C_2H_6O) bzw. Harnstoff und Ammoniumisocyanat (beide N_2H_4CO). Tab. 4.6 zeigt, daß darüber hinaus auch gleiche *Bruttoformeln*, gleiche *Konstitution* und gleiche *Konfiguration* (↗ 1.1.4.) noch keine identischen Eigenschaften bedingen (Konformere unterscheiden sich lediglich energetisch, sie sind nicht isolierbar).

Tabelle 4.6. Chemisch-physikalische Eigenschaften und Struktur einiger Verbindungen gleicher prozentualer Elementzusammensetzung. *Fp* Schmelzpunkt, *Kp* Siedepunkt, [α] spezifische Drehung (↗ 3.4.2.3.2.); | räumliche Anordnung der OH-Gruppen

Verbindung	Eigenschaften	Zusammensetzung in %	Bruttoformel	Konstitution	Konfigurationen	Konformationen
Formaldehyd	*Fp* −92 °C *Kp* −21 °C	40,01% C, 6,73% H, 53,26% O	CH_2O	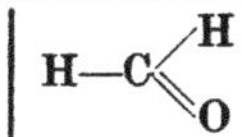		
Essigsäure	*Fp* 16,6 °C *Kp* 118 °C		$C_2H_4O_2$	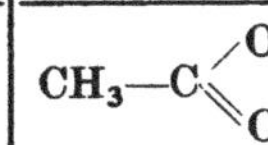		
Trioxymethylen	*Fp* 63 °C *Kp* 115 °C		$C_3H_6O_3$	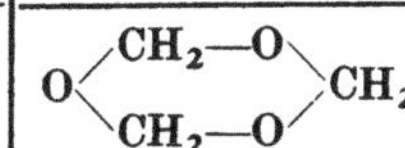		
Milchsäure (DL)-	*Fp* 18 °C			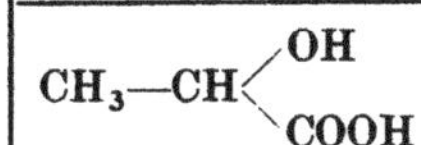		
D(−)-Milchsäure	*Fp* 25,8 °C [α] = −3,8°				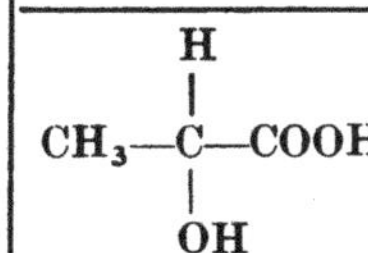	
L(+)-Milchsäure	*Fp* 25,8 °C [α] = +3,8°				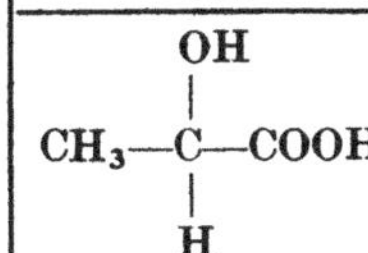	
Inosit			$C_6H_{12}O_6$	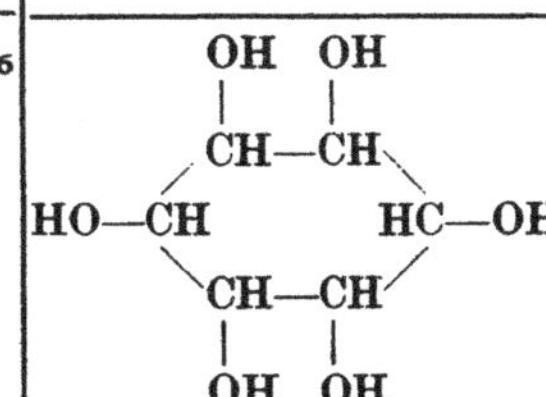	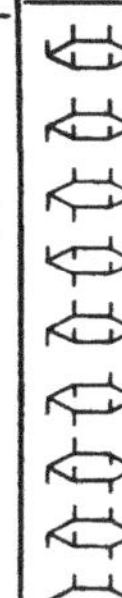	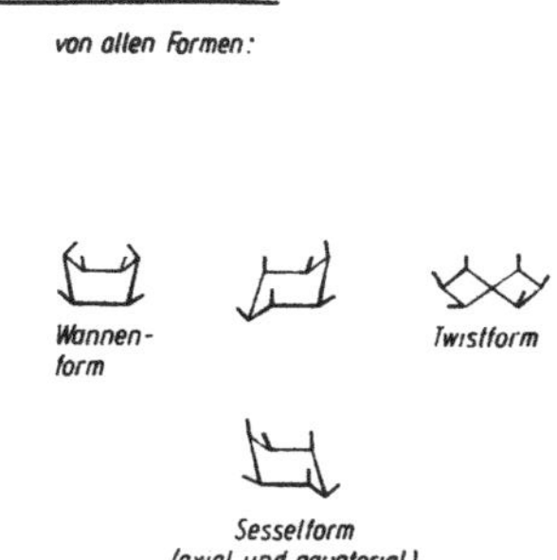
cis-Inosit	*Fp* 390 °C					
epi-Inosit	*Fp* 285 °C					
allo-Inosit	*Fp* 270 … 275 °C					
meso-Inosit	*Fp* 225 °C					
muco-Inosit	*Fp* 285 … 290 °C					
neo-Inosit	*Fp* 315 °C					
scyllo-Inosit	*Fp* 349 °C					
α-Inosit	*Fp* 247 °C [α] = +68 °C					
L-Inosit	*Fp* 247 °C [α] = 68°					

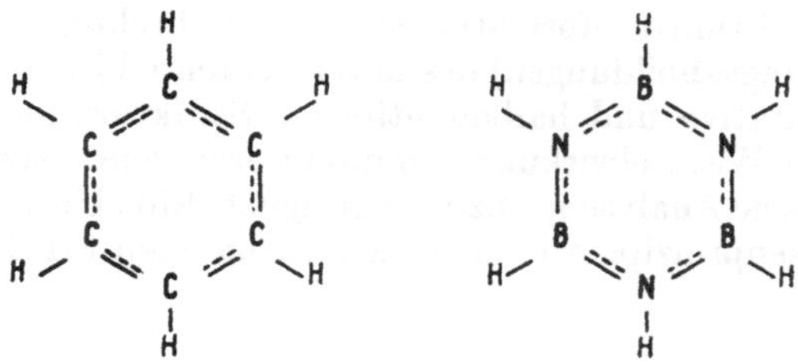

Abb. 4.22
Benzen b_{C-C} = 0,140 nm
Borazin b_{N-B} = 0,144 nm

Andererseits findet man auch häufig den entgegengesetzten Fall, daß sich Stoffe unterschiedlicher Elementzusammensetzung aufgrund des analogen strukturellen Aufbaus in ihren Eigenschaften sehr stark ähneln. So ist z. B. das (trimere) Borazin wie das Benzen (Abb. 4.22) eine farblose, aromatisch riechende, brennbare und fettlösende Flüssigkeit und liefert auch ähnliche Substitutionsprodukte wie dieses. Das Bornitrid BN kann einmal in einem Graphitschichtgitter, zum anderen in der Diamantstruktur kristallisieren, es zeigt dabei jeweils ähnliche Eigenschaften wie die beiden Kohlenstoffmodifikationen.

Das Ziel der Analytik besteht maßgeblich in der Charakterisierung von Stoffeigenschaften. Dabei bedient sie sich in immer stärkerem Maße der Strukturforschung.

Die *Strukturanalytik* beschäftigt sich mit Fragen nach der *Anordnung* der Elementarbausteine, deren *Symmetrie* und exakten *Geometrie*. Demzufolge läßt sich – ähnlich wie bei der Elementanalytik – zwischen *qualitativer*, *halbquantitativer* und *quantitativer* Strukturanalyse unterscheiden (Tab. 4.7).

Die Strukturanalytik befaßt sich sowohl mit der *idealen* und *realen Kristallstruktur* von Festkörpern als auch mit *Einzelmolekülen* in einem mehr oder weniger „freien" Zustand (gasförmig oder gelöst) sowie im Kristallverband.

Tabelle 4.7. Strukturinformationen für Moleküle, Makromoleküle bzw. Kristalle

	Moleküle	Makromoleküle	Kristalle
Qualitative Strukturanalyse	Konstitution	Monomerenkennzeichnung, Endgruppen, Kristallinität	Kristallinität/Amorphie Verbindungen/Mischkristalle/Kristallgemische
Halbquantitative Strukturanalyse	Konfiguration, Konformation	Kettenlänge, Sequenzlänge und -verteilung, Taktizität	Kristallsystem und -klasse, Raumgruppe, Kennzeichnung von Gitterfehlern
Quantitative Strukturanalyse	vollständige räumliche Struktur des Moleküls (Atomabstände und Valenzwinkel), Elektronendichteverteilungen	vollständige räumliche Struktur, Parameter der Kristallit-Elementarzelle	Parameter der Elementarzelle, Textur, Lokalisierung von Gitterfehlern, Elektronendichteverteilungen

Während quantitative Strukturinformationen nur auf direktem Wege aus Abbildungen (bzw. Beugungsabbildungen) des untersuchten Objektes erhalten werden, lassen sich qualitative und halbquantitative Strukturinformationen auch mittels unelastischer Wechselwirkungen indirekt ermitteln. Dazu sind in erster Linie spektroskopische Analysenprinzipien geeignet. Eine Übersicht über die mit einzelnen Analysenprinzipien erhältlichen wichtigsten Strukturinformationen gibt Tab. 4.8.

Tabelle 4.8. Übersicht über Analysenprinzipien, die für die Strukturanalyse geeignet sind, und die mit ihnen erhältlichen Informationen

Analysenprinzip	Probenzustand und -menge	Informationen
UV-VIS-Spektroskopie	L, l, s, g $10^{-2} \ldots 10^{-4}$ g	Chromophore Gruppen: Doppelbindungen, konjugierte Systeme, Aromaten, Heterocyclen mit aromatischem Charakter
IR-Spektroskopie	L, l, s, g $10^{-2} \ldots 10^{-3}$ (bis 10^{-5}) g[1])	Symmetrien, funktionelle Gruppen, Molekülgerüst bei unterschiedlichen Auswahlregeln (gilt für IR- und Raman-Spektroskopie)
Raman-Spektroskopie	l, L, s $10 \ldots 5 \cdot 10^{-2}$ (bis 10^{-4}) g[2])	
Mikrowellenspektroskopie	g (s, l)[3]) $10^{-3} \ldots 10^{-6}$ g	Symmetrien, Molekülgerüst, funktionelle Gruppen, Atomabstände und Valenzwinkel aus Trägheitsmomenten
Kernresonanzspektroskopie	s, L, l $10^{-1} \ldots 5 \cdot 10^{-3}$ g	Funktionelle Gruppe und deren Nachbargruppen bei Kernen mit magnetischem Dipolmoment (↗ Abb. 4.24), Anzahl dieser Kerne in den Strukturgruppen und im Molekül
Kernquadrupolresonanzspektroskopie	s, L, l $10 \ldots 10^{-2}$ g	Atomorbitalkonfiguration und Hybridisierung bei Atomen mit Kernquadrupolmomenten (↗ Abb. 4.24)
Elektronenspinresonanzspektroskopie	s, L, l $10^{-1} \ldots 5 \cdot 10^{-3}$ g	Symmetrie von Radikalen sowie von paramagnetischen Ionen in Komplexen bzw. in Kristallen, Lokalisierung von ungepaarten Elektronen
Massenspektroskopie	g (l, s)[4]) $10^{-4} \ldots 10^{-6}$ g	Konstitutionsspezifische Molekülfragmente, molare Masse, Bruttoformel
Optische Rotationsdispersion, Circulardichroismus	l, L $1 \ldots 10^{-3}$ g	Konfiguration und Konformation von asymmetrischen und dissymmetrischen Molekülen

Tabelle 4.8. (Fortsetzung)

Analysenprinzip	Probenzustand und -menge	Informationen
Photoelektronen-spektroskopie	s (l, g)[5]) 1 ... 10^{-2}	Atomorbitalkonfiguration und -hybridisierung, Oxydationszustand
Auger-Elektronen-spektroskopie	bis 10^{-8} g[6])	
Mößbauer-Spektroskopie	s 10^{-2} ... $5 \cdot 10^{-5}$ g	Molekülsymmetrie, Oxydationszustand, Orbitalkonfiguration und -hybridisierung für Atome nach Abb. 4.25
Röntgenbeugung	s (E), (l)[7]) 10^{-1} ... 10^{-3} g	Gesamtstruktur der Elementarzelle (Atomabstände, Valenzwinkel) aus der Elektronendichteverteilung
Elektronenbeugung	s, g, (l)[4]) 10^{-3} ... 10^{-12} g	Gesamtstruktur der Elementarzelle (Atomabstände, Valenzwinkel) aus der Kerndichteverteilung
Neutronenbeugung	s (E) 1 ... 10^{-1} g	
Ionenbeugung	s (E) 10^{-2} ... 10^{-10} g	desgl., zusätzlich Lokalisierung von Gitterbaufehlern

[1]) Mikromeßtechnik
[2]) bei Anregung mit Laserstrahlung
[3]) bis 1000 °C unzersetzt: Dampfdruck 10^{-1} Pa
[4]) bis 100 °C unzersetzt: Dampfdruck 10^{-3} Pa
[5]) meist im festen Zustand bei tiefen Temperaturen oder l, g als Adsorbatschichten
[6]) für Dünnschichten
[7]) Kleinwinkelstreuung

s fest; l flüssig; g gasförmig; L Lösungen; E Einkristalle

4.4.1. Qualitative und halbquantitative Strukturanalytik

Informationen über die Art und Weise der Verknüpfung der Bausteine, im wesentlichen also Fragen der Strukturisomerie, tragen insofern qualitativen Charakter, als sie in der Regel noch keine Aussagen über den räumlichen Bau der Moleküle beinhalten. Derartige Informationen liefern spektroskopische Methoden aus Übergängen zwischen bestimmten Energiezuständen des Gesamtmoleküls oder gewisser Teilbereiche. Dabei kann es sich um Bindungselektronen bzw. -systeme, um Schwingungen, Rotationen oder um magnetische Kernzustände handeln, die meist in Absorption beobachtet werden (↗ 3.4.3.)

Solche aus Energieübergängen gewonnenen Strukturaussagen erfordern fast stets Zusatzinformationen über die Zusammensetzung und die molare Masse, also die *Bruttoformel*, um die Konstitution des betreffenden Moleküls eindeutig angeben zu können. Direktere Informationen für die Konstitutionsaufklärung liefert die Massenspektroskopie, mit deren Hilfe sich die Molmasse ganzzahlig oder auf $\pm 2{,}5 \cdot 10^{-3}$ Masseneinheiten (hochauflösende Massenspektroskopie) genau ermitteln läßt. Die gleichzeitig erhaltenen Informationen über Molekülteilstrukturen reichen aber oft nicht aus, um die Konstitution vollständig und zweifelsfrei anzugeben (↗ 3.4.5.5.). Deshalb ist eine *Kombination* unterschiedlicher Analysenprinzipien zur Konstitutionsaufklärung sinnvoll bzw. bei komplizierten Molekülen notwendig [4.59]. In Abb. 4.23 sind an einem relativ einfachen Beispiel die durch UV-, IR-, NMR- und Massenspektroskopie gelieferten Teilinformationen und deren Zusammenführung zur Gesamtinformation über das betreffende Molekül dargestellt.

Von besonderer Bedeutung ist das Zusammenwirken von IR- und Raman-Spektroskopie (↗ 3.4.3.1.), für die aufgrund unterschiedlicher Wechselwirkungsprinzipien verschiedene Auswahlregeln gelten. Das führt zu einer wertvollen gegenseitigen Ergänzung der Informationen über funktionelle Gruppen, den Gerüstaufbau und die Symmetrie.

Aussagen über Symmetrieverhältnisse gehen über die Konstitutionsaufklärung hinaus, da sie Schlüsse auf die Konfiguration und die Konformation zulassen. Solche Informationen betreffen den räumlichen Bau von Molekülen und müssen deshalb als *halbquantitative Strukturaussagen* betrachtet werden. Neben den genannten Analysenprinzipien ist vor allem die Kernresonanzspektroskopie (↗ 3.4.3.4.2.) in der Lage, hierzu Informationen zu liefern (Abb. 4.24). Darüber hinaus werden für Moleküle mit Dissymmetriezentren Messungen der optischen Rotationsdispersion und des Circulardichroismus angewandt (↗ 3.4.2.3.2.). Über Moleküle, die „mößbaueraktive" Atome enthalten (↗ Abb. 4.25), was in der Regel auf organische Verbindungen nicht zutrifft, sind mit Hilfe der Mößbauer-Spektroskopie (↗ 3.4.6.1.) wertvolle Symmetrieaussagen erhältlich.

Mit der Abb. 4.26 wurde der Versuch unternommen, einen allgemeinen Lösungsweg für qualitative und halbquantitative Strukturprobleme anzugeben. Aus dem Schema geht ebenfalls die Zweckmäßigkeit der Kombination verschiedener spektroskopischer Analysenprinzipien hervor.

Aus informationstheoretischer Sicht handelt es sich bei derartigen Kombinationen von Analysenprinzipien um Zusatzinformationen, die den Informationsgehalt der jeweils nachfolgend herangezogenen Analysenmethode verringern. Zusätzlich zu der bei spektroskopischen Verfahren an sich schon hohen *Redundanz* muß damit ein zusätzlicher Redundanzbetrag für sich überlappende Informationen in Betracht gezogen werden. Mitunter wird der Analytiker aber diese förderliche Redundanz gern in Kauf nehmen, da meist die Anforderungen an die Sicherheit von Strukturaussagen wesentlich höher angesetzt werden als bei Informationen über die qualitative und quantitative Stoffzusammensetzung. Eine durch unabhängige Methoden erhaltene Bestätigung von Strukturinformationen ist also durchaus anstrebenswert.

Dennoch sollten informationstheoretische Überlegungen nicht völlig außer acht gelassen werden, besonders dann, wenn bereits a-priori-Informationen über die Probe vorliegen. Um solche handelt es sich z. B. bei der Kenntnis der Synthese des zu untersuchenden Stoffes, die die Strukturuntersuchung auf eine

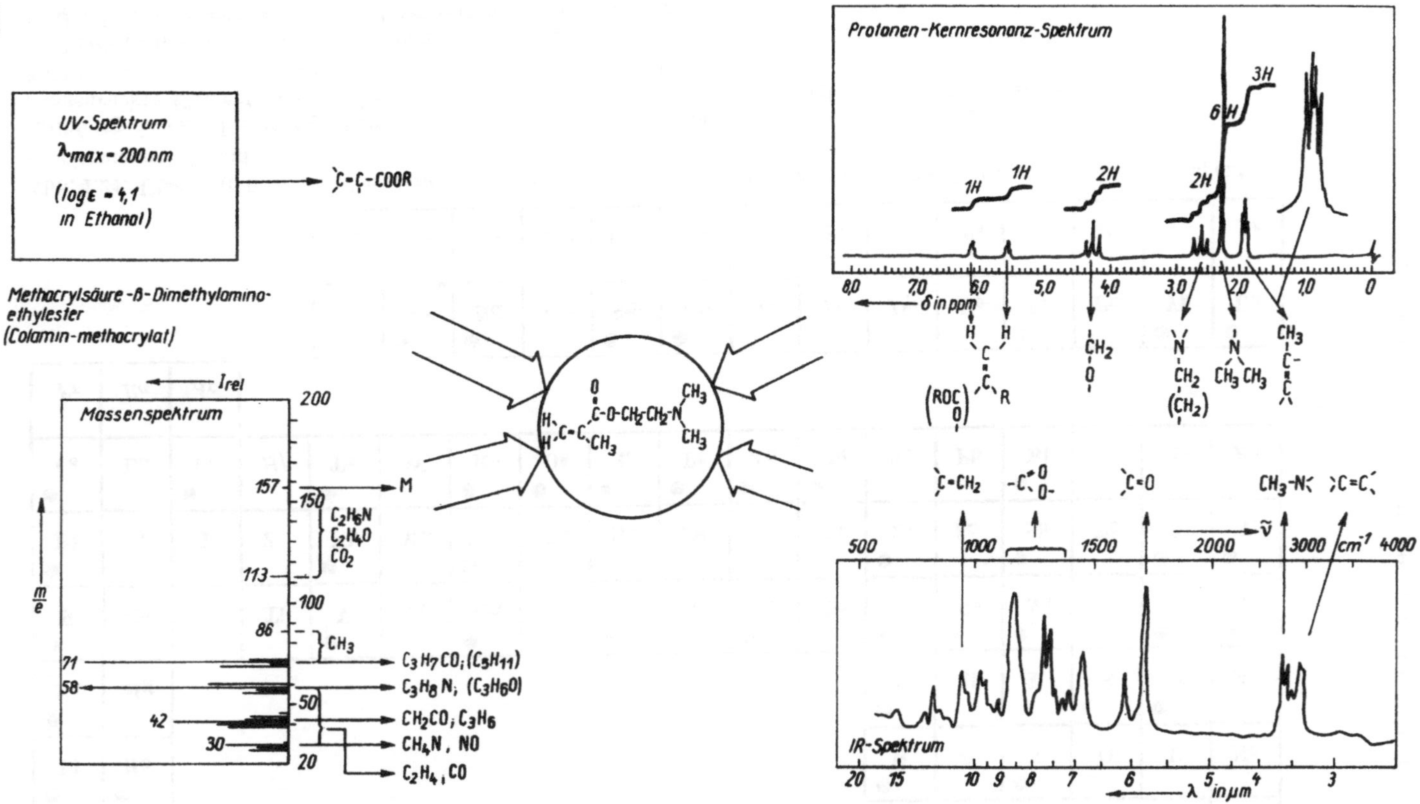

Abb. 4.23. Qualitative und halbquantitative Strukturinformationen durch Kombination von verschiedenen Analysenprinzipien (nach: CLERC, J. T.; PRETSCH, E.; SEIBL, J.: Chem. Lab. Betr. *23* (1972) 108, 158)

○ **H**																	He
● **Li**	● **Be**											● **B**	**C**	● **N**	○ **O**	**F**	Ne
● **Na**	**Mg**											● **Al**	**Si**	**P**	○ **S**	● **Cl**	*Ar*
● **K**	Ca	**Sc**	**Ti**	● **V**	**Cr**	● **Mn**	*Fe*	● **Co**	*Ni*	● **Cu**	**Zn**	● **Ga**	● **Ge**	● **As**	○ **Se**	● **Br**	● **Kr**
● **Rb**	**Sr**	**Y**	**Zr**	● **Nb**	**Mo**	○ Tc*	*Ru*	**Rh**	**Pd**	**Ag**	**Cd**	● **In**	**Sn**	● **Sb**	**Te**	● **J**	● **Xe**
● **Cs**	**Ba**	● **La**	*Hf*	● **Ta**	**W**	● **Re**	● **Os**	● **Ir**	● **Pt**	● **Au**	● **Hg**	**Tl**	**Pb**	● **Bi**	*Po*	*At*	*Rn*
Fr	*Ra*	*Ac*															

Ce*	● **Pr**	● **Nd**	*Pm*	● **Sm**	● **Eu**	*Gd*	*Tb*	*Dy*	*Ho*	● *Er*	*Tm*	● **Yb**	● **Lu**
Th	*Pa*	U*	Np*	Pu*	*Am*	*Cm*	*Bk*	*Cf*	*Es*	*Fm*	*Md*	*No*	*Lr*

Abb. 4.24. Übersicht über die Elemente des Periodensystems, die der Kernresonanz- bzw. Kernquadrupolresonanzspektroskopie zugänglich sind

Halbfettgedruckte Elementsymbole: Nuklide mit Kernspin >0, natürliche Häufigkeit >1%;
feingedruckte Elementsymbole: Nuklide mit Kernspin >0, natürliche Häufigkeit <1% (* radioaktive Nuklide);
kursivgedruckte Elementsymbole: Nuklide mit Kernspin = 0 bzw. unbekannt

○ Quadrupolmoment ≠0 von Nukliden mit natürlicher Häufigkeit >1%
● Quadrupolmoment ≠0 von Nukliden mit natürlicher Häufigkeit <1%

H																	*He*
Li	*Be*											*B*	*C*	*N*	*O*	*F*	*Ne*
Na	*Mg*											*Al*	**Si**	*P*	*S*	*Cl*	*Ar*
K	*Ca*	**Sc**	*Ti*	*V*	*Cr*	*Mn*	**Fe**	*Co*	**Ni**	*Cu*	**Zn**	*Ga*	**Ge**	*As*	*Se*	*Br*	**Kr**
Rb	*Sr*	*Y*	*Zr*	*Nb*	*Mo*	**Tc**	**Ru**	*Rh*	*Pd*	**Ag**	*Cd*	*In*	**Sn**	**Sb**	**Te**	**J**	**Xe**
Cs	**Ba**	La	**Hf**	**Ta**	**W**	**Re**	**Os**	**Ir**	**Pt**	**Au**	**Hg**	Tl	*Pb*	*Bi*	*Po*	*At*	*Rn*
Fr	Ra	Ac															

Ce	**Pr**	**Nd**	**Pm**	**Sm**	**Eu**	**Gd**	**Tb**	**Dy**	Ho	**Er**	**Tm**	**Yb**	Lu
Th	**Pa**	U	**Np**	Pu	**Am**	Cm	Bk	Cf	*Es*	*Fm*	*Md*	*No*	*Lr*

Abb. 4.25. Übersicht über die Elemente des Periodensystems, bei denen der Mößbauer-Effekt beobachtet worden ist (Halbfettdruck), vorausgesagt wurde (Feindruck) bzw. nicht auftritt (Kursivdruck)

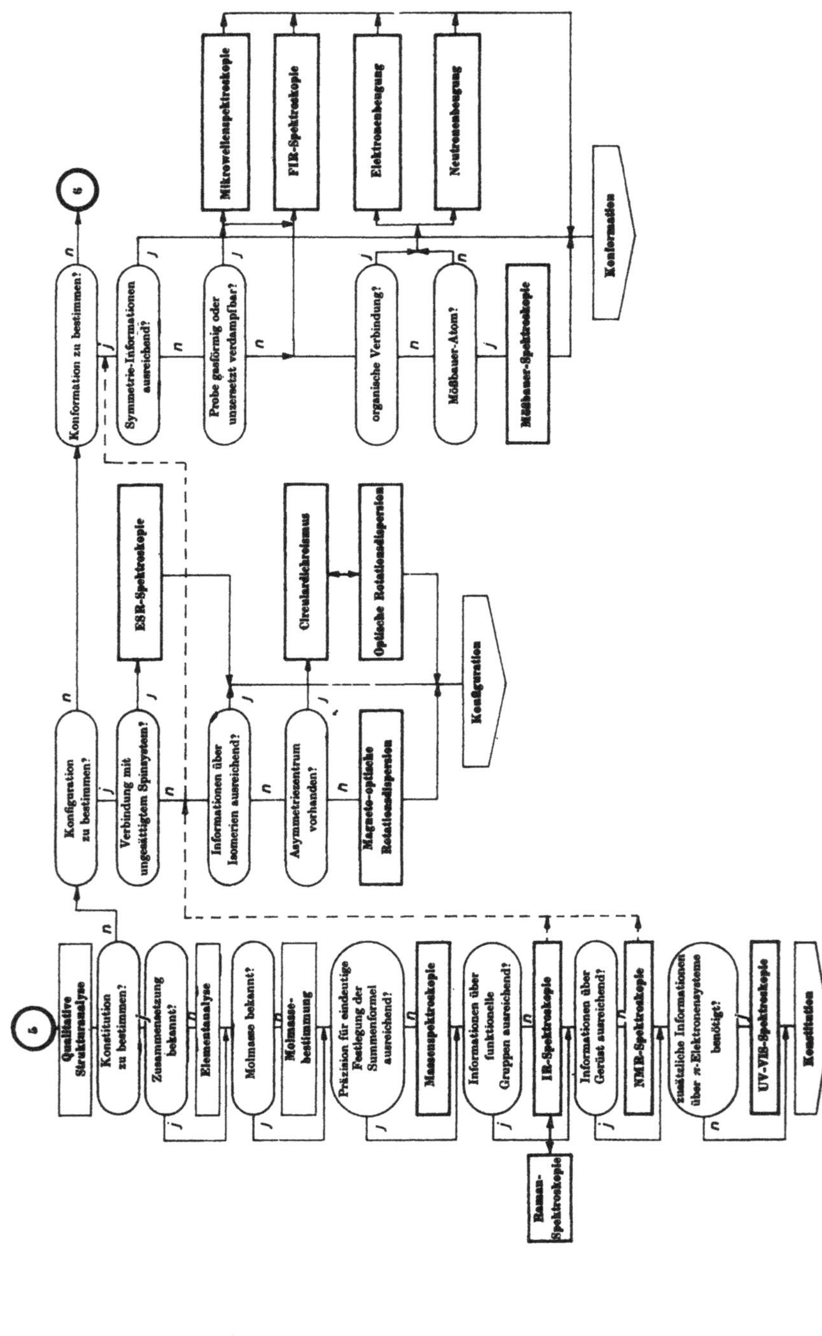

Abb. 4.26. Lösungsschema zur qualitativen bzw. halbquantitativen Strukturanalyse (Punkt 6 ↗ Abb. 4.27)

Entscheidung zwischen einigen wenigen Strukturmöglichkeiten reduziert. In einem solchen Fall liefert häufig bereits ein zweckmäßig ausgewähltes Analysenprinzip die benötigten Informationen.

Vertiefende Literatur: [1.9, 4.60 bis 4.63].

4.4.2. Quantitative Strukturanalytik

Quantitative Strukturinformationen umfassen nach den Gln. (1.2) und (1.3) vollständige Angaben über die Bindungsvektoren der *Strukturmatrix* $\boldsymbol{S}$, also über alle *Atomabstände* und *Valenzwinkel* (↗ 1.1.4.).

Aus spektroskopischen Daten lassen sich im allgemeinen keine Informationen über die exakte Geometrie der untersuchten Moleküle bzw. Kristalle gewinnen. Eine Ausnahme bilden lediglich die Rotationsspektren im Mikrowellen- und FIR-Bereich, in Einzelfällen auch die hochaufgelösten Rotations-Schwingungsspektren im IR. Vollständige Strukturangaben sind auf diese Weise jedoch nur für sehr einfach gebaute Moleküle bzw. für Molekülteile zu erwarten. Zudem sind diesen Untersuchungen nur gasförmige Stoffe zugänglich.

Vollständige quantitative Strukturinformationen lassen sich mit *Diffraktionsmethoden* gewinnen (↗ 3.4.2.2.). Voraussetzung dafür ist, daß die Wellenlänge der verwendeten Strahlung von der gleichen Größenordnung ist wie die Molekül- bzw. Gitterabstände. Für die verschiedenen Arten der Energieträger sind dabei unterschiedliche Wechselwirkungen, also Codierungs-Decodierungs-Mechanismen wirksam: Röntgenstrahlen werden an Elektronen der Atome gestreut, Teilchen an Atomkernen.

Für quantitative Strukturuntersuchungen ist in der Regel das Vorliegen einkristallinen Materials Voraussetzung. Aus Kristallpulveraufnahmen (Debye-Scherrer-Verfahren) lassen sich mitunter nur halbquantitative Aussagen gewinnen.

Wegen der geringen Reichweite von Elektronenstrahlen in Gasen müssen Beugungsexperimente im Hochvakuum durchgeführt werden, außerdem lassen sich Proben nur in Form dünner Schichten untersuchen.

Bei den Teilchenverfahren ist das Streuvermögen für alle Kerne von der gleichen Größenordnung, bei röntgenographischen Verfahren dagegen proportional der Kernladungszahl. Deshalb lassen sich leichte Atomkerne, insbesondere Wasserstoff, nur mit Hilfe von Teilchendiffraktion lokalisieren.

In Abb. 4.27 sind Lösungsmöglichkeiten quantitativer Strukturprobleme schematisch angegeben.

4.4.3. Struktur-Verteilungsanalytik

Das Vorliegen und die Anordnung von kohärent streuenden Kristallvolumina (Einkristalle oder Kristallite) in einem kompakten Festkörpervolumen wird als *Gefüge* bezeichnet. Dieser Begriff entstammt der Metallkunde, ist aber durchaus verallgemeinerungsfähig. Von den in Frage kommen-

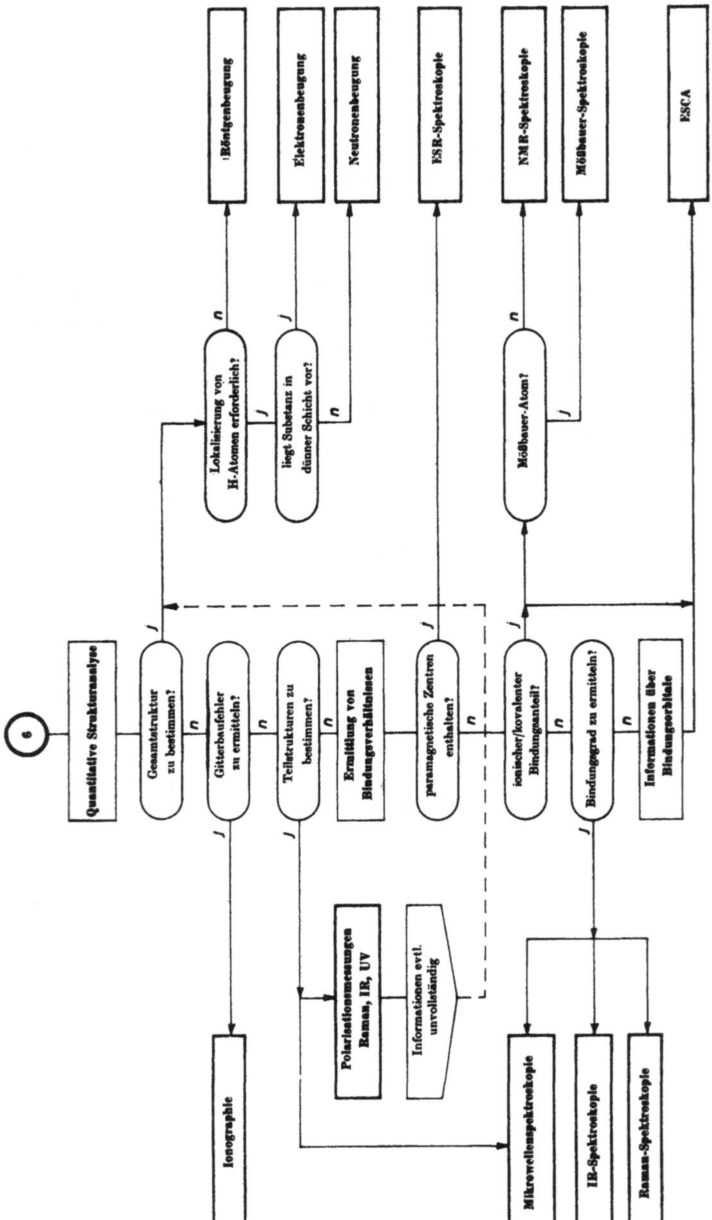

Abb. 4.27. Lösungsschema zur quantitativen Strukturanalyse

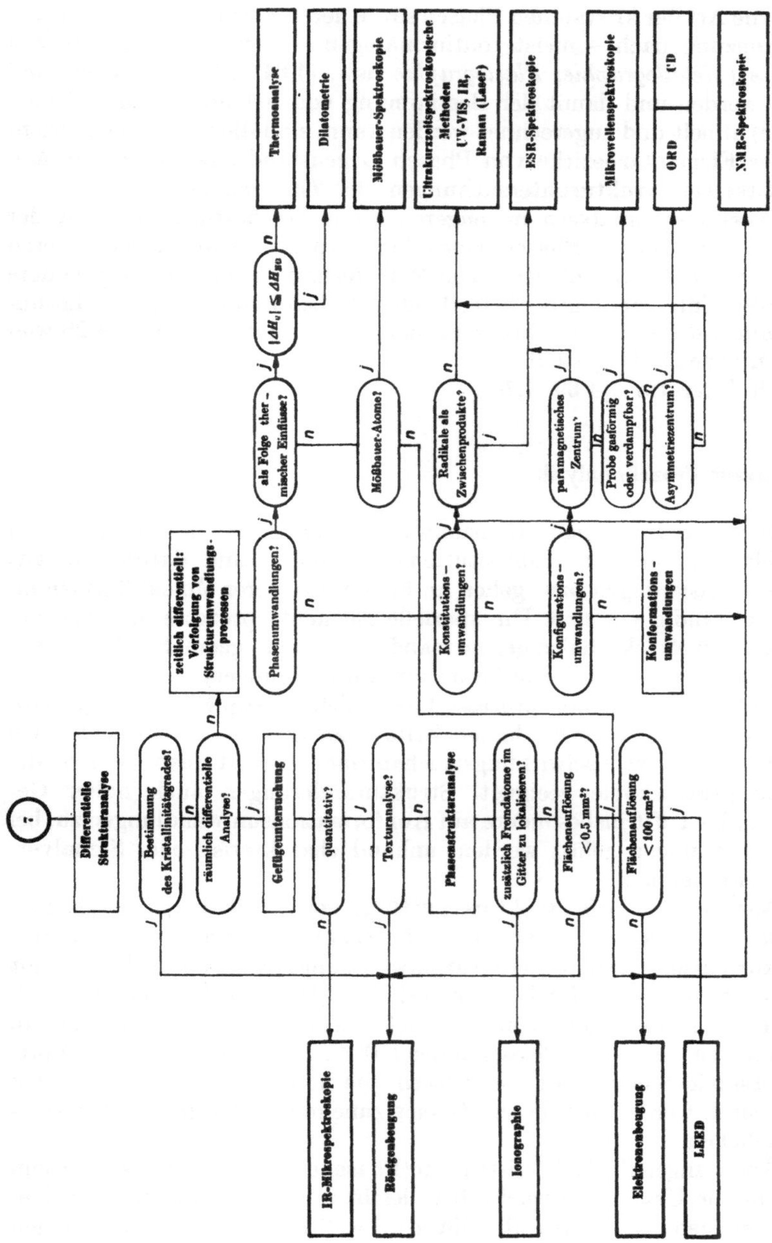

Abb. 4.28. Lösungsschema zur Strukturverteilungs- und -prozeßanalyse

den Kristallbereichen (Gefügebestandteilen) haben besonders unterschiedliche *Phasen* Bedeutung für den Analytiker. Nach der Größe werden häufig unterschieden: *Körner* ($d = 1 \ldots 10^{-3}$ cm) und *Kristallite* ($d = 10^{-3} \ldots 10^{-7}$ cm).

Während die Art der kristallinen Phasen sowie deren Form, Größe und gegenseitige Abgrenzung nach – meist routinemäßigen – Verfahren der *optischen Gefügeanalyse* (*Metallographie*, *Plastographie* usw. [4.64, 4.65]) ermittelt und ausgewertet werden und damit der Bestimmung von Art und Menge (Verteilungsanalyse) ähnelt und zugerechnet werden kann, sind die räumlichen Orientierungen der Elementarbezirke von Phasen Gegenstand einer speziellen Methode quantitativer Strukturuntersuchungen, der *Texturanalyse* [4.67].

Struktur-Verteilungsanalysen im engeren Sinne beschäftigen sich mit der Struktur unterschiedlicher Phasen eines Festkörpers, entweder nach deren Trennung (*Phasenisolation*) mit Hilfe von Mikrotechniken oder durch geeignete zerstörungsfreie Untersuchung der betreffenden Probenbezirke. Mögliche Lösungen zur räumlich-differentiellen Strukturanalyse sind in dem in Abb. 4.28 wiedergegebenen Schema dargestellt.

Vertiefende Literatur: [4.69, 4.70].

4.4.4. Struktur-Prozeßanalytik

Konstitutions- und Konfigurationsumwandlungen gehen im Verlaufe von Reaktionsabläufen vor sich. Konstitutionsänderungen sind darüber hinaus Folge von Isomerisierungen bzw. gehen im Falle tautomerer Molekülformen im Gleichgewicht ständig vor sich. Um spezielle Elementarprozesse, nämlich um Verdrehungen von Molekülteilen gegeneinander, also um „geometrische Gleichgewichte", handelt es sich bei Konformationsumwandlungen.

Solche Strukturumwandlungsprozesse lassen sich prinzipiell durch spektroskopische Analysenprinzipien mit hohem Zeitauflösungsvermögen (↗ Tab. 1.10) verfolgen. Von den Wechselwirkungsmechanismen her ist insbesondere die Kernresonanzspektroskopie geeignet, Strukturänderungen auch hoher Geschwindigkeit (das trifft insbesondere auf Konformationsumwandlungen zu, bei denen keine Bindungen gelöst werden) anhand charakteristischer Signalveränderungen zu erkennen.

Für den Nachweis und die Strukturermittlung von Radikalen, z. B. als Zwischenprodukte bei Reaktionsabläufen, ist die Elektronenspinresonanzspektroskopie konkurrenzlos. Andere Strukturumwandlungsprobleme sind auch mit *Ultrakurzzeitmethoden* der Molekülspektroskopie (UKS) zu verfolgen [4.72, 4.73], wobei die Entwicklung von Laserlichtquellen Spektrenaufnahmen in Zeiten bis hinab zu Nano- und Picosekunden ($10^{-9} \ldots 10^{-12}$ s) ermöglicht. Fortschritte insbesondere beim Bau von Lasern, die in weiten Spektralbereichen abstimmbar sind, werden auf diesem Gebiet zunehmend detaillierte Informationen ermöglichen.

Zeitliche Änderungen der Kristallstruktur (Phasenumwandlungen) sind, wenn sie auf thermische Ursachen zurückgehen, leicht mit thermoanalytischen Methoden zu verfolgen, mit denen allerdings keine Struktur(neu)bestimmungen möglich sind. Anderenfalls müssen mößbauerspektroskopische oder diffraktometrische Verfahren angewandt werden, wobei von der Zeitauflösung her die Elektronenbeugung die größte Rolle spielt.

Vertiefende Literatur: [1.10, 1.45, 4.71 bis 4.74].

4.5. Computereinsatz und Automation in der Analytik

Die ständig wachsenden Anforderungen an die Qualität und Quantität analytischer Informationen sowie die Erschließung aller Möglichkeiten, die moderne Analysenprinzipien in dieser Hinsicht bieten, führen zu einer ständig steigenden Menge an Meßdaten, deren Sichtung, Reduktion und Auswertung die vorhandenen Kapazitäten an Arbeitskräften und an Arbeitszeit erheblich übersteigt. Die Mechanisierung und Automatisierung des analytischen Prozesses, verbunden mit dem Einsatz von Computern in einer dem jeweiligen Problem optimal angepaßten Weise ist deshalb ein aktuelles und ökonomisch bedeutsames Aufgabengebiet der Analytik.

4.5.1. Grundprobleme der Datenverarbeitung und der Automation

Der analytische Prozeß ist stets ein Prozeß der Datenverarbeitung (↗ 1.2.) die meist auf maschinellem Wege realisiert wird. Unter *Daten* sollen in diesem Zusammenhang nicht nur Meßwerte verstanden werden, sondern alle *Signale*, die als Zeichen oder durch diskrete physikalische Zustände dargestellt werden (↗ 1.3.3.).

Das entscheidende Kriterium der *elektronischen Datenverarbeitung* ist das Prinzip der *Programmsteuerung*. Nach der Art der Datenerfassung, -verarbeitung und -darstellung unterscheidet man Rechenanlagen in *Analogtechnik* und *Digitaltechnik*; einen Vergleich beider Prinzipien zeigt Tab. 4.9.

Die Vielzahl registrierender Analysengeräte (Spektrometer, Polarographen, Thermowaagen usw.) stellen Analysatoren mit fest verbundenen Analogrechnern dar. In dem Maße, wie sich allgemein Digitalrechner aufgrund ihrer Universalität immer stärker gegenüber Analogrechnern durchsetzen, kommen auch zunehmend Analysengeräte mit digitaler Datenverarbeitung und Anzeige, meist mit integrierten Mikroprozessoren, zum Einsatz. In der Regel üben die Rechnerteile eines Analysengerätes Auswerte- und Anzeige- sowie bestimmte Regelfunktionen des Meßprozesses aus.

Eine Prozeßführung ist in drei Stufen möglich, durch *Steuerung*, *Regelung* und *Automation* (Abb. 4.29). Das betrifft neben technologischen Prozessen und deren analytischer Überwachung auch den analytischen Prozeß selbst.

Bei der *Steuerung* werden analytische Informationen oder nichtanalytische Daten (z. B. Druck, Temperatur), die den Istzustand eines Prozesses kennzeichnen, vom Menschen mit Sollwerten verglichen und, falls erforderlich, Steueroperationen durchgeführt. Im Falle der Analytik entspricht dem die Handanalyse, die teilweise mechanisiert sein kann (z. B. Auswertungen nach Schemata).

Tabelle 4.9. Gegenüberstellung von analoger und digitaler Datenverarbeitung

	Analog	Digital
Meßgrößenerfassung	*kontinuierliche* physikalische Zustände oder Größen (Spannungen, Längen, Winkel, ...)	*diskrete* physikalische Zustände (meist zwei); Zeichenfolgen
Datenverarbeitung	Ablauf physikalischer Vorgänge zur Simulierung/Modellierung von Gleichungen	Arithmetische und logische Operationen mit Daten, Zählprinzip
Darstellung des Resultates	Graphische Darstellungen, z. B. Registrierkurven	Zeichenfolgen
Arbeitsweise	parallele Abarbeitung aller Operationen (Summation, Integration, Multiplikation, Funktionenerzeugung und -vergleich)	Abarbeitung der Rechenoperationen in zeitlicher *Aufeinanderfolge* (Grundrechenarten)
Präzision	*begrenzt* (1 ... 10^{-2}%), da mathematische Gesetze nicht exakt physikalisch nachbildbar	theoretisch *unbegrenzt*, praktische Einschränkungen durch den technischen Aufwand
Anwendbarkeit	für *Spezialprobleme*	*universell*
Vor- und Nachteile	übersichtliche Darstellung der Informationen, leicht erkennbare funktionelle Zusammenhänge; geringe Dynamik der Registriergeräte, geringe Genauigkeit, ungenügende Speicherkapazität, billig	Informationen fallen in einem dem Menschen ungewohnten Code an, hohe Geschwindigkeit und Genauigkeit, Speichermöglichkeiten mit hoher Kapazität
Beispiele	Rechenstab, registrierende Analysengeräte	Tischrechenmaschinen, Computer

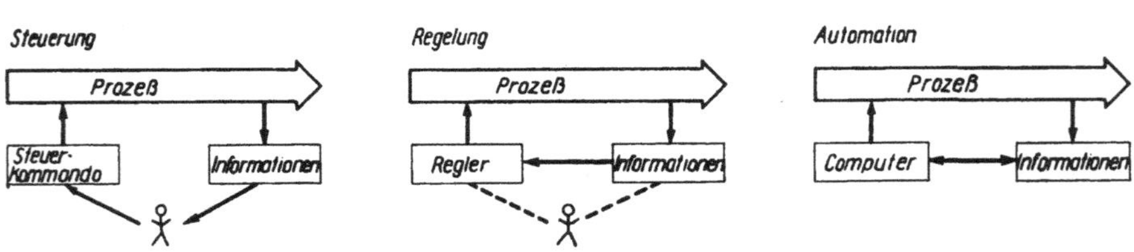

Abb. 4.29. Steuerung, Regelung und Automation bei der Prozeßführung

Bei der *Regelung* werden die Informationen direkt einem Regelsystem zugeführt, das sie ohne kritische Kontrolle gemäß einem Programm in Befehle umsetzt. Eine Überwachung durch den Menschen, der gelegentlich Ermessensentscheidungen zu treffen hat, bleibt unbedingt erforderlich. In der Analytik entsprechen dieser Stufe vollmechanisierte Geräte, die Auswertungen, Meßwertkorrekturen und Datenreduzierungen nach festliegenden Programmen, sowie teilweise auch periodische Selbsteichungen vornehmen können.

Unter *Automation* versteht man eine Prozeßführung mit Hilfe *in sich informativ geschlossener Systeme* [4.75]. Die Verarbeitung von Informationen erfolgt ohne Eingriffe von seiten des Menschen aufgrund interner Vergleiche. Automaten sind in der Lage, Kontroll-, Anpassungs- und auch Entscheidungsfunktionen auszuüben. Da Computer grundsätzlich keine Ermessensentscheidungen treffen können, müssen Entscheidungsfunktionen auf sinnvolle logische Operationen zurückgeführt werden. Die Frage, ob in einen Prozeß eingegriffen werden muß und in welcher Richtung die Regelung zu erfolgen hat, läßt sich z. B. mit Hilfe der Booleschen Algebra formulieren

$$(N \vee R) \wedge [N \vee (R_1 \vee R_2)]. \tag{4.7}$$

N nicht regeln
R regeln
R_1, R_2 gegensätzliche Richtungen der Regelung
$\vee$ logische Addition („oder")
$\wedge$ logische Multiplikation („und")

Die Beantwortung der Fragestellung läuft damit auf dem Computer zugängliche Dualentscheidungen hinaus. Die Entscheidung ($N \vee R$) wird aufgrund statistischer Kenngrößen realisiert.

Auch für die Automation des analytischen Prozesses gilt, daß die zwischen Probennahme und Analysenresultat waltende kritische Kontrolle und sich daraus ergebende Entscheidungen vom Rechner übernommen werden. Dabei sind besonders wichtige innere Kontrollfunktionen:

1. Erkennung und Beseitigung systematischer Fehler durch selbsttätige Eichung;
2. Minimierung zufälliger Fehler und Erkennung sowie Eliminierung fehlerhafter Meßwerte;
3. ständige Funktionskontrolle aller Teile des Gerätesystems.

Während die Automation des Meßvorganges kaum Schwierigkeiten bereitet, erweist sich die Automation der Probennahme in der Regel als sehr problematisch. Das betrifft nicht nur feste Proben, sondern auch Flüssigkeiten und Gase, die häufig von wechselnden Mengen Verunreinigungen einer anderen Phase begleitet sind [4.53]. Lediglich bei völlig homogenen Gas- oder Dampfgemischen bereitet die automatische Probennahme keine Probleme.

Vertiefende Literatur: [1.19, 1.49, 4.75 bis 4.81].

4.5.2. Aufbau und Anwendungsprinzipien von Rechnersystemen

Der Begriff Computer bezieht sich im engeren Sinne auf Digitalrechner, auf deren Prinzipien in den folgenden Betrachtungen näher eingegangen werden soll.

Digitalrechner sind nach dem in Abb. 4.30 angegebenen Schema aufgebaut. Die Funktionsgruppen der Zentraleinheit und der Peripherie sowie ihre Verknüpfungen bilden als die gerätetechnische Ausrüstung die sogenannte *Hard-*

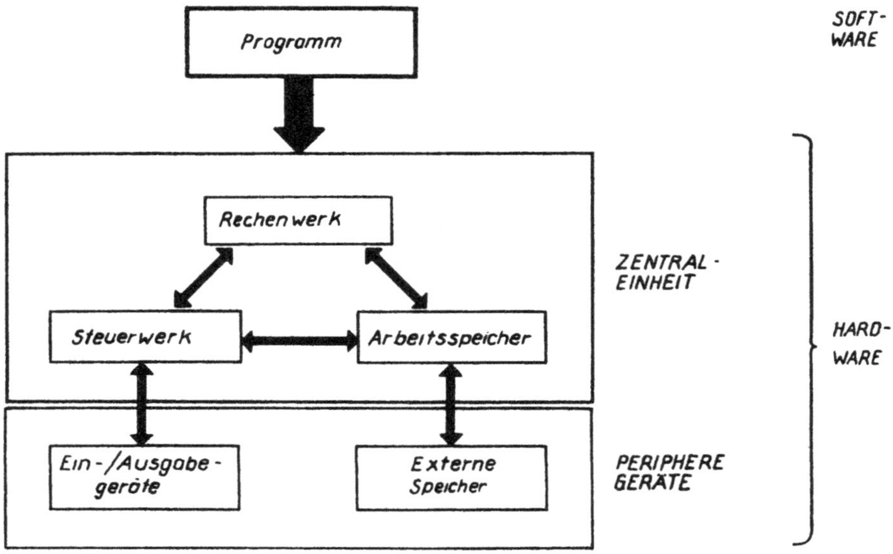

Abb. 4.30. Prinzipieller Aufbau eines Digitalrechners

ware. Ihre Arbeitsfähigkeit wird erst ermöglicht durch die programmtechnische Seite, die *Software*. Bei größeren Datenverarbeitungssystemen kann der Aufwand für die Programmierung beträchtlich sein und die Kosten für die Hardware übersteigen (z. B. beim Time-Sharing-Betrieb, ↗ Abb. 4.34, oder bei der automatischen Bildverarbeitung).

Mathematische Routineprogramme, z. B. für Regressionsrechnungen oder statistische Auswertungen, gehören heute ebenso wie die Aufstellung spezieller Arbeitsprogramme zum kommerziellen Lieferumfang der Gerätehersteller.

Der Aufwand für Programme analytischer Natur sowie vor allem deren Güte hängt oft in entscheidendem Maße von der Hinzuziehung von Analytikern ab, besonders bei der Erarbeitung von Programmablaufplänen (Abb. 4.31).

Die Leistungsfähigkeit eines Rechners wird durch seine *Speicherkapazität* bestimmt, die in K angegeben wird, wobei aufgrund des Dualsystems gilt:

$$1 \text{ K (Kilo-Byte)} \equiv 1024 \text{ Byte } (=2^{10} \text{ Byte}),$$

$$1 \text{ Byte} \equiv 8 \text{ Bit } (=2^{3} \text{ Bit}).^{1)}$$

Die Kapazität eines Computers in Relation zur anfallenden Datenmenge ist entscheidend für die Art der Verbindung zwischen Rechner und Analysengerät. Die maßgebliche Größe des Analysenverfahrens ist die *potentielle Informations-*

[1]) Digitalrechner verarbeiten Daten ausnahmslos in Binärdarstellung, die allerdings nach unterschiedlichen Prinzipien codiert sein können.
Im Gegensatz zur Maßeinheit für den Informationsgehalt *bit* bezieht sich die Maßeinheit für die Speicherkapazität *Bit* nur auf die eine, ständig wiederkehrende Entscheidung O oder L.

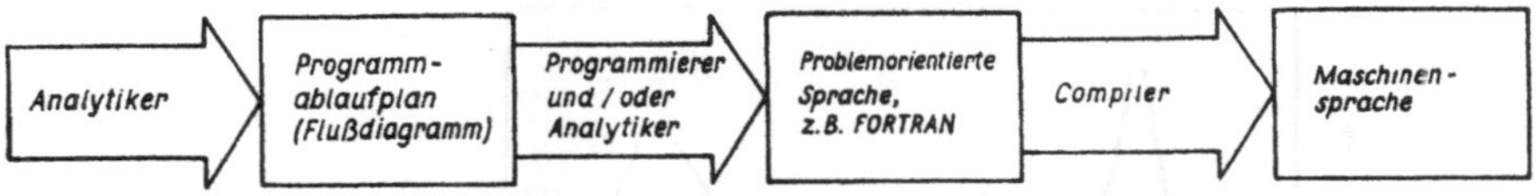

Abb. 4.31. Zweckmäßiges Vorgehen bei der Programmierung. (Der Compiler ist ein Teil des Rechners)

menge M_p (↗ 1.4.2.), die von der Rechnerkapazität wesentlich übertroffen werden muß, da ein Teil rechnerintern von vornherein gebunden ist (Speicher, Compiler usw.).

Für die Anwendung in der Analytik unterscheidet man grundsätzlich zwischen *Off-line-* und *On-line-*Datenverarbeitungssystemen (↗ Abb. 4.32). Beim Off-line-Betrieb (auch als Batch Processing bezeichnet) sind Meßwerterfassung und -verarbeitung räumlich und zeitlich voneinander getrennt. Der Vorteil liegt in der rationellen Nutzung des Rechners auch für andere Aufgaben. Demgegenüber sind beim On-line-Betrieb Analysengerät und Computer über einen Analog-Digital-Umsetzer fest miteinander verbunden.

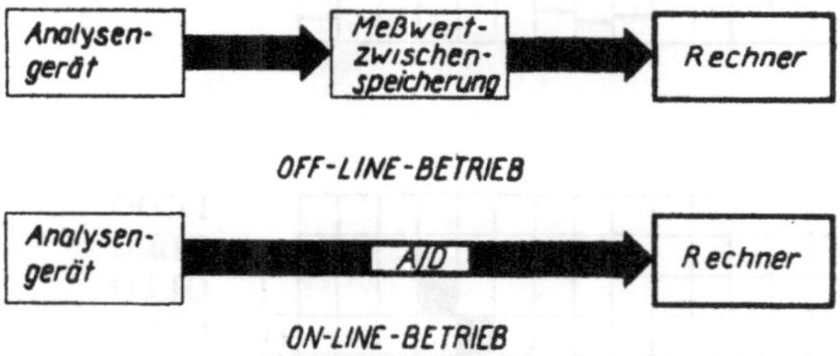

Abb. 4.32. Prinzip der Off-line- und On-line-Verbindung von Datenquelle und Rechner
A/D Analog-Digital-Umwandlung

In diesem Zusammenhang soll noch kurz das Prinzip der bei allen direkten Kopplungen zwischen Analysengeräten und Rechnern erforderlichen Umwandlung analoger Signale in digitale Daten angedeutet werden. Die Digitalisierung zweidimensionaler analytischer Informationen erfolgt durch gleichzeitigen Ablauf folgender Operationen (Abb. 4.33).

1. Quantelung der Abszissenachse mit hoher Auflösung nach dem Zählprinzip mit Hilfe eines Taktgebers oder der Perioden einer Normalfrequenz (Abb. 4.33b);
2. Quantelung der Ordinatenachse, indem die Meßgröße, z. B. als Spannungsgrößen, mit diskreten Stufen einer Vergleichsspannung verglichen wird, bis beide übereinstimmen. Die Kompensationsspannung liefert den digitalen Wert (Abb. 4.33c).

Voraussetzung dafür, daß bei einer A/D-Umwandlung keine Informationen verlorengehen, ist eine genügend feine Unterteilung der *y*- und *z*-Achse. Die entscheidenden Größen dafür werden durch das *Samplingprinzip*, ein Grundtheorem der Informationstheorie, sowie die *Reproduzierbarkeit der Meßwerte*

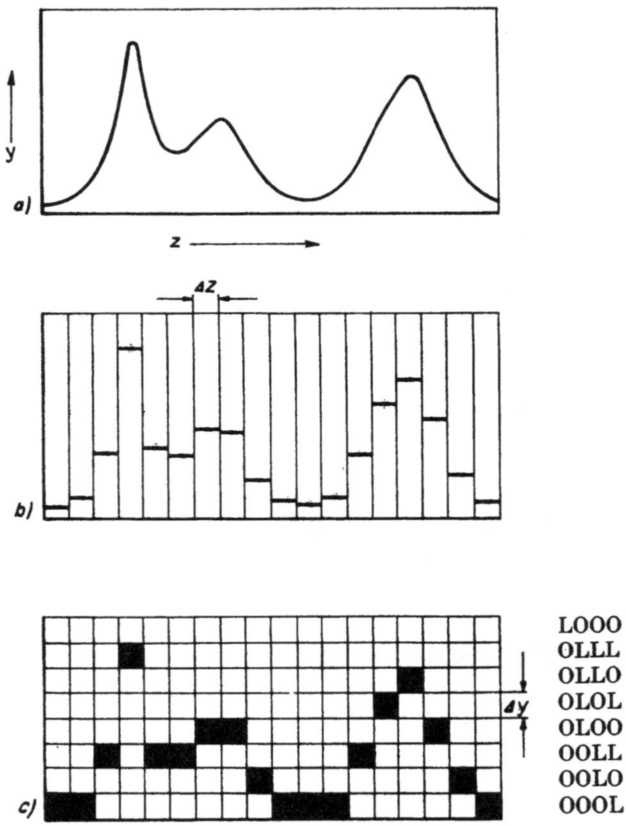

OOOL	OOOL
OOOL	OOOL
OOLL	OOOL
OLLL	OOLL
OOLL	OLOL
OOLL	OLLO
OLOO	OLOO
OLOO	OOLO
d) OOLO	OOOL

Abb. 4.33. Schematische Darstellung der Analog-Digital-Umwandlung

a) analoge Darstellung der Signalfunktion $y = f(z)$; b) Unterteilung der Abszisse in äquidistante Funktionswerte im Abstand der kleinsten Auflösungsgrenze Δz; c) Amplitudenquantisierung sowie Codierung in Binärform; d) digitale Form der Signalfunktion $y = f(z)$ in Binärdarstellung

($\rightarrow\Delta y$) bestimmt. Die Binärdarstellung (Abb. 4.33d) enthält dann *alle* Informationen der analogen Signalfunktion, was die Einzelheiten des Kurvenbildes darüber hinaus auszusagen scheinen, ist unreal.

Neben der in Abb. 4.32 gezeigten Möglichkeit der *Real-time*-Verarbeitung, der ausschließlichen Nutzung eines (kleinen) Rechners für ein Gerät, besteht eine andere Variante im Anschluß mehrerer gleich- oder verschiedenartiger Analysengeräte an einen Großrechner (↗ Abb. 4.34). Bei diesem als *Time Sharing* bezeichneten Verfahren sind alle Datenquellen in zeitlicher Aufeinanderfolge mit dem Rechner verbunden, und zwar mit sehr hoher Frequenz ($10 \ldots 10^3\,s^{-1}$), so daß für jeden Teilnehmer der Eindruck entsteht, allein und ständig mit dem Computer verbunden zu sein.

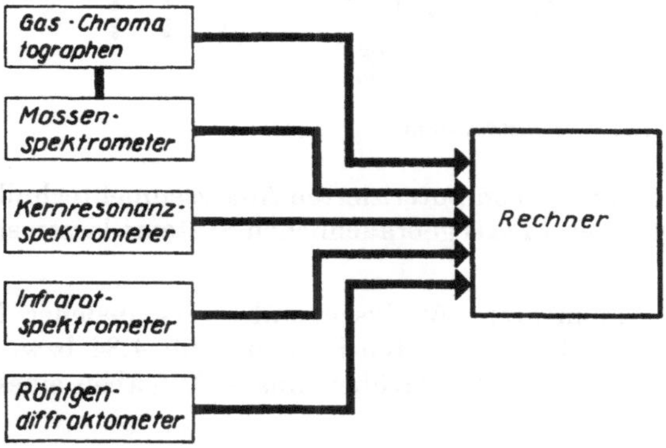

Abb. 4.34. Beispiel für ein On-line-Datenverarbeitungssystem im Time-sharing-Betrieb

Sowohl das Off-line- als auch das On-line-Verarbeitungsverfahren haben spezifische Vor- und Nachteile. Die Vorteile beider Betriebsarten werden durch die sogenannten *Satelliten-Rechner-Systeme*, deren Prinzip in Abb. 4.35 dargestellt ist, miteinander verknüpft. Sie beruhen auf einer Hierarchie kleiner, mittlerer und Großcomputer.

Jedes Analysengerät oder jede Gruppe gleicher Geräte ist dabei on-line mit einem eigenen Rechner verbunden, dessen begrenzte Kapazität für die direkte Gerätesteuerung sowie gegebenenfalls noch für Datenreduktionen und einfache Auswertungen ausreicht. Kompliziertere und umfangreichere Berechnungen, Zwischenspeicherungen und andere Operationen übernimmt ein zentraler Rechner, wobei es möglich ist, Prioritäten für bestimmte Analysensysteme zu setzen.

Die ständige Miniaturisierung von Rechnern, verbunden mit einer Erhöhung der Leistungsfähigkeit unter gleichzeitiger Kostensenkung, haben zu einer Vielfalt von Kopplungs- und Integrationsmöglichkeiten zwischen Analyseninstrument und Rechner geführt. Insbesondere die Entwicklung von *Mikroprozessoren* [4.82], bei denen es sich um extrem miniaturisierte Steuer- plus Rechenwerke, also im Prinzip um Zentraleinheiten von Mikrorechnern handelt, hat zu

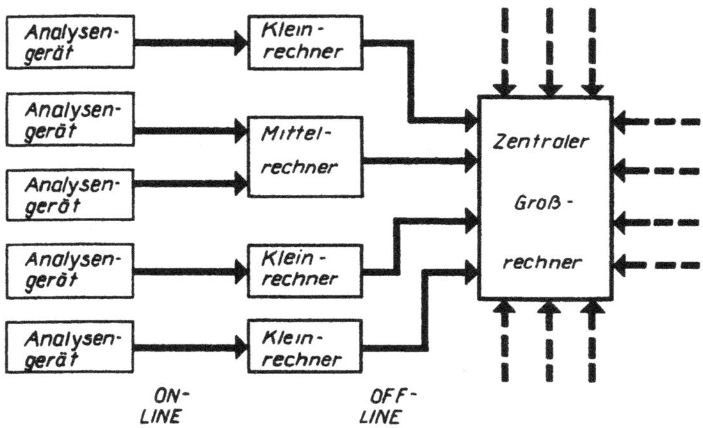

Abb. 4.35. Satelliten-Rechnersystem

maßgeblichen Fortschritten der computerisierten Analysenmeßtechnik geführt. Die heute in der analytischen Praxis gebräuchlichen Systeme lassen sich einteilen in [4.83]:

1. *Großrechnersysteme*, die mehrere Analysengeräte verschiedener Methoden nach dem Time-Sharing- bzw. Satelliten-Prinzip (Abb. 4.34 bzw. 4.35) mit einem Großrechner verbinden, der darüber hinaus Aufgaben eines Rechenzentrums übernehmen kann;
2. *Methodenrechnersysteme*, die mehrere gleichgeartete Geräte einer Analysenmethode, z. B. der IR-Spektroskopie oder der Gaschromatographie umfassen, wobei Mittel- bzw. Kleinrechner ausreichen;
3. *Instrumentenrechner*, die einen oder mehrere Mikroprozessoren bzw. -rechner enthalten, die als Steuersysteme und Auswerterechner dienen.

Obwohl *mikroprozessorgesteuerte Analysengeräte* heute den Stand der Technik verkörpern, werden Zentralrechner damit nicht völlig entbehrlich. Zwar werden Echtzeitaufgaben zunehmend von Satellitenrechnern übernommen, Großrechner werden jedoch nach wie vor für aufwendige Rechenoperationen, Datennachbereitungen und im Zusammenhang mit Datenbanken benötigt; ihre Kopplung zu den Analysengeräten wird jedoch zunehmend flexibler werden.

Vertiefende Literatur: [4.78 bis 4.85].

4.5.3. Anwendungsmöglichkeiten von Computern in der Analytik

Hauptziel der Anwendung von Computern und automatisierten Systemen in der Analytik ist die Erhöhung der Nutzinformationsmenge von Analysenverfahren bei gleichzeitiger wesentlicher Verkürzung der Analysenzeiten. Besondere Gesichtspunkte dabei sind die Erhöhung des *analytischen Auflösungsvermögens* und der *Präzision*, die Verminderung der *Redundanz* von Meßdaten, vor allem aber die Gewährleistung der *Richtigkeit* der Analysenergebnisse durch die Anwendung exakterer und damit meist komplizierterer Funktionen für die Auswertung sowie durch rechnerische Korrektur von Störeinflüssen.

Die wesentlichsten Vorteile des Computereinsatzes zur Steigerung des Leistungsvermögens von Analysenverfahren bestehen heute in folgendem:

1. Erhöhung der *Zuverlässigkeit* analytischer Messungen und Steigerung der *Nutzinformationsmenge* von Analysenergebnissen durch
   - Erhöhung des Signal-Rausch-Verhältnisses S/R sowie
   - Verbesserung des Auflösungsvermögens N.
2. Vergrößerung des *Analysendurchsatzes* in Routinelabors durch Optimierung und Steuerung des Meßablaufs sowie Automatisierung von Routineoperationen bis hin zur Anfertigung von Analysenprotokollen. Im Routinelabor werden Computer zunehmend unentbehrlicher als Steuerelemente *intelligenter Analysatoren* bzw. von *Analysenrobotern* (↗ 4.5.4.).
3. *Automatische Klassifikation und Interpretation* analytischer Daten durch Nutzung multivariat-statistischer, logischer bzw. topologischer Prinzipien mit Hilfe von Pattern-Recognition-Methoden (↗ 1.5.), künstlicher, maschineller Intelligenz sowie Bibliothekssuchverfahren und Datenbanken.
4. *Dokumentation*, *Archivierung* und *Repräsentation* analytischer Daten oder daraus extrahierter Informationen in vielfältiger Weise, z. B. als Tabellen, Protokolle oder graphische Darstellungen. *Display-Verfahren* im Verein mit Prinzipien der *mathematischen Bildverarbeitung* ermöglichen dabei eine „Manipulation" der Daten im Sinne einer Qualitätsverbesserung und Informationsverdichtung sowie eine Darstellung beliebiger Ausschnitte „mehrdimensionaler Bilder", insbesondere von Verteilungsanalysen.
5. *Neuartige Analysenprinzipien* werden durch Computerintegration überhaupt erst möglich. Fourierspektroskopische Methoden, insbesondere NMR (↗ 3.4.3.4.2.) und IR (↗ 3.4.3.1.2.), sind repräsentative Beispiele. Eine Ermittlung der eigentlichen Spektren aus den experimentell gewonnenen Abklingkurven bzw. Interferogrammen wäre ohne Computer überhaupt nicht möglich.

4.5.3.1. Erhöhung des Signal-Rausch-Verhältnisses

Analytische Meßfunktionen x lassen sich – unabhängig von der konkreten Registriergröße – prinzipiell als Zeitfunktionen $f(t)$ darstellen, die sich zusammensetzen aus der eigentlichen Nutzsignalfunktion $x(t)$ und einer Rauschfunktion $r(t)$, die dieser additiv überlagert ist

$$f(t) = x(t) + r(t). \tag{4.8}$$

Für eine rechentechnische Verminderung des Rauschens existieren grundsätzlich zwei Möglichkeiten, die *Meßwertakkumulation* und die *Digitalfilterung* [4.86, 4.87].

Bei der Akkumulation wird die Messung einer Signalfunktion n-mal wiederholt, wobei die einzelnen Meßpunkte ständig gemittelt werden. Für den Fall weißen Rauschens verbessert sich dabei das Signal-Rausch-Verhältnis um den

Faktor $\sqrt{n}$. Während das Prinzip der Meßwertakkumulation universell, d. h. unabhängig vom Charakter des Rauschens, anwendbar ist, müssen für die Anwendung von Filtermethoden bestimmte Voraussetzungen erfüllt sein. Insbesondere muß das Leistungsspektrum der Signalfunktion auf bestimmte Frequenzbereiche begrenzt sein.

Einfache Filterungen sind in Analysengerätesystemen häufig schon in Form von *Analogschaltungen*, z. B. als Bandbreiteneinengungen, realisiert.

Leistungsfähiger sind *Digitalfilterungen*, denen mathematisch eine Faltung der verrauschten Signalfunktion $f(t)$ mit einer geeigneten Filterfunktion $g_F(t)$ entspricht

$$f_F(t) = f(t) * g_F(t) = \int_{-\infty}^{+\infty} f(t - \tau)\, g_F(\tau)\, d\tau . \tag{4.9}$$

Wichtige Spezialfälle ergeben sich bei Verwendung der Signalformfunktion $x_S(t)$ als Filterfunktion (*Optimalfilterung*), wobei diese allerdings exakt bekannt sein muß. Da dies in der Analytik in der Regel nicht der Fall ist, wird statt dessen häufig die nicht ganz so leistungsfähige Methode der *Autokorrelation* angewandt, bei der die Signalfunktion selbst als Filterfunktion dient: $g_F(t) = f(t)$.

Bei der rechnerischen *Glättung* werden nur begrenzte Ausschnitte der Signalfunktion gefiltert, indem ein Teil der verrauschten Funktion $f(t)$ durch ein Polynom n-ten Grades nach der Methode der kleinsten Fehlerquadrate ausgeglichen wird. Bei m Stützstellen (symmetrisch und äquidistant) kann das Signal-Rausch-Verhältnis um den Faktor $\sqrt{m}$ erhöht werden.

Häufig werden Kombinationen verschiedener Methoden zur S/R-Verbesserung angewandt. Dabei hat sich insbesondere eine Verbindung von Akkumulation und Glättung für analytische Messungen als günstig erwiesen.

4.5.3.2. Verbesserung des Auflösungsvermögens

Das potentielle Auflösungsvermögen N von Analysenverfahren wird durch die Grenzen des Registrierbereiches und die Halbwertsbreite der Signale bestimmt [4.88]. Da in der Regel die Grenzen des Meßbereiches vorgegeben sind, ist N nur durch eine absolute oder relative Verringerung der Signalhalbwertsbreite erreichbar. Auf rechentechnischem Wege ist das durch folgende Methoden möglich:

1. Entfaltung der Meßfunktion bezüglich der Analysensystemfunktion;
2. Faltung der Signalfunktion mit geeigneten auflösungsverbessernden Funktionen;
3. Bildung höherer Ableitungen der Meßfunktion und
4. rechnerische Bandentrennung durch Kurvenanpassung.

Signalkurven, die im Verlaufe eines Analysenverfahrens gemessen werden, entstehen durch eine Faltung der wahren Signalfunktion mit der Systemfunktion des Analysengerätes (Apparatefunktion). Die Zusammenhänge sind schematisch in Abb. 4.36 verdeutlicht. Da diese Faltung immer signalverbreiternd wirkt, läßt sich durch eine mathematische Umkehrung dieser Operation, also

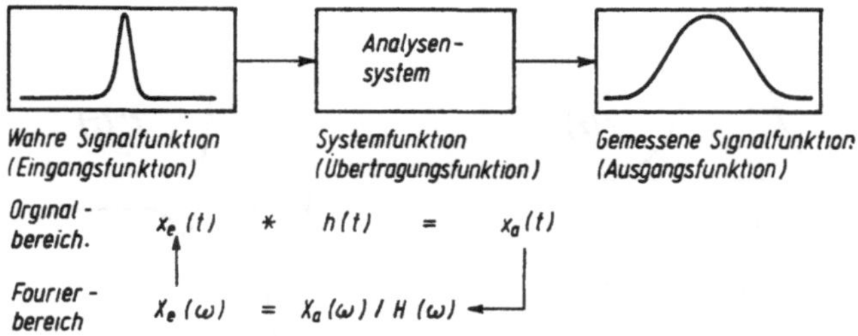

Abb. 4.36. Schematische Darstellung der Faltung der wahren Signalfunktion durch Faltung mit der Übertragungsfunktion des Analysensystems

durch Entfaltung (*Deconvolution*), eine Verbesserung der Auflösung erreichen. Wegen des hohen Rechenaufwandes und der breiten Verfügbarkeit schneller Fouriertransformationen (FFT *Fast Fourier Transform*) werden Faltungen und Entfaltungen heute nicht mehr im Originalbereich (entsprechend dem in Gl. (4.9) dargestellten Prinzip), sondern durch Multiplikation bzw. Division im Fourierbereich durchgeführt.

Da die Ermittlung der Analysensystemfunktionen in der analytischen Praxis sehr aufwendig ist, haben weitere auflösungsverbessernde Methoden Bedeutung erlangt. Dazu gehört die Bildung der Kreuzkorrelationsfunktion $\psi(\tau)$ der Signalfunktion $f(t)$ mit geeigneten Funktionen $\varphi(t)$

$$\psi(\tau) = \int_{-\infty}^{+\infty} f(t)\,\varphi(t+\tau)\,\mathrm{d}t, \tag{4.10}$$

die formal einer Faltung entspricht. Als Korrelationssignale eignen sich besonders Gauß-, Lorentz- oder auch Rechtecksignale.

Als wirksam für Auflösungsverbesserungen haben sich Faltungen der Signalfunktion mit höheren geradzahligen Ableitungen der Signalfunktion selbst erwiesen.

Das eigentliche Ziel von Auflösungsverbesserungen ist die Trennung bzw. sichere Zuordnung überlagerter Signale. Dies wird oft schon durch Differentiation der Signalfunktion erreicht, da sich dabei die Signalhalbwertsbreite bis um ein Drittel verringern kann [4.89]. Die erste Ableitung wird häufig bereits in den Analysengeräten mit Hilfe von Analogschaltungen realisiert (z. B. in der Elektronenspinresonanz- und in der Auger-Elektronenspektroskopie).

Wegen des steileren Nulldurchganges ist allerdings $f'''(z)$ genauer als $f'(z)$. Für die Signaltrennung besitzen darüber hinaus die geradzahligen Ableitungen Bedeutung (Abb. 4.37), deren Breite in der Reihenfolge $f''(z)$, $f^{(4)}(z)$ usw. abnimmt.

Methoden zur Auflösungsverbesserung und zur Erhöhung des Signal-Rausch-Verhältnisses beruhen in der Regel auf inversen Operationen, so daß sich durch auflösungsverbessernde Verfahren das Rauschen zwangsläufig erhöht bzw. S/R-Verbesserung eine Verschlechterung der Auflösung zur Folge hat. Deshalb ist man häufig auf die Kombination von Verfahren angewiesen, die N bzw. S/R verbessern.

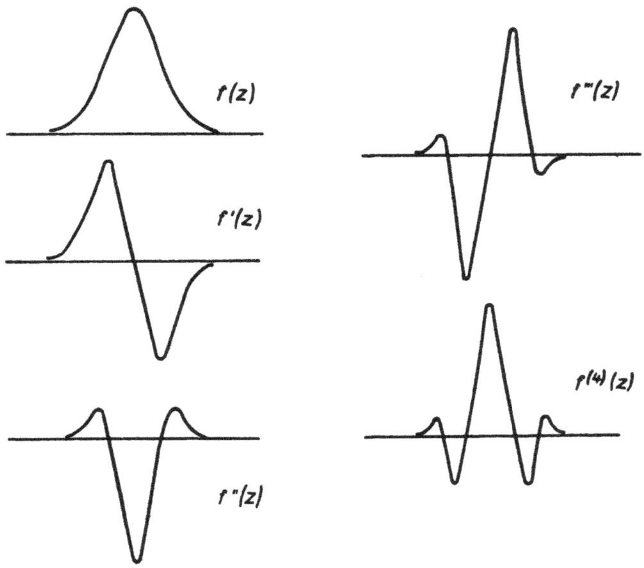

Abb. 4.37. Ableitungen einer Gauß-Funktion

4.5.3.3. Heuristische Auswertungen

In der Analytik werden gelegentlich Meßprinzipien angewandt, die in Verbindung mit bestimmten Untersuchungsobjekten sogenannte „schlecht organisierte Systeme" [4.90] darstellen. Es lassen sich dann keine eindeutigen mathematischen Analysenfunktionen angeben, sondern nur Interpretationen auf Erfahrungsgrundlagen mit Hilfe heuristischer Regeln. Bekannte Beispiele dafür stellen Spektrenauswertungen, z. B. in der Infrarot- bzw. Massenspektroskopie, dar. Auch in solchen Fällen sind Computerauswertungen möglich, denen dann keine arithmetischen, sondern logische bzw. Vergleichsoperationen zugrunde liegen.

Sogenannte *Artificial-Intelligence-Verfahren* versuchen, die Interpretation von Daten, insbesondere von Spektren, in der gleichen Art und Weise nachzuvollziehen, wie dies vom Analytiker getan wird, wobei mit künstlicher Intelligenz dessen Denkvorgänge simuliert werden. Der prinzipielle Verfahrensablauf besteht in folgendem: Zunächst werden aus dem gemessenen Spektrum aufgrund bekannter Interpretations-, Zuordnungs- und Fragmentierungsregeln Listen sicher an- bzw. abwesender Strukturelemente (good list/bad list) abgeleitet und diese zusammen mit weiteren Informationen (z. B. der Bruttoformel) einem Strukturgenerator eingegeben. Dieser entwickelt auf dieser Grundlage alle in Frage kommenden Molekülstrukturen. Daraufhin werden von einem Simulator theoretische Spektren erzeugt, die mit dem gemessenen Spektrum verglichen werden. Nach dem Grade der Übereinstimmung entsteht daraus eine reduzierte, mit einem Ähnlichkeitsmaß bewertete Liste, die die möglichen Verbindungen in der Rangfolge der besten Übereinstimmung enthält („Hit-Liste") [4.105].

Da Computer in der Verarbeitung großer Datenmengen besonders leistungsfähig sind, werden sie in großem Umfang für die Erzeugung, Aktualisierung und Nutzung von Datensammlungen (*Datenbanken*) eingesetzt. Solche Datenbanken existieren vor allem für IR-Spektren, Massenspektren, Röntgenstrukturdaten und NMR-Spektren, aber auch für Stoffsysteme, insbesondere in der Umweltforschung.

Computerisierte *Bibliotheks-Suchverfahren* nutzen diese Sammlungen zum Vergleich mit gemessenen Spektren, wobei es nicht nur möglich ist, bereits bekannte Verbindungen zu identifizieren, sondern auch für neue, unbekannte Verbindungen anhand der ähnlichsten Spektren wahrscheinliche Strukturen zu ermitteln. Voraussetzung für das Gelingen von Bibliothekssuchen (Library Search) ist eine eindeutige computergemäße Verschlüsselung chemischer Strukturen, wofür sich vor allem Verknüpfungstabellen auf topologischer Grundlage sowie Strukturverschlüsselungen auf der Basis linearer Notationen bewährt haben.

Im Gegensatz zu Artificial-Intelligence-Verfahren und Bibliotheks-Suchverfahren beruhen *Pattern-Recognition-Methoden*, darunter auch die oft für Spektreninterpretationen genutzten *Lernmaschinen*, auf statistischer Grundlage (↗ 1.5) und ermöglichen die Aufdeckung verborgener Zusammenhänge zwischen Meßdaten und Objekt- bzw. Struktureigenschaften.

Die derzeit wichtigsten Einsatzgebiete von Computern in der Analytik sind die *Chromatographie*, insbesondere die *Gaschromatographie* [4.91, 4.92], und die *Massenspektroskopie* [4.93, 4.94], wobei die *Kopplung* dieser beiden Analysenprinzipien bei einem Informationsfluß von der Größenordnung 10^6 bit · s^{-1} durch Rechnereinsatz überhaupt erst möglich bzw. sinnvoll wurde [4.95, 4.96]. Das gleiche gilt für die vollständige Strukturaufklärung komplizierter Naturstoffe mittels *Röntgen-* bzw. *Elektronenbeugungsuntersuchungen*, deren große Datenmengen ebenfalls den Einsatz von Computern verlangen.

Weitere wichtige Einsatzgebiete sind die *Emissionsspektralanalyse* [4.97], die *Röntgen-* und *Elektronenspektroskopie* [4.98], die *IR-Spektroskopie* [4.100, 4.101], die *NMR-Spektroskopie* [4.99], bei den letzten beiden Analysenprinzipien vor allem die *Fourier-Methoden*, sowie alle anderen spektroskopischen Methoden.

Die Anwendung von Computern konzentriert sich in der Analytik heute nicht mehr nur auf die *Prozeßanalyse*, auf *Analysengroßgeräte* und auf leistungsstarke *Routinelabors*. Die ständig fortschreitende Miniaturisierung der Bauelemente und der Rechner sowie deren stetige Verbilligung haben zu einer weiten Verbreitung auch in solchen Bereichen geführt, die von vornherein als wenig automationsgerecht erschienen, und z. B. auch für naßchemische Analysenverfahren große Bedeutung erlangt. Die derzeitige Verbreitung von Laborcomputern ist nicht zuletzt auf den gestiegenen Bedienkomfort, wie z. B. interaktive Programmierung und Datenverarbeitung (Dialogbetrieb) unter Nutzung von Bildschirmgeräten (Farbdisplays) und von leistungsfähigen Druckern, die auch mehrdimensionale graphische Darstellungen erzeugen [4.102], zurückzuführen.

Vertiefende Literatur: [1.49, 4.78, 4.82 bis 4.86, 4.103, 4.104].

4.5.4. Automatisierung von Analysenverfahren

Die ständig steigende Anzahl routinemäßig zu analysierender Proben (in Spitzenlabors der klinischen Analytik, der Umweltanalytik oder der Produktionskontrolle sind jährlich mehr als eine Million Proben zu analysieren) sowie erhöhte Anforderungen an die Zuverlässigkeit der Ergebnisse haben im letzten Jahrzehnt zu einer zunehmenden Automatisierung von Analysenabläufen geführt. Neben beträchtlichen Zeit- und Kostenreduzierungen spielen dabei auch Personaleinsparungen eine Rolle.

Grundsätzlich lassen sich alle Schritte des analytischen Prozesses automatisieren, Meßprozesse und Auswerteoperationen im allgemeinen problemlos, während Probennahme und einige Probenvorbereitungstechniken gelegentlich Schwierigkeiten bereiten. Das betrifft insbesondere komplizierte Trennoperationen, deren Automation einen relativ hohen technischen Aufwand erfordert.

Nachdem zunächst in den sechziger Jahren ausschließlich physikalische Verfahren automatisiert wurden (*Optische* und *Röntgenfluoreszenz-Quantometer*, ↗ 3.4.4.2.1.), setzten sich in den siebziger Jahren auch chemische Analysenautomaten durch, die zunächst für spezielle Einsatzgebiete, z. B. bestimmte klinisch-analytische Aufgaben, konzipiert wurden. Später kamen auch flexible Systeme hinzu, die der Methodenvielfalt in Routinelaboratorien der chemischen Industrie Rechnung tragen. In modernen *Analysenautomaten* sind in der Regel nicht vollständige Analysenverfahren automatisiert, sondern alle erforderlichen Laborgrundoperationen, die methodenspezifisch beliebig aktiviert, desaktiviert und kombiniert werden können [4.106, 4.107], so daß individuelle Verfahrensabläufe realisiert werden können.

Mitte der achtziger Jahre wurden auf der Grundlage ausgereifter Analysenautomatensysteme mit fortgeschrittener Manipulator- und Sensortechnik sowie in Verbindung mit leistungsfähigen Computersystemen *Analysenroboter* und *Robotersysteme* [4.108, 4.109] entwickelt. Laborroboter zeichnen sich nicht nur durch ihre hohe Analysenfrequenz von mehreren tausend Proben je Tag aus, sondern auch durch extreme Zuverlässigkeit sowie durch Flexibilität in der Anwendung. Eine entsprechende Programmierung ermöglicht einen einfachen und schnellen Wechsel von einer Analysenaufgabe zur anderen, so daß ihr Einsatz nicht nur für Hochleistungslabors mit ständig wiederkehrenden Routineanalysen attraktiv ist.

Automatisierte chemische Analysensysteme teilt man in der Regel ein in:

1. *Diskrete Analysatoren* bzw. Einzelprobenanalysatoren (Batch Analyzers), bei denen entweder in offenen Gefäßen oder mittels Zentrifugal-Parallel-Analysatoren gearbeitet wird, sowie
2. *Durchflußanalysatoren* (CFA – *Continuous Flow Analyzers*), bei denen man unterscheidet zwischen
   - luftsegmentierten Fließsystemen und
   - unsegmentierten Fließsystemen: *Flow-Injection Analysis* (FIA).

Durchflußanalysatoren gewinnen gegenüber diskreten Analysatoren immer mehr an Bedeutung. Ihr Prinzip besteht in der Beförderung von flüssigen oder

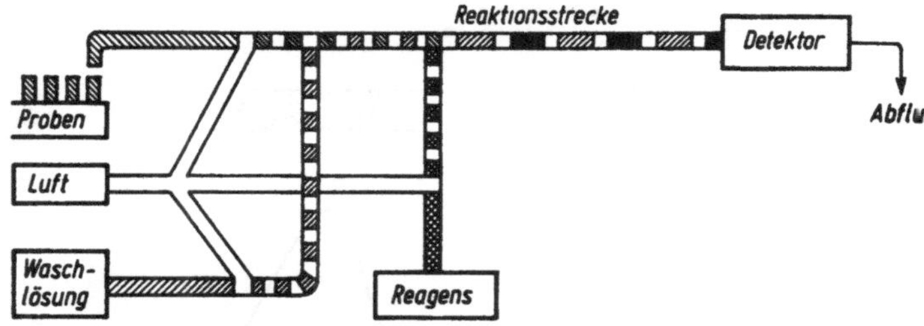

Abb. 4.38. Schematische Darstellung eines Durchflußanalysators

gelösten Proben durch Rohr- bzw. Schlauchsysteme, die voneinander durch Luftsegmente und Waschlösung getrennt sind (Abb. 4.38). An bestimmten Punkten des Fließsystems erfolgt eine Reagenszuleitung, und auf dem Wege zum Durchflußdetektor findet die Bestimmungsreaktion statt. Es können auch weitere Operationen wie Verdünnung, Extraktion oder Dialyse eingeschaltet werden.

Als Detektionsprinzipien werden vor allem die Spektralphotometrie und die Potentiometrie (ionensensitive Elektroden), aber auch andere elektrochemische und optische Prinzipien auf amperometrischer, coulometrischer, fluorimetrischer oder refraktometrischer Basis eingesetzt. Atomabsorptions- und -emissionsspektrometer (ICP) finden ebenfalls Anwendung.

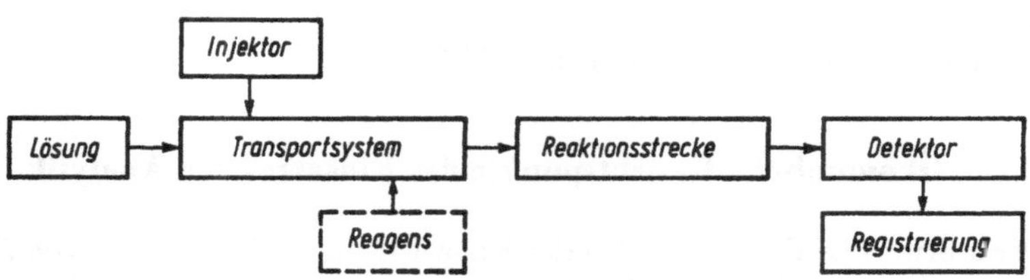

Abb. 4.39. Prinzipieller Aufbau eines Flow-Injection-Analysensystems

Bei der *Flow-Injection Analyse* wird auf eine Luftsegmentierung verzichtet und definierte Mikrovolumina der Probenlösung mittels Ventilsystemen oder Injektionsspritzen in die kontinuierlich strömende Trägerlösung eingebracht. Während des Transportes zum Detektor finden Reaktionen zwischen der Proben- und der Trägerlösung statt (Abb. 4.39). Erforderlichenfalls können weitere Reagenzien zugeleitet werden, da für die häufig angewendete photometrische Detektion oft mehrere Reaktionsschritte (z. B. Pufferung, Komplexbildung, Maskierung) benötigt werden.

Die Probenfrequenz wird entscheidend durch die Dispersion der Reaktionszone als Folge von Konvektions- und Diffusionsprozessen bestimmt (Abb. 4.40). Der erreichbare Probendurchsatz beträgt heute 60 ... 360 h^{-1}, wobei in der Regel eine gute Reproduzierbarkeit der Ergebnisse (etwa $s_r = 0{,}01$) erhalten wird. Damit ist die Flow-Injection Analyse vor allem dort einsetzbar, wo große Serien bis zu mehreren Tausend Proben je Tag zu untersuchen sind (Klinische

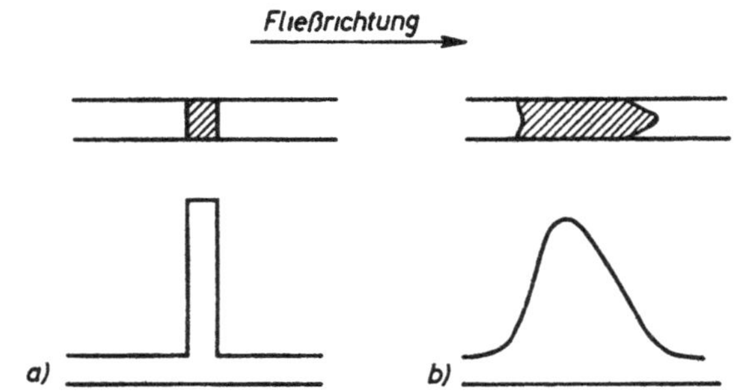

Abb. 4.40. Einfluß der Dispersion auf die gemessene Signalform
a) ohne Dispersion (unvermischte Probe); b) Dispersion nach einer bestimmten Fließstrecke

Analytik, Umweltanalytik, Prozeßanalytik). Da FIA-Systeme geschlossene Systeme darstellen, sind Kontaminationen durch die Laboratmosphäre und andere Einflüsse (↗ 4.3.2.) ausschließbar. Damit sind Durchflußanalysatoren und speziell auch Flow-Injection Analysatoren in der Spurenanalytik anwendbar, besonders wenn zusätzlich hohe Anforderungen an die Präzision der Ergebnisse gestellt werden.

In Verbindung mit leistungsfähigen Mikrocomputern stellen weiter miniaturisierte FIA-Systeme wesentliche Varianten von Prinziplösungen für Analysenroboter dar.

Vertiefende Literatur: [4.110 bis 4.114].

4.6. Ökonomische Gesichtspunkte des Einsatzes der Analytik

Der stürmische Fortschritt bei der Entwicklung und beim Bau von Analysengeräten mit immer höherem Leistungsvermögen, demzufolge in der Regel aber auch immer höheren Anschaffungskosten, erfordert in jedem Falle eine kritische, objektive Gegenüberstellung von Aufwand und Nutzen. Das gleiche gilt für den Bau von analytischen Laboratorien, einschließlich deren technischer Ausrüstung mit Klimaanlagen, Luftfiltern, Schleusensystemen usw., für die analytischen Arbeitsmittel und Verbrauchsmaterialien sowie für die Schaffung leistungsfähiger Dokumentationssysteme der Analytik. Schließlich spielt in diesem Zusammenhang das zur ordnungsgemäßen Bedienung und Nutzung all dieser Einrichtungen erforderliche Fachpersonal mit entsprechender Qualifikation eine bedeutende Rolle.

Die dafür erforderlichen Aufwendungen finden ihren Ausdruck in den *Analysenkosten* K_A. Wenn diese sich nicht belastend auf die Gesamtkosten eines Produktes auswirken sollen, muß gelten

$$K_A \leqq K_F. \tag{4.11}$$

K_F Kosten, die aus nichterkannten fehlerhaften Produkten entstehen (Reklamationen, Nachbearbeitung, Verschrottung usw.)

In gleicher Weise müssen Erhöhungen der Analysenkosten entsprechende Senkungen der Analysenzeiten und damit auch der Gesamtherstellungszeit und -kosten des betreffenden Produktes gegenüberstehen (*Ökonomie der Zeit*).

Die Entscheidungen über die analytische Ausrüstung, insbesondere mit hochwertigen Geräten, muß aus langfristigen Aufgabenstellungen abgeleitet werden. Hierbei spielen planerisch-wirtschaftliche Beziehungen der *Arbeitskapazität* (ausgedrückt in Vollbeschäftigteneinheiten – VbE), der *Analysenzeiten* und der *Analysenkosten* eine wesentliche Rolle [1.3].

Die Arbeitskapazität in den jeweiligen Qualifikationsstufen stellt die bilanzierbare Plangröße eines Laboratoriums dar. Mit den Analysenzeiten ergeben sich die konkreten Erfüllungstermine bestimmter Aufgabenstellungen, bei Serienanalysen die Zahl der ausführbaren Bestimmungen.

Die Kostenstruktur für eine Analyse gliedert sich in Anteile an vergegenständlichter und lebendiger Arbeit. Dabei gilt allgemein, daß der Anteil an vergegenständlichter Arbeit (Aufwand an Geräten, Material und sonstigen technischen Ausrüstungen) gegenüber dem an lebendiger Arbeit zunimmt. Die Einflußfaktoren auf den Schwierigkeitsgrad und die Kostenstruktur verdeutlicht Abb. 4.41. Das Verhältnis der Aufwendungen an vergegenständlichter zu denen an lebendiger Arbeit charakterisiert den Einsatz instrumenteller Methoden. Apparativer Aufwand senkt in der Regel den Zeitbedarf für Analysen, vermin-

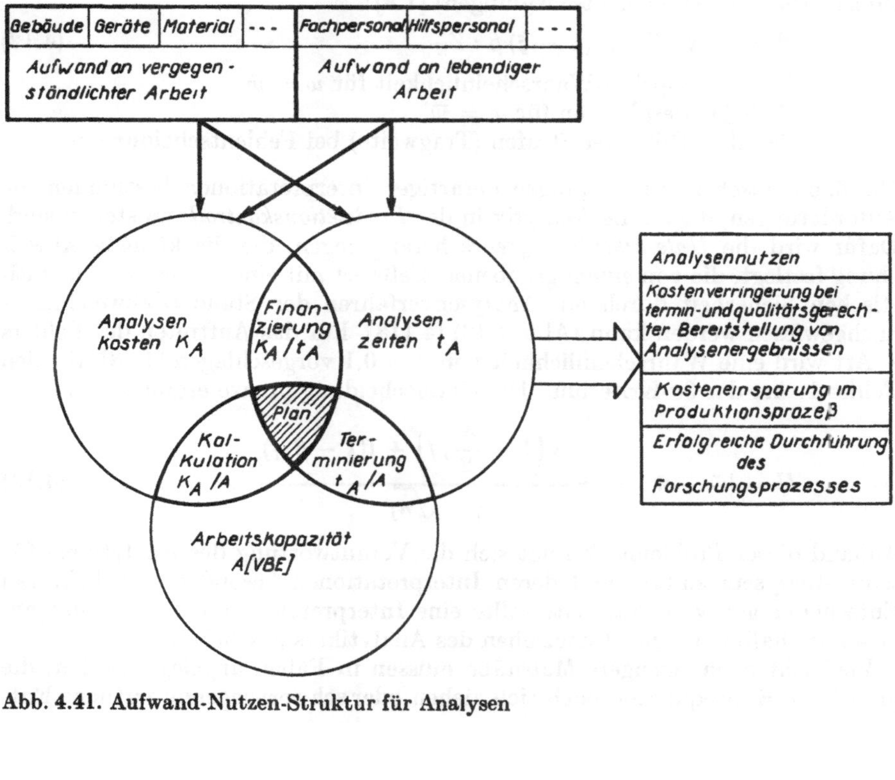

Abb. 4.41. Aufwand-Nutzen-Struktur für Analysen

dert den Aufwand an menschlicher Arbeit und erhöht die erhältliche Informationsmenge. Die damit mögliche bessere Lösbarkeit analytischer Problemstellungen wird in um so stärkerem Maße produktionswirksam, je direkter die Analytik über Meß-, Steuer- bzw. Regelsysteme auf den Produktionsprozeß einwirkt.

Eine wesentliche Rolle spielen die ökonomischen Folgen der unvermeidlichen analytischen Zufallsfehler (↗ 1.3.4.3.). Die Qualitätsbeurteilung von Erzeugnissen erfolgt anhand statistischer Kriterien. Produzent und Abnehmer treffen Qualitätsvereinbarungen auf der Grundlage von Normen. Infolge der Streuung von Analysenergebnissen geht der Erzeuger das Risiko ein, daß aufgrund eines zufällig niedrigeren Analysenwertes ein Produkt zurückgewiesen wird oder eine zu niedrige Bewertung erfährt, obwohl es den festgesetzten Normen entspricht: *Fehler 1. Art* (*Erzeugerrisiko*). Andererseits geht der Abnehmer aufgrund eines zufällig höheren Analysenwertes das Risiko ein, ein Produkt anzunehmen oder eine Bewertung der Qualität anzuerkennen, obwohl diese nicht der vereinbarten Norm entspricht: *Fehler 2. Art* (*Abnehmerrisiko*).

Das Erfordernis einer Berücksichtigung des Fehlers 1. Art mit der Irrtumswahrscheinlichkeit α und des Fehlers 2. Art mit der Irrtumswahrscheinlichkeit β sowie die Wahl der beiden Irrtumswahrscheinlichkeiten hängen von der *Tragweite* ab, die die Interpretation analytischer Informationen nach sich zieht. Dem kann Rechnung getragen werden durch die Angabe des *mittleren Risikos R* (hinsichtlich beider Fehlentscheidungen) [1.8]:

$$R = \xi \cdot \alpha \cdot Z_{\bar{w}} + (1 - \xi)\,\beta \cdot Z_{\bar{w}'}. \tag{4.12}$$

ξ a-priori-Wahrscheinlichkeit für $w = \bar{w}$
$(1 - \xi)$ desgleichen für $w = \bar{w}'$
$Z_{\bar{w}}, Z_{\bar{w}'}$ Höhe der Strafen (Tragweite) bei Fehlentscheidungen

Die ökonomischen Auswirkungen derartiger Interpretationen bestimmen die Anforderungen, die an die Analytik in der *Produktionskontrolle* zu stellen sind. Dafür wird die *Unterscheidungsgrenze* herangezogen, die die kleinste Abweichung festlegt, die von einem gegebenen Meßwert mit einer vereinbarten statistischen Sicherheit durch ein Analysenverfahren der Standardabweichung s nachgewiesen werden kann (Abb. 4.42) [4.118]. Für das Auftreten des Fehlers 2. Art wird eine Wahrscheinlichkeit von $\beta = 0{,}1$ vorgeschlagen [4.78], für den Fehler 1. Art das 3σ-Kriterium. Die Unterscheidungsgrenze ergibt sich zu

$$U = |\bar{w} - \bar{w}'| = \pm \frac{t\left(1 - \frac{\alpha}{2}, f\right) + t(1 - \beta, f)}{\sqrt{n_j}}\, s. \tag{4.13}$$

Anhand dieser Problematik zeigt sich die Verantwortung des Analytikers für seine Analysenresultate und deren Interpretationen besonders deutlich. Bei Entscheidungen von Tragweite sollte eine Interpretation von Analysenergebnissen deshalb nie ohne Hinzuziehen des Analytikers geschehen.

Vielleicht noch strengere Maßstäbe müssen in Fällen angelegt werden, die juristische Konsequenzen nach sich ziehen oder schwerwiegende ärztliche Ent-

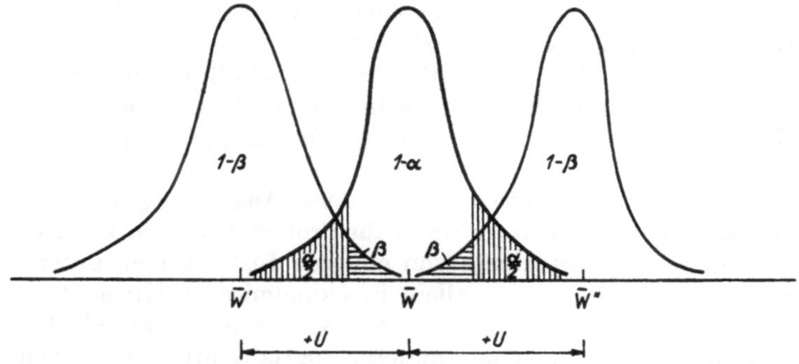

Abb. 4.42. Zur Definition der Unterscheidungsgrenze (nach [4.117])

scheidungen verlangen. Nicht selten hängt von einem Analysenergebnis in gerichtlichen Gutachten oder aus medizinischen Laboruntersuchungen das Leben eines Menschen ab.

Ähnliche Überlegungen zum verantwortungsbewußten Einsatz der Analytik gelten im Rahmen wissenschaftlicher Aufgabenstellungen, z. B. im Rahmen der Grundlagenforschung. Die Analysenkosten als wesentlicher Bestandteil der Gesamtkosten eines Forschungsergebnisses können infolgedessen auch die bestimmenden Kosten bei einigen Spezialerzeugnissen sein, z. B. bei Reinststoffen für elektronische Bauelemente, magnetische Werkstoffe oder Supraleiter.

Stets jedoch sollte das uneingeschränkte Ziel des Analytikers darin bestehen, die für ein bestimmtes Problem *erforderlichen* Informationen (↗ 1.4.3.) bei niedrigsten Kosten bereitzustellen. Zur Ermittlung der Erfordernisse muß der Analytiker gleichberechtigtes Mitglied des Produktions- bzw. Forschungskollektives sein, da er in Hinblick auf bestimmte übergeordnete Problemstellungen über die Zweckmäßigkeit analytischer Untersuchungen sachgerecht befinden und die dafür erforderlichen Aufwendungen einschätzen kann.

Die zunehmende Spezialisierung in der Analytik findet in drei Typen kommerzieller Geräte ihren Ausdruck [4.119] in:

1. *Prozeßanalysengeräten* für die Prozeßkontrolle, -steuerung bzw. -automation, die speziell auf ein bestimmtes Problem optimiert werden;
2. *Routinegeräten* für Betriebslabors, für deren rentablen Einsatz ökonomische Gesichtspunkte eine besondere Rolle spielen, und
3. *Spitzengeräten* der verschiedenen Analysenprinzipien, die oftmals an den Leistungsgrenzen der Methoden arbeiten und die vorrangig in der analytischen Grundlagenforschung in methoden- und problemorientierter Richtung Anwendung finden.

Bei der letztgenannten Gerätegruppe ist im Gegensatz zu denen in der Produktionskontrolle eine rentable Auslastung noch nicht immer möglich. Allerdings sollte, insbesondere der hohen Kosten solcher Geräte wegen, auch auf diesem Gebiete auf eine immer ökonomischere Nutzung hingearbeitet werden, z. B.

durch *Kooperation* zwischen verschiedenen Institutionen bis hin zur internationalen Zusammenarbeit und Arbeitsteilung.

Als zweckmäßiger Weg empfiehlt sich die Schaffung *analytischer Zentren*, die sich auf bestimmte Problemgebiete der Analytik orientieren und unter dieser Zielstellung ihre instrumentelle Ausrüstung immer mehr vervollkommnen.

Es ist nicht sinnvoll, jeweils vorhandene Ausrüstungen und entwickelte Methoden durch erheblichen Aufwand für Problemlösungen zu erschließen, die mit anderen Analysenprinzipien von anderen Institutionen unter meist günstigeren Voraussetzungen, vor allem in ökonomischer Hinsicht, lösbar sind. Der hohe Spezialisierungsgrad der meisten Analytiker bildet jedoch häufig noch ein Hindernis, sich an Fachleute anderer Spezialrichtungen zu wenden. Hieraus folgt, daß Kenntnisse über die Analysenprinzipien und die mit ihnen lösbaren analytischen Probleme von besonderer Bedeutung sind, sowohl für den methodenorientierten Analytiker, der damit die Grenzen sinnvoller Entwicklungsarbeit einschätzen kann, als auch für den problemorientierten Analytiker, der damit die optimale, problemgerechte Auswahl von Analysenprinzipien vornehmen und gegebenenfalls Kooperationspartner suchen kann.

Die Problemorientierung schafft zugleich die Basis für eine ökonomische und bedarfsgerechte methodische Grundlagenforschung und Geräteentwicklung für die Analytik.

Vertiefende Literatur: [4.115, 4.116, 4.120 bis 4.123].

Literatur

Zu Kapitel 1

[1.1] Szabadvary, F.: Geschichte der analytischen Chemie. Budapest 1966.

[1.2] Ostwald, W.: Die wissenschaftlichen Grundlagen der analytischen Chemie. Leipzig 1894, S. V.

[1.3] Gottschalk, G.: Zukunftsaspekte der Analytik. Moderne Grundlagen und Ziele. Z. analyt. Chem. **258** (1972) 1.

[1.4] Autorenkollektiv: Analytikum. Methoden der analytischen Chemie und ihre theoretischen Grundlagen. 6. Aufl. Leipzig 1984.

[1.5] Arbeitskreis „Automation in der Analyse“: Systemtheorie in der Analytik I. Definitionen und Interpretationen systemtheoretischer Grundbegriffe. Z. analyt. Chem. **256** (1971) 257.

[1.6] Arbeitskreis „Automation in der Analyse“: Systemtheorie in der Analytik II. System der analytischen Mengenbereiche. Z. analyt. Chem. **261** (1972) 1.

[1.7] Kienitz, H.: Moderne Analytik. Angew. Chem. **81** (1969) 723.

[1.8] Ehrlich, G.: Entwicklung und gegenwärtiger Stand der Bemühungen um eine objektive Charakterisierung des Nachweisvermögens analytischer Verfahren. Wiss. Z. Techn. Hochsch. Leuna-Merseburg **11** (1969) 22.

[1.9] Steger, E.: Spektroskopische Methoden zur Aufklärung der Molekülstruktur. Jenaer Rdsch. **16** (1971) 3.

[1.10] Barton, D. H. R.: Die Prinzipien der Konformationsanalyse. Angew. Chem. **82** (1970) 828.

[1.11] Ugi, I.; Marquarding, D.; Klusacek, H.; Gokel, G.; Gillespie, P.: Chemie und logische Strukturen. Angew. Chem. **82** (1970) 741.

[1.12] Kaiser, H.; Specker, H.: Bewertung und Vergleich von Analysenverfahren. Z. analyt. Chem. **149** (1956) 46.

[1.13] Gottschalk, G.: Einführung in die Grundlagen der chemischen Materialprüfung. Stuttgart 1966, S. 92.

[1.14] Kraft, G.: Probenahme an festen Stoffen, in [1.74], 3.

[1.15] Baule, B.; Benedetti-Pichler, A.: Zur Probenahme an körnigen Materialien. Z. analyt. Chem. **74** (1928) 442.

[1.16] IUPAC-Nomenklatur für die Arbeitsbereiche in der Analytik. Mittbl. Chem. Ges. DDR, Beiheft 44, Berlin 1981 (Pure Appl. Chem. **51** (1979) 43).

[1.17] Zettler, H.: Material- und Signalfluß. Z. analyt. Chem. **245** (1969) 1.

[1.18] Analyse der Metalle. Bd. 3: Probenahme. Hrsg. vom Chemikerausschuß der Gesellschaft Deutscher Metallhüttenleute und Bergleute und des Vereins Deutscher Eisenhüttenleute. Berlin, Göttingen, Heidelberg 1956.

[1.19] Kaiser, R.: Probleme der automatischen Probenahme (in der organischen Chemie). Z. analyt. Chem. **222** (1966) 128.

[1.20] Tomlinson, R. C.: Sampling, in: Wilson, C. L., and Wilson, D. W. (Ed.): Comprehensive Analytical Chemistry, Bd. I A. Amsterdam 1959, S. 36.

[1.21] Walton, W. W.; Hoffmann, J. W.: Principles and Methods of Sampling; in: Kolthoff, I. M., and Elving, P. T. (Ed.): Treatise on Analytical Chemistry, Bd. I/1. New York 1959, S. 67.

[1.22] Tschöpel, P.: Aufschlußmethoden, in [1.25] 27.

[1.23] Irving, H.: Separation and Preconcentration. Z. analyt. Chem. **263** (1973) 264.

[1.24] Ullmanns Encyklopädie der technischen Chemie. Bd. 2: Verfahrenstechnik I (Grundoperationen). Weinheim/Bergstr. 1972.

[1.25] Ullmanns Encyklopädie der technischen Chemie. Bd. 5: Analysen- und Meßverfahren. [Hrsg.: H. Kelker] 4. Aufl. Weinheim 1980.

[1.26] Houben-Weyl: Methoden der organischen Chemie. Bd. I: Allgemeine Laboratoriumspraxis, Teil 1: Materialkunde, Methoden zur Stofftrennung. [Hrsg.: E. Müller] Stuttgart 1958.

[1.27] Kaiser, H.: Zur Definition von Selektivität, Spezifität und Empfindlichkeit von Analysenmethoden. Z. analyt. Chem. **260** (1972) 252.

[1.28] Sachs, L.: Angewandte Statistik. 5. Aufl. Berlin 1978.

[1.29] Täubert, M.: Abschätzung der Genauigkeit von Meßergebnissen. Berlin 1985.

[1.30] IUPAC-Regeln für die Angabe von Analysenergebnissen. Mittbl. Chem. Ges. DDR, Beiheft 42, Berlin 1981 (Pure Appl. Chem. **18** (1969) 437).

[1.31] Kaiser, R.: Systematische Fehler in der Analyse. Z. analyt. Chem. **256** (1971) 1.

[1.32] Autorenkollektiv: Spurenanalyse in hochschmelzenden Metallen. Leipzig 1970, S. 16.

[1.33] Doerffel, K.: Statistik in der analytischen Chemie. 2. Aufl. Leipzig 1982.

[1.34] Doerffel, K.: Beurteilung von Analysenverfahren und -ergebnissen. Z. analyt. Chem. **185** (1962) 1.

[1.35] Specker, H.: Probleme und Möglichkeiten der modernen Spurenanalyse. Angew. Chem. **80** (1968) 297.

[1.36] Ehrlich, G.; Friedrich, K.; Kucharkowski, R.; Stahlberg, R.: Bewertung quantitativer chemischer Analysen – Zufallsfehler, systematischer Fehler, Gesamtfehler. Z. Chem. **24** (1984) 204.

[1.37] Klockenkämper, R.; Bubert, H.: Eichfunktion und Analysenfehler in der spektrochemischen Analytik: I. Regression bei konstanter Standardabweichung für die Meßgröße. Spectrochim. Acta **37B** (1982) 127.

[1.38] Bubert, H.; Klockenkämper, R.: Eichfunktion und Analysenfehler in der spektrochemischen Analytik: II. Gewichtete Regression bei ungleicher Genauigkeit der Messungen. Spectrochim. Acta **38B** (1983) 1087.

[1.39] Bubert, H.; Klockenkämper, R.; Wächter, H.: Eichfunktion und Analysenfehler in der spektrochemischen Analytik: III. Vertrauensbereich für Einzel- und Mittelwertbestimmung. Spectrochim. Acta **39B** (1984) 1465.

[1.40] Ebel, S.; Kamm, K.: Statistische Definition der Bestimmungsgrenze. Z. analyt. Chem. **316** (1983) 382.

[1.41] Danzer, K.: Zur Anwendung informationstheoretischer Grundlagen in der Analytik. Dissertation B, TH Karl-Marx-Stadt 1979.

[1.42] Doerffel, K.: Hildebrandt, W.: Beurteilung von Analysenverfahren unter Einsatz der Informationstheorie. Wiss. Z. Techn. Hochsch. Leuna-Merseburg **11** (1969) 30.

[1.43] Danzer, K.: Die Informationsmenge als Kenngröße zweidimensionaler analytischer Aussagen. Z. Chem. **13** (1973) 69.

[1.44] Danzer, K.: Informationstheoretische Charakterisierung von Verteilungsanalysen. Z. Chem. **14** (1974) 73.

[1.45] Wagner, K.; Fröhlich, P.; Rudakoff, G.: Moderne Methoden zur Untersuchung der Kinetik schneller Reaktionen unter besonderer Berücksichtigung von Relaxationsverfahren. Mittbl. Chem. Ges. DDR **20** (1973) 105.

[1.46] Danzer, K.: Kennzeichnung des Leistungsvermögens und des rentablen Einsatzes von Analysenverfahren mit Hilfe der Informationstheorie. Z. Chem. **15** (1975) 326.

[1.47] Luft, K. F.: Anwendung des ultraroten Spektrums in der chemischen Industrie. Angew. Chem. B **19** (1947) 2.

[1.48] Eckhardt, W.: Spektraluntersuchungen im Gebiet um 1 mm Wellenlänge – Ein Vergleichsmaß für optisch-spektroskopische Systeme. Z. Physik **159** (1960) 405.

[1.49] Seifert, G.: Elektronische Datenverarbeitung in der Chemie. Auswertung analytischer Messungen und Steuerung analytischer Verfahren. Z. Chem. **11** (1971) 161.

[1.50] Liteanu, C.; Crisan, I. A.: Über die Bewertung der chemischen Analysenverfahren. Rev. Roum. Chim. **12** (1967) 1475.

[1.51] Eckschlager, K.: Theory of Information as Applied to Analytical Chemistry. Collect. Czech. Chem. Commun. **36** (1971) 3016; **37** (1972) 137; 1486; **38** (1973) 1330.

[1.52] Danzer, K.: Zu einigen informationstheoretischen Aspekten der Analytik. Z. Chem. **13** (1973) 20.

[1.53] Doerffel, K.: Informationsoptimierung analytisch-chemischer Verfahren. Chem. Techn. **25** (1973) 94.

[1.54] Leeman, F. A.: Selection of an Optimum Analytical Technique for Process Control. Analyt. Chem. **43** (1971) No. 11, 36 A.

[1.55] Wold, S.; Albano, C.; Dunn, J. W.; Edlund, U.; Esbensen, K.; Geladi, P.; Hellberg, S.; Johansson, E.; Lindberg, W.; Sjöström, M.: Multivariate Data Analysis in Chemistry, in: Kowalski, B. R. (Ed.): Proc. NATO Adv. Study Inst. Chemometrics, Dordrecht 1984.

[1.56] Läuter, J.; Hampicke, J.: PP Mehrdimensionale Varianz- und Diskriminanzanalyse, Berlin-Buch 1973.

[1.57] Danzer, K.; Singer, R.; Mäurer, F.; Flórián, K.; Zimmer, K.: Mehrdimensionale Varianz- und Diskriminanzanalyse spektrographischer Daten von Glasperlenfunden. Z. analyt. Chem. **318** (1984) 517.

[1.58] Kowalski, B. R.; Bender, C. F.: The k-Nearest Neighbour Classification Rule (Pattern Recognition) Applied to Nuclear Magnetic Resonance Spectral Interpretation. Analyt. Chem. **44** (1972) 1405.

[1.59] Jurs, P. C.; Isenhour, T. L.: Chemical Applications of Pattern Recognition. New York 1975.

[1.60] Hermans, J.; Habbema, J. D. F.: Manual for the ALLOC Discriminant Analysis Program. Leiden 1976.

[1.61] Wold, S.: SIMCA-2T, Program Package for Simple Modelling of Class Analogy. Umea 1977.

[1.62] Duewer, D. L.; Koskinen, J. R.; Kowalski, B. R.: ARTHUR. Seattle, Wash.

[1.63] Tyson, R. C.; Bailey, D. E.: Cluster Analysis. New York 1970.

[1.64] Chang, C. L.; Lee, R. C. T.: A Heuristic Relaxation Method for Nonlinear Mapping in Cluster Analysis. IEEE Trans., SMC-3 (1973) 197.

[1.65] Wienke, D.; Danzer, K.: Valuation of Pattern Recognition Procedures and Results by Means of Geometrical and Information Theoretical Criteria. Analyt. Chim. Acta **184** (1986) 107.

[1.66] Massart, D. L.; Plastria, F.; Kaufman, L.: Masloc Users Guide. Brüssel 1981.

[1.67] Derde, M. P.; Massart, D. L.: Extraction of Information from Large Data Sets by Pattern Recognition. Z. analyt. Chem. **313** (1982) 484.

[1.68] Varmuza, K.: Pattern Recognition in Analytical Chemistry. Analyt. chim. Acta **122** (1980) 227.

[1.69] Kowalski, B. R.: Measurement Analysis by Pattern Recognition. Analyt. Chem. **47** (1975) 1152A.

[1.70] Clerc, J. T.: Computerunterstützte Spektreninterpretation für die Strukturaufklärung organischer Verbindungen. Chimia **31** (1977) 353.

[1.71] MacDonald, J. C.: Time-Shared Pattern Recognition. Internat. Lab. 3/4 (1977) 37.

[1.72] Belchamber, R. M.; Betteridge, D.; Chow, Y. T.; Sly, T. J.; Wade, A. P.: The Application of Computers in Chemometrics and Analytical Chemistry. Analyt. chim. Acta **150** (1983) 115.

[1.73] Kateman, G.: Chemometrics for the Analyst. TrAC, Trends in Analyt. Chem. **2** (1983) XI.
[1.74] Analytiker-Taschenbuch Band 1. Hrsg.: Kienitz, H.; Bock, R.; Fresenius, W.; Huber, W.; Tölg, G. Berlin 1980.
[1.75] Analytiker-Taschenbuch Band 2. Hrsg.: Bock, R.; Fresenius, W.; Günzler, H.; Huber, W.; Tölg, G. Berlin 1981.
[1.76] Analytiker-Taschenbuch Band 3. Hrsg.: Bock, R.; Fresenius, W.; Günzler, H.; Huber, W.; Tölg, G. Berlin 1982.
[1.77] Analytiker-Taschenbuch Band 4. Hrsg.: Fresenius, W.; Günzler, H.; Huber, W.; Lüderwald, I.; Tölg, G. Berlin 1984.
[1.78] Analytiker-Taschenbuch Band 5. Hrsg.: Fresenius, W.; Huber, W.; Lüderwald, I.; Tölg, G.; Wisser, H. Berlin 1985.
[1.79] Werner, G.: Entwicklungstendenzen der quantitativen Analytik. Mittbl. Chem. Ges. DDR **27** (1980) 225.
[1.80] Kelker, H.; Kraft, G.; König, K.-H.: Aufgaben und Methodik analytischer Verfahren, in [1.25] 1.
[1.81] Taylor, J. K.: Validation of Analytical Methods. Anal. Chem. **55** (1983) 600A.
[1.82] Ullmanns Encyklopädie der technischen Chemie. Bd. 2/1: Anwendung physikalischer und physikalisch-chemischer Methoden im Laboratorium. München, Berlin 1961.
[1.83] Analytiker-Taschenbuch Band 6. Hrsg.: Fresenius, W.; Günzler, W.; Huber, W.; Lüderwald, I.; Tölg, G.; Wisser, H. Berlin 1986.

Zu Kapitel 2

[2.1] Bock, R.: Methoden der analytischen Chemie. Bd. 1: Trennmethoden. Weinheim/Bergstr. 1974.
[2.2] Jander, G.; Blasius, E.: Lehrbuch der analytischen und präparativen anorganischen Chemie. Leipzig 1985.
[2.3] Ackermann, G.: Einführung in die qualitative anorganische Halbmikroanalyse. Leipzig 1968.
[2.4] Koch, O. G.; Koch-Dedic, G. A.: Handbuch der Spurenanalyse. Teil I und II. Heidelberg, New York 1974.
[2.5] Döge, H.-G.: Methoden zur Anreicherung und Trennung von Spurenelementen, in [1.32] 137.
[2.6] Helfferich, F.: Ionenaustauscher. Bd. 1: Grundlagen. Weinheim/Bergstr. 1959.
[2.7] Schindewolf, U.: Ionenaustauscher in der analytischen Chemie, in [1.82] 157.
[2.8] Berninger, A.: Neuere Ionenaustauschverfahren. CZ Chem.-Techn. **1** (1972) 463.
[2.9] Inczedy, J.: Analytische Anwendungen von Ionenaustauschern. Budapest 1964.
[2.10] Geiseler, G. (Hrsg.): Ausgewählte physikalische Methoden der organischen Chemie. 2 Bde. Berlin 1963.
[2.11] Thierfelder, W.: Termodiffusion, in [2.10] **1**, 503.
[2.12] Wiedemann, E.: Ultrazentrifuge, in [1.82] 808.
[2.13] Vollmert, B.: Grundriß der makromolekularen Chemie. Berlin, Göttingen, Heidelberg 1962.
[2.14] Schultze, E.: Dialyse, Elektrodialyse, in [1.26] 653.
[2.15] Manecke, G.: Dialyse (einschließlich Elektrodialyse), in [1.82] 180.
[2.16] Marquardt, K.: Umgekehrte Osmose und Ultrafiltration – Anwendungsmöglichkeiten und Beschränkung des Verfahrens ... CZ Chem.-Techn. **2** (1973) 245.
[2.17] Winkler, F.: Umgekehrte Osmose – ein neues Stofftrennverfahren. Wiss. Fortschr. **23** (1973) 268.

[2.18] Schütte, H.-R.: Papierelektrophorese, in [2.10] 1, 431.
[2.19] Helbig, H.-J.: Elektrophorese (einschl. isoelektrischer Fokussierung und Isotachophorese), in [1.25] 217.
[2.20] Grassmann, W.: Hannig, K.: Präparative Elektrophorese, in [1.26] 681.
[2.21] Radola, B. J.: Isoelektrische Fokussierung – Stand und Perspektiven einer neuen Methode. Angew. Chem. 84 (1972) 444.
[2.22] Matz, G.: Die Prinzipien der thermischen Trennverfahren. Wärme 74 (1968) 1, 17.
[2.23] Schmidt, A.: Destillation, in [1.25] 75.
[2.24] Mersmann, A.: Destillation und Rektifikation, in [1.24] 489.
[2.25] Jaeckel, R.: Destillation und Sublimation im Feinvakuum und Hochvakuum, in [1.26] 897.
[2.26] Krell, E.: Handbuch der Laboratoriumsdestillation. Berlin 1976.
[2.27] Mauser, H.: Phasendiagramme, Ermittlung und Auswertung, in [1.82] 638.
[2.28] Lüttringhaus, A.: Kristallisieren, in [1.26] 341.
[2.29] Matz, G.: Kristallisation, in [1.24] 672.
[2.30] Schildknecht, H.: Zonenschmelzen. Weinheim/Bergstr. 1964.
[2.31] Matz, G.: Die Sublimation im Rahmen der thermischen Trennverfahren. Chem.-Ing.-Techn. 38 (1966) 299.
[2.32] Müller, E.: Flüssig-Flüssig-Extraktion, in [1.24] 546.
[2.33] Stöckel, E.: Flüssigphase-Verteilungsverfahren, in [2.10] 1, 449.
[2.34] Voeste, T.; Wesp, K.: Extraktion von Feststoffen, in [1.24] 722.
[2.35] Hecker, E.: Verteilungsverfahren im Laboratorium. Weinheim/Bergstr. 1955.
[2.36] Jübermann, O.: Verteilen und Extrahieren, in [1.26] 223.
[2.37] Rohrschneider, L.: Grundlagen chromatographischer Trennverfahren, in [1.25] 92.
[2.38] IUPAC-Nomenklatur für die Chromatographie. Mitt.bl. Chem. Ges. DDR, Beiheft 48, Berlin 1981 (Pure Appl. Chem. 37 (1974) 447).
[2.39] Wasen, U. v.; Swaid, I.; Schneider, G. M.: Physikalisch-chemische Grundlagen und Anwendungen der Fluidchromatographie. Angew. Chem. 92 (1980) 585.
[2.40] Weisz, H.: Die Ringofenmethode, eine neue Technik der Mikroanalyse. Chem. Lab. Betr. 8 (1957) 4.
[2.41] Weisz, H.: Microanalysis by the Ring Oven Technique. Oxford, London, New York Paris 1961.
[2.42] Hashmi, M. H.; u. a.: Mikrochim. Acta 1968, 1040, 1143, 1237 (Identifizierung und halbquantitative Bestimmung von Kationen und Anionen).
[2.43] Engewald, W.: Fortschritte in der Chromatographie – I. Grundlagen und Methodenüberblick. Mitt.bl. Chem. Ges. DDR 30 (1983) 104.
[2.44] Engelhardt, H.; Ahr, G. M.: HPLC, schnelle Flüssigkeitschromatographie, in [1.75] 139.
[2.45] Meyer, V. R.: Möglichkeiten und Aussichten in der HPLC. Chimia 36 (1982) 475.
[2.46] Lederer, M.; Lederer, E.: Chromatography. Amsterdam 1958.
[2.47] Hrapia, H.: Einführung in die Chromatographie. Berlin 1977 (WTB Nr. 30).
[2.48] Hesse, G.: Isolierung, Reinigung und Trennung durch Adsorption im flüssigen Aggregatzustand, in [1.26] 465.
[2.49] Schütte, H. R.: Säulenchromatographie, in [2.10] 1, 353.
[2.50] Kubeczka, H.-H.: Dünnschichtchromatographie, in [1.25] 183.
[2.51] Geiss, F.: Die Parameter der Dünnschicht-Chromatographie. Braunschweig 1972.
[2.52] Randerath, K.: Dünnschichtchromatographie. Weinheim/Bergstr. 1962.
[2.53] Frey, H.-P.: Fortschritte in der Chromatographie – IV. Probleme und Entwicklungen der Dünnschichtchromatographie. Mitt.bl. Chem. Ges. DDR 31 (1984) 128.
[2.54] Cramer, F.: Papierchromatographie. Weinheim/Bergstr. 1963.
[2.55] Eppert, G.: Fortschritte in der Chromatographie – II. Trends und Ergebnisse der

Hochleistungs-Flüssigchromatographie (HPLC). Mitt.bl. Chem. Ges. DDR **30** (1983) 146.
[2.56] Zlatkis, A.; Kaiser, R. E. (Hrsg.): High Performance Thin-Layer Chromatography Amsterdam 1977.
[2.57] Asshauer, J.; Ullner, H.: Flüssigkeits-Chromatographie, in [1.25] 149.
[2.58] Glöckner, G.: Fortschritte in der Chromatographie – III. Chromatographische Charakterisierung der molekularen Struktur von Polymeren. Mitt.bl. Chem. Ges. DDR **30** (1983) 178.
[2.59] Brümmer, W.: Affinitätschromatographie, in [1.75] 63.
[2.60] Determann, H.: Gelchromatographie, Gelfiltration, Gelpermeation, Molekülsiebe. Berlin, Heidelberg, New York 1967.
[2.61] Heitz, W.: Gelchromatographie. Angew. Chem. **82** (1970) 675.
[2.62] Brüssau, R.: Gel-Permeations-Chromatographie, in [1.77] 415.
[2.63] Small, H.: Modern Inorganic Chromatography. Anal. Chem. **55** (1983) 235 A.
[2.64] Fritz, J. S.; Gjerde, D. T.; Pohlandt, Chr.: Ion Chromatography. Heidelberg, Basel, New York 1982.
[2.65] Werner, G.; Engewald, W.: Fortschritte in der Chromatographie – VI. Ionenchromatographie. Mitt.bl. Chem. Ges. DDR **32** (1985) 151.
[2.66] Jira, Th.; Beyrich, Th.; Lemke, E.: Ionenpaar-HPLC. Die Pharmazie **39** (1984) 141.
[2.67] Döring, C. E.: Gaschromatographie, in [2.10] **1**, 287.
[2.68] Rohrschneider, L.: Gas-Chromatographie, in [1.25] 117.
[2.69] Leibnitz, E.; Struppe, H. G. (Hrsg.): Handbuch der Gaschromatographie. 3. Aufl. Leipzig 1984.
[2.70] Kaiser, R.: Gas-Chromatographie. Leipzig 1960.
[2.71] Jentzsch, D.: Gas-Chromatographie. Stuttgart 1971.
[2.72] Schay, G.: Theoretische Grundlagen der Gaschromatographie. Berlin 1960 (Physikalisch-chemische Trenn- und Meßmethoden, Bd. 3 (Hrsg.: E. Krell)).
[2.73] Struppe, H. G.: Fortschritte in der Chromatographie – V. Gaschromatographie mit „offenen“ Säulen. Mitt.bl. Chem. Ges. DDR **32** (1985) 74.
[2.74] Kuhn, H.-J.: Die Kapillar-Gas-Chromatographie. Chem. Lab. Betr. **16** (1965) 360; 411; 463.
[2.75] Schulte, E.: Kapillar-Gas-Chromatographie, in [1.77] 287.

Zu Kapitel 3

[3.1] Seidel, W.: Untersuchungen in Molekularstrahlen. Chem. i. uns. Zeit **6** (1972) 112.
[3.2] Fricke, J.: Chemie im Strahl – Reaktive Streuung von Atomen und Molekülen. Physik i. uns. Zeit **3** (1972) 110.
[3.3] Seel, F.: Grundlagen der analytischen Chemie unter besonderer Berücksichtigung der Chemie in wäßrigen Systemen. Weinheim 1979.
[3.4] Hägg, G : Die theoretischen Grundlagen der analytischen Chemie. Basel 1955.
[3.5] Fluck, E.; Becke-Goehring, M.: Einführung in die Theorie der quantitativen Analyse. Dresden 1977.
[3.6] Brunck, O.; Lissner, A.; Seltmann, H.: Quantitative Analyse. Dresden, Leipzig 1962.
[3.7] Biltz, H.; Biltz, W.; Fischer, W.: Ausführung quantitativer Analysen. Stuttgart 1955.
[3.8] Erdey, L.: Theorie und Praxis der gravimetrischen Analyse. Bd. I bis III. Budapest 1964.

[3.9] Prodinger, W.: Organische Fällungsmittel in der quantitativen Analyse. Stuttgart 1957.
[3.10] Jander, G.; Jahr, K. F.; Knoll, H.: Maßanalyse. Berlin 1963.
[3.11] Jander, G.; Blasius, E.; Brenneck, E., u. a.: Neuere maßanalytische Methoden. Stuttgart 1956.
[3.12] Huber, W.: Titrationen in nichtwäßrigen Lösungsmitteln. Frankfurt/M. 1964.
[3.13] Houben-Weyl: Methoden der organischen Chemie. Bd. III: Physikalische Methoden, Teil 2: Elektrische, optische, magnetische und akustische Methoden. Stuttgart 1955.
[3.14] Rast, K.: Indikatoren und Reagenzpapiere, in [3.13] 101.
[3.15] Headridge, J. B.: Photometric Titrations. London 1961.
[3.16] Flaschka, H., u. a.: Photometric Titrations. Talanta **8** (1961) 381, 521, 720, 885; **9** (1962) 76; 249; **11** (1964) 423, 1067, 1651; **12** (1965) 913; **15** (1968) 1467; Mikrochim. Acta **1964**, 401.
[3.17] Pearson, K. H.; Kirchner, S.: Spectropolarometric Titrations. Analytic. Chim. Acta **48** (1969) 339.
[3.18] Vajgand, V.; Todorovski, T.: Anwendungsmöglichkeiten des Labor-Interferometers bei chemischen Titrationsanalysen. Jenaer Rdsch. **15** (1970) 37.
[3.19] Kraft, G.; Fischer, J.: Indikation von Titrationen. Berlin 1972.
[3.20] Vetter, K. J.: Elektrochemische Methoden zur Endpunktbestimmung, in [1.82] 601.
[3.21] Megardle, R.; Jones, G. L. jr.; Rosenthal, D.: Dielectrometric Titrations. Analyt. Chem. **41** (1969) 1214.
[3.22] Abrahamczik, E.: Potentiometrische und konduktometrische Titration, in [3.13] 135.
[3.23] Henrion, G.: Thermometrische Titrationen. Wiss. Fortschr. **19** (1969) 172.
[3.24] Tyrrell, H. J. V.; Beezer, A. E.: Thermometric Titrimetry. London 1968.
[3.25] Barthel, J.: Thermometric Titrations. New York: 1975; (s. a. Barthel, J.; Schmahl, N. G.: Z. analyt. Chem. **207** (1965) 81; **233** (1968) 328).
[3.26] Eatough, D. J., u. a.: Bestimmung der Gleichgewichtskonstanten durch kalorimetrische Titration. Thermochim. Acta **3** (1972) 203, 219, 233.
[3.27] Wiese, G.; Schuchardt, G.: Kryoskopische Titration zur Bestimmung der bei chemischen Reaktionen auftretenden Teilchenzahländerungen. Z. analyt. Chem. **254** (1971) 97.
[3.28] Jahr, K. F.; Wiese, G., u. a.: Über die dilatometrisch indizierten Titrationen. Z. analyt. Chem. **241** (1968) 110; **255** (1971) 261; **256** (1972) 113; **260** (1972) 111.
[3.29] Simpson, R. B.; Irving, H. M. N. H.; Smith, J. S.: Viscosimetric Titrations. Analytic. Chim. Acta **55** (1971) 169.
[3.30] Kiba, T.: Stalagmometric Titrations. Talanta **19** (1972) 399.
[3.31] Braun, T.; Tölgyessy, J.: Radiometric Titrations. Oxford, London 1967.
[3.32] Blackie, M. S.; Gold, V.: Magnetometric Titration, a New Method of Chemical Analysis. Nature **183** (1959) 1804.
[3.33] Pessel, H.; Schmid, G.: Analytische Anwendungen des Ultraschalls, in [1.82] 832.
[3.34] Schwarzenbach, G.: Die komplexometrische Titration. Stuttgart 1955.
[3.35] Pribil, R.: Komplexone in der chemischen Analyse. Berlin 1961.
[3.36] Berka, R.; Vulterin, J.; Zyka, J.: Maßanalytische Oxydations- und Reduktionsmethoden. Leipzig 1964.
[3.37] Behrends, K.: Verteilungstitration von Ionenpaaren mit Indikatoren. Z. analyt. Chem. **250** (1970) 241.
[3.38] Galik, A.: Spectrophotometric Extractive Titrations. Talanta **13** (1966) 109, 589, 1169; **14** (1967) 731; **15** (1968) 771; **16** (1969) 201; **17** (1970) 115.

[3.39] Weisz, H., u. a.: Maßanalyse und Katalyse. Z. analyt. Chem. **215** (1966) 17; **227** (1967) 1; **232** (1967) 321; **247** (1969) 248; **249** (1970) 302; 304; **252** (1970) 12; **262** (1972) 269.
[3.40] Weisz, H.: Vervielfachungsreaktionen in der Mikroanalyse. Mikrochim. Acta **1970**, 1057.
[3.41] Helbig, W.: Elektrochemische Methoden in der Ultramikroanalyse. Z. analyt. Chem. **245** (1969) 359; **246** (1969) 169, 173, 225, 353.
[3.42] Kaiser, R.: Quantitative Bestimmung organischer funktioneller Gruppen. Frankfurt/M. 1966.
[3.43] Wolf, S.: Apparative Möglichkeiten zur Automatisierung von Titrationen in Labor und Betrieb. Chemiker-Ztg. **86** (1962) 715.
[3.44] Rellstab, W.: Die gravimetrische Titration. GIT-Fachz. Lab. **13** (1969) 1053.
[3.45] Houben-Weyl: Methoden der organischen Chemie. Bd. II: Analytische Methoden. Stuttgart 1953.
[3.46] Kienitz, H.: Gasvolumetrische und gasanalytische Methoden, in [3.45] 715.
[3.47] Roth, H.; Bähr, G.; Hein, F.; Hornig, A.; Zinneke, F.: Organische Elementaranalyse, in [3.45] 1.
[3.48] Kumpan, P.: Die Arbeitstechnik in der Elementaranalyse. Karl-Marx-Stadt 1962.
[3.49] Müller, H.; Otto, M.; Werner, G.: Katalytische Methoden in der Spurenanalyse. Leipzig, 1980.
[3.50] Bognar, J.: Verfahren zur quantitativen Auswertung katalytischer Reaktionen: die Simultan-Komparationsmethode. Mikrochim. Acta **1963**, 397.
[3.51] Kortüm, G.: Lehrbuch der Elektrochemie. Weinheim/Bergstr. 1972.
[3.52] Forker, W.: Elektrochemische Kinetik. Berlin 1966.
[3.53] Kraft, G.: Elektrochemische Analysenverfahren, in [1.74] 103; s. a. Chem. Lab. Betr. **24** (1973) 337, 395, 450, 491.
[3.54] Ebel, S.; Surmann, P.: Elektrochemische Analysenverfahren, in [1.25] 651.
[3.55] Delahay, P.: New Instrumental Methods in Electrochemistry. New York, London 1966.
[3.56] Kraft, G.: Elektrische Methoden in der chemischen Analyse. Frankfurt/M. 1962.
[3.57] Lingane, J. J.: Electroanalytical Chemistry. New York 1958.
[3.58] IUPAC-Klassifizierung und Nomenklatur elektroanalytischer Methoden. Mitt.bl. Chem. Ges. DDR, Beiheft 47, Berlin 1981 (Pure Appl. Chem. **45** (1976) 81).
[3.59] Jander, G.; Pfundt, O.: Die konduktometrische Maßanalyse. Berlin 1958.
[3.60] Maurer, O.: Die Leitfähigkeitsmessung - ein betriebssicheres und hochempfindliches Analysenverfahren. CZ Chem.-Techn. **2** (1973) 117.
[3.61] Schuppan, J.: Theorie und Meßmethoden der Konduktometrie. Berlin 1980; Anwendungen der Konduktometrie. Berlin 1980.
[3.62] Hengstenberg, J.; Sturm, B.; Winkler, O.: Messen und Regeln in der chemischen Technik. Berlin, Göttingen, Heidelberg 1964.
[3.63] Sturm, B.: Stoffanalyse durch Messung der elektrolytischen Leitfähigkeit, in [3.62] 596.
[3.64] Cruse, K.; Huber, R.: Hochfrequenztitration. Weinheim/Bergstr. 1957; s. a. Angew. Chem. **66** (1954) 625.
[3.65] Cruse, K.: Hochfrequenztitration, in [1.82] 606.
[3.66] Henrion, G.: Oszillometrie. Wiss. Fortschr. **19** (1969) 52.
[3.67] Pungor, E.: Oscillometry and Conductometry. New York 1965.
[3.68] Oehme, F.: Dielektrische Meßmethoden. Weinheim/Bergstr. 1961.
[3.69] Oehme, F.: Dielektrizitätskonstante, Messung und analytische Anwendung, in [1.82] 455, 473.
[3.70] Czekalla, J.: Dielektrizitätskonstante und Molekülstruktur, in [1.82] 463.

[3.71] Fuchs, O.; Wüstlin, F.: Methoden zur Bestimmung der dielektrischen Eigenschaften, in [3.13] 351.
[3.72] Schwabe, K.: *p*H-Meßtechnik. Dresden, Leipzig 1963.
[3.73] Kratz, L.: Die Glaselektrode und ihre Anwendungen. Frankfurt/M. 1950.
[3.74] Cammann, K.: Das Arbeiten mit ionenselektiven Elektroden. Berlin, Heidelberg, New York 1977; s. a. Fortschritte auf dem Gebiet der ionensensitiven Elektroden. Naturwissenschaften 57 (1970) 298.
[3.75] Cammann, K.: Fehlerquellen bei Messungen mit ionenselektiven Elektroden, in [1.74] 245.
[3.76] Galster, H.: Ionenselektive Elektroden – eine systematische Übersicht. Chem. Lab. Betr. **36** (1985) 118; 347; 438; 560; **37** (1986) 52; 501; **38** (1987) 9; 58.
[3.77] Schumacher, E.; Umland, F.: Neue Titrationen mit elektrochemischer Endpunktanzeige, in [1.75] 197.
[3.78] Hahn, F. L.: *p*H und potentiometrische Titrierungen. Frankfurt/M. 1964.
[3.79] Schmiedel, K.: Potentiometrie, in [2.10] **2**, 338.
[3.80] Heyrovsky, J.; Kuta, J.: Grundlagen der Polarographie. Berlin 1965.
[3.81] Krjukowa, T. A.; Sinjakowa, S. J.; Arefjewa, T. W.: Polarographische Analyse. Leipzig 1964.
[3.82] Proszt, J.; Cielieszky, V.; Györbiro, K.: Polarographie. Budapest 1967.
[3.83] Nürnberg, H. W.; Wolff, G.: Stand der polarographischen Methoden und ihrer Instrumentation. Chem.-Ing.-Techn. **37** (1965) 977; **38** (1966) 160.
[3.84] Stackelberg, M. v.; Schmidt, H.: Neue Wege der Polarographie. Angew. Chem. **71** (1959) 508.
[3.85] Meites, L.: Polarographic Techniques. New York 1965.
[3.86] Schulte, R. W.: Grundlagen der Gleichspannungs-Polarographie. Chem. Lab. Betr. **12** (1962) 45, 98.
[3.87] Nürnberg, H. W.: Moderne Methoden der Gleichspannungspolarographie. Z. analyt. Chem. **186** (1962) 1.
[3.88] Nürnberg, H. W.: Differential-Pulspolarographie, Pulsvoltammetrie und Pulsinversvoltammetrie, in [1.75] 211.
[3.89] Elbel, A. W.: Tastpolarographie. Z. analyt. Chem. **173** (1960) 70.
[3.90] Wolf, S.: Rapidpolarographie. Angew. Chem. **72** (1960) 449.
[3.91] Herrmann, M.: Erfahrungen mit dem Kathodenstrahlpolarographen. Z. analyt. Chem. **173** (1960) 21.
[3.92] Neeb, R.: Inverse Polarographie und Voltammetrie. Berlin 1969; s. a. Angew. Chem. **74** (1962) 203.
[3.93] Monien, H.: Fortschritte der inversen Voltammetrie. I. Methodik und bestimmbare Elemente. Chem.-Ing.-Techn. **42** (1970) 857.
[3.94] Breyer, B., Bauer, H. H.: Alternating Current Polarography and Tensammetry. New York, London 1963.
[3.95] Smith, D. E.: Polarography and Related Techniques, in: A. J. Bard, Electroanalytical Chemistry, Vol. I. New York 1967.
[3.96] Schmidt, H.; Stackelberg, M. v.: Neuartige polarographische Methoden. Weinheim/Bergstr. 1962.
[3.97] Heyrovsky, J.; Kalvoda, R.: Oszillographische Polarographie mit Wechselstrom. Berlin 1960.
[3.98] Kalvoda, R.: Die Technik der oszillographischen Messungen. Dresden, Leipzig 1965.
[3.99] Ševcik, A.: Oszillographische Polarographie mit periodischer Dreiecksspannung. Collect. Czech. Chem. Commun. **13** (1948) 349.
[3.100] Barker, G. C.; Gardner, A. W.: Pulse-Polarography. Z. analyt. Chem. **173** (1960) 79.

[3.101] Geißler, M.; Kuhnhardt, C.: Square-wave-Polarographie. Leipzig 1970.
[3.102] Neeb, R.: Oberwellen-Wechselstrompolarographie. Z. analyt. Chem. **188** (1962) 401.
[3.103] Sturm, F. v.: Anwendbarkeitsgrenzen der polarographischen Methode in der anorganischen Analyse. Z. analyt. Chem. **173** (1960) 11.
[3.104] Nürnberg, H. W.: Polarographie in der organischen Chemie. Angew. Chem. **72** (1960) 433.
[3.105] Březina, M.; Zuman, P.: Die Polarographie in der Medizin, Biologie und Pharmazie. Leipzig 1956.
[3.106] Stock, J. T.: Amperometric Titrations. New York 1965.
[3.107] Konopik, N.: Amperometrische Titrationen. Österr. Chemiker-Ztg. **54** (1953) 289, 325.
[3.108] Delahay, P.; Mamantov, G.: Chronopotentiometry. Analytic. Chem. **27** (1955) 478.
[3.109] Reilley, C. N.; Scribner, W. G.: Chronopotentiometric Titrations. Analyt. Chem. **27** (1955) 1210.
[3.110] Graue, G.: Coulometrie. Chem. Lab. Betr. **13** (1962) 221.
[3.111] Abresch, K.; Claassen, I.: Die coulometrische Analyse. Weinheim/Bergstr. 1961.
[3.112] Trobisch, K. H.: Die coulometrische Titration. Chem. Techn. **6** (1957) 649.
[3.113] Lord, S. S.; O'Neill, R. C.; Rogers, L. B.: Microcoulometry. Analyt. Chem. **24** (1952) 209.
[3.114] Abresch, K.; Büchel, E.: Die coulometrische Analyse. Angew. Chem. **74** (1962) 685.
[3.115] Lohmann, F.: Die coulometrische Analyse und ihre Anwendungen. Chem. Techn. **13** (1961) 668.
[3.116] Connors, K. A.; Higuchi, T.: Anordnungen zur Elektrolyse bei konstantem Potential. Analyt. Chem. **32** (1960) 93.
[3.117] Schleicher, A.: Elektroanalytische Schnellmethoden. Stuttgart 1947.
[3.118] Jehring, H.: Elektrosorptionsanalyse mit der Wechselstrompolarographie. Berlin 1974.
[3.119] Wagner, W.: Chemische Thermodynamik. Berlin 1982.
[3.120] Kettrup, A.: Thermogravimetrie - Differenzthermoanalyse, in [1.77] 85.
[3.121] Heide, K.: Dynamische thermische Analysenmethoden. Leipzig 1982.
[3.122] Wendlandt, W. W.: Thermal Methods of Analysis. New York 1974.
[3.123] Sajo, J.; Sipos, B.: Thermometrische Schnellanalysen von Martin- und Hochofenschlacken. Z. analyt. Chem. **222** (1966) 23.
[3.124] Priestley, P. T.; Sebborn, W. S.; Selman, R. F. W.: Automatic Thermometric Titration. Analyst 88 (1963) 797.
[3.125] Becker, F.: Thermisch-kalorische Meßverfahren, in [1.25] 779.
[3.126] Höhne, G.: Mikrokalorimetrie, in [1.77] 107.
[3.127] Blazek, A.: Thermal Analysis. London 1972.
[3.128] Kienitz, H.: Bestimmung der Schmelz- und Gefriertemperatur, der Siede- und Kondensationstemperatur, in [3.45] 783.
[3.129] Rheinboldt, H.: Thermische Analyse und Bestimmung organischer Molekülverbindungen, in [3.45] 827.
[3.130] Perizonius, R.: Die Differential-Thermo-Analyse. Chem. Lab. Betr. **12** (1961) 230.
[3.131] Schultze, D.: Differentialthermoanalyse. Berlin 1972.
[3.132] Gielessen, J.: Druck- und Dampfdruckmessungen, in [1.82] 845.
[3.133] Cantow, H.-J.: Osmotischer Druck und andere kolligative Eigenschaften zur Bestimmung des Molekulargewichtes hochmolekularer Substanzen, in [1.82] 799.
[3.134] Breitenbacher, J. W.; Gabler, H.: Molekulargewichtsbestimmung niedermolekularer Substanzen, in [1.82] 790.
[3.135] Stahl, E.: Thermofraktographie. Z. analyt. Chem. **261** (1972) 11.

[3.136] Duval, C.: Inorganic Thermogravimetric Analysis. New York, Amsterdam 1963.
[3.137] Ebbinghaus, E.: Gasanalyse durch Messung des Wärmeleitvermögens, in [3.62] 565.
[3.138] Finkelnburg, W.: Einführung in die Atomphysik. Berlin, Göttingen, Heidelberg 1964.
[3.139] Sommerfeld, A.: Atombau und Spektrallinien, 2 Bde. Braunschweig 1960.
[3.140] Spectrometric Techniques (Hrsg. G. A. Vanasse) New York 1981.
[3.141] Clark, G. L. (Ed.): Encyclopedia of Spectroscopy. New York, London 1960.
[3.142] Moenke, H.; Moenke-Blankenburg, L.: Optische Bestimmungsverfahren und Geräte für Mineralogen und Chemiker. Goniometrie, Refraktometrie, Mikroskopie, Kolorimetrie, Photometrie, Spektrometrie und Polarimetrie. Leipzig 1965.
[3.143] Kofler, L. A.: Mikroskopische Methoden, in: Handbuch der mikrochemischen Methoden, Bd. I/1, Hrsg. F. Hecht und M. K. Zacherl. Wien 1954.
[3.144] Waschull, H.: Präparationstechnik für die Lichtmikroskopie. Leipzig 1984.
[3.145] Kämpf, G.: Elektronenmikroskopie, in [1.25] 605.
[3.146] Picht, J.; Heydenreich, J.: Einführung in die Elektronenmikroskopie. Berlin 1966.
[3.147] Seiler, H.: Abbildung von Oberflächen mit Elektronen, Ionen und Röntgenstrahlen. Mannheim, Zürich 1968.
[3.148] Heydenreich, J.: Hochauflösende Elektronenmikroskopie in der Werkstofforschung. Sitzungsberichte der AdW der DDR 19/N Berlin 1982.
[3.149] Bethge, H.; Heydenreich, J.: Elektronenmikroskopie in der Festkörperphysik. Berlin 1982.
[3.150] Reimer, L.: Rasterelektronenmikroskopie. Berlin–Heidelberg–New York 1973.
[3.151] Wetzig, K.: Emissions-Elektronenmikroskopie. Wiss. Fortschr. **22** (1972) 221.
[3.152] Introduction to Analytical Electron Microscopy. (Hrsg.: J. J. Hren; J. I. Goldstein; D. C. Joy) New York 1979.
[3.153] Svejcar, J.: Analytical Electron Microscopy in Solid-state Physics. 4. Tagung Festkörperanalytik, Tagungsberichte TH Karl-Marx-Stadt 1984, Heft 12, 391.
[3.154] Binnig, G.; Rohrer, H.: Scanning Tunneling Microscopy. Physica **127B** (1984) 37.
[3.155] Hietschold, M.; Ziesche, P.: Raster-Tunnel-Mikroskopie. Wiss. Fortschr. **35** (1985) 186.
[3.156] Mikroanalyse mit Elektronen- und Ionensonden. (Hrsg.: O. Brümmer u. a.) 2. Aufl., Leipzig 1980.
[3.157] Müller, E. W.: Atom-Probe Field-ion Microscopy. J. Vacuum Sci. Technol. **8** (1971) 89.
[3.158] Spice, J. E.: Chemische Bindung und Struktur. Leipzig 1971, S. 215.
[3.159] Jost, K.-H.: Röntgenbeugung an Kristallen. Berlin 1975.
[3.160] Neff, H.: Grundlagen und Anwendungen der Röntgen-Feinstruktur-Analyse. München 1962.
[3.161] Glocker, R.: Materialprüfung mit Röntgenstrahlen unter Berücksichtigung der Röntgenmetallkunde. 5. Aufl. Berlin–Heidelberg–New York 1971.
[3.162] Bunge, H. J.: Automatische Texturanalyse mit Hilfe der elektronischen Datenverarbeitung. Krist. Techn. **6** (1971) 429.
[3.163] Lehrwerk Chemie, LB/AB 3: Strukturaufklärung - Spektroskopie und Röntgenbeugung. (Hrsg.: E. Steger u. a.) 2. Aufl. Leipzig 1976.
[3.164] Otto, H.: Strukturbestimmung mit Methoden der Röntgenfeinstrukturanalyse und der Elektronenbeugung, in [2.10] **2**, 184.
[3.165] Messerschmidt, A.: Ein EDV-Programm zur Simulierung der Geometrie von Quasi-Laue-Diagrammen. Krist. Techn. **8** (1973) 1093.
[3.166] Paulus, E. F.: Strukturanalyse durch Beugung an Kristallen, in [1.25] 235.
[3.167] Kuchitsu, K.: Gas Electron Diffraction, in: Molecular Structure and Properties,

Ed. G. Allen. MTP Internat. Rev. Sci., Physic. Chem. Ser. 1, Vol. 2. London, Baltimore 1972.
[3.168] Festkörperanalyse mit Elektronen, Ionen und Röntgenstrahlen. (Hrsg.: O. Brümmer; J. Heydenreich; K. H. Krebs; H.-G. Schneider) Berlin 1980.
[3.169] Klöber, J.; Schneider, H. A.: Beugung langsamer Elektronen (LEED), in [3.168] 185.
[3.170] Brückner, J.: Beugung schneller Elektronen (HEED). in [3.168] 165.
[3.171] Neutron Diffraction. (Hrsg.: H. Dachs) Berlin–Heidelberg–New York 1978.
[3.172] Weitzel, H.: Kristallstrukturuntersuchungen mit Neutronenbeugung. Physik i. uns. Zeit **4** (1973) 14.
[3.173] Bacon, G. E.: Neutron Diffraction Studies of Molecular Structures, in: Molecular Structure and Properties, Ed. G. Allen. MTP Internat. Rev. Sci., Physic. Chem. Ser. 1, Vol. 2. London, Baltimore 1972.
[3.174] Will, G.: Untersuchung der chemischen Bindung mit Röntgen- und Neutronenbeugung. Naturwissenschaften **58** (1971) 444.
[3.175] Krivaň, V.: Analytische Charakterisierung von Stoffen durch Streuung von geladenen Teilchen. Z. analyt. Chem. **262** (1972) 1.
[3.176] Tempelhoff, K.: Neutronenstreuung. Wiss. Fortschr. **22** (1972) 450.
[3.177] Menzel, D.: Inelastische Wechselwirkungen langsamer Elektronen mit adsorbierten Teilchen. Angew. Chem. **82** (1970) 263.
[3.178] Schülke, W.; Berg, U.; Brümmer, O.: Die Anwendung des Comptoneffektes bei der Bestimmung der Elektronenstruktur kristalliner Festkörper. Reinststoffprobleme IV (Reinststoffe Wiss. Techn., Symposiumsber. Dresden 1970), Berlin 1972, S. 83.
[3.179] Mohler, H.: Chemische Optik. Aarau 1951.
[3.180] Höfert, H.-J.: Refraktometrie, in [1.25] 641.
[3.181] Richter, P.: Refraktometrie, in [2.10] **2**, 244.
[3.182] Asmus, E.: Refraktometrie, in [3.13] 407.
[3.183] Snatzke, G.: Optical Rotatory Dispersion and Circular Dicroism in Organic Chemistry. London 1967.
[3.184] Krüger, H. G.: Polarimetrie, in [1.25] 625.
[3.185] Asmus, E.: Polarimetrie, in [3.13] 425.
[3.186] Flügge, J.: Grundlagen der Polarimetrie. Berlin 1970.
[3.187] Potapov, V. M.: Die Anwendung der Spektropolarimetrie. Wiss. Z. Techn. Hochsch. Chem. Leuna-Merseburg **11** (1969) 1.
[3.188] Hayfield, P. C. S.: Ellipsometrie. Werkstoffe Korros. **19** (1968) 950.
[3.189] Beckmann, K. H.: Methoden und Ergebnisse optischer Untersuchungen an Halbleitergrenzflächen. Angew. Chem. **80** (1968) 213.
[3.190] Azzam, R. M. A.: Ellipsometrija i poljarizovannyj svet. Moskva 1981.
[3.191] Staab, H. A.: Einführung in die theoretische organische Chemie. Weinheim/Bergstr. 1963.
[3.192] Herzberg, G.: Einführung in die Molekülschwingungsspektroskopie. Darmstadt 1973.
[3.193] Herzberg, G.: Molecular Spectra and Molecular Structure, Vol. I: Spectra of Diatomic Molecules; Vol. II: Infrared- and Raman-Spectra of Polyatomic Molecules; Vol. III: Electronic Spectra and Electronic Structure of Polyatomic Molecules. New York, London 1954, 1966.
[3.194] Borsdorf, R.; Scholz, M.: Spektroskopische Methoden in der organischen Chemie. Berlin, Oxford, Braunschweig 1968.
[3.195] Geppert, G.: Experimentelle Methoden der Molekülspektroskopie. Berlin 1964.
[3.196] Derkosch, J.: Absorptionsspektralanalyse im ultravioletten, sichtbaren und infraroten Gebiet. Leipzig 1967.

[3.197] Fitzky, H. G.: Mikrowellengasspektrometer für die chemische Analyse von Substanzgemischen. GIT Fachz. Lab. **9** (1968) 884, 1023.

[3.198] Zeil, W.: Neuere Entwicklungen auf dem Gebiet der Mikrowellen-Spektroskopie. Naturwissenschaften **57** (1970) 274.

[3.199] Honerjäger, R.: Mikrowellen-Spektroskopie, in [3.13] 901.

[3.200] Maier, W.: Spektroskopie im Mikrowellenbereich, in [1.82] 326.

[3.201] Sheridan, J.: Microwave Spectroscopy, in: Analytical Chemistry, Ed. T. S. West. MTP Internat. Rev. Sci., Physic. Chem. Ser. 1, Vol. 12, Pt. 1. London, Baltimore 1973.

[3.202] Knözinger, E.: Methoden der Schwingungsspektroskopie und ihr Einsatz in der analytischen Chemie. CZ Chem.-Techn. **1** (1972) 327.

[3.203] Knözinger, E.: Grundlagen der IR-Spektroskopie. Chem. Lab. Betr. **21** (1970) 385, 440.

[3.204] Brügel, W.: Einführung in die Ultrarotspektroskopie. Darmstadt 1969.

[3.205] Steger, E.: Die Möglichkeiten der IR- und Ramanspektroskopie in der Festkörperanalyse, in: Aktuelle Probleme der Festkörperanalytik, Tagungsber. Techn. Hochsch. Karl-Marx-Stadt **2** (1977) 137.

[3.206] Bellamy, L. J.: Ultrarot-Spektrum und chemische Konstitution. Darmstadt 1966.

[3.207] Kriegsmann, H.; Geißler, H.: Einige Möglichkeiten und Probleme beim Einsatz der Schwingungsspektroskopie in der Festkörperanalytik, in: 3. Tagung Festkörperanalytik, Tagungsber. Techn. Hochsch. Karl-Marx-Stadt **1** (1982) 21.

[3.208] Steger, E.: Zur Konzeption der charakteristischen Schwingungen im Reich der Phononen, in: 4. Tagung Festkörperanalytik, Tagungsber. Techn. Hochsch. Karl-Marx-Stadt **1** (1984) 207.

[3.209] Geiseler, G.: Infrarotspektroskopie, in [2.10] **2**, 67.

[3.210] Hoyer, H.: Infrarot-Spektroskopie, in [3.13] 795.

[3.211] Schrader, B.: Infrarot- und Raman-Spektroskopie, in [1.25] 303.

[3.212] Kunath, D.: Moderne physikalische Analysenmethoden, ihre Einsatzmöglichkeiten, Grenzen und Entwicklungstendenzen: Infrarotspektroskopie. Mitt.-bl. Chem. Ges. DDR **18** (1971) 17.

[3.213] Brügel, W.: Optische Betriebsmeßgeräte, UR-Gebiet, in [3.62] 497.

[3.214] Smith, R. A.: Entwicklung und Auswertung des Spektrums im sehr fernen IR-Bereich. Helv. physica Acta **41** (1968) 1172.

[3.215] Low, M. J. D.: Fourier Transform Spectroscopy. Naturwissenschaften **57** (1970) 280.

[3.216] Spangenberg, H.-J.; Kunath, D.: Schwingungsspektroskopie im fernen Infrarot, molekulare Potentiale und thermodynamische Funktionen. Z. Chem. **10** (1970) 87.

[3.217] Möller, K. D.: Rothschild, W. G.: Far-Infrared Spectroscopy. New York 1971.

[3.218] Geick, R.: Einführung in die Fourierspektroskopie. Chem. Lab. Betr. **23** (1972) 193, 250, 300.

[3.219] Genzel, L.: Fourier-Transform-Spektroskopie im Infraroten. Z. analyt. Chem. **273** (1975) 391.

[3.220] Kunath, D.; Reklat, A.: Innere Reflexionsspektroskopie im infraroten Spektralbereich. Z. Chem. **11** (1971) 361.

[3.221] Ohls, K.; Koch, K. H.; Dönges, D.: Analytische Anwendungen der Methode der abgeschwächten Totalreflexion. Z. analyt. Chem. **261** (1972) 177.

[3.222] Schrader, B.: Chemische Anwendungen der Raman-Spektroskopie. Angew. Chem. **85** (1973) 925.

[3.223] Fruwert, J.: Ramanspektroskopie, in [2.10] **2**, 143.

[3.224] Schrader, B.: Raman-Spektrometrie, in [1.76] 187.

[3.225] Brandmüller, J.; Moser, H.: Einführung in die Ramanspektroskopie. Darmstadt 1962.

[3.226] Kiefer, W.: Fortschritte in der linearen und nichtlinearen Ramanspektroskopie, in: 4. Tagung Festkörperanalytik, Tagungsber. Techn. Hochsch. Karl-Marx-Stadt **1** (1984) 151.

[3.227] Otting, W.: Der Ramaneffekt und seine analytische Anwendung. Berlin, Göttingen, Heidelberg 1952.

[3.228] Gilson, T. R.; Hendra, P. J.: Laser Raman Spectroscopy. New York 1970.

[3.229] Reich, P.; Pilz, W.: Festkörper-Ramanspektroskopie - Möglichkeiten und Grenzen der Festkörpercharakterisierung, in: 4. Tagung Festkörperanalytik, Tagungsber. Techn. Hochsch. Karl-Marx-Stadt **2** (1984) 523.

[3.230] Kortüm, G.: Kolorimetrie, Photometrie und Spektrometrie. Berlin, Göttingen, Heidelberg 1962.

[3.231] Zanker, V.: Spektroskopie im Sichtbaren und Ultraviolett, in [1.82] 198.

[3.232] Pestemer, M.; Brück, D.: Absorptionsspektroskopie im Sichtbaren und Ultraviolett, in [3.13] 593.

[3.233] Stache, F.: Spektroskopie im sichtbaren und UV-Gebiet, in [2.10] **2**, 1.

[3.234] Dähne, S.: Moderne physikalische Analysenmethoden, ihre Einsatzmöglichkeiten, Grenzen und Entwicklungstendenzen: UV/VIS-Spektroskopie. Mitt.-bl. Chem. Ges. DDR **18** (1971) 1.

[3.235] Dehler, J.; Kresze, G.: Physikalische Methoden in der Chemie: UV-Spektroskopie. Chem. i. uns. Zeit **2** (1968) 123; **3** (1969) 1.

[3.236] Döge, H.-G.: Photometrische Analysenverfahren, in [1.32] 144.

[3.237] Henning, H.: Kolorimetrie und Photometrie. Chem. Lab. Betr. **8** (1957) 397, 493.

[3.238] Lange, B.: Kolorimetrische Analyse. Weinheim/Bergstr. 1962.

[3.239] Sümnich, K.-H.: Photometrie. Wiss. Fortschr. **22** (1972) 504.

[3.240] Hoffmann, K.: Optische Betriebsmeßgeräte. Sichtbarer und ultavioletter Spektralbereich, in [3.62] 463.

[3.241] Kortüm, G.: Reflexionsspektroskopie. Berlin, Heidelberg, New York 1969.

[3.242] Oelkrug, D.: Diffuse Reflexionsspektroskopie. Chem. Lab. Betr. **20** (1969) 241.

[3.243] Herrmann, R.: Physikalische Grundlagen der Mikroskopphotometrie. Z. analyt. Chem. **252** (1970) 81.

[3.244] Beyermann, K.: Grundlagen und Arbeitstechnik der Mikrophotometrie, in: Fortschr. chem. Forschung **11, 3**: Analytische Verfahren. Berlin, Heidelberg 1969.

[3.245] Wild, U. P.: Kurzzeit-Photochemie. Chimia **27** (1973) 421.

[3.246] Dähne, S.: Diskussionstreffen über Probleme der zeitaufgelösten Spektroskopie. Mitt.-bl. Chem. Ges. DDR **20** (1972) 13.

[3.247] Lübbers, D. W.; Wodick, R.: Die Untersuchung von Multikomponentensystemen in biologischen Materialien mit einem Schnellscanningphotometer. Appl. Optics **8** (1969) 1055.

[3.248] Eigen, M.: Die „unmeßbar" schnellen Reaktionen (Nobel-Vortrag). Angew. Chem. **80** (1968) 892.

[3.249] Lippert, E.: Fluoreszenzspektroskopie, in [1.82] 305.

[3.250] Förster, T.: Fluoreszenz und Phosphoreszenz, in [3.13] 477.

[3.251] Eisenbrand, J.: Fluorimetrie. Stuttgart 1966.

[3.252] Mahr, C.: Nephelometrie und nephelometrische Titration. Chem. Lab. Betr. **10** (1959) 355.

[3.253] Mahr, C.: Nephelometrie (und Heterometrie), in [1.82] 829.

[3.254] Rosencwaig, A.: Photoacustic Spectroscopy – A New Tool for Investigation of Solids. Analyt. Chem. **47** (1975) 592A.

[3.255] Fahr [illegible]: Eine neue Methode der instrumentellen Analytik: Optoakustische Spektroskopie. Chem. Lab. Betr. **29** (1976) 255.

[3.256] Hoyer, E.; Lerchner, J.: Photoakustische Spektroskopie – Ein kalorischer Zu-

gang zum optischen Absorptionsspektrum unpräparierter Proben vom Ultraviolett bis zum Infrarot. Mitt.-bl. Chem. Ges. DDR **29** (1982) 30.
[3.257] Friebolin, H.: Magnetische Kern- und Elektronenspinresonanzspektroskopie, in [1.25] 381.
[3.258] McDowall, C. A. (Ed.): Magnetic Resonance, MTP Internat. Rev. Sci., Physic. Chem. Ser. 1, Vol. 4. London, Baltimore 1972.
[3.259] Altschuler, S. A.; Kosyrew, B. M.: Paramagnetische Elektronenresonanz. Leipzig 1963.
[3.260] Michel, D.: Grundlagen und Methoden der kernmagnetischen Resonanz. Berlin 1981.
[3.261] Ulbricht, K.: Moderne physikalische Analysenmethoden, ihre Einsatzmöglichkeiten, Grenzen und Entwicklungslinien: Elektronenspinresonanz. Mitt.-bl. Chem. Ges. DDR **18** (1971) 217.
[3.262] Fitzky, H. G.: Elektronen-Spin-Resonanz – Anwendungen und Verfahrensweisen, in [1.77] 181.
[3.263] Bljumenfeld, L. A.; Wojewodski, W. W.; Semjonow, A. G.: Die Anwendung der paramagnetischen Elektronenresonanz in der Chemie. Leipzig 1966.
[3.264] Gerson, F.: Hochauflösende ESR-Spektroskopie. Weinheim/Bergstr. 1967.
[3.265] Scheffler, K.; Stegmann, H. B.: Elektronenspinresonanz. Grundlagen und Anwendungen in der organischen Chemie. Berlin, Heidelberg, New York 1970.
[3.266] Kevan, L.; Kispert, L. D.: Electron spin double resonance spectroscopy. New York 1976.
[3.267] Wertz, J. E.; Bolton, J. R.: Electron spin resonance – elementary theory and practical applications. New York 1972.
[3.268] Harriman, J. E.: Theoretical foundations of electron spin resonance. New York 1978.
[3.269] Ammon, R. v.; Fischer, R. D.: Verschiebungsreagenzien in der NMR-Spektroskopie. Angew. Chem. **84** (1972) 737.
[3.270] Suhr, H.: Die kernmagnetische Resonanz und ihre Anwendungen in der Chemie. Chem. Lab. Betr. **18** (1967) 441, 495.
[3.271] Engelhardt, G.: Moderne physikalische Analysenmethoden, ihre Einsatzmöglichkeiten, Grenzen und Entwicklungstendenzen: NMR-Spektroskopie (Magnetische Kernresonanzspektroskopie). Mitt.-bl. Chem. Ges. DDR **18** (1971) 169.
[3.272] Grathwohl, M.: Kernresonanzspektroskopie. Physik i. uns. Zeit **2** (1971) 168.
[3.273] Nagel, H. D.: Kernmagnetische Resonanz, in [2.10] **2**, 199.
[3.274] Zschunke, A.: Kernmagnetische Resonanzspektroskopie in der organischen Chemie. Berlin, Oxford, Braunschweig 1971.
[3.275] Fluck, E.: Die kernmagnetische Resonanz und ihre Anwendung in der anorganischen Chemie. Berlin, Göttingen, Heidelberg 1963.
[3.276] Wüthrich, K.: Magnetische Kernresonanzspektroskopie in der biologischen Forschung. Naturwissenschaften **60** (1973) 221.
[3.277] Breitmeyer, E.; Voelter, W.: 13-C-NMR-Spektroskopie. Weinheim 1974.
[3.278] Farrar, T. C.; Becker, E. D.: Pulse und Fourier Transform NMR. New York 1971.
[3.279] NMR-Shift-Reagents. (Ed.: Sievers, R. E.). New York 1973.
[3.280] Mehring, M.: Principles of High-Resolution NMR in Solids. Berlin–Heidelberg–New York 1983.
[3.281] Pfeifer, H.; Schmiedel, H.: Magnetische Kernresonanz im Festkörper. 2. Tagung Festkörperanalytik. Karl-Marx-Stadt 1978, Tagungsberichte S. 131.
[3.282] Engelhardt, G.: Strukturuntersuchungen an Silikaten und Alumosilikaten mit der hochauflösenden ^{29}Si-NMR-Spektroskopie. 3. Tagung Festkörperanalytik, Karl-Marx-Stadt 1981, Tagungsberichte S. 143.

[3.283] Grimmer, A.-R.: Hochauflösende NMR im Festkörper. 4. Tagung Festkörperanalytik, Karl-Marx-Stadt 1984, Tagungsberichte S. 415.
[3.284] Bremser, W.: Grundlagen und apparative Voraussetzungen der Kohlenstoff-13-Kernresonanz-Spektroskopie. Chemiker-Ztg. **97** (1973) 248.
[3.285] Philipsborn, W. v.: Methoden und Anwendungen der kernmagnetischen Doppelresonanz. Angew. Chem. **83** (1971) 470.
[3.286] Grathwohl, M.: Kernquadrupol-Resonanzspektroskopie. Physik i. uns. Zeit **3** (1972) 16.
[3.287] Bienenstock, A.; Winick, H.: Synchrotron radiation research. Physics today, June 1983, 48.
[3.288] Williams, G. P.: A general review of synchrotron radiation, its uses and special technologies. Vacuum **32** (1982) 333.
[3.289] Dartyge, E.; Fontaine, A.; Mimault, J.: EXAFS in Metallurgy. Springer Ser. Chem. Phys. **27** (1983) 80.
[3.290] Sinfeld, J. H.; Via, G. H.; Lytle, F. W.: Application of EXAFS in Catalysis. Structure of Bimetallic Cluster Catalysts. Catal. Rev. Sci. Eng. **26** (1984) 81.
[3.291] Bertin, E. P.: Principles and Practice of X-Ray Spectrometric Analysis. New York 1975.
[3.292] Blochin, M. A.: Physik der Röntgenstrahlen. Berlin 1957.
[3.293] Meisel, A.: Leonhardt, G.; Szargan, R.: Röntgenspektren und chemische Bindung. Leipzig 1977.
[3.294] Jenkins, R.: Einführung in die Röntgenspektrometrie, London 1977.
[3.295] Carlson, T. A.: Photoelectron and Auger Spectrometry. New York, London 1975.
[3.296] Nemoshkalenko, W. W.; Aleshin, B. G.: Elektronenspektroskopie der Kristalle. Kiew 1976.
[3.297] Briggs, D. (Eds): Handbook of X-Ray and Ultraviolett Photoelectron Spectroscopy. London 1977.
[3.298] Hagström, S. B. M.; Fadley, C. S.: X-Ray Photoelectron Spectroscopy, in: Azaroff, L. V.: X-Ray Spectrometry. McGraw-Hill 1974.
[3.299] Meiling, W.: Kernphysikalische Elektronik. Berlin 1975, S. 30.
[3.300] Jugelt, P.; Musiol, G.; Schiekel, M.: Energiedispersive Röntgenspektrometer und ihre Anwendung in der Festkörperanalytik. 4. Tagung Festkörperanalytik Technische Hochschule Karl-Marx-Stadt, Tagungsberichte, Heft 12, 1984, S. 223.
[3.301] Heinrich, K. F. J.: Electron Beam X-Ray Microanalysis. New York 1981.
[3.302] Klockenkämper, R.: Röntgenspektralanalyse am Rasterelektronenmikroskop, in [1.74] 269; [1.75] 181.
[3.303] Beier, W.; Röder, A.; Brümmer, O.: Elektronenstrahl-Mikroanalyse, in [3.168] 99.
[3.304] Werner, H. W.: The Application of Beam and Diffraction Techniques to Thin Film and Surface Micro-Analysis, in: Topics in Current Phys., Thin Film and Depth Profil Analysis (Ed.: H. Oechsner) Vol. 37, Chapter 2 (1984) 5.
[3.305] Tomboulian, D. H.: The Experimental Methods of Soft X-Ray Spectroscopy and the Valence Band Spectra of the Light Elements, in: Handbuch der Physik, Bd. XXX, Röntgenstrahlen (Hrsg.: S. Flügge). Berlin–Göttingen–Heidelberg 1957, S. 246.
[3.306] Drack, H.; Kosina, S.; Grasserbauer, M.: Zur verbindungsspezifischen Lokalanalyse mit der Elektronenstrahlmikrosonde – Charakterisierung von Röntgenvalenzbandspektren durch Bandenvektoren und Repräsentationsraumtransformationen. Z. analyt. Chem. **295** (1979) 30.
[3.307] Dräger, G.: Hochauflösende Röntgenspektroskopie, in [3.168] 131.
[3.308] Ehrhardt, H.: Röntgenfluoreszenzanalyse – Anwendung in Betriebslaboratorien. Leipzig 1981.

[3.309] Leonhardt, G.: Bestimmung absoluter Bindungsenergien in Molekülen und Festkörpern. Wiss. Z. Karl-Marx-Univ. Leipzig **25** (1976) 439.

[3.310] Leonhardt, G.: Anwendungsmöglichkeiten und Entwicklungstendenzen der Photoelektronenspektroskopie. Z. Chem. **13** (1973) 81.

[3.311] Kunz, C.: Experimente mit Synchrotronstrahlung. Phys. Bl. **32** (1976) 9, 55.

[3.312] Hirsch, D.; Leonhardt, G.: Investigation of surfaces by means of the Zr M Radiation. Surf. Sci. **89** (1979) 660.

[3.313] Werner, H. W.; Garten, R. P. H.: A comparative study of methods for thin-film and surface analysis, in: Reports on progress in physics **47** (1984) 243.

[3.314] Nordling, C.: ESCA: Elektronen-Spektroskopie für chemische Analyse. Angew. Chem. **84** (1973) 144.

[3.315] Siegbahn, K.; et al.: ESCA, Atomic, Molecular and Solid State Structure Studied by Means of Electron Spectroscopy. Uppsala 1967.

[3.316] Turner, D. W.; et al.: Molecular Photoelectron Spectroscopy. New York 1970.

[3.317] Leonhardt, G.: Anwendung der Photoelektronenspektroskopie zur Oberflächenanalytik. Die Technik **33** (1978) 235.

[3.318] Holm, R.; Storp, S.: ESCA. Eine Methode zur Bestimmung von Elementen und ihren Bindungszuständen in der Oberfläche von Festkörpern, in [1.77] S. 159.

[3.319] Berg, U.: Photoelektronenspektroskopie, in [3.168] 315.

[3.320] Than, E.: Photoelektronenspektroskopie – eine Methode zur Charakterisierung von Festkörperoberflächen, in Fracture Mechanics, Micromechanics, Coupled Fields **17**, Berlin, Karl-Marx-Stadt 1985.

[3.321] Wagner, C. D.: Factors Affecting Quantitative Determinations by X-Ray Photoelectron Spectroscopy. Anal. Chem. **49** (1977) 1282.

[3.322] Streubel, P.: Augerelektronenspektroskopie (AES) zur Untersuchung von Festkörperoberflächen – Stand und neuere Entwicklungen auf den Gebieten der quantitativen Analyse und der chemischen Information. Z. Chem. **23** (1983) 41.

[3.323] Chattarji, D.: The Theory of the Auger Transition. London 1976.

[3.324] Klaua, M.; Oertel, G.: Auger-Elektronenspektroskopie, in [3.168] 295.

[3.325] Fuggle, J. C.: High Resolution Auger Spectroscopy of Solids and Surface, in Electr. Spectr.: Theory, Techniques and Applications IV, J. Wiley 1981, S. 85.

[3.326] McGuire, G. E.; Holloway, P. H.: Applications of Auger Spectroscopy in Materials Analysis, in Electr. Spectr.: Theory, Techniques and Applications IV, J. Wiley 1981, S. 1.

[3.327] Berg, U.; Streubel, P.; Breuer, K.: Elektronenspektroskopie, in [3.156] S. 137.

[3.328] Castle, J. E.; Epler, D.: Chemical shifts in photo-excited Auger spectra. Proc. R. Soc. Lond. **A339** (1974) 49.

[3.329] Breuer, K.; Zscheile, H.: Energieverlust-Elektronenspektroskopie, in [3.168] S. 281.

[3.330] Hanke, E.: Prüfung metallischer Werkstoffe, Bd. II: Zerstörungsfreie Prüfverfahren. Leipzig 1960.

[3.331] Berthold, R.; Vaupel, O.; Wetterneck, N. v.: Der heutige Stand der Werkstoffprüfung mit Röntgen- und Gammastrahlen. Stahl u. Eisen **72** (1952) 492.

[3.332] Müller, E. A. W.: Das diagnostische Bild in der zerstörungsfreien Materialprüfung. Werkst. Betr. **40** (1957) 31.

[3.333] Schulte, H.; Juhlmann, F.: Grundlagen der Röntgen-Diagnostik und Röntgen-Therapie, Stuttgart 1952.

[3.334] Eckhardt, S.: Atom- und Ionenspektren, in [1.82] 196, 334.

[3.335] Schrön, W.; Rost, L.: Atom-Spektralanalyse. Leipzig 1969.

[3.336] Pietzka, G.: Flammenphotometrie, in [1.82] 350.

[3.337] Hermann, R.; Alkemade, C. T. J.: Flammenphotometrie. Berlin, Göttingen, Heidelberg 1960.

[3.338] Moenke, H.: Atomspektroskopische Spurenanalyse. Leipzig 1974.

[3.339] Zilberštejn, Ch. I.: Stand und Entwicklung der spektralanalytischen Spurenbestimmung. Reinststoffe Wiss. Techn. IV, Symposiumsber. Dresden 1970. Berlin 1972, S. 931.

[3.340] Laqua, K.: Zum heutigen Stand der spektrochemischen Spurenanalyse. Z. analyt. Chem. **221** (1966) 44.

[3.341] Felske, A.; Hagenah, W.-D.; Laqua, K.: Optische Spektralanalyse mit Laser-Lichtquellen. Naturwissenschaften **57** (1970) 428.

[3.342] Moenke-Blankenburg, L.; Moenke, H.: Stand und Entwicklungstendenzen der Laser-Mikro-Spektralanalyse. CZ Chem.-Techn. **2** (1973) 297.

[3.343] Moenke, H.; Moenke-Blankenburg, L.: Einführung in die Laser-Mikro-Emissionsspektralanalyse. Leipzig 1968.

[3.344] Bock, R.: Methoden der Analytischen Chemie. Bd. 2: Nachweis- und Bestimmungsmethoden, Teil 1, S. 254.

[3.345] Grimm, W.: Eine neue Glimmentladungslampe für die optische Emissionsspektralanalyse. Spectrochim. Acta **23B** (1968) 443.

[3.346] Dogan, M.; Laqua, K.; Massmann, H.: Spektrochemische Analysen mit einer Glimmentladungslampe als Lichtquelle. II. Analytische Anwendungen. Spectrochim. Acta **27B** (1972) 65.

[3.347] ElAlfy, S.; Laqua, K.; Massmann, H.: Spektrochemische Analysen mit einer Glimmentladungslampe als Lichtquelle. III. Entwicklung und Beschreibung einer Universalmethode zur Bestimmung von Hauptbestandteilen in elektrisch nichtleitenden pulverförmigen Substanzen. Z. analyt. Chem. **263** (1973) 1.

[3.348] Dittrich, K.: Atomspektroskopische Spurenanalyse. Mitt.-bl. Chem. Ges. **27** (1980) 230.

[3.349] Dittrich, K.: Atomabsorptionsspektrometrie. Berlin 1982.

[3.350] Tyson, J. F.: Flow Injection Analysis Techniques for Atomic Absorption Spectrometry. Analyst **110** (1985) 419.

[3.351] Svejda, H.: Eine moderne Analysenmethode – Atomabsorptionsspektroskopie. Österr. Keram. Rdsch. **8** (1971) 11.

[3.352] Welz, B.: Grundlagen und Leistungsfähigkeit der Atom-Absorptions-Spektroskopie. CZ Chem.-Techn. **1** (1972) 373.

[3.353] Welz, B.: Atom-Absorptions-Spektroskopie. Weinheim/Bergstr. 1972.

[3.354] Dagnall, R. M.; Sharp, B. L.: Atomic Fluorescence Spectroscopy, in Analytical Chemistry, Ed. T. S. West. MTP Internat. Rev. Sci., Physic. Chem. Ser. 1, Vol. 12, Pt. 1. London, Baltimore 1973.

[3.355] Barnett, W. B.; Kahn, H. L.: Comparison of Atomic Fluorescence with Atomic Absorption as an Analytical Technique. Analyt. Chem. **44** (1972) 935.

[3.356] Frazer, L. M.; Winefordner, J. D.: Laser-Excited Atomic Fluorescence Flame Spectrometry as an Analytical Method. Analyt. Chem. **44** (1972) 1444.

[3.357] Weißmantel, Ch.: Analytische Anwendungen der Wechselwirkungen von Ionen mit Festkörpern. 2. Tagung Festkörperanalytik Technische Hochschule Karl-Marx-Stadt 1979, Tagungsberichte S. 9.

[3.358] Werner, H. W.; Garten, R. P. H.: Ion-induced Spectroscopic Methods for the Analysis of Surfaces, Interfaces and Thin Films. Trends in Analyt. Chem. **4** (1985) 11.

[3.359] McCracken, G. M.: The Behavior of Surfaces Under Ion Bombardment. Rep. Prog. Phys. **38** (1975) 241.

[3.360] Pech, H.: Ionenreflexionsspektroskopie, in [3.168] 345.

[3.361] Aono, M.: Quantitative Surface Structure Analysis by Low-Energy Ion Scattering. Nuclear Instr. and Meth. in Phys. Research **B2** (1984) 374.

[3.362] Baun, W. L.: The Characterisation of Polycrystalline Materials Using ISS. Appl. Surf. Sci. **13** (1982) 198.

[3.363] Götz, G.: Ionometrie, in [3.168] 357.

[3.364] Nicolet, M. A.: Backscattering Spectrometry and Related Analytical Techniques. in Nondestructive Evaluation of Semiconductor Materials and Devices. New York 1979.

[3.365] Baragiola, R. A.: Principles and Applications of Ion-Induced Auger Electron Emission from Solids. Radiation Effects **61** (1982) 47.

[3.366] Krebs, K. H.: Ioneninduzierte Elektronenemission, in [3.168] 335.

[3.367] Ertl, G.; Küppers, J.: Ion Neutralisation Spectroscopy. Weinheim 1974.

[3.368] Garten, R. P. H.: Protoneninduzierte Röntgen-Emissions-Spektrometrie (PIXE) – Analytische Anwendungen, in [1.77] 259.

[3.369] Inelastic Particle Surface Collisions. Proc. 3rd Workshop Zeltkirchen-Westerham (Ed.: Taglauer, E.; Heiland, W.). Berlin, Heidelberg, New York 1980.

[3.370] Clayton, E.: Sample Characterisation by Proton Induced X-Ray Emission Analysis. Appl. Surf. Sci. **13** (1982) 136.

[3.371] Roelandts, I.; Robaye, G.; Weber, G.; Delbrouck, J. M.: Some Applications of Proton-Induced X-Ray Emission Spectrometry in the Elemental Analysis of Metallurgical Materials. Z. analyt. Chem. **320** (1985) 541.

[3.372] Blauth, E. W.: Dynamische Massenspektroskopie. Braunschweig 1965.

[3.373] Benz, W.; Henneberg, D.: Massenspektrometrie organischer Verbindungen. Leipzig 1969.

[3.374] Dietze, H.-J.: Massenspektroskopische Spurenanalyse. Leipzig 1975.

[3.375] Düsterhöft, H.: Sekundärionen-Massenspektroskopie, in [3.168] S. 373.

[3.376] Bacon, J. R.; Ure, A. M.: Spark-Source Mass Spectrometry: Recent Developments and Applications. A Review. The Analyst **109** (1984) 1229.

[3.377] Doveren, H. van: Laser Mass Spectrometry. Spectrochim. Acta **B39** (1984) 1513.

[3.378] Grasserbauer, M.; Stingeder, G.; Pimminger, M.: Werkstoffcharakterisierung mittels Sekundär-Ionen-Massenspektrometrie (SIMS): Neue Möglichkeiten der Spuren-, Mikrobereichs- und Oberflächenanalyse. Z. analyt. Chem. **315** (1983) 575.

[3.379] Liebl, H.: Ionen-Mikrosonden-Analysatoren. Meßtechn. **12** (1972) 358.

[3.380] Budzikiewicz, H.: Massenspektroskopie organischer Verbindungen – Ionisierungsverfahren, in [1.76] 167.

[3.381] Spiteller, M.; Spiteller, G.: Massenspektrensammlung von Lösungsmitteln, Verunreinigungen, Säulenbelegungsmaterialien und einfachen aliphatischen Verbindungen. Wien, New York 1973.

[3.382] Block, J. H.: Field Ion Microscopy and Mass Spectrometry and Field Induced Ion Desorption, in Dechema Monographien: Moderne Verfahren der Oberflächenanalyse. Weinheim 1975, S. 215.

[3.383] Beckey, H. D.: Principles of Field Ionisation and Field Desorption Mass Spectrometry. Oxford 1977.

[3.384] Bingham, A. R.; Slater, P. L.: Materials Analysis by Laser Probe Mass Spectrometry. Internat. J. Mass. Spect. and Ion Phys. **21** (1976) 133.

[3.385] Müller, I.: Fast-Atom Bombardment Mass Spectrometry and Related Techniques, in Advances in Inorganic Chemistry and Radiochemistry, Vol. 28.

[3.386] Glish, G. L.; Goeringer, D. E.: Tandem Quadrupole/Time-of-Flight Instrument of Mass Spectrometry/Mass Spectrometry. Anal. Chem. **56** (1984) 2291.

[3.387] Oechsner, H.: Secondary Neutral Mass Spectrometry (SNMS) and its Application

to Depth Profile and Interface Analysis. Topics in Current Physics. Vol. 37 Thin Film and Profile Analysis. S. 63.
[3.388] Mößbauer, R. L.: Resonanzspektroskopie von Gammastrahlung. Naturwissenschaften **58** (1971) 164.
[3.389] Gütlich, P.: Physikalische Methoden in der Chemie: Mößbauer-Spektroskopie. Chem. i. uns. Zeit **4** (1970) 133; **5** (1971) 131.
[3.390] Goldanskii, V. I.: Zur Gamma-Resonanzspektroskopie (Mößbauer-Spektroskopie) in der Chemie. Angew. Chem. **79** (1967) 844.
[3.391] Hobert, H.; Arnold, D.: Die Anwendungen der Mößbauer-Spektrometrie in der Oberflächenchemie. Z. Chem. **9** (1969) 410.
[3.392] Greenwood, N. N.: Anwendung der Mößbauer-Spektroskopie auf Probleme der Festkörperchemie. Angew. Chem. **83** (1971) 746.
[3.393] Spijkerman, J. J.: Conversions Electron Mössbauer Spectroscopy. Internat. Lab. **1972**, Jan./Feb., 22.
[3.394] Salvat, F.; Parellada, J.: Theory of Conversion Electron Mössbauer Spectroscopy (CEMS). Nuclear Instr. and Methods in Phys. Res. **B1** (1984) 70.
[3.395] Lieser, K.-H.: Einführung in die Kernchemie. Weinheim/Bergstr. 1969.
[3.396] Hertz, G.: Lehrbuch der Kernphysik, Bd. I. Leipzig 1966.
[3.397] Kment, V.; Kuhn, A.: Technik des Messens radioaktiver Strahlung. Leipzig 1963.
[3.398] Lux, F.: Physikalische Methoden in der Chemie: Aktivierungsanalyse. Chem. i. uns. Zeit **5** (1971) 33.
[3.399] Döge, H.-G.: Aktivierungsanalyse, in [1.32] 192.
[3.400] Bock-Wertmann, W.; Schulze, W.: Aktivierungsanalyse. Frankfurt/M. 1961.
[3.401] Adams, F.; Hoste, J.: Neuere Entwicklungen auf dem Gebiet der Aktivierungsanalyse. Kerntechn. **10** (1968) 98.
[3.402] Schulze, W.: Neutronenaktivierung als analytisches Hilfsmittel. Stuttgart 1962.
[3.403] Schindewolf, U.: Analyse durch Neutronenaktivierung, in [1.82] 966.
[3.404] Pfrepper, G.; Görner, W.; Niese, S.: Spurenelementbestimmung durch Neutronenaktivierung. Moderne Spurenanalytik Bd. 6. Leipzig 1981.
[3.405] Niese, S.: Aktivierungsanalyse. Mitteilungsbl. Chem. Ges. **32** (1985) 122.
[3.406] Bleeken, S.: Autoradiographie – Grundlagen und Anwendungen eines Abbildungsverfahrens. Wiss. Fortschr. **20** (1970) 129.
[3.407] Fischer, H. A.; Werner, G.: Autoradiographie. Berlin 1971.
[3.408] Baumbach, H.; Freyer, K.: Grundlagen und Entwicklung autoradiographischer Verfahren. Kolloqu. Physik. chem. Meß- u. Analysentechn., Karl-Marx-Stadt 1973.
[3.409] Bozkurt, N.; Geckinli, A. E.; Geckinli, M.: Autoradiographic Study on Boronized Steel. Materials Sci. and Eng. **57** (1983) 181.
[3.410] Kosmowski, A.: Anwendung von Radionukliden in Chemie und Technik. CZ Chem.-Techn. **2** (1973) 375.
[3.411] Vogt, H.-H.: Tracer-Chemie. Chem. Lab. Betr. **17** (1966) 548.
[3.412] Michejewa, L. M.; Michejew, N. B.: Radioaktive Isotope in der analytischen Chemie. Berlin 1962.
[3.413] Hart, H.: Radioaktive Isotope in der Betriebsmeßtechnik. Berlin 1962.
[3.414] Gotte, H.: Bestimmung und Anwendung der radioaktiven Atomarten in der organischen Chemie, in [3.422] 753.
[3.415] Schütte, H.-R.: Radioaktive Isotope in der organischen Chemie und Biochemie. Weinheim/Bergstr. 1966.
[3.416] Hoyer, H.: Analytische Bestimmung und Anwendung nichtstrahlender Isotope, in [3.422] 839.
[3.417] Lieser, K.-H.: Anwendung radiochemischer Methoden in der Umweltforschung. Z. analyt. Chem. **263** (1973) 304.

[3.418] Koch, H.: Isotopentechnik und Umweltforschung. Wiss. Fortschr. **23** (1973) 370.
[3.419] Jirkovsky, R.: Anwendbarkeit der β-Reflexion in der analytischen und metallurgischen Chemie. Freiberger Forschungsh. B 1968, 130.
[3.420] Thümmel, H.-W.: Durchgang von Elektronen- und Betastrahlung durch Materieschichten. Berlin 1974.
[3.421] Kleine Enzyklopädie Atom – Struktur der Materie. (Hrsg.: Ch. Weißmantel; H. Lenk; W. Forker; R. Ludloff; J. Hoppe). Leipzig 1980.
[3.422] Houben-Weyl: Methoden der organischen Chemie, Bd. III. Physikalische Methoden, Teil 1; Mechanische, thermische, mikroskopische, massenspektrometrische und Isotopen-Methoden. Stuttgart 1955.

Zu Kapitel 4

[4.1] Danzer, K.: Zur historischen Entwicklung der Emissionsspektralanalyse. NTM Schr.-R. Gesch. Naturwiss. Techn. Medizin **6** (1969) 2, 13; **7** (1970) **1**, **33**.
[4.2] Hantsche, H.: Abbreviations for Microscopical and Analytical Methods. Microsc. Acta 87 (1983) 271.
[4.3] Delaey, L.; Arkens, O.: The Acronoyms Used in the World of Spectroscopy, Microscopy and Diffractometry. Spectrochim. Acta **36B** (1981) 361.
[4.4] Beaman, D. R.; Isasi, J. A.: Electron Beam Microanalysis. ASTM Spec. Techn. Publ. 506. Philadelphia 1972.
[4.5] Ullrich, H.-J.: Quantitative Analyse kleinster Mengen und Bereiche (Vergleichende Untersuchungen über physikalische Mikroanalysenmethoden). Tagungsvortr. Röntgenspektrometrie und ihre Bedeutung als Analysenmethode, Berlin 1969, S. 227.
[4.6] Henry, W. M.; Blosser, E. R.: Brief Survey of Various Analytical Techniques Used for Metals and Alloys, in Modern Analytical Techniques for Metals and Alloys, Pt. 1, Ed. R. F. Bunshah. New York, London, Sydney, Toronto 1970, S. 1.
[4.7] Materials Advisory Board Report MAB 229 – M: Characterisation of Materials. Nat. Acad. Sci. March. 1967.
[4.8] Kienitz, H.: Überblick über die Analyse anorganischer und organischer Substanzen mit chemischen und physikalischen Methoden, in [1.24] 1.
[4.9] Alimarin, P. I.; Petrikova, M. N.: Anorganische Ultramikroanalyse. Berlin 1962.
[4.10] Malissa, H.: Zur Festlegung der absoluten Grenzbereiche der Mikrochemie. Mikrochim. Acta **1972**, 596.
[4.11] Than, E.; König, H.: Studien zur Analytik dünner Schichten. Wiss. Z. Techn. Hochsch. Karl-Marx-Stadt **14** (1972) 603.
[4.12] Feigl, F.: Tüpfelanalyse, 2 Bde. Frankfurt/M. 1960.
[4.13] Danzer, K.; Than, E.; König, H.: Emissionsspektrographische Bestimmung von Schwermetallspuren in dünnen Schichten. WTI d. Zentr. Geol. Inst. Berlin 17/1976: Spektralanalyse mineralischer Rohstoffe und technischer Produkte, S. 161.
[4.14] Hintenberger, H.: Massenspektroskopische Spurenanalyse in Festkörpern. Reinststoffprobleme II: Reinststoffanalytik, 2. Internat. Sympos. Reinststoffe Wiss. Techn., Dresden 1965. Berlin 1966, S. 337.
[4.15] Charlot, G.: Qualitative Schnellanalyse der Kationen und Anionen. Berlin 1969.
[4.16] Veibel, S.: Analytik organischer Verbindungen. Berlin 1960.
[4.17] Feigl, F.: Tüpfel- und Farbreaktionen als mikrochemische Arbeitsmethoden. Mikrochem. **1** (1923) 4.

[4.18] Hahn, F. L.: Zur Kennzeichnung der Empfindlichkeit analytischer Reaktionen. Mikrochem., verein. Mikrochim. Acta **38** (1951) 26.

[4.19] Tölg, G.: Neue Wege zur analytischen Charakterisierung von Reinststoffen. Tagungsber. Techn. Hochsch. Karl-Marx-Stadt, 2. Tagung Festkörperanalytik 1978. **2** (1979) 185. Z. analyt. Chem. **294** (1979) 1.

[4.20] Schulz, W.; Kotz, L.: Systematische Fehler bei der extremen Elementspurenanalyse. Chem. Lab. Betr. **33** (1982) 483.

[4.21] Tschöpel, P.; Tölg, G.: Comments on the Accuracy of Analytical Results in ng- and pg-Trace Analysis of the Elements. J. Trace Microprobe Techn. **1** (1982) 1.

[4.22] Bock, R.: Spurenanalyse. Chem. Lab. Betr. **17** (1966) 241, 299.

[4.23] Specker, H.: Neue Möglichkeiten der Spurenanalyse. Chem. Lab. Betr. **22** (1971) 433.

[4.24] Tölg, G.: Spurenanalyse der Elemente – Zahlenlotto oder exakte Wissenschaft? Naturwiss. **63** (1976) 99.

[4.25] Tölg, G.: Mikroanalytische Arbeitstechniken – Unentbehrliche Hilfsmittel in der extremen Spurenanalyse der Elemente. Pure appl. Chem. **44** (1975) 645.

[4.26] Stahlberg, R.: Präzisionsanalyse von Hauptkomponenten in komplizierten Werkstoffen. Dissertation (B), Zentralinstitut für Festkörperphysik und Werkstofforschung der AdW der DDR, Dresden 1985.

[4.27] Gründler, P.; Stahlberg, R.: Characterization of Stoichiometry of Solid Materials by Means of Chemical Methods. Proc. 6th Internat. Sympos. High-Purity Materials in Science and Technology, Dresden 1985, II, 105.

[4.28] Staats, G.: Erzeugung von Richtigkeit in der Analytischen Chemie durch Rekonstruktion der Probe (GARS). Z. analyt. Chem. **315** (1983) 1.

[4.29] Kucharkowski, R.; Drescher, A.; Großmann, O.: Anwendung von Titrationsverfahren zur Bestimmung von Hauptkomponenten mit hoher Genauigkeit – Allgemeine Betrachtungen. Z. Chem. **19** (1979) 281.

[4.30] Stahlberg, R.: Präzisionsanalyse – Probleme bei Hauptbestandteilsbestimmungen in Makro- und Mikromengen komplexer Festkörpersysteme, in 3. Tagung Festkörperanalytik, Tagungsber. Techn. Hochsch. Karl-Marx-Stadt **2** (1982) 99.

[4.31] Cammann, K.: Elektrochemische Anionenanalytik und ihre Bedeutung für die „Speciation-Analysis". Z. analyt. Chem. **320** (1985) 429.

[4.32] Tschöpel, P.: Probleme und Methoden der mikroanalytischen Elementbestimmung. Chem. Lab. Betr. **23** (1972) 433, 492, 545.

[4.33] Tölg, G.; Lorenz, I.: Mikroanalyse. Fortschr. chem. Forschung **11/4**. Berlin, Heidelberg, New York 1969.

[4.34] Tölg, G.: Chemische Elementaranalyse mit kleinsten Proben. Weinheim/Bergstr. 1968.

[4.35] Korenman, I. M.: Introduction to Quantitative Ultramicroanalysis. New York, London 1965.

[4.36] Hecht, F.; Zacherl, M. K. (Hrsg.): Handbuch der mikrochemischen Methoden, 4 Bde., Wien, New York 1954 bis 1966.

[4.37] Flaschka, H.: Anorganische Mikroanalyse. Pure appl. Chem. **26** (1971) 1.

[4.38] Alter, J.; Weinbrecher, J.: Aspekte der Prozeßanalytik. Chem. Techn. **26** (1974) 167.

[4.39] Geißler, M.: Stand der Entwicklungstendenzen der Prozeßanalytik in der Nichteisenmetallurgie. Chem. Techn. **27** (1975) 365.

[4.40] Doerffel, K.; Müller, H.; Uhlmann, M.: Prozeßanalytik. Leipzig 1986.

[4.41] Ullmanns Encyklopädie der technischen Chemie, Bd. 2/II: Betriebsüberwachung. München, Berlin, Wien 1968.

[4.42] Herrmann, G.: Die kontinuierlich laufende Titration als Meßverfahren für die

Regelung von chemischen Größen. Metalloberfl. Angew. Elektrochem. **26** (1972) 334.

[4.43] Ehrlich, G.; Danzer, K.; Liebich, V.: Allgemeine Grundlagen der Verteilungsanalytik, in 2. Tagung Festkörperanalytik, Tagungsber. Techn. Hochsch. Karl-Marx-Stadt **1** (1979) 69.

[4.44] Danzer, K.; Doerffel, K.; Ehrhardt, H.; Geißler, M.; Ehrlich, G.; Gadow, P.: Investigations of the Chemical Homogeneity of Solids. Analyt. Chim. Acta **105** (1979) 1.

[4.45] Danzer, K.; Ehrlich, G.: Homogenitätscharakterisierung von Festkörpern mit Hilfe mathematischer Modelle, in 4. Tagung Festkörperanalytik, Tagungsber. Techn. Hochsch. Karl-Marx-Stadt **2** (1984) 547.

[4.46] Danzer, K.; Marx, G.: Application of Two-Dimensional Variance Analysis for the Investigation of Homogeneity of Solids. Analyt. Chim. Acta **110** (1979) 145.

[4.47] Danzer, K.; Singer, R.: Application of Pattern Recognition Methods for the Investigation of Chemical Homogeneity of Solids. Mikrochim. Acta **1985** I, 219.

[4.48] Ehrlich, G.; Kluge, W.: Characterization of the Chemical Homogeneity of Solids in the Case of Periodical Concentration Fluctuations by Means of the Statistics of Stochastic Processes. Mikrochim. Acta in Vorber.

[4.49] Ullrich, H.-J.: Spezielle physikalische Meßmethoden zur Homogenitätsuntersuchung in Mikrobereichen. Reinststoffe Wiss. Techn., Symposiumsber. Dresden 1970. Berlin 1972, S. 883.

[4.50] Ehrlich, G.; Mai, H.: Der Homogenitätsbegriff und seine Bedeutung in der Festkörperanalytik, in 3. Tagung Festkörperanalytik, Tagungsber. Techn. Hochsch. Karl-Marx-Stadt **1** (1982) 97.

[4.51] Danzer, K.; Küchler, L.: Homogenitätskriterien für festkörperanalytische Untersuchungen. Talanta **24** (1977) 561.

[4.52] Malissa, H.: Stereometrische Analyse mit Hilfe der Elektronenstrahlmikroanalyse. Z. analyt. Chem. **273** (1975) 449.

[4.53] Hashimoto, H.: Dynamic Observation of Movement of Atoms by an Electron Microscope and On-Line Image Analysis Applicable to Solid State Physics and Chemistry, in 3. Tagung Festkörperanalytik, Tagungsber. Techn. Hochsch. Karl-Marx-Stadt **1** (1982) 157.

[4.54] Heydenreich, J.: Elektronenoptische Verfahren der Festkörperanalyse (Stand und Trends), in 3. Tagung Festkörperanalytik, Tagungsber. Techn. Hochsch. Karl-Marx-Stadt **1** (1982) 137.

[4.55] Holm, R.; Storp, S.: Methoden zur Untersuchung von Oberflächen, in Ullmanns Encyklopädie der technischen Chemie, Bd. 5, Weinheim 1980, S. 519.

[4.56] Hantsche, H.: Grundlagen der Oberflächenanalysenverfahren AES/SAM, ESCA (XPS), SIMS und ISS im Vergleich zur Röntgenmikroanalyse und deren Anwendungen in der Materialprüfung. Microscop. Acta **87** (1983) 97.

[4.57] Hercules, D. M.; Hercules, S. H.: Analytical Chemistry of Surfaces. J. chem. Educat. **61** (1984) 402; 483; 592.

[4.58] Winograd, N.: Surface Characterization. Analyt. Chem. **57** (1985) 1118A.

[4.59] Voelter, W.; Breitmaier, E.; Breitmaier, G.; Gupta, D.; Haas, G.; König, W. A.: Strukturaufklärung von Naturstoffen durch synoptische Auswertung verschiedener spektroskopischer Daten. Chemiker-Ztg. **97** (1973) 239.

[4.60] Kresze, G.: Spektroskopische Verfahren zur Konstitutionsermittlung. Z. analyt. Chem. **105** (1964) 165.

[4.61] Simon, W.: Instrumentalanalyse organischer Verbindungen. Chem. Lab. Betr. **17** (1966) 385.

[4.62] Autorenkollektiv: Strukturaufklärung – Spektroskopie und Röntgenbeugung.

Lehrwerk Chemie für Universitäten und Hochschulen, Lehrbuch 3 und Arbeitsbuch 3. Leipzig 1973.

[4.63] Simon, W.; Clerc, T.: Strukturaufklärung organischer Verbindungen mit spektroskopischen Methoden. Leipzig 1967.

[4.64] Saltykov, S. A.: Stereometrische Metallographie. Leipzig 1974.

[4.65] Waschull, H.: Präparative Metallographie. Leipzig 1984.

[4.66] Malissa, H.; Grasserbauer, M.; Terényi, W. M.; Hoke, E.; Reisenhofer, K.: Automatische, chemisch-spezifische Gefügeanalyse – Hardware, Software, Anwendungen. Mikrochim. Acta **(1977)** 501.

[4.67] Matthies, S.: Aktuelle Probleme der quantitativen Texturanalyse. Zentralinstitut für Kernforschung der AdW der DDR, Rossendorf 1982 (ZfK-480).

[4.68] Haussühl, S.: Kristallstrukturbestimmung. Weinheim 1979.

[4.69] Koch, W.: Konstitutionsanalyse von Legierungen. Z. analyt. Chem. **192** (1963) 202.

[4.70] Koch, W.: Metallkundliche Analyse. Zusammensetzung, Struktur und Habitus der Phasen in heterogenen Legierungen. Weinheim/Bergstr. 1965.

[4.71] Hanack, M.: Konformationsanalyse. Chem. Lab. Betr. **21** (1970) 289.

[4.72] Schneider, C.: Die Messung schneller Reaktionen in Lösung. Chem. Lab. Betr. **21** (1970) 245.

[4.73] Teuchner, K.; Becker, W.; Dähne, S.: Ultrakurzzeit–Elektronenspektroskopie. Wiss. Fortschr. **25** (1975) 497.

[4.74] Triebel, W.; Wilhelmi, B.: Beobachtungen von schnell ablaufenden Molekülprozessen mit Methoden der Laserspektroskopie und nichtlinearen Optik. Z. Chem. **13** (1973) 329.

[4.75] Begriffe und Definitionen zur Automation in und mit der analytischen Chemie. Z. analyt. Chem. **237** (1968) 81.

[4.76] Berghoff, W.; Fischer, K.; Junghans, D.; Zschintzsch, M.: Automatisierung und Prozeßrechner. Eine Einführung. Leipzig 1974.

[4.77] Malissa, H., u. a.: Automation in der analytischen Chemie und mit der analytischen Chemie. Z. analyt. Chem. **222** (1966) 100; **238** (1968) 81; **247** (1969) 1; **256** (1971) 7; **258** (1972) 363; **271** (1974) 97.

[4.78] Kienitz, H.; Kaiser, R.: Datenverarbeitung in der analytischen Chemie. Z. analyt. Chem. **237** (1968) 241.

[4.79] Kienitz, H.; Kaiser, R.: Automation und Analytik in der chemischen Industrie. Z. analyt. Chem. **222** (1966) 119.

[4.80] Seifert, G.: Der Einsatz von Elektronenrechnern in der Analysenmeßtechnik. Wiss. Fortschr. **23** (1973) 338, 420.

[4.81] Kaiser, R.: Optimierung des Informationsflusses aus automatischen Analysensystemen. Chem.-Ing.-Techn. **42** (1970) 872.

[4.82] Heinicke, W.: Mikroprozessoren – Einführung, in [1.77] 51.

[4.83] Ziegler, E.: Computer in der Analytik, in Ullmanns Encyklopädie der technischen Chemie, Bd. 5, Weinheim 1980, S. 51.

[4.84] Ziegler, E.: Computer in der Instrumentellen Analytik. Frankfurt/M. 1973.

[4.85] Eichelberger, W.; Günzler, H.: On-line Datenverarbeitung, in [1.74] 43.

[4.86] Danzer, K.; Hopfe, V.; Marx, G.: Möglichkeiten der Erhöhung der Informationsmenge spektroskopischer Analysenmethoden mit Hilfe der Rechentechnik. Z. Chem. **22** (1982) 332.

[4.87] Hinze, D.; Friedrich, M.: Zur Praxis der Digitalfilterung von Spektren. Z. Chem. **24** (1984) 9.

[4.88] Danzer, K.: Zur Ermittlung der Informationsmenge bei spektrochemischen Analysenverfahren. Z. Chem. **15** (1975) 158.

[4.89] Doerffel, K.: Optimierung analytisch-chemischer Verfahrensweisen. Tagungsber.

Techn. Hochsch. Karl-Marx-Stadt **2** (1977): Aktuelle Probleme der Festkörperanalytik, S. 93.

[4.90] Nalimov, V. V.: Einfluß der mathematischen Statistik und der Kybernetik auf die Methodologie wissenschaftlicher Untersuchungen. Reinststoffe Wiss. Techn., Symposiumsber. Dresden 1970. Berlin 1972, S. 47.

[4.91] Wehling, I.: Die Kontrolle von Gas-Chromatographen als ein Teil der Laboratoriumsautomation mit einem hierarchischen Rechnersystem. Chromatographia **5** (1972) 197.

[4.92] Schomburg, G.; Weeke, F.; Weimann, B.; Ziegler, E.: Datenverarbeitung in der Gaschromatographie. Angew. Chem. **84** (1972) 390.

[4.93] Kögler, W.: Automatisierung in der Massenspektrometrie. GIT-Fachz. Lab. **14** (1970) 6.

[4.94] Henneberg, D.; Caspar, K.; Ziegler, E.; Weimann, B.: Massenspektrometrische Analyse organisch-chemischer Verbindungen mit Hilfe eines Computersystems. Angew. Chem. **84** (1972) 381.

[4.95] Frazer, J. W.; Carlson, L. R.; Krey, A. M.; Bertoglio, M. R.; Perone, S. P.: Direkte Datenverarbeitung. Anwendung bei der Massenspektrometrie und Gas-Chromatographie. Analyt. Chem. **43** (1971) 1479.

[4.96] Schuy, K. D.; Hunneman, D. H.: Kombinierte Gas-Chromatographie/Massenspektrometrie. Grundlagen des Verfahrens und Bedeutung der Kopplung in der Chemie. Chemiker-Ztg. **95** (1971) 633.

[4.97] Koch, K. H.; Ohls, K.; Becker, G.: Die Anpassung der emissionsspektrographischen Stahlanalyse an einen schnellen Datenfluß. Arch. Eisenhüttenwes. **41** (1970) 25.

[4.98] Klopfenstein, C. E.: Planned Data System. Internat. Lab. **1973**, March/April, 35.

[4.99] Hoffmann, E. G.; Stempfle, W.; Schroth, G.; Weimann, B.: Die Anwendung einer Rechenanlage in der Praxis der kernmagnetischen Resonanzspektroskopie. Angew. Chem. **84** (1972) 400.

[4.100] Scherer, J. R.; Kint, S.: On-line Acquisition of Data from Raman and Infrared Spectrometers with a Time-sharing Computer. Appl. Optics **9** (1970) 1615.

[4.101] Sebesta, R. W.; Johnson jun., G. G.: New Computerized Infrared Substance Identification System. Analytic. Chem. **44** (1972) 260.

[4.102] Opitz, C.; Danzer, K.; Lösche, K.; Enke, G.; Baumert, G.: Zeichenprogramme – multivariat einsetzbares Mittel zur Interpretation und Veranschaulichung von Resultaten, in COMPANA '85, 3. Tagung Computereinsatz in der Analytik, Jena 1985, Kurzfass. Originalbeitr., S. 5.

[4.103] COMPANA '85, 3. Tagung Computereinsatz in der Analytik. Wiss. Beitr. Friedrich-Schiller-Univ. Jena 1986.

[4.104] Ziessow, D.: On-line-Rechner in der Chemie: Grundlagen und Anwendungen in der Fourierspektroskopie. Berlin 1973.

[4.105] Clerc, J. T.: Spektren, Chemische Struktur und Chemometrie, in [4.103] S. 43.

[4.106] Arndt, R. W.; Werder, R.: Automation in der Naßchemie-Analytik. Z. analyt. Chem. **287** (1977) 15.

[4.107] Bartels, H.; Scheidegger, R.: Ein Automatensystem für die naßchemische Industrie-Analytik. GIT-Fachz. Lab. **21** (1977) 1276.

[4.108] Dessy, R. E.: Robots in the Laboratory. Analyt. Chem. **55** (1983) 1100A, 1232A.

[4.109] Pierce, T. B.; Huddleston, J.; Diamond, C. A.: Investigation into the Use of Low-Cost Robot to Support Chemical Analysis. Analytic. Proc. **20** (1983) 419.

[4.110] van Gemert, J. T.: Automated Wet Chemical Analyzers and Their Application. Talanta **20** (1973) 1045.

[4.111] Snyder, L.; Levine, J.; Stoy, R.; Conetta, A.: Automated Chemical Analysis: Update on Continuous-Flow Approach. Analyt. Chem. **48** (1976) 942A.

[4.112] Betteridge, D.: Flow Injection Analysis. Analyt. Chem. **50** (1978) 832A.
[4.113] Müller, H.; Müller, V.: Grundlagen und Anwendungen der Flow-injection-Analyse (FIA). Z. Chem. **24** (1984) 81.
[4.114] Bartels, H.: Techniken der Automatisierung chemischer Analysenverfahren, in [1.75] 31.
[4.115] Scharrnbeck, C.: Ökonomisches Modell der Analytik. Chem. Techn. **22** (1970) 166.
[4.116] Leithe, W.: Die chemische Analyse als Brücke zwischen Chemiker und Kaufmann. Österr. Chemiker-Ztg. **61** (1960) 289.
[4.117] Plesch, R.: Die statistischen Kenngrößen der Additionsmethode in der Röntgen-Fluoreszenzanalyse. Z. analyt. Chem. **261** (1972) 97.
[4.118] Weise, L.: Statistische Auswertung von Kernstrahlungsmessungen. München, Wien 1971.
[4.119] Kriegsmann, H.: Entwicklungstendenzen der physikalischen Analysenmeßtechnik. Vortr. Jahreshaupttagung Physikal. Ges. DDR 1974.
[4.120] Arpadjan, S.; Doerffel, K.; Holland-Letz, K.; Much, H.; Pannach, M.: Statistische Optimierung analytisch-chemischer Aufgabenstellungen. Z. analyt. Chem. **270** (1974) 257.
[4.121] Herrmann, G.: Zuverlässigkeitsverfahren für die Prozeßmeßtechnik. München 1972.
[4.122] Klimpenhaus, W.; Rohrschneider, L.: Laborautomation und Labordatenverarbeitung: Zielsetzung und Lösungswege aus der Sicht eines industriellen Analysenlabors. Z. analyt. Chem. **321** (1985) 7.
[4.123] Koch, K. H.: Industrielle Analytik - Aufgaben und Problemlösungen. Z. analyt. Chem. **321** (1985) 1.
[4.124] Storbeck, F.; Marx, G.; Danzer, K.: Diagnoseverfahren, in Wertekatalog Dünne Schichten - Herstellung, Diagnose, Eigenschaften, Wiss. Schr.-R. Techn. Hochsch. Karl-Marx-Stadt 4/1980.

Anhang

A1. Verwendete Fundamentalkonstanten

(nach: 1986 Recommended Values of the Fundamental Physical Constants. CODATA Newslett. **338** (1986) 1; μ_B und μ_N nach: IUPAC Document U.I.P. 20 (1978))

Konstante	Symbol	Zahlenwert	SI-Einheit
Avogadro-Konstante	N_A	$6{,}0221367 \cdot 10^{23}$	mol^{-1}
Bohrsches Magneton	μ_B	$9{,}274078 \cdot 10^{-24}$	$J \cdot T^{-1}$
Boltzmann-Konstante	k	$1{,}380658 \cdot 10^{-23}$	$J \cdot K^{-1}$
Elektrische Elementarladung	e	$1{,}6021773 \cdot 10^{-19}$	C
Faraday-Konstante	F	$9{,}648531 \cdot 10^{4}$	$C \cdot mol^{-1}$
Kernmagneton	μ_N	$5{,}050824 \cdot 10^{-27}$	$J \cdot T^{-1}$
Molare Gaskonstante	R	$8{,}314510$	$J \cdot mol^{-1} \cdot K^{-1}$
Planck-Konstante	h	$6{,}6260755 \cdot 10^{-34}$	$J \cdot s$
Rydberg-Konstante	R_∞	$1{,}0973731534 \cdot 10^{7}$	m^{-1}
Vakuumlichtgeschwindigkeit	c	$2{,}99792458 \cdot 10^{8}$	$m \cdot s^{-1}$

Umrechnungen zu den SI-Basiseinheiten:

$1\,J = 1\,N \cdot m = 1\,Pa \cdot m^3 = 1\,W \cdot s = 1\,m^2 \cdot kg \cdot s^{-2}$
$1\,T = 1\,kg \cdot s^{-2} \cdot A^{-1}$
$1\,C = 1\,A \cdot s$

A2. Abkürzungen von Analysenmethoden

AAS	Atomabsorptionsspektroskopie
AC	Affinitätschromatographie
ACP	Wechselstrompolarographie (Alternating Current Polarography)
ADC	Analog-to-Digital Converter
AEAPS	Auger Electron Appearance Potential Spectroscopy
AEM	Analytische Elektronenmikroskopie
AEM	Augerelektronenmikroskopie
AES	Augerelektronenspektroskopie
AES	Atomemissionsspektroskopie
AFC	Affinitätschromatographie
AFS	Atomfluoreszenzspektroskopie
APS	Appearance Potential Spectroscopy
ASV	Anodische Inversvoltammetrie (Anodic Stripping Voltammetry)
ATR	abgeschwächte Totalreflexion (Attenuated Total Reflection)
BIS	Bremsstrahlungs-Isochromatenspektroskopie

BLE	Bombardment induced Light Emission (↗ IBLE)
CARS	Coherent Antistokes Raman Spectroscopy
CC	Column Chromatography (↗ SC)
CC	Kovalente Chromatographie (Covalent Chromatography)
CD	Circulardichroismus
CEMS	Conversion Electron Mössbauer Spectroscopy
CI	Chemische Ionisation
CIS	Charakteristische Isochromatenspektroskopie
CL	Cathode-Luminescence (↗ KL)
CMA	Zylinderspiegelanalysator (Cylinder Mirror Analyser)
DC	Dünnschichtchromatographie
DCP	Gleichstrompolarographie (Direct Current Polarography)
DIE	Direkt-Injektions-Enthalpiemetrie
DPASV	differentielle anodische Puls-Inversvoltammetrie (Differential Pulse Anodic Stripping Voltammetry)
DPCSV	differentielle katodische Puls-Inversvoltammetrie (Differential Pulse Cathodic Stripping Voltammetry)
DPIV	differentielle Puls-Inversvoltammetrie
DPP	Differenz-Puls-Polarographie
DPV	differentielle Puls-Voltammetrie
DSC	Dynamische Differenzkalorimetrie (Differential Scanning Calorimetry)
DSIMS	dynamische Sekundärionen-Massenspektroskopie
DTA	Differentialthermoanalyse
DTG	derivative Thermogravimetrie
EBIC	Electron Beam Induced Current
ECP	Electron Channeling Pattern
EDL	elektrodenlose Entladungslampe (Electrodeless Discharge Lamp)
EDS	energiedispersives System
EDX	energiedispersive Röntgenspektroskopie (Energy Dispersive X-ray Spectroscopy)
EDXS	energiedispersive Röntgenspektroskopie (Energy Dispersive X-ray Spectroscopy)
EELFS	Extended Electron Loss Fine Structure
EELS	Elektronenenergieverlust-Spektroskopie (Electron Energy Loss Spectroscopy)
EGA	Emissionsgasthermoanalyse (Evolved Gas Analysis)
ELL	Ellipsometrie
ELS	Energieverlustspektroskopie (Energy Loss Spectroscopy)
EMA	Electron Microprobeanalysis (↗ ESMA)
EMMA	Elektronenmikroskop-Mikroanalysator
ENDOR	Electron Nuclear Double Resonance
EPMA	Electron Probe Microanalysis (↗ ESMA)
EPR	Electron Paramagnetic Resonance
EPXMA	Electron Probe X-ray Microanalysis (↗ ESMA)
ESCA	Elektronenspektroskopie für Chemische Analyse

ESDI	Electron Stimulated Desorption of Ions
ESDN	Electron Stimulated Desorption of Neutrals
ESMA	Elektronenstrahlmikroanalyse
ESR	Elektronenspinresonanz
ETA-AAS	AAS mit elektrothermischer Atomisierung
EXAFS	Extended X-ray Absorption Fine Structure
FAB-MS	Fast Atom Bombardment Mass Spectrometry
FDM	Felddesorptionsmikroskopie
FEES	Feldelektronenenergiespektroskopie
FEM	Feldemissionsmikroskopie
FIA	Flow Injection-Analysis
FIM	Feldionenmikroskopie
FIM-APS	Field Ion Microscopy with Atom Probe Spectrocopy
FIR(S)	Ferninfrarot (-Spektroskopie)
FT-IR	Fouriertransformations-Infrarotspektroskopie
FT-MS	Fouriertransformations-Massenspektrometrie
GC	Gaschromatographie
GDMS	Glow-Discharge Mass Spectroscopy
GDNS	Glow-Discharge Neutral Spectroscopy
GDOS	Glow-Discharge Optical Spectroscopy
GFC	Gelfiltrationschromatographie
GLC	Gas-Flüssig-Chromatographie (Gas Liquid Chromatography)
GPC	Gelpermeationschromatographie
GSC	Gas-Fest-Chromatographie (Gas Solid Chromatography)
HEED	High Energy Electron Diffraction
HEIS	High Energy Ion Scattering
HFP	Hochfrequenzpolarographie
HIC	Hydrophobchromatographie (Hydrophobic Interaction Chromatography)
HPAC	Hochleistungs-Affinitätschromatographie
HPDC	Hochleistungs-Dünnschichtchromatographie
HPLAC	Hochleistungs-Flüssig-Affinitätschromatographie (High Performance Liquid Affinity Chromatography)
HPLC	Hochleistungsflüssigchromatographie (High Performance Liquid Chromatography), auch Hochdruckflüssigchromatographie (High Pressure Liquid Chromatography)
HPTLC	Hochleistungs-Dünnschichtchromatographie (High Performance Thin Layer Chromatography)
HRELS	High Resolution Energy Loss Spectrometry (↗ REELS)
HRGC	hochauflösende Gaschromatographie (High Resolution Gas Chromatography)
HSLC	schnelle Flüssigchromatographie (High Speed Liquid Chromatography)
IAES	ioneninduzierte Augerelektronenspektroskopie
IBLE	Ion Bombardment (induced) Light Emission
IC	Ionenchromatographie

ICP	induktiv gekoppeltes Plasma (Inductively Coupled Plasma)
IEC	Ionenaustauschchromatographie (Ion Exchange Chromatography)
IEE	induzierte Elektronenemission
IIXS	ioneninduzierte Röntgenspektroskopie (Ion Induced X-ray Spectroscopy)
IMMA	Ion Microprobe Mass Analysis (↗ ISMA)
IMPA	Ion Microprobe Analysis (↗ ISMA)
INAA	Instrumentelle Neutronenaktivierungsanalyse
INMS	ionisierte Neutralteilchen-Massenspektrometrie
INS	Ion-Neutralisation Spectroscopy
IPC	Ionenpaarchromatographie (Ion Paired Chromatography)
IPMA	Ion Probe Microanalysis
IRS	Infrarotspektroskopie
IRS	Internal Reflectance Spectroscopy
IRS	inverse Ramanspektroskopie
IS	Isochromatenspektroskopie
ISC	Ionenunterdrückungschromatographie (Ion Suppression Chromatography)
ISMA	Ionenstrahlmikroanalyse
ISS	Ionenstreuspektroskopie
ITS	inelastische Tunnelspektroskopie
KGC	Kapillar-Gaschromatographie
KL	Katodolumineszenz
LAMES	Laser Micro Emission Spectrometry
LAMMA	Laser Microprobe Mass Analysis
LAMMS	Laser Micro Mass Spectrometry
LC	Flüssigchromatographie (Liquid Chromatography)
LEED	Low Energy Electron Diffraction
LEIS	Low Energy Ion Scattering Spectroscopy
LLC	Liquid-Liquid Chromatography
LM	Lichtmikroskopie
LMA	Lasermikrospektralanalyse (Laser Microprobe Analysis)
LMS	Laser Mass Spectroscopy
LOES	Laser Optical Emission Spectroscopy
LPMA	Laser Probe Microanalysis
LRMA	Laser Raman Microanalysis
LSC	Liquid-Solid Chromatography
MBSS	Molecular Beam Surface Scattering
MCD	Magnetocirculardichroismus
MEIS	Medium Energy Ion Scattering Spectroscopy
MOLE	Molecular Optical Laser Examiner
MORD	Magnetooptische Rotationsdispersion
MS	Massenspektroskopie
MSP	Multi Sweep Polarography
NAA	Neutronenaktivierungsanalyse
NIAR	neutroneninduzierte Autoradiographie

NIRS	Neutral Impact Radiation Spectroscopy
NMR	kernmagnetische Resonanzspektroskopie (Nuclear Magnetic Resonance Spectroscopy)
NPC	Normalphasen-Chromatographie (Normal Phase Chromatography)
NQR	Kernquadrupolresonanzspektroskopie (Nuclear Quadrupole Resonance Spectroscopy)
NRA	Nuclear Reaction Analysis
OES	Optische Emissionsspektroskopie
ORD	optische Rotationsdispersion
OWP	Oberwellenwechselstrompolarographie
PARS	Photoakustische Ramanspektroskopie
PAS	photoakustische Spektroskopie
PAS	Positronenannihilationsspektroskopie
PC	Papierchromatographie
PEEM	Photoelektronenemissionsmikroskopie
PEM	Photoelektronenmikroskopie
PES	Photoelektronenspektroskopie
PIXE	protonen/teilcheninduzierte Röntgenemission (Proton/Particle Induced X-ray Emission)
PP	Pulspolarographie
QMS	Quadrupolmassenspektroskopie
RBS	Rutherford-Rückstreuspektroskopie (Rutherford Backscattering Spectroscopy)
REELS	Reflection Electron Energy Loss Spectrometry
REM	Rasterelektronenmikroskopie
RFA	Röntgenfluoreszenzanalyse
RFP	Radiofrequenzpolarographie
RFS	Röntgenfluoreszenzspektroskopie
RHEED	Reflection High Energy Electron Diffraction
RPC	Umkehrphasenchromatographie (Reversed Phase Chromatography)
RTM	Rastertunnelmikroskopie
SAED	Selected Area Electron Diffraction
SAM	Scanning-Augermikroskopie
SC	Säulenchromatographie
SCANIIR	Surface Composition by Analysis of Neutral and Ion Impact Radiation
SDMM	Scanning Desorption Molecule Microscopy
SEC	Ausschlußchromatographie (Size Exclusion Chromatography)
SEM	Scanning Electron Microscopy (↗ REM)
SERS	Oberflächenverstärkte Ramanspektroskopie (Surface Enhanced Raman Spectroscopy)
SEXAFS	Surface Extended X-ray Absorption Fine Structure
SFC	Superkritische Fluidchromatographie
SIMA	Sekundärionenmikroanalyse
SIMS	Sekundärionenmassenspektroskopie

SNMS	Sputtered Neutral Mass Spectroscopy
SNMS	Secondary Neutral Mass Spectroscopy
SSIMS	statische Sekundärionen-Massenspektroskopie
SSMS	Funkenquellenmassenspektroskopie (Spark Source Mass Spectroscopy)
SSP	Single Sweep Polarography
STEM	Scanningtransmissionselektronenmikroskopie
STM	Scanning Tunneling Microscopy
SWP	Square Wave Polarography
SXAPS	Soft X-Ray Appearance Potential Spectroscopy
TA	Thermoanalyse
TDS	Thermische Desorptionsspektroskopie
TEELS	Transmission Electron Energy Loss Spectroscopy
TEM	Transmissionselektronenmikroskopie
TG	Thermogravimetrie
THEED	Transmission High Energy Electron Diffraction
TLC	Dünnschichtchromatographie (Thin Layer Chromatography)
TMA	thermomechanische Analyse
UKS	Ultrakurzzeitspektroskopie
UPS	Ultraviolett-Photoelektronenspektroskopie
UV-VIS	Spektroskopie im ultravioletten und sichtbaren Spektralbereich (Ultraviolett/Visible Spectroscopy)
WDS	wellenlängendispersives System
WDX	wellenlängendispersive Röntgenspektroskopie (Wavelength Dispersive X-ray Spectroscopy)
XES	Exoelektronenspektroskopie
XPS	Röntgenphotoelektronenspektroskopie (X-ray-Photoelectron Spectroscopy)
XRD	Röntgenbeugung (X-ray Diffraction)
XRFA	X-ray Fluorescence Analysis (↗ RFA)
XRS	Röntgenspektroskopie (X-ray Spectroscopy)

Sachregister

(Fettdruck weist auf die wichtigste Abhandlungsstelle hin)

Bei Fragen zur Produktsicherheit wenden Sie sich bitte an:
If you have any questions regarding product safety,
please contact:

Walter de Gruyter GmbH
Genthiner Straße 13
10785 Berlin
productsafety@degruyterbrill.com